**S-R** Statistics Series with R 基于R应用的统计学丛书

# 应用回归及分类

## —— 基于R与Python的实现

*Applied Regression and Classification with R and Python*

吴喜之 张敏 编著

U0386204

中国人民大学出版社
·北京·

**图书在版编目 (CIP) 数据**

应用回归及分类: 基于 R 与 Python 的实现 / 吴喜之, 张敏编著. -- 2 版. -- 北京: 中国人民大学出版社, 2020.10
(基于 R 应用的统计学丛书)
ISBN 978-7-300-28639-6

I. ①应 ··· II. ①吴 ··· ②张 ··· III. ①回归分析 IV. ①O212.1

中国版本图书馆 CIP 数据核字 (2020) 第 188039 号

基于 R 应用的统计学丛书

**应用回归及分类——基于 R 与 Python 的实现 (第 2 版)**

吴喜之　张敏　编著

**Yingyong Huigui ji Fenlei ——Jiyu R yu Python de Shixian**

| | | | | |
|---|---|---|---|---|
| **出版发行** | 中国人民大学出版社 | | | |
| **社　　址** | 北京中关村大街 31 号 | | **邮政编码** 100080 | |
| **电　　话** | 010-62511242(总编室) | | 010-62511770(质管部) | |
| | 010-82501766(邮购部) | | 010-62514148(门市部) | |
| | 010-62515195(发行公司) | | 010-62515275(盗版举报) | |
| **网　　址** | http://www.crup.com.cn | | | |
| **经　　销** | 新华书店 | | | |
| **印　　刷** | 固安县铭成印刷有限公司 | **版　次** | 2016 年 1 月第 1 版 | |
| **规　　格** | 185mm× 260mm　16 开本 | | 2020 年 10 月第 2 版 | |
| **印　　张** | 21.25 插页 1 | **印　次** | 2025 年 2 月第 2 次印刷 | |
| **字　　数** | 501 000 | **定　价** | 46.00 元 | |

# 前　言

　　本书不像很多教科书那样只讲 80 年之前的以数学假定和推导为主的内容, 而要强调最近 20 年最新和最有效的统计方法. 本书冠以 "**分类**" 二字, 是为了纠正由于只有 "回归" 而鲜有 (如果不是没有) "分类" 的教科书所造成的人们以为回归比分类更重要的偏见. 实际上, **"分类" 一词很少出现在教科书的书名中的主要原因恐怕是长期以来数学主导的统计界缺乏除了判别分析之外的数学式的分类方法, 而引入近年来新发展的机器学习方法似乎又不合那些只认数学公式的统计学家的胃口.**

　　**回归和分类的问题本质上是相同的, 区别仅在于因变量的形式.** 在统计应用中, 最常见的是根据数据建立以自变量来预测因变量的模型, 也就是说, 用包含自变量和因变量的数据来训练一个模型, 然后用这个模型拟合新的自变量的数据来预测新的因变量的值.

$$\text{自变量} \longrightarrow \boxed{\textbf{模 型}} \longrightarrow \text{因变量}$$

　　上图为这样一个预测模型的示意图. 所谓因变量, 就是我们要预测的目标变量. 当因变量为数量变量时, 这种建模称为**回归**, 而当因变量为分类变量 (定性变量) 时, 则建模称为**分类**. **实际上, 诸如定量、定序、定性等变量的不同定义源于人们对不同变量的视角及因此强加于它们的数学约束的多少, 而不是自然界固有的.** 利用数据训练模型是一个学习过程, 因此, 统计建模过程也称为**机器学习** (machine learning) 或**统计学习** (statistical learning)[1]. 在有因变量的情况下, 无论是回归还是分类, 都属于**有指导学习**或**有监督学习** (supervised learning). 作为对照, 没有因变量的建模, 称为**无指导学习** (unsupervised learning).

　　目前有很多关于回归的教科书和课程, 但鲜有关于分类的教科书和课程. 而在回归中又以通常称为线性模型的线性最小二乘回归为主, 其原因是在前计算机时代, 线性模型是数学上最方便也最容易研究的模型, 关于线性模型的大量数学结果使其成为硕果累累的一大领域. 从线性模型又引申出非线性模型、广义线性模型、随机效应混合模型等新的建模方向, 使得回归领域不断扩大. 而在分类方面, 仅有在多元分析名下的 "判别分析" 可以做分类. 分类方面的研究在计算机出现前的很长一段时间远远不如回归那么普遍.

　　然而在实际工作中, 分类的需求并不比回归少, 但是, 由数学家所发明的经典方法无力解决如此多种多样的分类问题, 而又没有多少人愿意在文献中介绍他们不能解决的问题. 除此之外, 传统的回归方法也由于其对数据所限定的种种无法验证的假定而受到极大的限制和挑战. 计算机时代的到来彻底改变了这种局面. 各种机器学习方法的出现全面更新了传统

---

[1] "统计学习" 的术语显然是模仿人们更加熟知的意义相似的 "机器学习" 的术语, 不无把所有的统计领域都包含进来的企图.

回归领域的面貌和格局. 机器学习方法充分显示出在回归预测上的优越性能. 在分类领域, 机器学习方法在应用范围及预测精度上都普遍超过传统的诸如判别分析和二元时的 logistic 回归等参数方法.

本书的宗旨就是既要介绍传统的回归和分类方法, 又要引入大量更加有效的机器学习方法, 并且通过实际例子, 运用 R 和 Python 两种软件来让读者理解各种方法的意义和实践, 能够自主做数据分析并得到结论.

传统的回归分析教科书, 通常只讲所述方法能够做什么, 不讲其缺点和局限性, 并且很少涉及其他可用的方法, 而本书以数据为导向, 对应不同的数据介绍尽可能多的方法, 并且说明各种方法的优点、缺点及适用范围. 对于不同模型的比较, 本书将主要采用客观的交叉验证的方法. 对于每一个数据以及通过数据所要达到的目的, 都有许多不同的方法可用, 但具体哪种方法或模型最适合, 则依数据及目标而定, 绝不事先决定.

本书所有的分析都通过免费的自由软件 $R^2$ 及 Python 软件来实现. 读者可以毫不困难地重复本书所有的计算. R 网站[3]拥有世界各地统计学家贡献的大量最新程序包 (package), 这些程序包以飞快的速度增加和更新, 已从 2009 年底的不到 1000 个增加到 2019 年底的 15000 多个. 它们代表了统计学家创造的针对各个统计方向及不同应用领域的崭新统计方法. 这些程序包的代码大多是公开的. 与此相对比, 所有商业软件远没有如此多的资源, 也不会更新得如此之快, 而且商业软件的代码都是保密的昂贵 "黑匣子". 作为通用软件的 Python 拥有各种方法的大量资源, 但由于其用途非常广泛, 而不仅仅限于数据分析, 因此看上去数据分析部分的比例不如 R 更大.

在发达国家, 不能想象一个统计研究生不会使用 R 或 Python 软件. 那里很多学校都开设了 R 或 Python 软件的课程. 今天, 任何一个统计学家想要介绍和推广其创造的统计方法, 都必须提供相应的计算程序, 而发表该程序的最佳地点就是 R 或 Python 网站. 由于方法和代码是公开的, 这些方法很容易引起有关学者的关注, 这些关注对研究相应方法形成群体效应, 推动其发展. 不会编程的统计学家在今天是很难生存的. 此外, Python 已经逐渐代替 C++ 成为发达国家大学本科的首选公共编程课程.

在学校中讲授任何一种商业软件都是为该公司做义务广告, 如果没有相关软件公司的资助, 就没有学校愿意花钱讲授商业软件. 在教学中使用盗版软件是违法行为, 绝对不应该或明或暗地鼓励师生使用盗版商业软件, 使得师生通过盗版软件对其产生依赖性, 并抑制人们自由编程能力的发展, 同时也严重抑制各种自主软件的发展.

对 R 和 Python 编程的熟悉还有助于学习其他快速计算的语言, 比如 C++, FORTRAN, Java, Hadoop, Spark, SQL, Julia 等, 这是因为编程理念的相似性, 这对于应对因快速处理庞大的数据集而面临的巨大的计算量有所裨益. 而熟悉一些傻瓜式商业软件, 对学习这些语言没有任何好处.

本书试图让读者理解世界是复杂的, 数据形式是多种多样的, 必须有超越书本、超越所谓权威的智慧和勇气, 才能充满自信地面对世界上出现的各种挑战.

由于统计正以前所未有的速度发展, R 网站及其各个程序包也在不断更新, 因此, 笔者

---

[2]R Core Team (2014). R: A language and environment for statistical computing. R Foundation for Statistical Computing, Vienna, Austria. URL http://www.r-project.org/.

[3]网址: http://www.r-project.org/.

希望读者通过对本书的学习, 学会如何通过 R 不断学习新的知识和方法. "授人以鱼, 不如授人以渔", 成功的教师不是像百科全书那样告诉学生一些现成的知识, 而是让学生产生疑问和兴趣, 以促使其做进一步的探索.

本书提供所有例子中使用的数据, 其中大部分都是网上提供的并且可以直接下载原始数据. 这些例子背后都有一些理论和应用的故事. 笔者并没有刻意挑选例子所在的领域, 统计方法对于各个实际领域是相通的. 我们想要得到的是在任何领域都能施展的能力, 而不是有限的行业培训. 如果你能够处理具有挑战性的数据, 那么无论该数据来自何领域, 你的感觉都会很好.

本书包括的内容有: 经典线性回归、广义线性模型、混合效应模型 (分层模型)、机器学习回归方法 (决策树、bagging、随机森林、各种 boosting 方法、人工神经网络、支持向量机、k 最近邻方法)、生存分析及 Cox 模型、经典判别分析与 logistic 回归分类、机器学习分类方法 (决策树、bagging、随机森林、AdaBoost、人工神经网络、支持向量机、k 最近邻方法). 其中, 混合效应模型、生存分析及 Cox 模型的内容可根据需要选用, 所有其他的内容都应该在教学中涉及, 可以简化甚至忽略的内容为一些数学推导和某些不那么优秀的模型, 不可以忽略的是各种方法的直观意义及理念.

本书的适用范围很广, 其内容曾经在中国人民大学、首都经济贸易大学、中央财经大学、西南财经大学、云南财经大学、四川大学、哈尔滨理工大学、新疆财经大学、中山大学、内蒙古科技大学、云南师范大学、东北师范大学、贵州师范大学及大理大学等许多院校讲授过, 对象包括数学、应用数学、金融数学、统计、精算、经济、管理、计算机、旅游、环境等专业的本科生以及数学、应用数学、统计、计量经济学、生物医学、应用统计、经济学等专业的硕士和博士研究生. 作为成绩评定, 往往给每个学生分配若干网站上的实际数据, 并要求他们在学期末将分析处理这些数据的结果形成报告. 这些数据如何处理, 没有标准答案, 甚至有些必要的方法还超出了授课的范围, 需要学生做进一步的探索和学习.

笔者认为, 这本书可以作为本科生的回归分析及分类课程的教科书, 应用统计硕士应该掌握本书的全部内容. 希望本书对于各个领域的教师以及实际工作者都有参考价值.

本书的排版是笔者通过 LaTeX 软件实现的.

**在任何国家及任何制度下都能够生存和发展的知识和能力, 就是科学, 是人们在生命的历程中应该获得的.**

吴喜之

# 目 录

# 第 1 章 引 言

## 1.1 作为科学的统计

### 1.1.1 统计是科学

统计是科学 (science), 而科学的基本特征是其方法论: **对世界的认识源于观测或实验所得的信息 (或者数据), 总结信息时会形成模型 (亦称假说或理论), 模型会指导进一步的探索, 直到遇到这些模型无法解释的现象, 这就导致对这些模型的更新和替代.** 这就是科学的方法. 只有用科学的方法进行的探索才能称之为科学.

科学的理论完全依赖于实际, 统计方法则完全依赖于来自实际的数据. 按照不列颠百科全书, 统计可以定义为 "收集、分析、展示和解释数据的科学"[1], 或者称为 **数据科学 (data science).** 统计几乎应用于所有领域. 人们现在已经逐渐认识到, 作为数据科学的统计, 必须和实际应用领域结合, 必须和计算机科学结合, 才会有前途.

作为数据科学的统计的思维方式应该是归纳 (induction), 也就是从数据所反映的现实得到比较一般的模型, 希望以此解释数据所代表的那部分世界. 这和以演绎 (deduction) 为主的数学思维方式相反, 演绎是在一些人为的**假定** (或者在一个公理系统) 之下, 推导出各种结论.

### 1.1.2 模型驱动的历史及数据驱动的未来

在统计科学发展的前期, 由于没有计算机, 不可能应付庞大的数据量[2], 只能在对少量数据的背景分布做出诸如独立同正态分布之类的数学假定后, 建立一些假定的数学模型, 进行手工计算, 并推导出一些由这些模型所得结果的性质, 诸如置信区间、假设检验的 $p$ 值、无偏性及相合性等. 在数据与数学假定相差较远的情况下, 人们又利用诸如中心极限定理或大样本定理得到当样本量趋于无穷时的一些类似的性质. 统计的这种发展方式, 给统计打上了很深的数学烙印.

统计发展的历史痕迹体现在很多方面, 特别是流行的 "模型驱动" 研究及教学模式. 各统计院系的课程大都以数学模型作为课程的名称和主要内容, 一些数理统计杂志也喜欢发表没有数据背景的关于数学模型的文章. 很多学生毕业后只会推导一些课本上的公式, 却不会处理真实数据. 一些人对于有穷样本, 也假装认为是大样本, 并且堂而皇之地用大样本性质来描述从有穷样本中得到的结论. 至于数据是否满足大样本定理的条件, 数据样本是不是 "大样本" 等关键问题尽量不谈或少谈. 按照模型驱动的研究方式, 一些学者不从数据出发, 而是想象出一些他们感觉很好的数学模型, 由于苦于世界上不存在 "适合" 他们模型的数

---

[1]根据不列颠百科全书的网页https://www.britannica.com/science/statistics: "**Statistics**, the science of collecting, analyzing, presenting, and interpreting data".

[2]请想象一下用纸和笔来计算简单线性回归所必须计算的预测矩阵 $X(X'X)^{-1}X'$, 假定 $X$ 为 $30 \times 5$ 的数值矩阵.

据, 它们可能按照自己的需要模拟一些满足自己模型的数据来 "证明" 自己的模型 "有价值". 这种自欺欺人的做法绝对是反科学的.

以模型而不是数据为主导的研究方式导致统计在某种程度上成为自我封闭、自我欣赏及自我评价的系统. 固步自封的后果是, 30 多年来, 统计丢掉了许多属于数据科学的领域, 也失去了许多人才. 在现成数学模型无法处理大量复杂数据的情况下, 数学、物理及计算机领域的研究人员开发了许多计算方法, 处理了传统统计无法解决的大量问题. 诸如人工神经网络、决策树、boosting、随机森林、支持向量机等大量算法模型的相继出现宣告了传统数学模型主导 (如果不是垄断的话) 数据分析时代的终结. 这些研究最初根本无法刊登在传统统计杂志上, 因此大都出现在计算机及各应用领域的杂志上.

模型驱动的研究方法在前计算机时代有一定的合理性, 但是在计算机快速发展的今天, 仍然固守这种研究模式就不会有前途了. 人们在处理数据时, 首先寻求现有的方法, 当现有方法不能满足他们的需求时, 往往会根据数据的特征创造出新的可以计算的方法来满足实际需要. 这就是数据科学近年来飞速发展的历程. 创造模型的目的是适应现实数据. 统计研究应该是由问题或者数据驱动的, 而不是由模型驱动的.

随着时代的进步, 各个统计院系现在也开始设置诸如数据挖掘、机器学习等数据科学课程, 统计杂志也开始逐渐重视这些研究. 这些算法模型大都不是用封闭的数学公式来描述, 而是体现在计算机算法或程序上. 对于结果的风险也不是用假定的分布 (或渐近分布) 所得到的 $p$ 值来描述, 而是用没有参加建模训练的测试集的交叉验证的误差来描述. 这些方法发展很快, 不仅因为它们能够更加精确地解决问题, 还因为那些不懂统计或概率论的人也能够完全理解结果 (这也是某些有 "领域垄断欲" 的传统统计学家不易接受的现实). 现在, 无论承认与否, 多数统计学家都明白, 如果不会计算机编程或者不与编程人员合作, 则不会产生任何有意义的成果.

按照 Yu and Kumbier (2020), 数据科学模型应该满足**三个原则** (principles)[3]:

1. **可预测性** (predictability);
2. **可计算性** (computability);
3. **稳定性** (stability).

这里完全没有作为传统统计核心的**显著性** (significance) 的地位, 事实上, 2019 年 3 月 20 日的《自然》杂志报道 "科学家们起来反对统计显著性. Amrhein, Greenland, McShane 以及 800 多名签名者呼吁**终止骗人的结论并消除可能的至关重要的影响**"[4]. 同一天的《美国统计学家》也以 "抛弃统计显著性" 为名发表文章.[5] 请学过数理统计课程的读者回忆一下, **如果没有作为统计量的样本矩 (以和号 "$\sum$" 代表) 的函数, 没有 $p$ 值, 没有统计显著性, 作为统计入门的《数理统计》教科书还剩下什么呢?**

> 实际上, 《自然》杂志的文章仅仅从科学家的角度, 说依赖显著性的结论并没有解释真实世界, 但该文章并没有说明其原因. 说明显著性不合适的理由不是科学家的职责而是统计学家的责任, 但批评自己所在领域并不容易, 特别是当显著性曾经是一些人

---

[3] https://arxiv.org/pdf/1901.08152.pdf.
[4] https://www.nature.com/articles/d41586-019-00857-9.
[5] https://doi.org/10.1080/00031305.2018.1527253.

生活、工作甚至信仰的一部分时. 但是, 科学的良心要求我们正视这个问题. 我们将在1.3节讨论显著性的本质.

### 1.1.3 数据中的信息是由观测值数目及相关变量的数目决定的

为了使得数学模型简单漂亮及具有可计算性, 传统的统计研究人员经常把很大精力投入到减少自变量数目的降维研究上, 而很多机器学习方法不但不降维, 反而希望更多的相关变量的参与. 事实上, 所有的人都明白, 除了样本量之外, 变量越多, 信息量越大. 比如金融机构想要知道客户有没有信用, 就需要很多客户信息, 比如年龄、职业、收入、过去的信用记录等, 这些其实远远不够, 如果还能加上客户的行为、心理特征、朋友圈、理财效率和财产使用模式等则更好, 在计算资源允许的情况下, 谁能够说应该减去一些变量呢?

现代的计算机及算法对于信息量大的数据根本不惧怕. 它们欢迎巨大的样本量和变量的维数, 因为维数是宝贵的资源, 从中可以得到低维状况无法得到的大量信息, 增加了统计预测的准确性.

## 1.2 传统参数模型和机器学习算法模型

在作为有监督学习的回归和分类中, 模型都可以表示成下面抽象的形式:

$$y = f(x, \theta, \epsilon) \tag{1.2.1}$$

这里 $y$ 为因变量, 分类时 $y$ 是定性变量 (亦称分类变量, 属性变量等), 回归时 $y$ 是定量变量 (亦称数量变量等); $x$ 为自变量, 可以是定性变量或定量变量; 而 $f()$ 则是描述因变量和自变量之间关系的模型, 在参数模型中是一个公式, 在机器学习方法中是一个算法; $\theta$ 在参数模型中可以代表参数, 在算法模型中可以代表算法或程序的种类或具体形式; 最终, 所有的模型都是对现实世界的某种近似, 这样就把模型和数据之间不吻合的地方都归到误差 $\epsilon$ 上去. 有人把 $\epsilon$ 称为随机误差, 这是不妥的, 因为只有你完全确定你的模型的准确性 (不存在精确的模型), 才可以这样说, 但所有模型都是猜想或者近似, 不应该主观地说误差是随机的. 注意: 上面的 $y, x, \theta, \epsilon$ 等都可能是向量、矩阵或其他计算机可以存储的形式.

从模型 (1.2.1) 可以引申出许多具体的模型, 比如误差可加模型:

$$y = f(x, \theta) + \epsilon, \tag{1.2.2}$$

线性模型:

$$y = x^\top \beta + \epsilon \tag{1.2.3}$$

等等, 这里 $\beta$ 是系数 (参数).

### 1.2.1 参数模型比算法模型容易解释是伪命题

很多人觉得机器学习的算法模型不如参数模型容易解释自变量对因变量的贡献. 这是因为他们对两种模型都缺乏了解.

以线性模型为例, 很多人认为拟合的系数代表了自变量对因变量的贡献, 还说 "当其作变量不变时, 一个自变量的系数代表该自变量对因变量的贡献". 其实, 这仅仅在下面条件下才成立: (1) 线性模型是完全正确的; (2) 所有变量都不相关. 而这些条件在真实世界几乎不存在, 而且永远无法验证.

但机器学习中的诸多方法, 可以从各个角度评价各个变量的重要性, 这比在沉重的主观数学假定下 "系数可解释" 的神话更加客观及合理.

### 1.2.2 参数模型的竞争模型的对立性和机器学习不同模型的协和性

对于每个数据, 总是有一些不同的参数模型均被认为可以很好地解释数据所代表的现象, 它们互相竞争. 实际上, 这些模型的优劣仅仅是从不同的角度来刻画, 除非采用交叉验证的方法, 否则很难比较. 但是机器学习方法可以把不同的竞争模型组合起来, 产生比单个模型更加精确的预测, 这如同俗语所说的 "三个臭皮匠, 顶个诸葛亮".

### 1.2.3 评价和对比模型

很多传统回归分析教科书对于模型的评价是基于对数据及模型形式的数学假定, 以及只用一个训练集本身对模型的拟合来判断模型是否合适. 这种用参与建模的数据加上主观假定来判断模型的方式不但很主观, 而且无法与其他模型做对比. **极有可能比较的是产生不同模型背后假定的个人大脑的区别, 根本和真实世界无关.**

交叉验证的方法是在计算机时代才发展起来的, 它用训练数据集来训练模型, 然后用未参与建模的测试数据集来评价模型预测功能的优劣. 这对于在任何模型之间做预测比较都适用. 交叉验证不用对模型做任何假定, 因此是能够被各个领域的人所理解和接受的. 对于诸如回归和分类这样的有指导学习, 预测能力是反映模型好坏的最根本的标准.

有很多种交叉验证方法, 一种常用的是 $N$ 折交叉验证. 其要点为, 把数据随机分成 $N$ 份, 轮流把其中 1 份作为测试集, 其余的 $N-1$ 份合起来作为训练集. 然后用训练集拟合数据得到模型, 并用这样训练出来的模型来拟合未参加训练的测试集数据. 这种交叉验证共做 $N$ 次. 对于分类, 就会得到在测试集中的误判率; 而对于回归, 就可以得到在测试集中的**标准化均方误差** (normalized mean squared error, NMSE), 并得到其平均值. 标准化均方误差 NMSE 定义如下:

$$NMSE = \frac{\sum_i (y_i - \hat{y}_i)^2}{\sum_i (y_i - \bar{y})^2}, \tag{1.2.4}$$

这里的 $y_i$ 是**测试集**的因变量观测值, $\hat{y}_i$ 是**利用训练集得到的模型拟合测试集得到的因变量拟合值**, $\bar{y}$ 是**测试集**的因变量观测值的均值. 其分母是不用任何模型, 而仅仅用因变量观测值的均值来作为拟合值的均方误差 MSE; 分子为运用模型的拟合结果. 如果标准化均方误差 NMSE 小于 1, 说明用模型比不用模型要强, NMSE 越小越好; 如果 NMSE 大于 1, 则说明模型根本是垃圾, 不能用. 由于 NMSE 仅仅是误差平方和除以一个依赖于数据的常数, 在对不同模型预测能力排序时, 它与误差平方和、均方误差等度量的效果是一样的.

交叉验证可以做很多次, 每次的 $N$ 个数据子集都不一样, 这样得到的结果更加客观. 由于数据子集的选择是随机的, 交叉验证结果不唯一, 但可以发现, 多次做的交叉验证的结果不会差别太大. 后面将会更加具体地介绍各种情况下的交叉验证数据子集的选择过程.

　　总之, 无论对于回归还是分类, 关于模型有两个问题需要说明:

1. **模型拟合.** 　当你选定要采用的模型种类之后, 就可以用你的模型来拟合数据, 或者说用数据来训练模型. 拟合之后会得到模型中参数的估计, 或者算法模型的结构或参数. 这一步可以不需要什么假定. 即使你任意用手画一条线, 也是一种拟合, 只不过不易说清楚你所画的线的优劣, 也不易和其他模型比较罢了. 人们对数据与模型的假定有以下几种:

   (a) **不需要任何假定的拟合.** 　诸如决策树、boosting、随机森林等机器学习方法不需要对数据做出任何模型和分布的假定.

   (b) **不需要分布假定但需要模型假定的拟合.** 　例如, 最小二乘回归不需要分布假定, 但需要模型形式的假定.

   (c) **需要对分布及模型假定的拟合.** 　例如, 最大似然法需要对数据的分布和模型形式做出假定.

2. **模型评价.** 　人们需要对各种模型或者一种模型的不同形式做出比较, 以判断模型的优劣.

   (a) **交叉验证可以在任何模型之间做客观的比较.** 　这种方法必须用称为训练集的一部分数据来训练模型, 再用称为测试集的另一部分数据通过训练集得到的模型来检查误差. 这种方法可以用于一类模型各个成员之间的比较, 也可以用于不同类模型之间的比较, 不需要对数据做任何数学假定.

   (b) **对于参数模型, 在各种对模型和数据的数学假定下做评估.** 　这包括经典的教科书在各种假定下做出的各种检验及置信区间等推断. 要清醒地认识到这些评估有极大的局限性和不确定性. 当然这些都是历史文物了.

## 1.3　数理统计中显著性检验及置信区间本质的启示

　　百年来作为数理统计核心的显著性 (包括假设检验及置信区间) 目前被科学界所抵制. 但科学家只提出疑问, 统计学家需要说明其问题之所在. 这里介绍显著性检验及置信区间的基本内容及逻辑谬误.

　　我们不能浪费读者的时间去介绍显著性的每一个方面. 这一节仅通过一个典型的 $t$ 检验例子 (例1.1), 展示显著性检验和与其等价的置信区间的本质及逻辑错误. 所有其他检验的逻辑与此例没有本质区别.

　　假设检验和区间估计研究什么样的问题? 请看下面的经典例子.

**例 1.1** (`sleep_paired.csv`) **睡眠数据.** 该数据显示两种安眠药物对 10 位患者的影响 (与对照组相比, 睡眠时间增加). 该数据源自 Cushny and Peebles (1905) 和 Student (1908), 并且被用于教科书 (Scheffé, 1959), 是 $t$ 检验的一个经典例子. 该数据有 3 个变量: extra (睡眠增加的时间, 单位: 小时), group (组别: 1 代表对照组 (可能是常规方法), 2 代表用药组), ID (10 个对象的识别号码——从 1 到 10). 数据列成表格如下:

**表 1.3.1 例1.1数据**

| extra | 0.7 | -1.6 | -0.2 | -1.2 | -0.1 | 3.4 | 3.7 | 0.8 | 0.0 | 2.0 | 1.9 | 0.8 | 1.1 | 0.1 | -0.1 | 4.4 | 5.5 | 1.6 | 4.6 | 3.4 |
|-------|-----|------|------|------|------|-----|-----|-----|-----|-----|-----|-----|-----|-----|------|-----|-----|-----|-----|-----|
| group | 1 | 1 | 1 | 1 | 1 | 1 | 1 | 1 | 1 | 1 | 2 | 2 | 2 | 2 | 2 | 2 | 2 | 2 | 2 | 2 |
| ID | 1 | 2 | 3 | 4 | 5 | 6 | 7 | 8 | 9 | 10 | 1 | 2 | 3 | 4 | 5 | 6 | 7 | 8 | 9 | 10 |

如果我们把每个对象的两次测试结果相减, 得到 10 个数目:

| ID | 1 | 2 | 3 | 4 | 5 | 6 | 7 | 8 | 9 | 10 |
|----|----|----|----|----|----|----|----|----|----|----|
| difference | -1.2 | -2.4 | -1.3 | -1.3 | 0.0 | -1.0 | -1.8 | -0.8 | -4.6 | -1.4 |

上述相减的 R 代码为:

```
w=read.csv('sleep_paired.csv')
difference=w[w$group==1,1]-w[w$group==2,1]
```

记这里的睡觉增加时间差 (对照组和用药组增加睡眠时间之差) $\boldsymbol{x} = (x_1, x_2, \dots, x_{10})$. 样本均值的 **实现值** 为 $\bar{x} = -1.58$.

虽然差的样本均值小于 0, 但是, **这个例子的问题是: 对于更广泛的总体 (人群), 由于安眠药所造成的睡眠增加时间差平均起来是不是确实小于 0?** 如果小于 0, 说明不服该安眠药增加的睡眠时间比服该安眠药 (对照组和用药组比较) 所增加的平均睡眠时间小.

### 1.3.1 关于正态均值 $\mu$ 的显著性检验的逻辑过程

对例1.1, 记 **对照组和用药组睡眠时间增加之差的总体** 为 $\mathbb{X}$, 而它的一个样本量为 $n$ 的随机样本为 $\boldsymbol{X} = (X_1, X_2, \dots, X_n)$, 关于正态均值 $\mu$ 的显著性检验及置信区间的逻辑过程如下:

1. **首先对数据做出下面永远无法验证 的一些主观假定:**

$X_1, X_2, \dots, X_n$ 互相独立 (为独立观测值);         (1.3.1)

$X_1, X_2, \dots, X_n$ 有共同的分布;         (1.3.2)

$X_1, X_2, \dots, X_n$ 的分布具有固定的均值 $\mu$;         (1.3.3)

$X_1, X_2, \dots, X_n$ 均有正态分布 $N(\mu, \sigma^2)$ 或者是使得 $\overline{X}$ 有正态渐近分布的 "大样本";

        (1.3.4)

$X_1, X_2, \dots, X_n$ 没有离群点.         (1.3.5)

2. **形成基于 $\overline{X} - \mu$ 的统计量:** 由于目的是要基于样本均值 $\overline{X}$ 来对总体均值 $\mu$ 是否的确小于 0 做出判断, 首先应该想到的是差 $\overline{X} - \mu$, 但是在样本方差 $\sigma^2$ (或等价地样本标准差 $\sigma$) 不知道时, 对差 $\overline{X} - \mu$ 的度量可以用下面的 $t$ 统计量来代表:

$$T(\boldsymbol{X}) = \frac{\overline{X} - \mu}{S/\sqrt{n}}, \qquad (1.3.6)$$

这里的 $S = \sqrt{\frac{1}{n-1}\sum_{i=1}^{n}(X_i - \mu)^2}$ 是关于均值的样本标准差 (对总体标准差 $\sigma$ 的估计量). 根据数理统计抽样分布结果 (这里不展示数学推导过程), 在前面假定 (1.3.1)-(1.3.5) 之下, 统计量 $T$ 有自由度为 $n-1$ 的 $t$ 分布, 即

$$T(\boldsymbol{X}) = \frac{\overline{X} - \mu}{S/\sqrt{n}} \sim t(n-1). \tag{1.3.7}$$

3. **设立零假设和备选假设:** 设立零假设

$$H_0 : \mu = \mu_0.$$

设立零假设 $H_0$ 的目的是利用样本均值小于 $\mu_0$ (对于例1.1, $\mu_0 = 0$) 的事实来否定它. 此外由于例1.1的样本均值 $\overline{x} = -1.58$ 小于 0, 我们可以有和零假设对立的备选假设 (这里列了两个):

$$H_{a1} : \mu < \mu_0 (= 0); \tag{1.3.8}$$
$$H_{a2} : \mu \neq \mu_0 (= 0). \tag{1.3.9}$$

在前面**假定 (1.3.1)-(1.3.5) 以及零假设** $\mu = \mu_0 = 0$ **之下,** 得到统计量的分布

$$T(\boldsymbol{X}) = \frac{\overline{X} - \mu_0}{S/\sqrt{n}} \sim t(n-1). \tag{1.3.10}$$

4. **显著性检验的问题是: 统计量** $T(\boldsymbol{X})$ **的实现值在基于** $H_0$ **的分布 (1.3.10) 下能否造成逻辑上的矛盾?** 什么算是矛盾呢? 数理统计学家定义了 $p$ 值: $p$ 值等于统计量 $T(\boldsymbol{X})$ 比其基于观测值 $\boldsymbol{x}$ 的实现值 $t \equiv T(\boldsymbol{x})$ (在备选假设方向) 取更加极端值的概率, 对于本例即

$$p \text{ 值} = P(T(\boldsymbol{X}) < t) \qquad \text{相应于 } H_{a1}; \tag{1.3.11}$$
$$p \text{ 值} = P(|T(\boldsymbol{X})| > |t|) \quad \text{相应于 } H_{a2}. \tag{1.3.12}$$

通过例1.1的数据可以得到: 样本均值 $\overline{x} = -1.58$, 样本标准差 $s = 1.229995$, 样本量为 $n = 10$, 由此可算出

$$t \equiv T(\boldsymbol{x}) = \frac{\overline{x} - \mu_0}{s/\sqrt{n}} = -4.0621.$$

因而, 根据 $T(\boldsymbol{X}) \sim t(n-1)$ 相应于两个备选假设的 $p$ 值为

$$p \text{ 值} = P(T(\boldsymbol{X}) < t) = 0.001416 \qquad \text{相应于 } H_{a1}; \tag{1.3.13}$$
$$p \text{ 值} = P(|T(\boldsymbol{X})| > |t|) = 0.002833 \quad \text{相应于 } H_{a2}. \tag{1.3.14}$$

关于备选假设 $H_{a1}$ 的 $p$ 值相应于 $t(9)$ 分布的 $t = -4.0621$ 左侧尾概率, 而关于备选假设 $H_{a2}$ 的 $p$ 值相应于 $t(9)$ 分布的 $t = \pm 4.0621$ 左右两侧尾概率之和 (见图1.3.1).

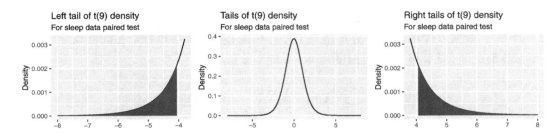

**图 1.3.1    例1.1成对检验尾概率图: 左图和右图分别是中间图左右两侧的放大**

如果 $p$ 值很小, 则传统数理统计认为: 在假定 (1.3.1)-(1.3.5) 外加零假设 $H_0$ 之下, 小概率事件发生了, 导致真实数据和模型产生矛盾, 问题出在哪里呢? **在假定 (1.3.1)-(1.3.5) 之下, 经典数理统计认为可怀疑的对象是零假设 $H_0$, 因此导致拒绝零假设, 称该检验显著.**

5. **拍脑袋的决定: $p$ 值多小才算小概率呢?** 前计算机时代的经典数理统计发明了**显著性水平, 通常用 $\alpha$ 表示**[6]. $p$ 值小于 $\alpha$ 被认为显著 (小概率). 一些人还确定了标准, 比如 $\alpha = 0.05, 0.01, 0.001$ 等等, 意味着 $p$ 值小于 0.05 为 "显著", $p$ 值小于 0.01 为 "很显著", $p$ 值小于 0.001 为 "非常显著" 等等. 至于取 0.05 而不取 0.0487 或 0.052 等问题, 主要是为了方便制作 (前计算机时代) 相应的表格, 当然也可能会有一些 "洁癖" 或 "强迫症" 的因素. 实际上, 人们经常取 $p$ 值作为 $\alpha$, 称为**观测的显著性水平**, 而绕过多余的事先确定的显著性水平 $\alpha$ 及更加多余的 "临界值".

6. **极其荒谬的 "不显著就接受零假设" 说法.** 我国许多教科书都有这种说法. 这等价于 **"只要证据不足以拒绝任何事情, 就意味着肯定该事情".** 比如一个小偷被抓, 然而在抓住他之前他把赃物丢弃, 法庭没有足够证据, 只能把他释放, **但这不能证明他 "不是小偷".** 事实上, 任何假设检验, 只要减少样本量, 就可以把显著变成不显著, 难道这就证明了零假设? 这种荒唐的 "不显著就接受零假设" 的说法在国际上已经被抛弃了近 50 年, 我国的教科书应正视这一点.

## 1.3.2    显著性检验的逻辑错误

> 显著性是数理统计课程的灵魂, 也是逻辑混乱导致错误结论的集中体现. 但这种常人很难理解的逻辑错误被许多统计学家自豪地认为是所谓 "统计思维" 的核心.
>
> 1. **首先, 在假定 (1.3.1)-(1.3.5) 外加零假设 $H_0$ 之下, 如果数据通过较小的 $p$ 值导致了矛盾, 为什么仅仅怀疑 $H_0$?** 实际上所有的人为假定 (1.3.1), (1.3.2), (1.3.3), (1.3.4), (1.3.5) 以及由此导出的分布 (1.3.10)(因而 (1.3.7)) 都值得怀疑! 假设检验包含的简单低级逻辑错误来源于数学上的 "假定" 在传统上是不容置疑的, 但如果在实际问题中还如此认为, 则是反科学的.
>
> 2. **不把假定 (1.3.1)-(1.3.5) 与 $H_0$ 放在一起来质疑,** 实际上是把主观假定与实际

---

[6]显著性水平 $\alpha$ 是在人们很难算出 $p$ 值的时代发明的, 那时人们只能算出 $t = T(\boldsymbol{x})$, 因此, 人们通过查看事先计算好的相应于某些 $\alpha$ 值的称为 "临界值" 的上 $\alpha$ 分位点 $t_\alpha$ 值 (也有文献记为 $t_{1-\alpha}$), 并把自己算出来的 $t$ 和 $(\pm) t_\alpha$ 比较, 来确定是否 "显著".

> 世界混淆了. 没有人能够说得出显著性是源于数据还是源于作出假定 (1.3.1)-(1.3.5) 的大脑.
>
> 3. 此外 $p$ 值多小 ($\alpha$ 的值) 算是 "统计显著"? 采取固定的诸如 $\alpha = 0.05, 0.01, 0.001$ 等完全是既非数学又非科学的 "拍脑袋" 的主观决定, 既没有数学意义也没有科学意义. 难道说 100 个人 (或者 1000 个人) 做亲子鉴定有 5 个鉴定错了就是小概率事件吗?
>
> 4. "不显著就接受零假设" 的说法即使在假定 (1.3.1), (1.3.2), (1.3.3), (1.3.4), (1.3.5) 都满足时也是反科学的.

### 1.3.3 关于正态均值 $\mu$ 的置信区间与相应假设检验的等价性

**置信区间的概念**

记 $t_\alpha$ 是 $t(n-1)$ 分布的上 $\alpha$ 分位点[7](类似地, $t_{\alpha/2}$ 是 $t(n-1)$ 分布的上 $\alpha/2$ 分位点), 根据式 (1.3.7), 得到

$$1-\alpha = P\left(T(\boldsymbol{X}) < t_\alpha\right) = P\left(\frac{\overline{X}-\mu}{S/\sqrt{n}} < t_\alpha\right) = P\left(\overline{X} - \frac{S}{\sqrt{n}}t_\alpha < \mu < \infty\right); \tag{1.3.15}$$

$$1-\alpha = P\left(T(\boldsymbol{X}) > -t_\alpha\right) = P\left(\frac{\overline{X}-\mu}{S/\sqrt{n}} > -t_\alpha\right) = P\left(-\infty < \mu < \overline{X} + \frac{S}{\sqrt{n}}t_\alpha\right); \tag{1.3.16}$$

$$1-\alpha = P\left(|T(\boldsymbol{X})| > t_{\alpha/2}\right) = P\left(\left|\frac{\overline{X}-\mu}{S/\sqrt{n}}\right| < t_{\alpha/2}\right) = P\left(\overline{X} - \frac{S}{\sqrt{n}}t_{\alpha/2} < \mu < \overline{X} + \frac{S}{\sqrt{n}}t_{\alpha/2}\right). \tag{1.3.17}$$

上面的式 (1.3.15)-(1.3.17) 分别说明在假定 (1.3.1)-(1.3.5) 成立的情况下, 固定参数 $\mu$ 以概率 $1-\alpha$ 被**随机区间 (注意: 不是常说的 $(1-\alpha)$ 置信区间) 覆盖**, 上面这三个随机区间中, 前两个是无穷区间 $\left(\overline{X} - \frac{S}{\sqrt{n}}t_\alpha, \infty\right)$ 和 $\left(-\infty, \overline{X} + \frac{S}{\sqrt{n}}t_\alpha\right)$, 第三个是以 $\overline{X}$ 为中心的有穷区间 $\left(\overline{X} - \frac{S}{\sqrt{n}}t_{\alpha/2}, \overline{X} + \frac{S}{\sqrt{n}}t_{\alpha/2}\right)$.

虽然在假定 (1.3.1)-(1.3.5) 下, 式 (1.3.15), (1.3.16), (1.3.17) 中的三个随机区间包含总体均值 $\mu$ 的概率 $(1-\alpha)$, 但随机区间是无法求的. 于是人们用 $\overline{X}$ 的实现值 $\overline{x}$ 及 $S$ 的实现值 $s$ 来代替随机区间中的相应值, 得到三个 **(非随机) 固定区间**

$$\left(\overline{x} - \frac{s}{\sqrt{n}}t_\alpha, \infty\right); \tag{1.3.18}$$

$$\left(-\infty, \overline{x} + \frac{s}{\sqrt{n}}t_\alpha\right); \tag{1.3.19}$$

$$\left(\overline{x} - \frac{s}{\sqrt{n}}t_{\alpha/2}, \overline{x} + \frac{s}{\sqrt{n}}t_{\alpha/2}\right). \tag{1.3.20}$$

这些由一个样本得到的非随机区间被称为**参数 $\mu$ 的 $(1-\alpha)$ 置信区间**, 最常用的是相应于 $\alpha = 0.05$ 的 95% ($= 1-\alpha$) 置信区间. 这些置信区间是固定的 (非随机的), 而 $\mu$ 也是固定的, 在非随机数量之间没有概率可言. **这些区间 "包含 $\mu$ 的概率为 $1-\alpha$" 的说法是错误的**. 这

---

[7]即对于 $t(n-1)$ 分布, $P(T(\boldsymbol{X}) > t_\alpha) = \alpha$.

些区间是否包含 $\mu$ 是永远也不知道的. 人们只能够说: 在假定 (1.3.1)-(1.3.5) 成立的情况下, 如果从总体抽取无穷多个同样样本量 $(n)$ 的样本所得到的区间, 会有大约 $\alpha$ 比例的区间包含 $\mu$, 但目前由一个样本构造的这个区间是否包含 $\mu$ 则不可能知道.

数理统计教科书往往会根据置信区间包含 (或不包含) 某值 (比如 $\mu_0$) 来判断均值是否为 $\mu_0$, 而且往往说: **以 $(1-\alpha)$ 的置信度, 均值等于 (或不等于)$\mu_0$. (下面将说明这种判断和显著性检验中的 "接受"(或 "拒绝") 零假设同等荒谬.)**

**注意: 置信度根本不是概率, $\mu$ 的置信区间和关于 $\mu$ 的显著性检验对于 $\mu$ 的推断是等价的.**

### 置信区间和显著性检验的等价性

考虑在假定 (1.3.1)-(1.3.5) 成立的情况下对于均值 $\mu$ 的 $t$ 检验及区间估计.

(1) 对于检验 $H_0 : \mu = \mu_0 \Leftrightarrow H_a : \mu < \mu_0$ (只有样本均值 $\bar{x} < \mu_0$ 才使用):

$$p\,值 < \alpha\ (\text{``拒绝零假设''})\ 等价于\ \mu_0 \notin \left(-\infty, \bar{x} + \frac{s}{\sqrt{n}}t_\alpha\right);$$

$$p\,值 > \alpha\ (\text{``接受零假设''})\ 等价于\ \mu_0 \in \left(-\infty, \bar{x} + \frac{s}{\sqrt{n}}t_\alpha\right).$$

如果取 $\alpha = p$ 值, 上述 $1 - \alpha$ 置信区间为 $(-\infty, \mu_0)$.

(2) 对于检验 $H_0 : \mu = \mu_0 \Leftrightarrow H_a : \mu > \mu_0$ (只有样本均值 $\bar{x} > \mu_0$ 才使用):

$$p\,值 < \alpha\ (\text{``拒绝零假设''})\ 等价于\ \mu_0 \notin \left(\bar{x} - \frac{s}{\sqrt{n}}t_\alpha, \infty\right);$$

$$p\,值 > \alpha\ (\text{``接受零假设''})\ 等价于\ \mu_0 \in \left(\bar{x} - \frac{s}{\sqrt{n}}t_\alpha, \infty\right).$$

如果取 $\alpha = p$ 值, 上述 $1 - \alpha$ 置信区间为 $(\mu_0, \infty)$.

(3) 对于检验 $H_0 : \mu = \mu_0 \Leftrightarrow H_a : \mu \neq \mu_0$:

$$p\,值 < \alpha\ (\text{``拒绝零假设''})\ 等价于\ \mu_0 \notin \left(\bar{x} - \frac{s}{\sqrt{n}}t_{\alpha/2}, \bar{x} + \frac{s}{\sqrt{n}}t_{\alpha/2}\right);$$

$$p\,值 > \alpha\ (\text{``接受零假设''})\ 等价于\ \mu_0 \in \left(\bar{x} - \frac{s}{\sqrt{n}}t_{\alpha/2}, \bar{x} + \frac{s}{\sqrt{n}}t_{\alpha/2}\right).$$

如果取 $\alpha = p$ 值, 上述 $1 - \alpha$ 置信区间有一个端点等于 $\mu_0$.

考虑例1.1对于均值 $\mu$ 的 $t$ 检验 ($H_0 : \mu = \mu_0 = 0$) 及区间估计.

- 对于 $H_{a1} : \mu < \mu_0 = 0$, 则 95% 置信区间为 $(-\infty, -0.8669947)$, 如果取 $\alpha = p$值, 则 99.85836%置信区间为 $(-\infty, 0)$.
- 对于 $H_{a2} : \mu \neq \mu_0 = 0$, 则 95% 置信区间为 $(-2.4598858, -0.7001142)$, 如果取 $\alpha = p$值, 则 99.71671%置信区间为 $(-3.16, 0)$.

> 显然, 显著性检验和置信区间是完全等价的. 而且, 在显著性水平 $\alpha$ 下因不显著而 "接受零假设" 和 "$(1-\alpha)$ 置信区间包含 $\mu_0$" 完全等价. 在显著性检验被科学家普遍抛弃的今天, 还有理由去浪费年轻人的时间去研究置信区间吗?
>
> 在总体为正态分布的假定下 (或者在为了导致样本均值渐近正态分布的所谓 "大样本" 的情况下), 各种五花八门的显著性检验及相应的置信区间无一能够逃脱上面所说的弊病和逻辑矛盾.

### 1.3.4 究竟有没有必要花那么大功夫去研究均值?

在数理统计中, 绝大部分的推断都是以诸如样本均值或者样本矩的函数这样的统计量为中心的. 对于任何现象的数据, 即使有分布, 均值或样本矩也不一定是对该现象最好的描述, **即使知道均值是多少, 对于该现象背后的本质可能还是一无所知.** 下面以收入为例子来说明.

**例 1.2** 这里引用两个关于收入的报道:

1. 根据报道, 2013 年世界人均年收入为 \$5375, 而中位数为 \$2010[8].
2. 在 2019 年 5 月 30 日, 北京市人力资源和社会保障局、北京市统计局分别发布 2018 年本市平均工资相关数据. 北京市人力资源和社会保障局发布本市 2018 年全口径城镇单位就业人员平均工资为 94258 元, 北京市统计局发布 2018 年本市城镇非私营单位就业人员年平均工资为 145766 元, 城镇私营单位就业人员年平均工资 76908 元.[9]

关于这个例子, 第 1 条显示全世界人均年收入为 \$5375, 仍然不知道多数人的收入状况, 幸亏还有中位数收入, 才对总体收入情况有了很粗浅的概念, 但**中位数收入只有 \$2010 , 比均值收入少了 \$3300, 不到均值的一半! 请问, 这样的均值即使知道了又有什么意义?**

而第 2 条给出了北京市 2018 年三种类型群体的平均收入, **有谁能够从这三个均值中猜测出北京市收入的总体情况?**

> **100 年来, 统计学家花费了大量的精力研究均值这个不靠谱的度量, 值得吗? 引用 George Box 1976 年的费舍尔演讲:**
>
> 一群人可以保持相当的快乐, 玩弄一个可能曾经有意义的问题, 并提出永远不会暴露在危险之中的实用性测试的解决方案. 他们喜欢在会议上互相阅读论文, 而且他们通常很不冒犯. 但是, 我们必定要遗憾的是, 宝贵的人才在历史上可以被善加利用的时期就被浪费了.

---

[8]https://ourworldindata.org/global-economic-inequality.
[9]http://www.bjnews.com.cn/news/2019/05/30/585400.html.

# 第 2 章　经典线性回归

以最小二乘方法为主的经典线性回归是最经典的回归模型, 最早在 210 年前被 Legendre (1805) 提出, 经无数数学家充分研究, 发展到目前的水平. 经典的线性回归已经发展出很多分支, 本章将介绍其中的一些内容.

> 1. 经典的线性最小二乘回归仅仅是上百种回归方法中的一种, 而且其预测精度总体来说并不比机器学习方法优秀, 只是由于它是前计算机时代的最重要的回归方法, 我们对其才首先介绍, 但不必为此耗费太多时间和精力.
> 2. 本章中诸如最小二乘法拟合等各种公式都比较简单, 可以用计算机轻松计算出数值, 完全没有必要过多地深究某些细节甚至手算. 老师自己都不愿意动手的事情, 为什么让学生去做呢? 但是, 有必要让学生了解最小二乘拟合的直观几何意义以及那些基于各种假定的检验所产生结论的局限性和不可靠性.
> 3. 本章介绍的交叉验证方法的原理和实施是必须学会的. 虽然并不是来源于经典统计, 但交叉验证可以用于评价各种有监督学习模型.

## 2.1　模型形式

### 2.1.1　自变量为一个数量变量的情况

顾名思义, **线性模型**意味着假定因变量 $y$ 和自变量 $x$ 之间的关系可以用线性关系来近似. 先考虑 $x$ 为一个数量变量的情况. 这时一般的模型形式为

$$y = \beta_0 + \beta_1 x + \epsilon.$$

这里假定 $x$ 是一个非随机的数目, $\epsilon$ 是模型所无法描述的随机误差项, 假定其均值 $E(\epsilon) = 0$. 因此 $y$ 是一个随机变量, 其均值

$$\mu = E(y) = \beta_0 + \beta_1 x + E(\epsilon) = \beta_0 + \beta_1 x.$$

这显然是平面上的一条截距为 $\beta_0$, 斜率为 $\beta_1$ 的直线. 如果数据包含 $n$ 个观测值, 记为: $(y_1, x_1), (y_2, x_2), \ldots, (y_n, x_n)$[1], 那么, 对应于这个数据的线性模型为

$$y_i = \beta_0 + \beta_1 x_i + \epsilon_i, \ \ i = 1, 2, \ldots, n. \tag{2.1.1}$$

---

[1]注意, 这里所说的 $n$ 个观测值不是 $n$ 个单独的数目, 而是包括因变量和自变量的 $n$ 组数. 就这个模型来说, 每个观测值包含两个数. 一般来说, 如果模型有 $p$ 个自变量及一个因变量, 则每个观测值有 $p + 1$ 个数.

如果记 $\boldsymbol{y} = (y_1, y_2, \ldots, y_n)^\top$, $\boldsymbol{x} = (x_1, x_2, \ldots, x_n)^\top$, $\boldsymbol{\epsilon} = (\epsilon_1, \epsilon_2, \ldots, \epsilon_n)^\top$, 则有向量形式

$$\boldsymbol{y} = \beta_0 + \boldsymbol{x}\beta_1 + \boldsymbol{\epsilon}.$$

## 2.1.2 自变量为多个数量变量的情况

如果有 $p$ 个数量自变量 $x_1, x_2, \ldots, x_p$, 则线性模型的一般形式可以写成

$$y = \beta_0 + \beta_1 x_1 + \beta_2 x_2 + \cdots + \beta_p x_p + \epsilon.$$

如果数据有 $n$ 个观测值, 为 $(y_1, x_{11}, \ldots, x_{1p}), (y_2, x_{21}, \ldots, x_{2p}), \ldots, (y_n, x_{n1}, \ldots, x_{np})$, 那么, 对应于这个数据的线性模型为

$$y_i = \beta_0 + \beta_1 x_{i1} + \beta_2 x_{i2} + \cdots + \beta_p x_{ip} + \epsilon_i, \ \ i = 1, 2, \ldots, n. \tag{2.1.2}$$

如果用 $\boldsymbol{X}$ 表示矩阵

$$\boldsymbol{X} = \begin{pmatrix} 1 & x_{11} & x_{12} & \cdots & x_{1p} \\ 1 & x_{21} & x_{22} & \cdots & x_{2p} \\ \vdots & \vdots & \vdots & & \vdots \\ 1 & x_{n1} & x_{n2} & \cdots & x_{np} \end{pmatrix},$$

记 $\boldsymbol{\beta} = (\beta_0, \beta_1, \ldots, \beta_p)^\top$, $\boldsymbol{y}$ 的均值向量为 $\boldsymbol{\mu} = (\mu_1, \mu_2, \ldots, \mu_n)^\top$, 则相应的线性模型可以写成

$$\boldsymbol{y} = \boldsymbol{\mu} + \boldsymbol{\epsilon} = \boldsymbol{X}\boldsymbol{\beta} + \boldsymbol{\epsilon}.$$

均值向量

$$\boldsymbol{\mu} = E(\boldsymbol{y}) = \boldsymbol{X}\boldsymbol{\beta}.$$

这也可以写成 $\mu_i = \boldsymbol{x}_i^\top \boldsymbol{\beta}$, $i = 1, 2, \ldots, n$, 这里的 $\boldsymbol{x}_i = (1, x_{i1}, \ldots, x_{ip})^\top$.

## 2.1.3 "线性" 是对系数而言

注意, 线性模型的 "线性" 是对参数或系数而言, 例如, 下面的模型也是线性模型:

$$y_i = \beta_0 + \beta_1 \frac{x_{i1}}{x_{i2}} + \beta_2 \log(x_{i2}) + \epsilon_i, \ \ i = 1, 2, \ldots, n.$$

只要定义新自变量 $x_{i1}^* = x_{i1}/x_{i2}$, $x_{i2}^* = \log(x_{i2})$, 模型就可以写成前面的线性模型形式:

$$y_i = \beta_0 + \beta_1 x_{i1}^* + \beta_2 x_{i2}^* + \epsilon_i, \ \ i = 1, 2, \ldots, n.$$

下面的模型也是线性模型 (因变量是 $y$, 自变量是 $x_1, x_2$, $\epsilon$ 是误差):

$$y = \alpha x_1^{\beta_1} x_2^{\beta_2} e^\epsilon.$$

两边取对数, 得到

$$\log(y) = \log(\alpha) + \beta_1 \log(x_1) + \beta_2 \log(x_2) + \epsilon.$$

只要定义新的因变量为 $y^* = \log(y)$, 新的自变量为 $x_1^* = \log(x_1)$, $x_2^* = \log(x_2)$, 参数 $\beta_0 = \log(\alpha)$, 就有模型

$$y^* = \beta_0 + \beta_1 x_1^* + \beta_2 x_2^* + \epsilon.$$

**评论:** 线性模型对数据及数据之间的关系给出了非常强的约束和假定. 我们在对实际数据假定任何模型时, 必须考虑这些假定的合理性. 如果模型假定错了, 表面再漂亮的结果也是没有意义的.

## 2.2  用最小二乘法估计线性模型

有了假定的线性模型形式, 如何估计出模型的参数呢? 不同的准则或要求会得到不同的结论. 本节介绍的最小二乘法就是众多估计方法之一, 也是最古老和最经典的方法.

### 2.2.1  一个数量自变量的情况

对于一个数量自变量的模型

$$y_i = \beta_0 + \beta_1 x_i + \epsilon_i, \ \ i = 1, 2, \dots, n.$$

如果要用具有 $n$ 个观测值 $(y_1, x_1), (y_2, x_2), \dots, (y_n, x_n)$ 的数据来估计未知系数的值, 也就是要试图寻找一条直线 $y = \beta_0 + \beta_1 x$ (等价于寻找截距 $\beta_0$ 和斜率 $\beta_1$), 使得因变量 $\boldsymbol{y} = (y_1, y_2, \dots, y_i)$ 和该直线之间的称为误差[2]的竖直距离 $y_i - (\beta_0 + \beta_1 x_i), i = 1, 2, \dots, n$,[3]的某种综合度量最小.

要衡量这些 $y_i$ 到直线的综合距离不能简单地对上面的误差求和, 因为误差有正有负, 可以抵消. 一般选用一个称为**损失函数**的凸函数[4]$\rho()$, 并且估计使得下式最小的参数 $\beta_0$ 和 $\beta_1$:

$$S = \sum_{i=1}^{n} \rho(y_i - (\beta_0 + \beta_1 x_i)).$$

损失函数的选择有很多, 但最经典的 $\rho()$ 为二次函数, 这时上式为

$$S = \sum_{i=1}^{n} (y_i - (\beta_0 + \beta_1 x_i))^2.$$

使得此式最小的 $\beta_0$ 和 $\beta_1$ 称为系数的**最小二乘估计**[5], 估计量一般记为 $\hat{\beta}_0$ 和 $\hat{\beta}_1$. 这里的 $S$ 称为**误差平方和** (sum of squares of errors, SSE) 或者称为**残差平方和** (residual sum of squares, RSS) . 这种估计方法叫**最小二乘法** (least square method).

实际上损失函数也可以取绝对值或者其他不对称的函数形式. 这里取二次函数是因为

---

[2]也称为残差.
[3]这里使用竖直距离而不是几何上的距离, 是因为我们关心的是因变量方向的变化.
[4]这里所说的凸函数是指下凸 (convex), 而不是上凸 (concave).
[5]在中国古代, 平方称为 "二乘", 故得此名.

在计算机不发达的过去, 二次函数有简单及导数连续等数学上容易处理的特点而被长期采用. 选取什么样的损失函数应该根据所面对问题的本质来确定. 在实践中, 损失往往并不对称, 比如, 买卖中多给或少给货品对于买家和卖家的损失就不对称, 制造业偏离标准尺寸多或者少的损失也大不一样.

**评论: 选取最小二乘法本身就假定了损失的对称形式, 而在多种对称损失函数下选择二次函数完全是主观的决定. 在实际的数据分析中, 必须考虑这种选择是否合理.**

为了估计 $\beta_0$ 和 $\beta_1$, 需要对 $S$ 关于 $\beta_0$ 和 $\beta_1$ 求偏导数, 并使其为 0, 得到所谓**正规方程组** (normal equations):

$$\frac{\partial S}{\partial \beta_0} = -2 \sum_{i=1}^{n} (y_i - \beta_0 - \beta_1 x_i) = 0,$$
$$\frac{\partial S}{\partial \beta_1} = -2 \sum_{i=1}^{n} (y_i - \beta_0 - \beta_1 x_i) x_i = 0.$$

解之得到

$$\hat{\beta}_1 = \frac{\sum_{i=1}^{n}(x_i - \bar{x})(y_i - \bar{y})}{\sum_{i=1}^{n}(x_i - \bar{x})^2}, \quad \hat{\beta}_0 = \bar{y} - \hat{\beta}_1 \bar{x}. \tag{2.2.1}$$

这里 $\bar{x} = \sum_{i=1}^{n} x_i/n$ 和 $\bar{y} = \sum_{i=1}^{n} y_i/n$ 分别是 $x$ 变量和 $y$ 变量的样本均值.

通常称 $\hat{y}_i = \hat{\beta}_0 + \hat{\beta}_1 x_i$ 为 $y$ 在回归直线上 $x = x_i$ 处的**拟合值** (fitted value), 这时 $y$ 到直线的竖直距离 $e_i = y_i - \hat{y}_i$ 称为**残差**[6], 因而前面的误差平方和 (SSE) 也称为**残差平方和** (RSS).

在 R 软件中, 运行最小二乘回归的结果包括参数估计值、$n$ 个残差、$n$ 个拟合值以及其他许多输出. 完全用不着套用式 (2.2.1) 来计算.

下面用一个简单例子来说明刚刚介绍的一些概念.

**例 2.1** (cars.csv) **汽车数据**. 该数据是 20 世纪 20 年代的 50 辆汽车的车速 (speed) 和刹车距离 (dist) 的记录, 该数据包含在 R 的基本程序包 `datasets` 中[7], 数据名为 `cars`. 数据来自 Ezekiel(1930), 参见 McNeil(1977).

由于只有两个变量, 我们用下面的代码产生了图2.2.1中两幅图:

```
par(mfrow=c(1,2))
plot(dist~speed, cars)
plot(dist^0.4~speed, cars,
    ylab=expression(dist^0.4))
```

图2.2.1的左图显示的是 dist 到 speed 的散点图 (即纵坐标代表 dist, 横坐标代表 speed). 两个变量似乎不那么 "线性"(看上去呈下凸模式), 为此我们把 dist 做一个幂为 0.4 的指数变换 (见2.2.2节), 这相应于图2.2.1中的右图, 该图为 dist 的 0.4 次指数幂 ($dist^{0.4}$) 对 speed 的散

---

[6]严格地说, 这里是最小二乘回归的残差. 任何拟合都会产生相应的残差. 术语 "残差"(residual) 不是最小二乘回归专有的.

[7]R Core Team (2015). R: A language and environment for statistical computing. R Foundation for Statistical Computing, Vienna, Austria. URL http://www.R-project.org/.

点图. 这个图看上去比左图要 "线性" 些. 因此, 在这个例子中, 我们打算以 dist(距离) 的 0.4 次幂作为因变量, speed 作为自变量做回归.

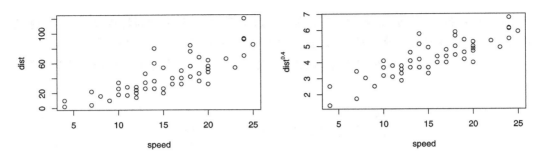

**图 2.2.1    例2.1 dist 对 speed 的散点图 (左) 及 dist$^{0.4}$ 对 speed 的散点图 (右)**

用 $y$ 表示 dist$^{0.4}$, 用 $x$ 表示 speed, 则希望建立的线性回归模型为

$$y_i = \beta_0 + \beta_1 x_i + \epsilon_i, \ i = 1, 2, \ldots, 50.$$

利用 R 代码 (a=lm(dist^0.4~speed, cars)) 很容易算出式 (2.2.1) 中的最小二乘回归系数的估计:

```
Call:
lm(formula = dist^0.4 ~ speed, data = cars)

Coefficients:
(Intercept)        speed
    1.4823       0.1823
```

即 $\hat{\beta}_0 = 1.48$, $\hat{\beta}_1 = 0.18$. 也就是说估计的最小二乘回归直线为

$$y = 1.48 + 0.18x \quad \text{或者} \quad \text{dist}^{0.4} = 1.48 + 0.18\,\text{speed}.$$

上面用的回归函数 lm (lm 是 linear model 的缩写) 是用得最广泛的函数之一. 在函数 lm 中, 符号 "~" 的左边是数据中因变量的名字 (这里包括 0.4 次幂), 右边是自变量, 第三项是数据名称 (这里是 cars). 如果数据名称没有写在第三项, 则要写全, 比如 data=cars. 本书所介绍的回归和分类的很大部分代码都采用类似的格式. 虽然我们在函数 lm 中只写了包括因变量和自变量的公式及数据名称两项, 实际上还有很多选项, 它们都有自己的默认值, 只是在这里我们没有试图去改变这些值而已.

由于我们在代码 (a=lm(dist^0.4~speed, cars)) 中把输出放在对象 a 中, 因此在对象 a 中包括很多结果, 可以用代码 names(a) 来看有些什么结果, 得到

```
[1] "coefficients"  "residuals"  "effects"   "rank"
[5] "fitted.values" "assign"     "qr"        "df.residual"
[9] "xlevels"       "call"       "terms"     "model"
```

显然上面输出的第一个是系数, 可以用 a\$coefficients 或者 a\$co 来得到 (不能用 a\$c, 因为还有一个 a\$call 也是以字母 c 打头的). 再者, 可以利用代码 a\$fit 得到 50 个拟合值 $\hat{y}_i$, 利用代码 a\$res 得到 50 个残差 $e_i$, 等等. 而图2.2.2显示了例2.1的 $y$ (dist$^{0.4}$) 对 $x$ (speed) 的散点图以及回归直线 $y = \hat{\beta}_0 + \hat{\beta}_1$. 图2.2.2还显示了从各个样本点 $(x_i, y_i)$ 到拟合直线上拟合值 $(x_i, \hat{y}_i)$ 的竖直线段, 这里每条线段的长度相应于残差的大小. 在回归直线上面的点产生正残差, 在下面的点产生负残差. 产生该图的代码为

```
n=nrow(cars)
a=lm(dist^0.4~speed, cars)
plot(dist^0.4~speed, cars,ylab=expression(dist^0.4),cex=1.5)
abline(a)
for (i in 1:n)
  segments(cars[i,1],cars[i,2]^0.4,cars[i,1],a$fitted[i])
```

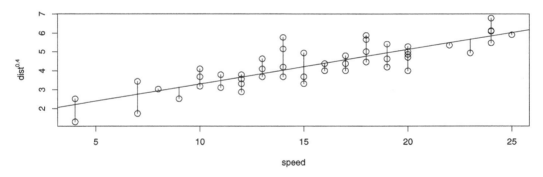

**图 2.2.2　例2.1 dist$^{0.4}$ 对 speed 的散点图, 回归直线及显示残差的线段**

如果用代码 summary(a) 及 anova(a) 还可以输出更多的结果, 大多和后面讨论的对系数的推断有关, 但 summary(a) 有一个输出为

```
Multiple R-squared:  0.7132,    Adjusted R-squared:  0.7072
```

称为可决系数 (coefficient of determination)[8]的 $R^2 = 0.7132$, 称为调整的可决系数的 $\bar{R}^2 = 0.7072$. 可决系数定义为

$$R^2 = 1 - \frac{\sum_{i=1}^{n}(y_i - \hat{y})^2}{\sum_{i=1}^{n}(y_i - \bar{y})^2}.$$

调整的可决系数定义为

$$\bar{R}^2 = 1 - (1 - R^2)\frac{n-1}{n-p-1},$$

---

[8]也称为测定系数、确定系数等.

这里 $p$ 是自变量的个数. 可决系数接近于 1 意味着残差平方和很小. 因此可决系数是衡量拟合的一个度量. 调整的可决系数是为了避免因自变量增加 $R^2$ 过大而设. 容易验证, $\bar{R}^2 < R^2$; 当 $n$ 大的时候, $\hat{R}^2$ 和 $R^2$ 差不多. 另外, $\bar{R}^2$ 可能会是负数.

**评论: 有些人荒谬地把由训练集得到的 $R^2$ 是否接近于 1 看成判断模型好坏的标准, 这是极其片面的. 如果用铅笔信手把图上的样本点用任意曲线 (或线段) 连接起来, 得到的曲线也是回归曲线, 而且由于 $y_i = \hat{y}_i$, 导致 $R^2 = 1$. 但没有人会认为你用铅笔画的模型有多少用处. 此外, 在回归模型中如果没有常数项 (截距), $R^2$ 及 $\bar{R}^2$ 没有多大意义, 甚至完全没有意义.**

### 2.2.2 指数变换

当因变量和自变量的点图看上去不那么均匀地 "线性" 时, 还有当因变量看上去不那么符合后面要叙述的 "基本假定"(2.4.1节) 时, 人们往往考虑对因变量做指数变换或对数变换 (其统一形式为 Box-Cox 变换).

变换能不能解决问题呢? 我们已经对例2.1的变量 dist 做了幂为 0.4 的指数变换. 现在解释一下这个幂是如何得到的. 利用程序包 MASS[9]中的 boxcox() 函数可以找到回归中的 Box-Cox 变换的参数 $\lambda$. 原始的 Box-Cox 变换 (Box & Cox. 1964) 的公式为

$$y^{(\lambda)} = \begin{cases} \dfrac{y^\lambda - 1}{\lambda}, & \lambda \neq 0; \\ \ln(y), & \lambda = 0. \end{cases}$$

这个公式是为了统一指数变换和对数变换而设计. 在实际应用中, 如果确定了 $\lambda$, 可以直接用指数或对数变换, 不必套用这个公式, 回归效果是一样的. 对例2.1利用 boxcox() 函数寻找使得对数似然函数最大的 $\lambda$, 得到输出 0.424, 并得到图形 (见图2.2.3), 该图显示对数似然函数的最高点出现的位置 ($\lambda = 0.424$).

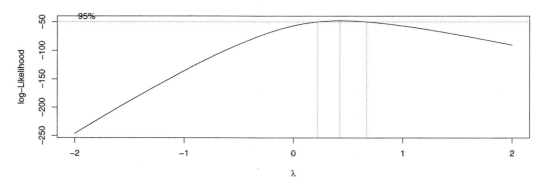

**图 2.2.3　例2.1 对 dist 寻求 Box-Cox 变换的参数 $\lambda$**

同时得到图2.2.3及 0.424 的 R 运算代码如下:

---

[9]Venables, W. N. & Ripley, B. D. (2002) *Modern Applied Statistics with S*, Fourth Edition, Springer. New York, ISBN 0-387-95457-0.

```
library(MASS)
b=boxcox(dist~speed, data=cars)
b$x[which(b$y==max(b$y))]
```

根据这些结果, 我们在前面例2.1的线性模型中对变量 dist 做了幂为 0.4 的指数变换.

对于经济数据和其他变量为正数的数据, 人们往往对变量做对数变换, 以把其值域从正实轴变换到整个实轴. 指数变换 (或对数变换) 可以改变样本分布的形状, 往往可以把单峰的偏态分布变换得更加对称.

**评论: 指数 (或对数) 变换并不是万能的, 绝对不能对其期望过高. 变换的目的仅仅是弥补充满主观数学假定的线性模型的缺陷. 事实上, 对于很多没有这些主观数学假定的机器学习模型来说, 指数变换 (或者任何保序变换) 对拟合或预测结果没有丝毫影响.**

### 2.2.3 多个数量自变量的情况

在多个自变量的情况下, 模型为

$$y = \mu + \epsilon = X\beta + \epsilon.$$

这时最小二乘法需要最小化 $(y - X\beta)^\top (y - X\beta)$, 即

$$\min_{\beta}\{(y - X\beta)^\top (y - X\beta)\} = \min_{\beta}\{y^\top y - 2y^\top X\beta + \beta^\top X^\top X\beta\},$$

这导致正规方程[10]

$$\frac{\partial(y^\top y - 2y^\top X\beta + \beta^\top X^\top X\beta)}{\partial\beta} = -2X^\top y + 2X^\top X\beta = 0,$$

从而得到

$$\hat{\beta} = (X^\top X)^{-1}X^\top y. \tag{2.2.2}$$

则有

$$\hat{y} = X\hat{\beta} = X(X^\top X)^{-1}X^\top y. \tag{2.2.3}$$

前面关于一个数量自变量的式 (2.2.1) 是式 (2.2.2) 的特例. 由于矩阵 $H = X(X^\top X)^{-1}X^\top$ 作用于 $y$ 产生 $\hat{y}$ ($Hy = \hat{y}$), 也就是说 $H$ 给 $y$ 戴 "帽子", 因此 $H$ 也称为帽子矩阵[11]. 帽子矩阵把 $y$ 投影到 $X$(所张成的) 空间上, 而 $I - H$ 把 $y$ 投影到和 $X$(所张成的) 空间的正交空间上, 得到残差 $e$:

$$e = (I - H)y = y - X(X^\top X)^{-1}X^\top y = y - \hat{y}. \tag{2.2.4}$$

---

[10]二次型 $\beta^\top A\beta$ 关于向量 $\beta$ 的导数为

$$\frac{\partial A\beta}{\partial\beta} = 2\beta^\top A \text{ 或 } 2A\beta.$$

[11]帽子矩阵 (hat matrix) 也称为预测矩阵 (prediction matrix).

显然残差 $e$ 和 $X$ 空间正交, 当然也和 $X$ 空间中的 $\hat{y}$ 正交. 残差平方和为 $e^{\top}e$.

图2.2.4为最小二乘法的投影示意图. 图2.2.4中的因变量向量 $y$ 到 $X$ 所张成的空间的投影为向量 $\hat{y}$, 而这两个向量的差为 $e = y - \hat{y}$.

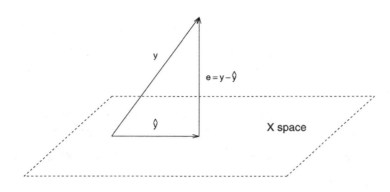

**图 2.2.4　$y$ 到 $X$ 所张成的空间的投影示意图**

估计参数的公式 (2.2.2), 很容易记, 但不易手算, 当然用 R 软件中的 `lm` 函数可以直接得到, 即使完全按照上面式 (2.2.2) 通过计算机代码得到这些估计值、拟合值或残差等也非常方便. 下面利用一个例子来说明.

**例 2.2** (rock.csv) **岩心数据**. 在储油层的 12 个岩芯样品中, 每个取 4 个横截面采样, 得到 48 个样本的 perm(透气性), area(孔隙总面积), peri(孔隙总周长), 和 shape(形状) 等 4 个变量. 该数据包含在 R 的基本程序包 `datasets` 中[12], 数据名为 `rock`. 用代码 `plot(rock)` 产生的图2.2.5显示的是各个变量间的两两散点图. 从这个图中看不到因变量 perm 和其他变量之间明显的线性模式. 倒是在 area 和 peri 之间有些线性关系的特征. 无论如何, 我们先试试用线性模型来近似这个现象.

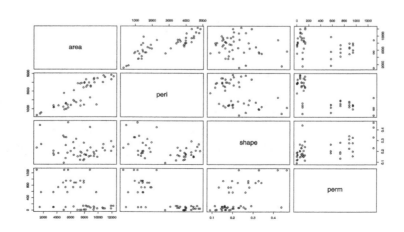

**图 2.2.5　例2.2 各个变量间的两两散点图**

---

[12]R Core Team (2015). R: A language and environment for statistical computing. R Foundation for Statistical Computing, Vienna, Austria. URL http://www.R-project.org/.

于是, 打算以 perm (透气性) 作为因变量, 其他 3 个变量作为自变量做回归. 为此, 用 $y$ 表示 perm, 用 $x_1, x_2, x_3$ 分别表示 area, peri, shape, 则希望建立的线性回归模型为

$$y_i = \beta_0 + \beta_1 x_{i1} + \beta_3 x_{i2} + \beta_3 x_{i3} + \epsilon_i, \ i = 1, 2, \ldots, 48.$$

利用代码 (a=lm(perm~.,rock)) 可以得到式 (2.2.2) 表示的系数估计:

```
Call:
lm(formula = perm ~ ., data = rock)

Coefficients:
(Intercept)          area          peri         shape
   485.61797       0.09133      -0.34402     899.06926
```

也就是说, 拟合的最小二乘回归直线为

$$y = 485.62 + 0.09x_1 - 0.34x_2 + 899.07x_3.$$

还可以利用代码 a$fit 得到 48 个拟合值 $\hat{y}_i$, 利用代码 a$res 得到 48 个残差 $e_i$, 等等. 如果直接用式 (2.2.2) 来计算, 可以得到同样的结果, 代码如下 (第一行代码为在 $\boldsymbol{X}$ 矩阵中加上相应于截距的一列 1):

```
X=as.matrix(cbind(1,rock[,-4]))
Y=rock[,4]
solve(t(X)%*%X)%*%t(X)%*%Y
```

得到各个参数

```
            [,1]
1     485.61797447
area    0.09133379
peri   -0.34402460
shape 899.06925984
```

用式 (2.2.3) 得到拟合值及用式 (2.2.4) 计算残差的代码如下:

```
H=X%*%solve(t(X)%*%X)%*%t(X)#帽子矩阵
H%*%Y  #拟合值
(diag(48)-H)%*%Y #(I-H)Y: 残差
```

执行代码 summary(a) 和 anova(a) 可输出更多的结果, 包括可决系数及下一节要介绍的对于系数的推断等内容.

### 2.2.4 自变量为定性变量的情况

数据中的定性变量 (也称分类变量、属性变量、示性变量等) 的各个水平或者用字符 (字符串) 表示, 或者用哑元表示. 比如, 性别中的男、女可以用 "Male" 和 "Female" 表示, 也可以用 0 和 1 这样的哑元来表示. 在 R 中的函数 lm 会自动把具有字符串水平的变量识别为定性变量, 但会把哑元水平的定性变量自动当成数量变量处理. 因此在使用函数 lm 拟合之前, 必须在程序中用函数 factor() 把用哑元代表水平的变量转换成定性变量. 但是在内部具体计算时, 被当成定性变量的每个水平都会被软件自动转换成为一个由 0 和 1 组成的变量, 有几个水平就变成几个变量. 比如下面是一个假想的数据集 (可以用 w=read.table("tt.txt",header=T,stringsAsFactors = TRUE) 获得), 其中 Age 和 Sex 为分别用整数及字符表示水平的两个定性自变量, Income 是因变量:

```
     Age Sex Income
1     2   M   4102
2     1   M   3756
3     2   F   2762
4     3   M   3987
5     1   F   3741
6     1   F   3089
7     1   F   2045
8     1   F   2805
9     2   F   3926
10    2   M   3483
```

这里 Age (年龄) 是定性变量, 其水平是哑元: 1、2、3 分别代表青年、中年、老年; Sex (性别) 为字符代表的定性变量. 如果这个数据名为 w, 在用诸如 lm 等函数做回归时, 必须先用代码 w[,1]=factor(w[,1]) 来把 Age 识别为定性变量. 在数学上, 也就是在计算机内部, 把该数据转换成 (加上全部为 1 的截距项) 下面的 $(X, Y)$ 形式 (这个格式的数据存在文件 tt0.txt 中):

```
Intercept Age1 Age2 Age3 SexF  SexM Income
       1    0    1    0    0     1   4102
       1    1    0    0    0     1   3756
       1    0    1    0    1     0   2762
       1    0    0    1    0     1   3987
       1    1    0    0    1     0   3741
       1    1    0    0    1     0   3089
       1    1    0    0    1     0   2045
       1    1    0    0    1     0   2805
       1    0    1    0    1     0   3926
       1    0    1    0    0     1   3483
```

这里的 Age1 为年龄等于哑元 1 的示性向量 (可用 1*(w$Age==1) 得到), Age2 为年龄等于哑元 2 的示性向量 (可用 1*(w$Age==2) 得到), Age3 为年龄等于哑元 3 的示性向量 (可用 1*(w$Age==3) 得到), SexF 为性别为 "F" 的示性向量 (可用 1*(w$Sex=="F") 得到),
SexM 为性别为 "M" 的示性向量 (可用 1*(w$Sex=="M") 得到).

但是, 其中 $X$ 矩阵共线, Age1+Age2+Age3 与 SexM+SexF 都等于 Intercept. 按
照统计学术语, 与 Age 和 Sex 有关的系数是不可估计的, 要想求出拟合方程必须加上约束条
件, R 的默认约束是把定性变量第一个因子的参数定义为 0. 什么是第一个因子呢? 按照习
惯的 "字典" 排列顺序, Age 的哑元水平 "1" 是第一个 (即 Age1), Sex 的水平 "F" 是第一个
(即 SexF), 当然你也可以人工改变水平的顺序. 在 $X$ 矩阵中就相当于去掉相应的列, 得到实
际参加运算的 $(X, Y)$ 为

```
     Intercept Age2 Age3 SexM    Y
 [1,]        1    1    0    1 4102
 [2,]        1    0    0    1 3756
 [3,]        1    1    0    0 2762
 [4,]        1    0    1    1 3987
 [5,]        1    0    0    0 3741
 [6,]        1    0    0    0 3089
 [7,]        1    0    0    0 2045
 [8,]        1    0    0    0 2805
 [9,]        1    1    0    0 3926
[10,]        1    1    0    1 3483
```

或者以矩阵形式表示:

$$X = \begin{pmatrix} 1 & 1 & 0 & 1 \\ 1 & 0 & 0 & 1 \\ 1 & 1 & 0 & 0 \\ 1 & 0 & 1 & 1 \\ 1 & 0 & 0 & 0 \\ 1 & 0 & 0 & 0 \\ 1 & 0 & 0 & 0 \\ 1 & 0 & 0 & 0 \\ 1 & 1 & 0 & 0 \\ 1 & 1 & 0 & 1 \end{pmatrix}; \quad Y = \begin{pmatrix} 4102 \\ 3756 \\ 2762 \\ 3987 \\ 3741 \\ 3089 \\ 2045 \\ 2805 \\ 3926 \\ 3483 \end{pmatrix}.$$

这个变换后的数据可以用下面的代码得到:

```
x=read.table("tt0.txt",header=T);x=as.matrix(x)
X=x[,-c(2,5,7)];Y=x[,7]
```

于是, 我们用代码 solve(t(X)%*%X)%*%t(X)%*%Y 来按照计算公式 $\hat{\beta} = (X^\top X)^{-1} X^\top Y$
计算参数的估计值, 得到

```
Intercept 2963.0556
Age2       294.8333
Age3       403.2222
SexM       620.7222
```

而直接用 R 函数 lm 拟合的代码为:

```
w[,1]=factor(w[,1])
(a=lm(Income~.,w))
```

得到和直接用公式计算同样的结果:

```
Call:
lm(formula = Income ~ ., data = w)

Coefficients:
(Intercept)          Age2          Age3          SexM
     2963.1         294.8         403.2         620.7
```

这个输出是什么意义呢? 对于定性变量而言, 它们不是斜率, 而是各种截距. 用 $y$ 表示 Income, 用 $\alpha_i$ $(i = 1, 2, 3)$ 表示 Age 的 3 个水平, $\beta_j$ $(j = 1, 2)$ 表示女性和男性. 于是这里估计的线性模型是

$$\hat{y} = \hat{\mu} + \hat{\alpha}_i + \hat{\beta}_j, \ i = 1, 2, 3, \ j = 1, 2,$$

而根据计算机输出, 各个参数的估计值为:

$$\hat{\mu} = 2963.1, \ \hat{\alpha}_1 = 0 \,(默认), \ \hat{\alpha}_2 = 294.8, \ \hat{\alpha}_3 = 403.2, \ \hat{\beta}_1 = 0 \,(默认), \ \hat{\beta}_2 = 620.7.$$

显然, 最终拟合的线性模型仅仅是 6 个不同的数目 $(3 \times 2 = 6)$. 当然, 除了把一个水平的效应设为 0 作为约束之外, 还可以采用别的约束条件. 这说明, 这些定性变量水平对因变量只有相对 (于其他水平的) 意义, 没有绝对意义. **注意: 无论选择哪个水平的效应为 0 或者诸如各水平效应之和为 0 等其他约束条件, 无论模型中有没有统一的截距项 $\mu$, 最后得到的 6 个截距项是不会改变的. 此外, 对于大多数机器学习方法, 为避免共线性而做的任何约束是没有必要的.**

## 2.3  回归系数的大小没有可解释性

很多人认为机器学习方法没有可解释性, 而线性回归有很好的可解释性, 这说明他们既不了解机器学习的很多重要方法, 也不清楚线性回归的本质. 我们将用下面的例子说明.

**例 2.3** (Boston.csv) **波士顿房价数据**. 这个数据是美国 1970 年人口普查波士顿 506 个普查区域的房屋数据. [13] 数据有 14 个变量的 506 个观察值, 其中, MEDV (自住房屋房价中位数,

---

[13]Newman, D.J. & Hettich, S. & Blake, C.L. & Merz, C.J. (1998). UCI Repository of machine learning databases [http://www.ics.uci.edu/~mlearn/MLRepository.html]. Irvine, CA: University of California, Department of Information and Computer Science.

单位: 1000 美元) 是目标变量, 其他变量包括: CRIM (按城镇的人均犯罪率), ZN (占地面积超过 25000 平方英尺的住宅用地的比例), INDUS (每个镇的非零售业务比例), CHAS (有关查尔斯河的虚拟变量, 如果挨着河则为 1, 否则为 0), NOX (一氧化氮浓度, 单位: ppm), RM (平均每套住房的房间数量), AGE (1940 年以前建成的自住单位的年龄比例), DIS (五个波士顿就业中心的加权距离), RAD (高速公路的可达性指数), TAX (每万美元全价物业值的财产税率), PTRATIO (城镇学生与教师的比例), B (下面公式的结果: $1000(B - 0.63)^2$, 公式中 $B$ 是城镇黑人的比例), LSTAT (低收入人口比例). 我们将用 MEDV (自住房价中位数) 作为回归的因变量.

### 2.3.1　"皇帝的新衣"

有很多回归教科书声称:

线性回归某系数值是在其他变量不变时相应变量增加一个单位对因变量的贡献.　　(2.3.1)

这完全是在各个变量互相独立的主观假定之下做的结论, 但实行多自变量回归本身就意味着这些自变量并不独立, 说法 (2.3.1) 是完全站不住脚的.

实际上, 在多个自变量的情况下那些**单独系数的估计值** $\{\hat{\beta}_i\}$ **的大小完全没有可解释的意义**. 下面就例2.3数据的线性回归系数在多自变量回归及单自变量回归下的值做对比. 这里我们对每个自变量都做没有截距的单自变量回归, 同时也对所有自变量做没有截距的多重回归, 然后比较相同变量在这两种回归中的系数. 结果展示在图2.3.1中.

图2.3.1显示, 这两种回归的系数无论是大小还是符号差别甚远, 前面引用的说法 (2.3.1) 实际上是皇帝的新衣. **由于对多重共线性回归单独系数大小没有任何可解释性, 通常回归教材花费大量篇幅对这些系数做各种推断没有任何意义. 实际上, 仅当各个自变量观测值的列向量正交时, 这两种没有截距的系数才应该相等.**

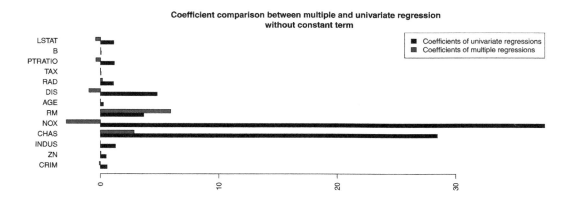

**图 2.3.1　例2.3数据的线性回归系数在多自变量及单自变量回归时的对比**

图2.3.1是用下面代码产生的:

```
w=read.csv('boston.csv')
nm=names(w)
fo=list()
for(i in 1:13) fo[[i]]=formula(paste(nm[14],"~",nm[i],"-1"))
sbeta=vector()
for(i in 1:13)  sbeta[i]=lm(fo[[i]],w)$coef
mbeta=lm(MEDV~.-1,w)$coef
b=data.frame(sbeta,mbeta)
row.names(b)=nm[-14]
barplot(t(b),beside = T,col = 1:2,las=2,cex.names = 1,horiz = T)
title("Coefficient comparison between multiple and univariate regression
   without constant term")
legend("topright",c("Coefficients of univariate regressions",
   "Coefficients of multiple regressions"),fill = c("black", "red"))
```

事实上, 在线性回归中, 观测值大小的改变或者变量的增减都可能使得系数估计产生大幅度变化, 对于系数的任何显著性检验都是浪费精力和光阴.

### 2.3.2 最小二乘线性回归仅仅是回归方法之一, 过多的延伸是浪费

最小二乘线性回归方法在得到式 (2.2.2) 或式 (2.2.3) 之后就完全可以用作预测模型了. 但是, 以模型驱动的思维方式促使一群天才的数学家, 在各种完全脱离实际但利于发表论文的主观假定下, 令最小二乘线性回归朝着看上去很漂亮但缺乏实际意义的方向发展. 有的回归分析教科书的相关内容就是基于此介绍的.

我们总结一下最小二乘线性回归对数据关系的各种主观假定及选择:

- **模型的线性结构假定.** 世界上有多少关系是线性的? 对于数学来说, 线性假定使得所有演绎和计算变得很容易, 也使得模型简单和看上去 "易于解释".
- **线性模型误差项的可加性假定.** 如果没有误差项的可加性 (或做了诸如对数变换后的可加性) 的假定, 很多数学结论都无法导出.
- **二次损失函数的选择.** 二次损失函数使得计算和推导很方便, 在计算机时代人们基于同样是对称的绝对值损失函数产生所谓 "最小一乘回归", 但基本思路和最小二乘回归相差不大.
- **数据的正态性假定, 或者数据是大样本的假定.** 这是为了基于样本均值的正态性做各种显著性检验的最根本假定. 没有这些假定, 数理统计就会缺少绝大部分领地.
- **其他数学假定.** 为了论文中的演绎顺利进行并得到结论, 各种文章对数据附加了各种各样的无法验证的假定, 无法穷举. 但没有什么人去讨论这些假定不满足对结论所造成的后果.

基于线性模型及有关的各种主观假定几十年中发展出一个线性统计推断领域, 产生了成千上万的论文. 其中相当大一部分都是涉及渐近正态性的所谓 "大样本定理", 著名统计学家吴建福在报告《统计学者的工作及风范: 灵感、抱负、雄心》中提及

**J.Friedman** 把这一类 "大样本定理" 的研究内容取名为 "大样本乌托邦" (Asymptopia). 吴建福指出, 这些研究所使用的方法已经形成一些套路, 即通过做泰勒级数展开, 把尾项丢掉, 就可以得到人们想要的结果. 吴建福把套路中使用最多的数学称为 "高级泰勒展开", 所谓 "自鸣得意泰勒展开" (Gloried Taylor Series Expansions). 参见吴建福 (2011).

　　对实际数据强加的沉重数学假定把数据科学简单化, 也遏制了与数据科学相关的数学方法的发展. 这些都是历史, 本书作介绍, 但不宜让这些内容耽误年轻一代.

## 2.4　关于线性回归系数的性质和推断 *

　　我们前面指出, 线性回归系数没有可解释性, 而基于显著性的推断也没有什么意义, 因此本节关于系数的推断更是显得多余. 但这是前计算机时代的历史, 最好有所了解. 本节可作为参考内容, 不列入教学计划, 在标题上做了星号标记, 全书余同.

　　这一部分是在关于数据的若干假定之下所作的假设检验和置信区间等等. 首先, 做与模型 (2.1.2)(包括模型 (2.1.1)) 有关的数学或概率假定, 只有在这些数学假定下本节的各种结论才能够成立.

### 2.4.1　基本假定

1. 误差 $\epsilon_i, i = 1, 2, \ldots, n$ 为同样分布的互不相关的随机变量, 均值为 $E(\epsilon_i) = 0$, 方差为 $\text{Var}(\epsilon_i) = \sigma^2$. 这个假定导出不同的 $y_i$ 不相关, 以及 $\boldsymbol{\mu} = E(\boldsymbol{Y}) = \boldsymbol{X}^\top \boldsymbol{\beta}$ 及 $\text{Var}(\boldsymbol{Y}) = \sigma^2 \boldsymbol{I}$ 等推论.
2. 误差 $\epsilon_i \sim N(0, \sigma^2)$, 由于它们不相关, 正态性导致它们独立, 即 $\boldsymbol{\epsilon} \sim N(\boldsymbol{0}, \boldsymbol{I}\sigma^2)$. 因此有变量 $y_i \sim N(\boldsymbol{x}_i^\top \boldsymbol{\beta}, \sigma^2)$.

**评论: 误差项独立同正态分布的假定非常强, 而且永远无法证实. 这些假定意味着: "所用的线性模型是完全正确的, 仅仅存在一些由 $\epsilon_i$ 代表的随机误差, 这些随机误差不包括模型未描述的现实世界." 所有基于这些无法验证的 "基本假定" 得到的结论在实际应用中是完全不可靠的.**

**基本假定下, $\beta$ 的最小二乘估计也是最大似然估计**

　　在基本假定下, 前面回归系数的最小二乘估计也是最大似然估计. 由于对数似然方程为

$$\log L(\beta, \sigma^2) = -\frac{n}{2}\log(2\pi\sigma^2) - \frac{1}{2}\sum_{i=1}^{n}\frac{(y_i - \mu_i)^2}{\sigma^2}, \tag{2.4.1}$$

这里 $\mu_i = \boldsymbol{x}_i^\top \boldsymbol{\beta}$. 于是 $\beta$ 在 $\sigma^2$ 固定时的最大似然估计, 等于使得残差平方和 (RSS)

$$RSS(\boldsymbol{\beta}) = \sum_{i=1}^{n}(y_i - \mu_i)^2 = (\boldsymbol{y} - \boldsymbol{X}\boldsymbol{\beta})^\top(\boldsymbol{y} - \boldsymbol{X}\boldsymbol{\beta})$$

最小的 $\beta$, 即最小二乘估计 $\hat{\beta}$.

## $\hat{\beta}$ 的性质

对式 (2.2.2) 取期望, 基于基本假定, 可得

$$E(\hat{\beta}) = \beta.$$

这意味着 $\hat{\beta}$ 是 $\beta$ 的无偏估计量. 类似地, 可得

$$\mathrm{Var}(\hat{\beta}) = \sigma^2 (\boldsymbol{X}^\top \boldsymbol{X})^{-1}.$$

基于基本假定,

$$\hat{\beta} \sim N(\beta, \sigma^2 (\boldsymbol{X}^\top \boldsymbol{X})^{-1}).$$

如果没有第 (2) 条基本假定, 在大样本的情况下, 基于中心极限定理, 这个正态分布是近似的.

**评论: 对于实际问题, 基本假定完全无法证实; 而样本量为多大时中心极限定理才近似成立, 也没有任何人能够说得清. 但这个 $\hat{\beta}$ 呈正态分布的 "结论" 是对回归系数做所有假设检验及区间估计等推断的基础.**

## $\sigma^2$ 的最大似然估计

把 $\beta$ 的最小二乘估计 $\hat{\beta}$ 带入似然函数 (2.4.1), 得到 $\sigma^2$ 的轮廓似然 (profile likelihood)

$$\log L(\sigma^2) = -\frac{n}{2} \log(2\pi\sigma^2) - \frac{1}{2} \frac{RSS(\hat{\beta})}{\sigma^2}.$$

关于 $\sigma^2$ 求导 (不是关于 $\sigma$), 得到 $\sigma^2$ 的一个估计

$$\hat{\sigma}^{*2} = \frac{RSS(\hat{\beta})}{n}.$$

这是有偏的, 为使得其无偏, 把 $n$ 换成 $n - (p+1)$, 得到其无偏估计量

$$\hat{\sigma}^2 = \frac{RSS}{n - (p+1)},$$

也就是说

$$E(\hat{\sigma}^2) = E\left(\frac{RSS}{n - (p+1)}\right) = \sigma^2,$$

式中

$$RSS = RSS(\hat{\beta}) = (\boldsymbol{y} - \boldsymbol{X}\hat{\beta})^\top (\boldsymbol{y} - \boldsymbol{X}\hat{\beta}) = \boldsymbol{y}^\top \boldsymbol{y} - \hat{\beta}\boldsymbol{X}^\top \boldsymbol{Y}.$$

### $\hat{\beta}$ 的方差和标准误差的估计

方差 $\mathrm{Var}(\hat{\beta})$ 的一个估计为

$$\widehat{\mathrm{Var}}(\hat{\beta}) = \hat{\sigma}^2 (\boldsymbol{X}^\top \boldsymbol{X})^{-1}.$$

$\widehat{\mathrm{Var}}(\hat{\beta})$ 的第 $i$ 个对角线元素的平方根为 $\hat{\beta}_i$ 的标准误差, 记为 $se(\hat{\beta}_i)$. 作为特例, 在只有一个自变量回归时 (如模型 (2.1.1)), 斜率 $\beta_1$ 的拟合值的方差估计为

$$\widehat{\mathrm{Var}}(\hat{\beta}_1) = \frac{\hat{\sigma}^2}{\sum_{i=1}^n (x_i - \bar{x})^2},$$

标准误差为

$$se(\hat{\beta}_1) = \frac{\hat{\sigma}}{\sqrt{\sum_{i=1}^n (x_i - \bar{x})^2}}.$$

根据 $\hat{\beta}$ 及其标准误差的估计, 可以很容易得到其置信区间的表达式. 当然, 对于具体数值的例子, 还是使用 R 函数更方便. 比如对例2.2, 使用代码 a=lm(perm~.,rock), confint(a,level=0.95) 就可以得到各个系数的 95%置信区间 (**当然没有多大意义**).

### 2.4.2 关于 $H_0 : \beta_i = 0 \Leftrightarrow H_1 : \beta_i \neq 0$ 的 $t$ 检验

在基本假定之下, 检验

$$H_0 : \beta_i = \beta_i^* \Leftrightarrow H_1 : \beta_i \neq \beta_i^*$$

的检验统计量

$$t = \frac{\hat{\beta}_i - \beta_i^*}{se(\hat{\beta}_i)}$$

在 $H_0$ 下具有 $n - p - 1$ 个自由度的 $t$ 分布, 因此可以得到 $p$ 值. 一般人主要关心的是 $\beta_i^* = 0$ 的情况, 即检验

$$H_0 : \beta_i = 0 \Leftrightarrow H_1 : \beta_i \neq 0$$

的情况, 软件自动输出的也是这个检验的 $p$ 值. 这时的检验统计量为

$$t = \frac{\hat{\beta}_i}{se(\hat{\beta}_i)}.$$

利用 R 代码可以很容易地得到这个检验的 $p$ 值, 比如对例2.1, 用语句

```
summary(lm(dist^0.4~speed,cars))
```

得到

```
Call:
lm(formula = dist^0.4 ~ speed, data = cars)

Coefficients:
            Estimate Std. Error t value Pr(>|t|)
(Intercept) 1.48232    0.27135   5.463 1.64e-06
speed       0.18225    0.01668  10.925 1.29e-14
---
Residual standard error: 0.6175 on 48 degrees of freedom
Multiple R-squared:  0.7132,    Adjusted R-squared:  0.7072
F-statistic: 119.4 on 1 and 48 DF,  p-value: 1.294e-14
```

其中的 Estimate 一列给出了参数 $\beta_i$ 的估计 $\hat{\beta}_i$, 而 Std. Error 一列给出了 $\hat{\beta}_i$ 的标准误差的估计 $se(\hat{\beta}_i)$, 第三列 t value 给出了 $t$ 统计量的实现值, 最后一列 Pr(>|t|) 为 $p$ 值. 在输出中除了 $R^2$ 和 $\bar{R}^2$ 之外, 还有一个 $F$ 检验, 其 $p$ 值和上面对斜率 (speed 的系数) 的 $t$ 检验的 $p$ 值相同, 这两个 $p$ 值相同仅仅出现在只有一个自变量的情况下 (见2.4.3节).

对于例2.2, 用语句 summary(lm(perm~.,rock)) 得到

```
Call:
lm(formula = perm ~ ., data = rock)

Coefficients:
             Estimate Std. Error t value Pr(>|t|)
(Intercept) 485.61797  158.40826   3.066 0.003705
area          0.09133    0.02499   3.654 0.000684
peri         -0.34402    0.05111  -6.731 2.84e-08
shape       899.06926  506.95098   1.773 0.083070
---
Residual standard error: 246 on 44 degrees of freedom
Multiple R-squared:  0.7044,    Adjusted R-squared:  0.6843
F-statistic: 34.95 on 3 and 44 DF,  p-value: 1.033e-11
```

这里输出的内容的意义和前面例2.1的基本一样, 只是后面的 $F$ 检验的 $p$ 值与前面的 $t$ 检验的 $p$ 值不同. 这就涉及下面2.4.3节的检验.

**评论:** 关于个别系数的 $t$ 检验基于下面的假定: (1) 基本假定; (2) 各个变量不相关. 但这些全不可验证, 因此这些检验结果没有可信性, 特别是当存在多重共线性的情况时 (见2.7节), 这种 $t$ 检验的 $p$ 值必然产生误导. 此外, 对于多于两个水平的定性变量中每个水平的 $t$ 检验并不说明这个水平如何重要, 必须通过方差分析表来看该变量各个水平的差异 (见2.4.4节).

### 2.4.3 关于多自变量系数复合假设 $F$ 检验及方差分析表

这时的检验为

$$H_0 : \beta_1 = \beta_2 = \cdots = \beta_p = 0 \Leftrightarrow H_1 : \beta_i \text{不全为 0}. \tag{2.4.2}$$

注意, 这个检验**不等于**一连串 $p$ 个下列检验

$$H_0^{(i)} : \beta_i = 0 \Leftrightarrow H_1^{(i)} : \beta_i \neq 0.$$

假定对于单独一个检验 $H_0^{(i)}$ 犯第一类错误的概率为 $\alpha = P(\text{拒绝} H_0^{(i)} | H_0^{(i)} \text{为真})$, 那么当所有 $H_0^{(i)}$ 都为真时, 拒绝 $p$ 个这样的检验中至少一个的概率为 $1 - (1 - \alpha)^p$. 这就是上面复合检验 (2.4.2) 犯第一类错误的概率, 它随着 $p$ 的增加而增加. 因此不能用个别系数的检验代替 (2.4.2).

为了进行检验 (2.4.2), 考虑下面平方和的分解:

$$\sum_{i=1}^{n}(y_i - \bar{y})^2 = \sum_{i=1}^{n}(y_i - \bar{y} + \hat{y}_i - \hat{y})^2$$
$$= \sum_{i=1}^{n}(\hat{y}_i - \bar{y})^2 + \sum_{i=1}^{n}(y_i - \hat{y}_i)^2 + 2\sum_{i=1}^{n}(y_i - \hat{y}_i)(\hat{y}_i - \bar{y}),$$

上式中 (注意, $\boldsymbol{e}$ 和 $\hat{\boldsymbol{y}}$ 正交及 $\sum_{i=1}^{n} e_i = 0$[14]),

$$\sum_{i=1}^{n}(y_i - \hat{y}_i)(\hat{y}_i - \bar{y}) = \sum_{i=1}^{n} e_i(\hat{y}_i - \bar{y}) = \sum_{i=1}^{n} e_i \hat{y}_i - \bar{y} \sum_{i=1}^{n} e_i = 0.$$

因此

$$\sum_{i=1}^{n}(y_i - \bar{y})^2 = \sum_{i=1}^{n}(\hat{y}_i - \bar{y})^2 + \sum_{i=1}^{n}(y_i - \hat{y}_i)^2. \tag{2.4.3}$$

我们把式 (2.4.3) 左边称为总变差平方和 (SST), 右边第一项称为源于回归的平方和 (SSR), 右边第二项称为源于无法被模型解释的误差的平方和 (SSE 或 RSS), 即

$$SST = SSR + SSE.$$

于是可决系数还可以表示成

$$R^2 = \frac{SSR}{SST} = 1 - \frac{SSE}{SST}.$$

我们知道

$$E(\hat{\sigma}^2) = E\left(\frac{RSS}{n - (p+1)}\right) = \sigma^2,$$

而且

$$E\left(\frac{SSR}{p}\right) = \begin{cases} \sigma^2, & \beta_1 = \beta_2 = \cdots = \beta_p = 0, \\ \sigma^2 + \frac{1}{p-1}(\boldsymbol{X}\boldsymbol{\beta})^{\top}(\boldsymbol{X}(\boldsymbol{X}^{\top}\boldsymbol{X})^{-1}\boldsymbol{X}^{\top})\boldsymbol{X}\boldsymbol{\beta}, & \text{其他情况}. \end{cases}$$

---

[14]在包含截距的任何回归模型中的残差和皆为零.

由于在基本假定之下, 可以表明

$$\frac{\sum_{i=1}^{n}(y_i - \bar{y})^2}{\sigma^2} = \frac{SSE}{\sigma^2} \sim \chi^2_{(n-p-1)},$$

而且, 在基本假定和复合假设 (2.4.2)$H_0$ 之下,

$$\frac{\sum_{i=1}^{n}(\hat{y}_i - \bar{y})^2}{\sigma^2} = \frac{SSR}{\sigma^2} \sim \chi^2_p,$$

加上 SST 和 SSE 的独立性, 在基本假定和复合假设 (2.4.2)$H_0$ 之下有

$$F = \frac{SSR/p}{SSE/(n-p-1)} \sim F_{p,n-p-1}. \tag{2.4.4}$$

因此, 可以用这个 $F$ 统计量来对 (2.4.2)$H_0$ 做检验. 当 $F$ 统计量很大时, (在基本假定成立时) 则可以 (在理论上) 拒绝零假设.

这些平方和的关系能够用下面的方差分析 (ANOVA) 表2.4.1来汇总.

### 表 2.4.1  方差分析表

| 变差来源 | 自由度 (d.f) | 平方和 | 均方 | $F$ 值 | $p$ 值 |
|---|---|---|---|---|---|
| 回归 | $p$ | $SSR$ | $MSR = SSR/p$ | $F = MSR/MSE$ | $P(F > f)$ |
| 残差 | $n-p-1$ | $SSE$ | $MSE = SSE/(n-p-1)$ | | |
| 总变差 | $n-1$ | $SST$ | | | |

由于最后一行头两列是前面两行的总和, 在 R 的 ANOVA 输出中省略了. 当有多个变量时, R 的 ANOVA 输出中把 SSR 进一步按照自变量分解, 因此显示出这些自变量的平方和对 SSR 的贡献, 其数学细节这里就不介绍了.

例2.1的方差分析表可以用代码 anova(lm(dist^0.4~.,cars)) 得到

```
Analysis of Variance Table

Response: dist^0.4
          Df Sum Sq Mean Sq F value   Pr(>F)
speed      1 45.507  45.507  119.35 1.294e-14
Residuals 48 18.302   0.381
```

例2.2的方差分析表可以用代码 anova(lm(perm~.,rock)) 得到

```
Analysis of Variance Table

Response: perm
          Df  Sum Sq Mean Sq F value   Pr(>F)
area       1 1417333 1417333 23.4180 1.637e-05
peri       1 4738469 4738469 78.2917 2.527e-11
```

```
shape       1  190360  190360  3.1452    0.08307
Residuals 44 2663023   60523
```

### 2.4.4 定性变量的显著性必须从方差分析表看出

在2.2.4节提到, 定性变量各个水平的效应是不可估计的, 因此, 只要有多于两个水平的定性变量, 各个水平 (在约束条件下) 估计的 $t$ 检验的 $p$ 值并不反映变量是否显著. 你永远不能说诸如 "这个水平显著, 那个水平不显著" 之类的话. 定性变量的显著性意味着各个水平之间对因变量影响的**差异**, 必须通过方差分析表来考察. 为此, 我们看下面的例子.

**例 2.4** (PlantGrowth.csv) **植物生长数据**. 这是一个比较三组植物产量的实验, 有 30 个观测值, 变量只有两个: 因变量为 weight(植物的干重), 自变量为 group(组), 有 3 个水平: 两个实验组 (trt1, trt2) 及控制组 (对照组)(ctrl). 参见 Dobson (1983). 该数据在 R 程序包 datasets 中自带. 这个数据在 **R** 中的名字为 PlantGrowth, 可以直接使用.

为了做回归, 使用下面的代码:

```
a=lm(weight~group,PlantGrowth)
anova(a)
```

得到方差分析表

```
Analysis of Variance Table

Response: weight
          Df  Sum Sq Mean Sq F value  Pr(>F)
group      2  3.7663  1.8832  4.8461 0.01591 *
Residuals 27 10.4921  0.3886
```

从这个表可以很明显地看出变量 group 的作用 ($F$ 检验的 $p$ 值为 0.01591). 但是如果看关于参数的 $t$ 检验 (通过代码 summary(a)), 则有

```
Coefficients:
            Estimate Std. Error t value Pr(>|t|)
(Intercept)   5.0320     0.1971  25.527   <2e-16 ***
grouptrt1    -0.3710     0.2788  -1.331   0.1944
grouptrt2     0.4940     0.2788   1.772   0.0877 .
```

由此输出很难得出什么 (即使是理论上的) 结论.

**评论: 关于多于两个水平的定性自变量的显著性, 不能从其各个水平的 $t$ 检验中得到, 必须基于方差分析表来得到结论. 当然, 结论也是基于不可验证的数学假定.**

### 2.4.5 关于残差的检验及点图

就例2.1的回归, 我们可以对残差做正态性检验. 代码为

```
a=lm(dist^0.4~speed, cars)
shapiro.test(a$res)
```

得到输出为

```
Shapiro-Wilk normality test

data:  a$res
W = 0.97748, p-value = 0.4514
```

看来没有足够证据拒绝零假设. 再看残差的点图和残差的正态 **Q-Q** 图. Q-Q 图是分位数-分位数图 (Quantile-Quantile plot) 的缩写, 通常用于数据分布和理论分布或两个数据分布之间的比较. 关于正态 **Q-Q** 图, 则是数据的分位数点和理论正态分布的分位数点产生一个散点图, 如果数据分布和正态分布很接近, 则这些点呈现出一条直线形状. 对例2.1的残差做正态 **Q-Q** 图和残差对拟合值图的代码 (接着上面输出) 为

```
par(mfrow=c(1,2))
qqnorm(a$res);qqline(a$res)
plot(a$res~a$fit, xlab="fitted value",ylab="residual")
abline(h=0,lty=2)#画 y=0 的 线
```

这两个图在图2.4.1中.

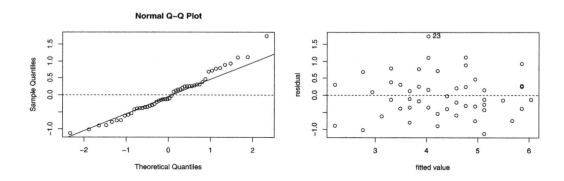

**图 2.4.1　对例2.1拟合残差的正态 Q-Q 图 (左) 和残差对拟合值图 (右)**

　　图2.4.1中右边的残差图看不出来有什么模式, 但观测值 23 似乎残差大了一点. 关于残差分析可以写一本书 (实际上已经出版了若干本), 残差分析对于假定的线性模型是必要的, 但我们既不把线性模型也不把残差分析作为重点.

## 2.5　通过一个 "教科书数据" 来理解简单最小二乘回归

　　我们通过一个简单数据的例子来理解如何对模型进行比较及对结果做出判断. 这是一个仅有 2 个自变量和 23 个观测值的数据, 通过分析这种样本量少及变量少的比较规范的

数据, 不但容易理解线性回归的一些概念, 回归效果一般也比较好. 这个数据虽然原来是被当成非线性回归的例子, 但在对自变量做变换之后, 线性回归效果很好. 这也是我们称之为 "教科书数据" 的理由. 读者需要注意, 这种简单的数据在真实世界并不多见. 大多数观测值多, 变量较多的真实数据都不会得到这里的 "漂亮" 结果. **注意, 本节是要通过显著性检验 (及相应的 $p$ 值) 来得出矛盾, 因此, 要先假装 (或不假装) 认为 $p$ 值有道理.**

**例 2.5** (Puromycin.csv) **嘌呤霉素数据**. 该数据是 R 程序包 `datasets` 的自带数据[15]. 该数据描述了对于处理过及未处理过的细胞在不同物质浓度下的酶反应速度. 一共有 23 个观测值及 3 个变量, 这些变量包括 rate(酶反应速度, 单位: count/min—), conc(物质浓度, 单位: ppm) 及 state(细胞是否被嘌呤霉素处理过). 其中 rate 和 conc 为数量变量; 而 state 为定性变量, 有两个水平 ("treated" 和 "untreated"). 该数据包含在 R 的基本程序包 `datasets` 中 (数据名为 `Puromycin`). 数据来自 Treloar(1974) 和 Bates and Watts(1988). 用下面代码产生的图2.5.1为该数据的点图, 看上去很不线性.

```
library(ggplot2)
theme_set(theme_bw())
ggplot(Puromycin, aes(x=conc, y=rate, shape=state)) +
    geom_point(size=3)
```

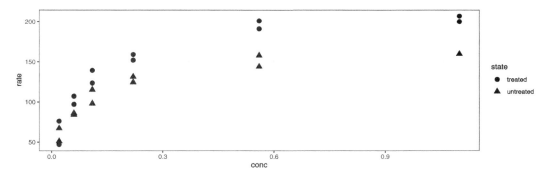

**图 2.5.1　例2.5 rate 对 conc 的点图, 不同的符号代表变量 state 的状况, 图中圆点代表水平 "treated", 三角点代表 "untreated"**

实际上, 很多人把这个数据作为非线性回归的一个标准数据, 用的是该领域作为假说的酶反应动力学的 Michaelis-Menten 模型, 该模型认为反应速度通过下面的函数

$$f(x, \boldsymbol{\theta}) = \frac{\theta_1 x}{\theta_2 + x}$$

依赖于浓度. 但我们通过交叉验证 (这里不显示), 发现这个非线性模型不如做过某些变换后的线性模型好. 下面将表明, 实际上有多种线性模型可以采用, 而且都似乎合理. 最终, 我们还是用交叉验证来选择相对较好的线性回归模型.

---

[15]Bates, D.M. and Watts, D.G. (1988), *Nonlinear Regression Analysis and Its Applications*, Wiley, Appendix A1.3.

### 2.5.1 几种竞争的线性模型

这里用 $y$ 代表变量 rate, 用 $x$ 代表 conc.

1. 最简单的是线性模型

$$y_i = \beta_0 + \beta_1 x + \epsilon. \tag{2.5.1}$$

通过 R 代码

```
a1=lm(rate ~ conc,Puromycin)
summary(a1);shapiro.test(a1$res)
```

得到输出:

```
Coefficients:
            Estimate Std. Error t value Pr(>|t|)
(Intercept)    93.92       8.00   11.74 1.09e-10 ***
conc          105.40      16.92    6.23 3.53e-06 ***
```

$F$ 检验的 $p$ 值输出当然也是 3.53e-06, 对残差的 Shapiro 正态性检验 $p$ 值为 0.522, $R^2 = 0.6489$ (输出结果这里没有显示).

2. 前面的简单模型再加上定性变量 state

$$y = \beta_0 + \beta_1 x + \alpha_i + \epsilon, \ i = 1, 2 \ (\text{state 的两水平}), \tag{2.5.2}$$

这里用 $\alpha_i, i = 1, 2$, 代表 state 两个水平 (treated 和 untreated) 的效应. 通过 R 代码

```
a2=lm(rate ~ .,Puromycin)
summary(a2);shapiro.test(a2$res)
```

得到输出:

```
Coefficients:
              Estimate Std. Error t value Pr(>|t|)
(Intercept)    106.338      9.413  11.296 3.92e-10 ***
conc           102.160     15.721   6.498 2.46e-06 ***
stateuntreated -23.844     11.177  -2.133   0.0455 *
```

$F$ 检验的 $p$ 值输出是 3.667e-06, 对残差的 Shapiro 正态性检验 $p$ 值为 0.2876, $R^2 = 0.714$ (输出结果这里没有显示). 通过 anova(a2) 得到的方差分析表为

```
Response: rate
          Df Sum Sq Mean Sq F value   Pr(>F)
conc       1  32226   32226 45.3687 1.491e-06 ***
state      1   3233    3233  4.5508   0.04548 *
Residuals 20  14206     710
```

可知通过 $F$ 检验得到的 state 的 $p$ 值为 0.04548.

3. 再加入交叉效应

$$y = \beta_0 + (\beta_1 + \gamma_i)x + \alpha_i + \epsilon, \ i = 1, 2 \ (\text{state 的两个水平}),\qquad(2.5.3)$$

这里用 $\gamma_i, i = 1, 2$, 代表 state 的两个水平 (treated 和 untreated) 对 $x$ 斜率的增量. 通过 R 代码

```
a3=lm(rate ~ conc * state,Puromycin)
summary(a3);shapiro.test(a3$res)
```

得到输出:

```
Coefficients:
                    Estimate Std. Error t value Pr(>|t|)
(Intercept)          103.49       10.53   9.832 6.91e-09 ***
conc                 110.42       20.46   5.397 3.30e-05 ***
stateuntreated       -17.45       15.06  -1.158    0.261
conc:stateuntreated  -21.08       32.69  -0.645    0.527
```

$F$ 检验的 $p$ 值输出是 $1.742e\text{-}05$, 对残差的 Shapiro 正态性检验 $p$ 值为 0.2521, $R^2 = 0.7201$ (输出结果这里没有显示). 通过 anova(a3) 得到的方差分析表为

```
Response: rate
           Df Sum Sq Mean Sq F value    Pr(>F)
conc        1  32226   32226 44.0441 2.386e-06 ***
state       1   3233    3233  4.4179   0.04913 *
conc:state  1    304     304  0.4161   0.52662
Residuals  19  13902     732
```

可知通过 $F$ 检验得到的 state 的 $p$ 值为 0.04913, 而交叉效应的 $p$ 值为 0.52662.

4. 考虑到图2.5.1显示的非线性性, 采用对 conc 的对数变换:

$$y = \beta_0 + \beta_1 \log(x) + \epsilon.\qquad(2.5.4)$$

通过 R 代码

```
a4=lm(rate ~ log(conc),Puromycin)
summary(a4);shapiro.test(a4$res)
```

得到输出:

```
Coefficients:
            Estimate Std. Error t value Pr(>|t|)
(Intercept)  190.085      6.332   30.02  < 2e-16 ***
```

```
log(conc)      33.203       2.739     12.12 6.04e-11 ***
```

$F$ 检验的 $p$ 值输出是 `6.039e-11`, 对残差的 Shapiro 正态性检验 $p$ 值为 0.7351, $R^2 = 0.875$ (输出结果这里没有显示).

5. 再对上面模型加上定性变量 state:

$$y = \beta_0 + \beta_1 \log(x) + \alpha_i + \epsilon, \ i = 1, 2 \ (\text{state 的两个水平}), \tag{2.5.5}$$

通过 R 代码

```
a5=lm(rate ~ log(conc) + state,Puromycin)
summary(a5);shapiro.test(a5$res)
```

得到输出:

```
Coefficients:
                Estimate Std. Error t value Pr(>|t|)
(Intercept)      200.911      4.661   43.108  < 2e-16 ***
log(conc)         32.564      1.816   17.936 8.55e-14 ***
stateuntreated   -25.181      4.758   -5.292 3.53e-05 ***
```

$F$ 检验的 $p$ 值输出是 `1.471e-13`, 对残差的 Shapiro 正态性检验 $p$ 值为 0.5951, $R^2 = 0.9479$ (输出结果这里没有显示). 通过 `anova(a5)` 得到的方差分析表为

```
Response: rate
             Df Sum Sq Mean Sq F value     Pr(>F)
log(conc)     1  43455   43455 335.927 5.676e-14 ***
state         1   3623    3623  28.006 3.525e-05 ***
Residuals    20   2587     129
```

可知通过 $F$ 检验得到的 state 的 $p$ 值为 `3.525e-05`.

6. 再加入交叉效应:

$$y = \beta_0 + (\beta_1 + \gamma_i) \log(x) + \alpha_i + \epsilon, \ i = 1, 2 \ (\text{state 的两个水平}), \tag{2.5.6}$$

这里用 $\gamma_i, i = 1, 2$, 代表 state 的两个水平 (treated 和 untreated) 对 $\log(x)$ 斜率的增量. 通过 R 代码

```
a6=lm(rate ~ log(conc) * state,Puromycin)
summary(a6);shapiro.test(a6$res)
```

得到输出:

```
Coefficients:
                          Estimate Std. Error t value Pr(>|t|)
(Intercept)                209.194      4.453  46.974  < 2e-16
log(conc)                   37.110      1.968  18.858 9.25e-14
stateuntreated             -44.606      6.811  -6.549 2.85e-06
log(conc):stateuntreated   -10.128      2.937  -3.448  0.00269
```

$F$ 检验的 $p$ 值输出是 $2.267\mathrm{e}{-}14$, 对残差的 **Shapiro** 正态性检验 $p$ 值为 $0.38$, $R^2 = 0.968$ (输出结果这里没有显示). 通过 `anova(a6)` 得到的方差分析表为

```
Response: rate
               Df Sum Sq Mean Sq F value    Pr(>F)
log(conc)       1  43455   43455 518.870 2.955e-15 ***
state           1   3623    3623  43.258 2.695e-06 ***
log(conc):state 1    996     996  11.892  0.002692 **
Residuals      19   1591      84
```

可知通过 $F$ 检验得到的 state 的 $p$ 值为 $2.695\mathrm{e}{-}06$, 而交叉效应的 $p$ 值为 $0.002692$.

### 2.5.2 孤立看模型可能会产生多个模型都 ''正确'' 的结论

先孤立看每一个模型. 所有模型的综合系数的 $F$ 检验的 $p$ 值最大都是 $0.00035$, 最小是 $2.27 \times 10^{-14}$. 从这点来看, (如果主观的基本假定成立的话) 模型似乎都还有意义. 对残差的 **Shapiro** 检验的 $p$ 值最小也是 $0.252$, 似乎也无法拒绝正态性假设. 拿具体变量的显著性来说, 以 **ANOVA** 的 $F$ 检验的 $p$ 值为例, 除了模型 (2.5.3) 的交叉项 $p$ 值较大之外, 其余的都小于 ''传统的 0.05''. 总之, 单独地看各个模型, 除了模型 (2.5.3) 不那么完美之外, 其他的都似乎 ''正确''. 这就产生了一个例子有多个 ''正确'' 模型的悖论. 这种**多个模型都 ''合适'' 的结论是基于显著性检验的经典回归分析无法摆脱的固有问题.**

### 2.5.3 多个模型相比较以得到相对较好的模型

孤立地看每个模型, 从各种显著性检验来看, 似乎都是合格的模型. 我们努力设计了 6 个不同的模型, 希望可以比较并挑选相对最好的模型. 除了上面提到的 $p$ 值之外, 我们还计算了 AIC 值, AIC (Akaike Information Criterion) 可译为赤池信息准则, AIC 的定义为

$$\mathrm{AIC} = 2k - 2\log(\mathcal{L}(\hat{\boldsymbol{\theta}})),$$

这里 $k$ 是参数个数, 而 $\mathcal{L}(\hat{\boldsymbol{\theta}})$ 是似然函数最大值.[16] 人们希望 AIC 越小越好, 正态分布条件下最小二乘回归使得 AIC 第二项最小, 但 AIC 的第一项为模型复杂度的惩罚项, 一般来说, 增加参数可使得 AIC 第二项减少, 但会使惩罚项 $2k$ 增加. 显然, 这是在模型简单性和模型拟合性上做平衡. AIC 的结果和各种检验的 $p$ 值大小没有关系, 很多人用它来选择模型. 但使用 AIC 的一个重要条件是必须知道或假定数据的分布, 否则无法计算. 对于 R 来说, 可以用

---

[16] 一般的最小二乘法在正态假设下等价于选择参数使得似然函数 $\mathcal{L}$ 最大 (或 $-\log(\mathcal{L})$ 最小). 如果各种参数的向量用 $\boldsymbol{\theta}$ 表示, 而其最大似然估计用 $\hat{\boldsymbol{\theta}}$ 表示, 则 $\mathcal{L}(\hat{\boldsymbol{\theta}})$ 为似然函数的最大值.

函数 AIC 作用于回归结果, 比如对于上面第 6 个模型的结果 a6, 用代码 AIC(a6) 可得到第 6 个模型的 AIC 值. 表2.5.1把前面的计算机输出的各项指标汇总:

**表 2.5.1    例2.5的 6 个模型的输出汇总**

| 模型 | 综合 $F$ 检验 $p$ 值 | ANOVA 表 $F$ 检验的各个变量的 $p$ 值 | | | | | $R^2$ | 正态检验 $p$ 值 | AIC |
|------|------|------|------|------|------|------|------|------|------|
| | | conc | log(conc) | state | 交叉项 1 | 交叉项 2 | | | |
| (2.5.1) | $3.53 \times 10^{-6}$ | $3.53 \times 10^{-6}$ | | | | | 0.649 | 0.522 | 223.8 |
| (2.5.2) | $3.67 \times 10^{-6}$ | $1.49 \times 10^{-6}$ | | 0.045 | | | 0.714 | 0.288 | 221.1 |
| (2.5.3) | $1.74 \times 10^{-5}$ | $2.39 \times 10^{-6}$ | | 0.049 | 0.527 | | 0.720 | 0.252 | 222.6 |
| (2.5.4) | $6.04 \times 10^{-11}$ | | $6.04 \times 10^{-11}$ | | | | 0.875 | 0.735 | 200.0 |
| (2.5.5) | $3.53 \times 10^{-5}$ | | $5.68 \times 10^{-14}$ | $3.53 \times 10^{-5}$ | | | 0.948 | 0.595 | 181.9 |
| (2.5.6) | $2.27 \times 10^{-14}$ | | $2.96 \times 10^{-15}$ | $2.70 \times 10^{-6}$ | | 0.003 | 0.968 | 0.38 | 172.7 |

注: 交叉项 1 为 conc:state; 交叉项 2 为 log(conc):state; 正态检验为 Shapiro 检验

利用上表, 可以用不同指标对各个模型的优劣排序, 但由于我们完全不清楚上面结果的可靠性所依赖的假定是否成立, 因此我们在2.5.4节使用最客观的交叉验证按照预测精度对上面 6 个模型排序.

### 2.5.4  对嘌呤霉素数据 (例2.5) 的 6 个模型做预测精度的交叉验证

我们把数据随机分成 5 份, 可进行 5 折交叉验证. 也就是说, 轮流每次用一份做测试集, 其余 4 份做训练集来训练模型 (估计参数), 然后用测试集做预测, 得到标准化均方误差 (1.2.4). 对每个模型都进行 5 折交叉验证, 平均标准化均方误差 (NMSE) 最小的就是相对最好的模型. 由于交叉验证的数据划分有随机性, 我们对例2.5做 1000 次 5 折交叉验证, 得到表2.5.2并显示在图2.5.2中.

**表 2.5.2    例2.5的 6 个模型 1000 次 5 折交叉验证的平均 NMSE**

| 模型 | 形式 | NMSE |
|------|------|------|
| (2.5.1) | $y_i = \beta_0 + \beta_1 x + \epsilon$ | 0.4227 |
| (2.5.2) | $y = \beta_0 + \beta_1 x + \alpha_i + \epsilon,\ i = 1, 2$ | 0.3761 |
| (2.5.3) | $y = \beta_0 + (\beta_1 + \gamma_i)x + \alpha_i + \epsilon,\ i = 1, 2$ | 0.6070 |
| (2.5.4) | $y = \beta_0 + \beta_1 \log(x) + \epsilon$ | 0.1739 |
| (2.5.5) | $y = \beta_0 + \beta_1 \log(x) + \alpha_i + \epsilon,\ i = 1, 2$ | 0.0972 |
| (2.5.6) | $y = \beta_0 + (\beta_1 + \gamma_i) \log(x) + \alpha_i + \epsilon,\ i = 1, 2$ | 0.0644 |

交叉验证 (见图2.5.2) 显示, 按照交叉验证的标准化均方误差, 在我们构造的 6 个线性模型中, 模型 (2.5.6) 要大大优于其他模型. **这种交叉验证的结果不会引起多少歧义或悖论, 它不需要对数据或模型做任何假定, 适用于对任何回归模型的比较.**

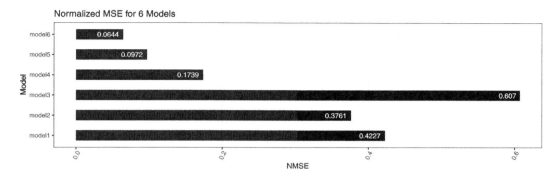

图 2.5.2　例2.5的 6 个模型的 1000 次 5 折交叉验证的平均 NMSE

表2.5.3显示, 在用前面小节的某些指标对各个模型的优劣名次排序中, AIC 排序最接近用交叉验证所得到的预测精度排序:

**表 2.5.3　各个模型的优劣名次排序**

| 模型 | (2.5.1) | (2.5.2) | (2.5.3) | (2.5.4) | (2.5.5) | (2.5.6) |
|---|---|---|---|---|---|---|
| 按照 $F$ 检验 $p$ 值名次 | 3 | 4 | 5 | 2 | 6 | 1 |
| 按照 AIC 值名次 | 6 | 4 | 5 | 3 | 2 | 1 |
| 按照交叉验证名次 | 5 | 4 | 6 | 3 | 2 | 1 |

上述交叉验证 5 个数据子集的选择需要在定性变量 state 的两个水平中平衡, 为此, 我们使用下面的函数来划分数据集:

```
Fold=function(w,Z,D,seed){
  n=nrow(w);d=1:n;dd=list()
  e=levels(factor(w[,D]));T=length(e)#因变量T类
  set.seed(seed)
  for(i in 1:T){
    d0=d[w[,D]==e[i]];j=length(d0)
    ZT=rep(1:Z,ceiling(j/Z))[1:j]
    id=cbind(sample(ZT,length(ZT)),d0);dd[[i]]=id
  }
  #上面每个dd[[i]]是随机1:Z及i类的下标集组成的矩阵
  mm=list()
  for(i in 1:Z){
    u=NULL;
    for(j in 1:T)u=c(u,dd[[j]][dd[[j]][,1]==i,2])
    mm[[i]]=u #mm[[i]]为第i个下标集i=1,2,...,Z
  }
  return(mm) #输出Z个下标集
}
```

其中, 变元 Z 是折数, w 是数据名字, D 表明要照顾的定性变量在数据的第几列, seed 为随机种子. 下面的语句为创造 6 个模型的回归公式:

```
w=Puromycin; DY=2; FML=list();J=1
FML[[J]]=as.formula(paste(names(w)[D],"~",names(w)[1]))
J=J+1; FML[[J]]=as.formula(paste(names(w)[DY],"~."))
J=J+1;FML[[J]]=as.formula(paste(names(w)[DY],"~",names(w)[1],
"*",names(w)[3]))
J=J+1;
FML[[J]]=as.formula(paste(names(w)[DY],"~log(",names(w)[1],")"))
J=J+1;FML[[J]]=as.formula(paste(names(w)[DY],
"~log(",names(w)[1],")+",names(w)[3]))
J=J+1; FML[[J]]=as.formula(paste(names(w)[DY],
"~log(",names(w)[1],")*",names(w)[3]))
```

下面就是具体的 1000 次 5 折交叉验证及产生图2.5.2的代码, 每次的随机种子完全随机产生 (不重复).

```
library(tidyverse)
JJ=6;DY=2;Z=5;WW=NULL;N=1000;n=nrow(w)
set.seed(1010);Seed=sample(1:100000,N)
pred=rep(-99,n)
E=c(-99,JJ)
M=sum((w[,DY]-mean(w[,DY]))^2)
for(k in 1:N){
  mm=Fold(w,Z=5,D=3,Seed[k])
  for(J in 1:JJ){
    for(i in 1:Z){
      m=mm[[i]]
      pred[m]=lm(FML[[J]],data=w[-m,])%>%predict(w[m,])
    }
    E[J]=sum((w[,DY]-pred)^2)/M
  }
 WW=rbind(WW,E)
}
(ZZ=apply(WW,2,mean))#最后输出的6个平均NMSE
nmse=data.frame(Model=paste0('model',1:6),NMSE=ZZ)
ggplot(nmse, aes(x=Model, y=NMSE)) +
    geom_bar(stat="identity", width=.5, fill="navyblue") +
    labs(title="Normalized MSE for 6 Models")+
    geom_text(aes(label=round(NMSE,4)), hjust=1.2, color="white",
      size=3.5)+
    theme(axis.text.x = element_text(angle=65, vjust=0.6))+
    coord_flip()
```

## 2.6　一个 "非教科书数据" 的例子

**例 2.6** (Concrete.csv) **混凝土强度数据.** 这个例子主要对比分析线性回归和机器学习, 数据包含了混凝土 7 种成分, 时间, 抗压强度等 9 个变量. 共有 1030 个观测值. 这些变量为 Cement(水泥), Blast.Furnace.Slag(高炉矿渣), Fly.Ash(粉煤灰), Water(水), Superplasticizer(超塑化剂), Coarse.Aggregate(粗骨料), Fine.Aggregate(细骨料), Age(时间), Compressive.strength(抗压强度). 其中除了 Age(时间) 单位是天, Compressive.strength(抗压强度) 为 MPa(兆帕) 之外, 全部是在 m3 号混合中的 kg(千克) 数. 数据来自 Yeh(1998)[17]. 使用

```
w=read.csv("Concrete.csv");plot(w)
```

读入数据, 并产生各个变量的两两散点图 (见图2.6.1).

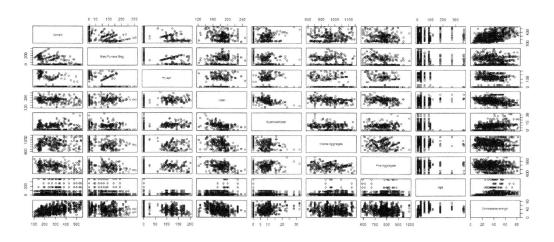

**图 2.6.1　例2.6各个变量的两两散点图**

这个数据的 Compressive.strength(抗压强度) 是因变量, 其他变量为自变量. 这是一个典型的回归问题. 我们将试图用最小二乘线性回归方法来拟合这个数据. 从图2.6.1看不出有什么明显的规律.

### 2.6.1 线性回归的尝试

这个例子虽然变量不多, 而且都是数量变量, 但不见得是首选的回归教科书数据. 我们首先用全部自变量对因变量做回归, 不考虑交互效应. 之后对残差做 Shapiro 正态性检验, 代码为:

```
a=lm(Compressive.strength~.,w)
shapiro.test(a$res)
```

得到的输出为:

---

[17]可从网页https://archive.ics.uci.edu/ml/datasets/Concrete+Compressive+Strength下载.

```
    Shapiro-Wilk normality test
 data:  a$res
 W = 0.9953, p-value = 0.002993
```

残差的 Shapiro 正态性检验的 $p$ 值为 0.002993. 能不能说线性模型的正态假定近似成立呢? 为此绘制正态 Q-Q 图和残差对拟合值图, 代码如下:

```
par(mfrow=c(1,2))
qqnorm(a$res);qqline(a$res)
plot(a$res~a$fit);abline(h=0)
```

正态 Q-Q 图为图2.6.2中左图, 而残差对拟合值图为图2.6.2中右图.

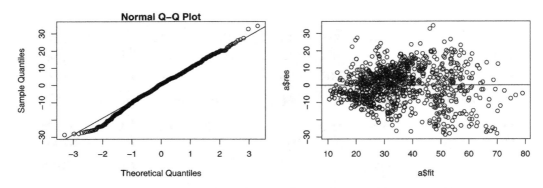

**图 2.6.2    例2.6回归残差的正态 Q-Q 图 (左) 和残差对拟合值图 (右)**

根据 Q-Q 图看得出和正态有些偏差, 而残差图显示出残差从左到右方差变大, 看上去好像有些异方差性. **为了迎合线性模型的假定**, 我们尝试了对因变量的指数变换, 但对于拟合和正态性似乎没有改进多少. 对于异方差性, 在通常变量少的时候用加权最小二乘法可能容易些[18], 因此, **再次为了迎合线性模型的假定,** 我们尝试了各种加权方法, 也未能改进异方差性. 倒是在某些不合情理的权重下 ( weights=a$fit^1.5), 使得 Shapiro 正态性检验的 $p$ 值增加到 0.1, Q-Q 图也接近直线, 但拟合并未改善.

人们可能会想到交互作用, 有所有交互作用的全模型为

```
Compressive.strength ~ Cement*Blast.Furnace.Slag*Fly.Ash*
    Water*Superplasticizer*Coarse.Aggregate*Fine.Aggregate
```

这意味着有所有交互效应的组合, 从单个变量到 8 个变量的组合, 一共有 $2^8 - 1 = 255$ 项. 这样做后, 得到的拟合结果和交叉验证结果 (这里不显示) 并不好. 然后, 我们又对这个全模

---

[18]加权最小二乘用于方差 $\mathrm{Var}(Y_i)$ 并不等于常数的情况, 比如 $\mathrm{Var}(Y_i) = \sigma^2/w_i$, 这时, 系数使得 $\sum w_i(y_i - \hat{y}_i)^2$ 最小, 即估计的系数为
$$\hat{\beta}_w = (\boldsymbol{X}^\top \boldsymbol{W} \boldsymbol{X})^{-1} \boldsymbol{X}^\top \boldsymbol{W} \boldsymbol{Y},$$
而 $\boldsymbol{W}$ 为对角线元素为 $w_i$ 的对角矩阵. 但如果 $w_i$ 未知, 则需要确定, 不过这没有一定之规. 一般来说, 权重应该选得和方差成反比.

型用逐步回归来减少变量 (包括交互项), 结果也不理想, 交叉验证结果还不如上面简单的没有交互效应的好. **看来, 我们试图迎合线性模型所做的各种努力很不成功.**

### 2.6.2 和其他方法的交叉验证比较

前面对例2.6混凝土数据做经典回归的尝试显示了不易评价回归结果的典型问题. 由于误差项独立同正态分布的假定无法验证, 因此各种检验的合法性不能确定, 加上 $p$ 值取多少才算是显著也不确定, 传统回归领域颇显无奈和尴尬.

> **问题不在于最小二乘回归本身, 在某些情况下, 最小二乘回归往往是很好的方法, 问题在于为了评价回归结果而依赖的一系列对数据的数学假定和远非客观的决策.**

对于例2.6的回归, 我们还使用了后面 (第4章) 将要介绍的机器学习方法, 包括 mboost、bagging、随机森林 (RF)、支持向量机 (SVM) 等方法来和经典回归 (LM) 做比较. 图2.6.3显示了这些方法的 10 折交叉验证的标准化均方误差 (NMSE),

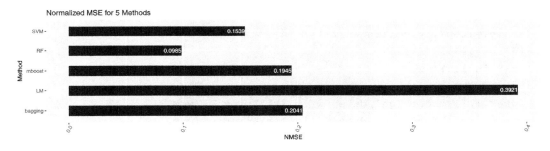

**图 2.6.3　例2.6 的 5 种方法回归 10 折交叉验证的 NMSE 图**

图2.6.3及表2.6.1显示了 4 种机器学习方法的预测精度 (NMSE) 大大优于线性回归 (LM). **不幸的是, 绝大多数的回归分析教科书都仅仅介绍线性回归, 而绝口不谈机器学习回归方法的存在. 造成这种状况或者是缘于无知, 或者是基于对数学假定和公式模型的偏爱.**

**表 2.6.1　5 种回归方法的 NMSE**

| 方法 | mboost | bagging | RF | SVM | LM |
|------|--------|---------|--------|--------|--------|
| NMSE | 0.1945 | 0.2041 | 0.0985 | 0.1539 | 0.3921 |

**评论:** 在对模型完全主观而又无法验证的数学假定之下, 任何基于假设检验 $p$ 值对模型的判断都应该予以怀疑. 实际上, 判断模型的好坏不能自我假定、坐井观天, 必须与其他方法做过比较才能确定. 好的模型必然预测精度也高, 对预测精度的交叉验证是判断预测精度的一种客观方法.

计算上面机器学习和线性回归的 10 折交叉验证及产生图2.6.3的代码为 (后面将会逐步介绍这些机器学习方法):

```r
w=read.csv("Concrete.csv")
library(rpart.plot);library(ipred);library(mboost)
library(randomForest);library(kernlab);library(e1071)
D=9;Z=10
gg=paste(names(w)[D],"~",".",sep="")#gg=(Ozone~.)
(gg=as.formula(gg))


zy=(1:ncol(w))[-D]
gg1=paste(names(w)[D],"~btree(",names(w)[zy[1]],")",sep="")
for(i in (1:ncol(w))[-D][-1])
  gg1=paste(gg1,"+btree(",names(w)[i],")",sep="")
gg1=as.formula(gg1)


library(tidyverse)
n=nrow(w)
pred=matrix(999,n,5)
M=sum((w[,D]-mean(w[,D]))^2)
set.seed(1010)
I=sample(rep(1:Z,ceiling(n/Z)))[1:n]
#####################
for(i in 1:Z){
  m=(I==i)
  pred[m,1]=mboost(gg1,data =w[!m,])%>%predict(w[m,])
  pred[m,2]=bagging(gg,data =w[!m,])%>%predict(w[m,])
  pred[m,3]=randomForest(gg,data =w[!m,])%>%predict(w[m,])
  pred[m,4]=ksvm(gg,data =w[!m,])%>%predict(w[m,])
  pred[m,5]=lm(gg,data =w[!m,])%>%predict(w[m,])
}
nmse=apply((sweep(pred,1,w[,D],'-'))^2,2,sum)/M
NMSE=data.frame(Method=c('mboost','bagging','RF','SVM','LM'),
                NMSE=nmse)
ggplot(NMSE, aes(x=Method, y=NMSE)) +
  geom_bar(stat="identity", width=.5, fill="navyblue") +
  labs(title="Normalized MSE for 5 Methods") +
  geom_text(aes(label=round(NMSE,4)), hjust=c(1,1,1,1,1),
            color=c("white",'white','white','white','white'), size=3.5)+
  theme(axis.text.x = element_text(angle=65, vjust=0.6))+
  coord_flip()
```

## 2.7    处理线性回归多重共线性的经典方法 *

> 多重共线性的问题仅仅存在于传统的线性模型 (或广义线性模型) 之中. 为了迎合模型的线性结构及各种假定, 人们创造了各种方法来避开多重共线性所造成的计算上的困难. 它们对参数的大小或者数量做出惩罚, 但这些方法并不能保证预测精度的提高, 也不能回避传统线性回归的各种固有弊病.
>
> 机器学习的多数算法模型不存在多重共线性问题.

### 2.7.1    多重共线性

我们知道, 最小二乘回归时估计系数的公式为

$$\hat{\beta} = (X^\top X)^{-1} X^\top Y.$$

但是当矩阵 $X$ 代表自变量的各个列向量线性相关时, $(X^\top X)^{-1}$ 不存在, 如同用零做除数一样. 当然, 对于实际数据, 很难有刚好线性相关的情况, 但经常会有几乎线性相关的情况. 那时 $(X^\top X)^{-1}$ 可以算出来, 但结果很不可靠, 数据的微小变化会导致训练出来的模型有很大改变. 这就是所谓的多重共线性 (multicollinearity) 问题.

有一些关于多重共线性的度量, 其中之一是容忍度 (tolerance) 或 (等价的) 方差膨胀因子 (variance inflation factor, VIF), 而另一个是条件数 (condition number), 常用 $\kappa$ 表示. 其中容忍度与 VIF 的定义为

$$\text{tolerance} = 1 - R_j^2, \quad \text{VIF}_j = \frac{1}{1 - R_j^2},$$

式中, $R_j^2$ 是第 $j$ 个变量在所有其他变量上回归时的可决系数, 容忍度太小 (按照一些文献, 比如小于 0.2 或 0.1) 或 VIF 太大 (比如大于 5 或 10) 则被认为有多重共线性问题. 而条件数的定义为

$$\kappa = \sqrt{\frac{\lambda_{\max}}{\lambda_{\min}}},$$

式中, $\lambda$ 为 $X^\top X$ 的特征值 ($X$ 代表自变量矩阵). 显然, 当自变量矩阵正交时, 条件数 $\kappa$ 为 1. 一些研究者认为, 当 $\kappa > 15$ 时, 则有共线性问题, 而 $\kappa > 30$ 时说明共线性的问题严重. 当然, 这些判断准则可能不一致, 或者不很准确, 但不失为一些参考.

本节介绍常用的处理多重共线性的几种经典方法, 包括逐步回归、岭回归 (ridge regression)、lasso 回归、适应性 lasso 回归及不那么 "经典" 的偏最小二乘回归 (partial least squares regression, PLSR) 等. 下面通过一个例子来介绍这几种方法.

**例 2.7** (diabetes.csv) **糖尿病数据**. 这个数据来自 Efron et al. (2004), 包含在 R 程序包 lars[19]中. 该数据除了因变量 y 之外, 还有两个自变量矩阵, x 及 x2, 前者是标准化的, 为 $442 \times 10$ 矩阵, 后者为 $442 \times 64$ 矩阵, 包括前者及一些交互作用. 该数据是关于糖尿病的血液等化验指标. 我们不用标准化的数据, 只用 y 和 x2.

---

[19]Trevor Hastie and Brad Efron (2011). lars: Least Angle Regression, Lasso and Forward Stagewise. R package version 0.9-8. http://CRAN.R-project.org/package=lars.

首先, 我们来看共线性问题, VIF 可以通过 R 程序包 car[20]的函数 vif() 得到, 条件数 $\kappa$ 则可从 R 固有的函数 kappa() 得到. 下面在计算 VIF 时使用数据 x2. 有关的 R 代码如下:

```
w=read.csv("diabetes.csv")[,11:75]#w第一列为y, 其余列为x2
kappa(w[,-1])#x2 的条件数
library(car)#包含vif的程序包
sort(vif(lm(y~.,w)),de=T)[1:5]
```

计算结果表明, 数据 x2 的条件数 $\kappa = 11427.09$, 而 x2 最大的 5 个 VIF 依次为 1295001.21, 1000312.11, 180836.83, 139965.06, 61177.87. 看来可能有共线性问题.

## 2.7.2 逐步回归

逐步回归 (stepwise regression) 方法的主要目的是在自变量很多时, 选取一个自变量子集, 使得最终的模型既简单又对训练集有较好的拟合. 其方法为逐步放入和移走变量一直到没有合适的理由继续下去为止. 有 "向前"、"向后" 和 "双向" 逐步回归的选项. 向前逐步回归是从只有截距开始, 逐个增加变量; 向后逐步回归是从具有全部自变量的模型开始, 逐个减少变量; 双向逐步回归是不断增减变量. 当然各个软件的默认方法不同, 准则也不一样. 有的软件根据自变量的 $t$ 检验 $p$ 值来决定是否舍取, 有的软件则使用 AIC 来决定. 我们用的是 R 软件的 step() 函数, 其默认值为 "双向", 利用 AIC 准则来选择模型. 逐步回归的最终模型在任何意义上都不能保证是最优的. 它最后产生了一个单独的最终模型, 但很可能存在几个等价的类似水平的模型.

**评论: 有些人觉得逐步回归的方法可以解决多重共线性的问题. 实际上, 逐步回归筛选变量的方法在去掉一些变量之后也失去了相应的数据信息, 必定损害模型的预测精度.**

下面代码的目的是使用逐步回归于整个数据, 输出逐步回归汇总结果并且产生残差对拟合值点图 (见图2.7.1). 图2.7.1显示了某种异方差性.

产生图2.7.1的代码为:

```
w=read.csv("diabetes.csv")[,11:75]
a=step(lm(y~.,w))#逐步回归
summary(a)
plot(a$fit,a$res,xlab="Fitted value",ylab="Residual")
abline(h=0,lty=2)
```

最终得到的模型为:

```
lm(formula = y ~ x2.sex + x2.bmi + x2.map + x2.tc + x2.ldl +
x2.ltg + x2.age.2 + x2.tc.2 + x2.ldl.2 + x2.hdl.2 + x2.ltg.2+
x2.glu.2 + x2.age.sex + x2.age.tc + x2.age.hdl + x2.age.ltg +
x2.sex.map + x2.bmi.map + x2.map.glu + x2.tc.ldl + x2.tc.hdl+
```

[20]John Fox and Sanford Weisberg (2011). An R Companion to Applied Regression, Second Edition. Thousand Oaks CA: Sage. URL: http://socserv.socsci.mcmaster.ca/jfox/Books/Companion.

```
x2.tc.ltg + x2.ldl.hdl + x2.ldl.ltg + x2.hdl.ltg, data = w)
```

这里选取了 25 个自变量 (原先 64 个) 外加截距. 利用 summary(a) 得到的输出 (这里不显示) 可以看出, $R^2$ 有点小, 拟合得不那么好.

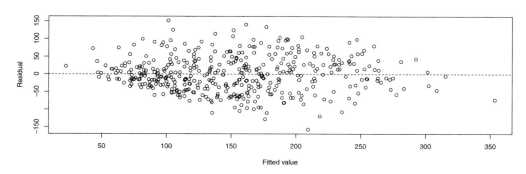

**图 2.7.1　对例2.7逐步回归的残差对拟合值点图**

### 2.7.3　岭回归

假定自变量数据矩阵 $\boldsymbol{X} = \{x_{ij}\}$ 为 $n \times p$ 维的, 通常最小二乘回归 (ordinary least squares, OLS) 寻求那些使得残差平方和最小的系数 $\beta$, 即

$$(\hat{\alpha}^{(ols)}, \hat{\beta}^{(ols)}) = \arg\min_{(\alpha,\beta)} \sum_{i=1}^{n} \left( y_i - \alpha - \sum_{j=1}^{p} x_{ij}\beta_j \right)^2.$$

岭回归则需要约束系数的大小, 也就是在上面的公式中增加一项 $\lambda \sum_{j=1}^{p} \beta_j^2$ 作为惩罚项, 这意味着岭回归的系数既要使得残差平方和小, 又不能使得系数太膨胀:

$$(\hat{\alpha}^{(ridge)}, \hat{\beta}^{(ridge)}) = \arg\min_{(\alpha,\beta)} \sum_{i=1}^{n} \left[ \left( y_i - \alpha - \sum_{j=1}^{p} x_{ij}\beta_j \right)^2 + \lambda \sum_{j=1}^{p} \beta_j^2 \right],$$

这等价于在约束条件 $\sum_{j=1}^{p} \beta_j^2 \leqslant s$ 下, 满足

$$(\hat{\alpha}^{(ridge)}, \hat{\beta}^{(ridge)}) = \arg\min_{(\alpha,\beta)} \sum_{i=1}^{n} \left( y_i - \alpha - \sum_{j=1}^{p} x_{ij}\beta_j \right)^2.$$

显然这里有确定 $\lambda$ 或者 $s$ 的问题, 一般都用交叉验证或 Mallows $C_p$ 等准则通过计算来确定. 可以用程序包 MASS 中的函数 lm.ridge() 来实现. 这里采用更方便的可以自动选择岭回归参数的程序包 ridge[21] 中的函数 linearRidge(). 代码如下:

---

[21]Erika Cule (2012). ridge: Ridge Regression with automatic selection of the penalty parameter. R package version 2.1-1. 网址为 http://CRAN.R-project.org/package=ridge.

```
w=read.csv("diabetes.csv")[,11:75]
library(ridge)
a=linearRidge(y ~ ., data = w)
summary(a)
plot(a)
```

计算结果包括了估计的岭回归参数以及各个自变量的系数. 由于输出很长, 这里就不显示了, 但输出说明选择了 $\lambda = 5.363159$. 自动选择参数用的是 Cule et al. (2012) 建议的主成分方法, 这里最多试了 27 个主成分, 最终选了一个, 这从用代码 plot(a) 所画出的各个系数对主成分个数点图 (见图2.7.2) 可以看出 (最左边的竖直虚线对应于横坐标 1).

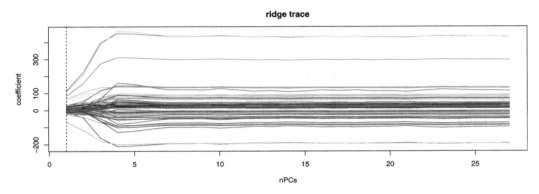

**图 2.7.2　对例2.7岭回归的系数对主成分个数点图**

### 2.7.4　lasso 回归

lasso 回归在原理上和岭回归有些类似, 但惩罚项中不是系数的平方而是其绝对值, 即在约束条件 $\sum_{j=1}^{p} |\beta_j| \leqslant s$ 下, 系数需要满足下面的条件:

$$(\hat{\alpha}^{(\text{lasso})}, \hat{\beta}^{(\text{lasso})}) = \arg\min_{(\alpha,\beta)} \sum_{i=1}^{n} \left( y_i - \alpha - \sum_{j=1}^{p} x_{ij}\beta_j \right)^2.$$

基于绝对值的特点, lasso 回归不像岭回归那样把系数缩小, 而是筛选掉一些系数. 这里的计算主要使用 R 程序包 lars 中的函数 lars(), 该程序包除了 lasso 方法之外, 还有最小角度回归, 也有针对共线性的功能, 请读者自己学习. 这个软件对于系数的选择有 $k$ 折交叉验证 (k-fold CV) 及 $C_p$ 两种方法. $k$ 折交叉验证在前面已经介绍过了. Mallows $C_p$ 统计量是用来评价回归的一个准则. 如果从 $k$ 个自变量中选取 $p$ 个 $(k > p)$ 参与回归, 那么 $C_p$ 统计量的定义为

$$C_p = \frac{SSE_p}{S^2} - n + 2p; \ SSE_p = \sum_{i=1}^{n} (Y_i - Y_{pi})^2.$$

据此, 选取 $C_p$ 最小的模型. 对于糖尿病数据, 计算并产生图2.7.4的代码如下:

```
library(lars)
#由于lars函数只用于矩阵型数据
#下面就把数据中的自变量和因变量变为矩阵形式
w=read.csv("diabetes.csv")[,11:75]
y=as.matrix(w[,1])
x2=as.matrix(w[,-1])
laa=lars(x2,y)
plot(laa) #绘出系数随步变化图
summary(laa)#给出Cp值和步骤等结果
cva=cv.lars(x2,y,K=10) #10折交叉验证并画MSE对比率图
best=cva$index[which.min(cva$cv)]#选适合的比率(结果有随机性)
coef=coef.lars(laa,mode="fraction",s=best)#使得CV最小时的系数
min(laa$Cp)#哪个Cp最小,结果是第15步=18.19822(第16个-第一个是0步)
coef1=coef.lars(laa,mode="step",s=15)#使laa$Cp最小的step的系数
```

表2.7.1给出不同情况下 $C_p$ 统计量的值 (一共尝试 100 多次, 这里只给了第 13 到 16 步的结果), 使其值最小的为第 15 步 ($C_p = 18.20$), 参见图2.7.3.

**表 2.7.1　例2.7 糖尿病数据在 lasso 回归中 $C_p$ 值的变化**

| step | Df | Rss | Cp |
|------|----|----|-----|
| 13 | 14 | 1234993.28 | 21.86 |
| 14 | 15 | 1225552.04 | 20.53 |
| 15 | 16 | 1213288.85 | 18.20 |
| 16 | 17 | 1212253.39 | 19.83 |

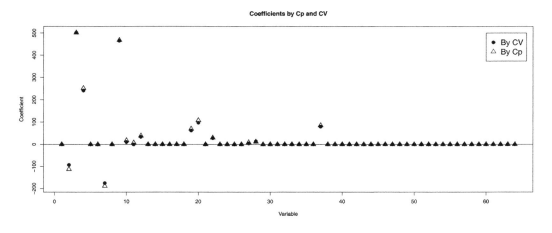

**图 2.7.3　对例2.7 lasso 回归的根据 CV 和 $C_p$ 选的系数**

图2.7.4中左图给出了在不同的步数下系数增减的情况, 最左边是只有截距, 最右边是保持所有变量. 图2.7.4中右图给出了 CV 的变化图, 可以看出在什么比率时达到极小值 (这

里是在比率为 0.03030303 时达到最小). 注意, 由于交叉验证的随机性等原因, 用 CV 和 $C_p$ 所选择的结果可能会有所不同, 但数值非常接近. 本例用 CV 选择了 13 个变量 (用 `coef[coef!=0]` 查看), 而用 $C_p$ 选择了 14 个变量 (用 `coef1[coef1!=0]` 查看). 这两组变量的系数 (包括等于零的) 显示在图2.7.3中.

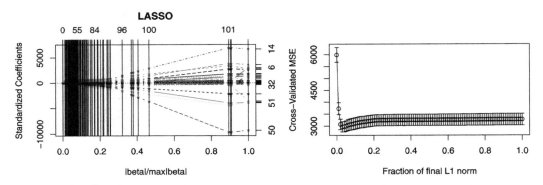

**图 2.7.4　例2.7 糖尿病数据在 lasso 回归中系数随参数的变化 (左) 以及 CV 的变化 (右)**

### 2.7.5 适应性 lasso 回归

适应性 lasso (adaptive lasso, alasso) 回归是 lasso 回归的改进型. 与 lasso 回归和岭回归类似, 其系数 $\beta$ 要满足下面条件:

$$(\hat{\alpha}^{(\text{alasso})}, \hat{\beta}^{(\text{alasso})}) = \arg\min_{(\alpha,\beta)} \sum_{i=1}^{n}\left(y_i - \alpha - \sum_{j=1}^{p} x_{ij}\beta_j\right)^2.$$

但惩罚项是系数绝对值的加权平均, 即约束条件为 $\sum_{j=1}^{p} w_i|\beta_j| \leqslant s$, 式中 $w_i = 1/(\hat{\beta}_i)^\gamma$. 而 $\gamma > 0$ 为一个调整参数. 这实际上是 Friedman (2008) 的方法的特例, 适用于很宽范围的损失函数及惩罚条件. 因此, 前面提到的岭回归和 lasso 回归仅仅是其方法的特例. 这里使用的是程序包 msgps[22], 其中不仅包括适应性 lasso(alasso), 还包括弹性网络 (elastic net) 及广义弹性网络 (generalized elastic net) 等方法. 该程序包寻求最优参数是基于广义路径搜索方法 (generalized path seeking algorithm). 而确定最优所根据的准则包括 Mallows Cp, 偏差纠正的 AIC (AICc), 广义交叉验证 (generalized cross validation, GCV) 及 BIC. 这里仅介绍 alasso, 希望读者能够继续学习 Friedman (2008) 的其他方法.

对于糖尿病数据的例子, 下面的计算代码输出了各个参数, 由于参数很多, 这里仅以图2.7.5表示在不同情况下参数的变化.

```
library(msgps)#adaptive lasso
w=read.csv("diabetes.csv")[,11:75]
y=w[,1];x2=as.matrix(w[,-1])
al=msgps(x2,y,penalty="alasso",gamma=1,lambda=0)
```

[22]Kei Hirose (2011). msgps: Degrees of freedom of elastic net, adaptive lasso and generalized elastic net. R package version 1.1. http://CRAN.R-project.org/package=msgps.

```
summary(a1);plot(a1)
```

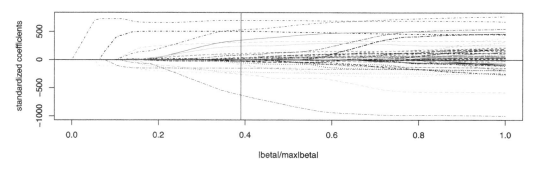

**图 2.7.5　例2.7 糖尿病数据在适应性 lasso 回归中系数随参数的变化**

输出结果显示调整参数选的是 $\gamma = 45.41$,[23] 这时各个准则的值及自由度为

```
ms.tuning:
         Cp   AICC   GCV    BIC
[1,] 7.987 7.987 8.433 5.111

ms.df:
         Cp   AICC   GCV    BIC
[1,] 18.68 18.68 19.47 13.27
```

### 2.7.6　偏最小二乘回归

　　如果说 lasso 回归与岭回归在思想上有类似之处, 那么偏最小二乘回归完全是另类. 但偏最小二乘回归有些类似于主成分回归, 主成分回归是在自变量和因变量 (如果也有多个变量) 中各自找到一些互相独立的主成分, 然后按照计算主成分时得到的特征值的大小 (特征值较大的主成分对原来变量的代表性也较强) 来选取部分主成分, 主成分是独立的, 用这些主成分代替原来的变量进行回归, 共线性问题就解决了.

　　偏最小二乘回归则在因变量 (如果也有多个变量组成) 和自变量中先各自寻找一个因子 (成分), 条件是这两个因子在其他可能的成分中最相关, 然后在选中的一对因子的正交空间中再选一对最相关的因子, 如此下去, 直到这些对因子有充分代表性为止 (可以用交叉验证).

　　对例2.7 糖尿病数据使用程序包 pls.[24] 该程序包也可做主成分回归. 因为一些研究发现 (Wold et al., 1984, Wold et al., 2001, Garthwaite, 1994) 偏最小二乘回归在预测上优于最小二乘回归及主成分回归, 在观测值数目相对较少 (甚至少于变量数目) 时, 偏最小二乘回归仍然可以使用. 所以这里仅做偏最小二乘回归的计算, 主成分回归的计算完全类似, 只需把下面的函数 plsr() 换成 pcr() 即可.

---

[23]代码中的选项 lambda 大于 0 的时候, 相应于 $\hat{\beta}_i$ 为岭回归参数估计.

[24]Bjøn-Helge Mevik, Ron Wehrens and Kristian Hovde Liland (2011), Partial Least Squares and Principal Component regression, GPL-2, URL: http://mevik.net/work/software/pls.html.

关于例2.7 糖尿病数据的偏最小二乘回归的计算代码及偏最小二乘回归中 CV 的 RM-SEP 变化的做图程序如下:

```
library(pls)
ap=plsr(y ~ x2, 64, validation = "CV") #求出所有可能的64个因子
ap$loadings #看代表性, 前28个因子可以代表76.4%的方差
ap$coef #看各个因子作为原变量的线性组合的系数
RMSEP(ap);MSEP(ap);R2(ap)#不同准则(MSEP,R2)在不同因子数量时的值
par(mfrow=c(1,3))#画图
plot(RMSEP(ap));abline(v=5,lty=2)
plot(MSEP(ap));abline(v=5,lty=2)
plot((R2(ap)));abline(v=5,lty=2)
```

图2.7.6为 CV 过程中的 RMSEP, MSEP 及 $R^2$ 的图. 用 RMSEP 和 MSEP 最小及 $R^2$ 最大的原则挑选因子数量, 可以看出 5 个因子时 RMSEP 和 MSEP 最小, $R^2$ 最大. 它们都选择了 5 个因子.

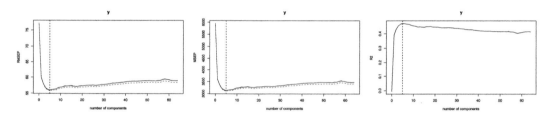

**图 2.7.6    例2.7 糖尿病数据在偏最小二乘回归中 CV 的 RMSEP, MSEP 及 $R^2$ 的变化**

### 2.7.7  糖尿病数据 (例2.7): 比较几种方法的预测性

我们对例2.7的糖尿病数据采用各种方法做预测的 10 折交叉验证. 这些方法包括原始的线性回归 (lm) 及专门应对多重共线性的方法: 逐步线性回归 (step)、岭回归 (ridge)、lasso 回归 (lasso)、适应性 lasso 回归 (alasso)、偏最小二乘回归 (pls). 根据标准化均方误差, 原始线性回归略优于所有专门方法. 实际上, 这几种方法大体上属于相同的水准, 相应的结果在表2.7.2中.

**表 2.7.2    例2.7的 6 种方法 10 折交叉验证的 NMSE**

| 方法 | lm | step | ridge | lasso | alasso | pls |
|------|------|------|-------|-------|--------|------|
| NMSE | 0.6176 | 0.5571 | 0.5704 | 0.5130 | 0.5345 | 0.5520 |

图2.7.7直观地显示了相关结果.

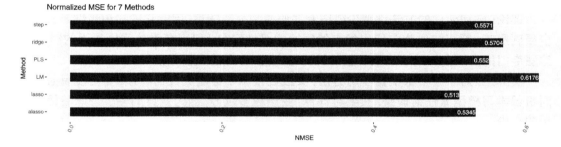

**图 2.7.7　例2.7的 10 折交叉验证的 NMSE**

我们在这里使用的 10 折交叉验证 (包括画图2.7.7) 代码为:

```
library(lars);library(ridge);library(msgps);library(pls)
library(nnet);library(tidyverse)
w=read.csv("diabetes.csv")[,11:75]
n=nrow(w);Z=10;D=1;JJ=6 #折数，因变量位置及6种方法
y=as.matrix(w[,D]);x2=as.matrix(w[,-D])
set.seed(1010);I=sample(rep(1:Z,ceiling(n/Z)))[1:n]
pred=matrix(999,n,JJ)
M=mean((w[,D]-mean(w[,D]))^2)
for(i in 1:Z){
  m=(I==i)
  pred[m,1]=lm(y ~ ., data = w[!m,])%>%predict(w[m,])
  pred[m,2]=step(lm(y ~ .,data=w[!m,]),trace=0)%>%predict(w[m,])
  pred[m,3]=linearRidge(y ~ ., data=w[!m,],lambda=0.01)%>%predict(w[m,])
  pred[m,4]=lars(x2[!m,],y[!m],type="lasso") %>%
        predict(.,x2[m,],s=0.03,mode="fraction") %>%  .$fit
  pred[m,5]=msgps(x2[!m,],y[!m],penalty="alasso",gamma=1,lambda=0) %>%
        predict(.,x2[m,]) %>% .[,1]
  pred[m,6]=plsr(y[!m] ~ x2[!m,], 5, validation = "CV") %>%
      predict(.,x2[m,],ncomp=3) %>% .[,1,1]
}
nmse=apply((sweep(pred,1,w[,D],'-'))^2,2,mean)/M
NMSE=data.frame(Method=c('LM','step','ridge','lasso','alasso','PLS')
  ,NMSE=nmse)
ggplot(NMSE, aes(x=Method, y=NMSE)) +
  geom_bar(stat="identity", width=.5, fill="navyblue") +
  labs(title="Normalized MSE for 7 Methods") +
  geom_text(aes(label=round(NMSE,4)), hjust=1, color="white", size=3.5)+
  theme(axis.text.x = element_text(angle=65, vjust=0.6))+
  coord_flip()
```

> 评论: 任何专门的方法都减少或限制了原始数据的信息, 因此它们的预测性或多或少受到影响, 都不如作为它们出发点的原始的线性回归. 但当多重共线性很强的时候, 这些专门的方法会有助于线性模型的计算稳定性 (不是这个例子).
>
> 实际上, 对于大多数机器学习方法, 共线性根本不会造成任何麻烦, 完全没有必要对机器学习模型做任何调整, 只要可计算, 变量越多越好, 因为变量的多少意味着信息量的多少.
>
> 从关于多重共线性的论述可以看出来, 对于非独立的自变量, 使用不同的方法会得到完全不同的系数. 因此根据系数来判断自变量对因变量的效应完全没有意义. 一个模型, 无论形式如何, 对模型作判断的一个客观标准就是交叉验证的预测精度. 预测精度高的就是好模型, 与模型形式无关.

## 2.8  损失函数及分位数回归简介

### 2.8.1  损失函数

前面多次提及, 最小二乘回归使用了对称的二次损失函数. 一般来说, 带有可加误差项的回归模型可以写成下面的形式:

$$y_i = \mu(\boldsymbol{x}_i, \boldsymbol{\beta}) + \epsilon_i,$$

式中, $\mu$ 是一个一般的函数, 如果 $\mu(\boldsymbol{x}_i, \boldsymbol{\beta}) = \boldsymbol{x}_i'\boldsymbol{\beta}$, 就是线性模型. 在拟合时, 总是希望找到使得残差 $y_i - \mu(\boldsymbol{x}_i, \boldsymbol{\beta})$ 的某个凸函数的和尽可能小的参数 (向量)$\hat{\boldsymbol{\beta}}$, 即

$$\hat{\boldsymbol{\beta}} = \arg\min_{\boldsymbol{\beta}} \sum_{i=1}^{n} \rho\left(y_i - \mu(\boldsymbol{x}_i, \boldsymbol{\beta})\right).$$

对于线性回归模型 $y_i = \boldsymbol{x}_i'\boldsymbol{\beta} + \boldsymbol{\epsilon}_i$, 这就意味着寻找 $\hat{\boldsymbol{\beta}}$ 使得

$$\hat{\boldsymbol{\beta}} = \arg\min_{\boldsymbol{\beta}} \sum_{i=1}^{n} \rho\left(y_i - \boldsymbol{x}_i'\boldsymbol{\beta}\right).$$

如果选择损失函数为二次函数, 则 $\rho(u) = u^2$. 这时, 对于线性模型来说, 就是要求使得残差平方和最小的 $\hat{\boldsymbol{\beta}}$:

$$\hat{\boldsymbol{\beta}} = \arg\min_{\boldsymbol{\beta}} \sum_{i=1}^{n} (y_i - \boldsymbol{x}_i'\boldsymbol{\beta})^2.$$

这也就是最小二乘回归.

如果损失函数为 $\rho(u) = |u|$, 则称为最小一乘回归, 它使得残差绝对值的和最小. 最小一乘回归是分位数回归 (quantile regression) 的特例. 一般的 $\tau$ 分位数回归的损失函数为:

$$\rho_\tau(u) = u(\tau - I(u < 0)).$$

当 $\tau = 0.5$ 时, 就是最小一乘回归.

最小二乘回归和最小一乘回归的损失函数是对称的, 而一般的 $\tau$ 分位数回归的损失函数不是对称的. 而是由两条从原点出发的分别位于第一和第二象限的射线组成, 它们的斜率之比为 $\tau : (\tau - 1)$. 图2.8.1给出了最小二乘回归的损失函数 $u^2$(左) 及分位数回归的两个 ($\tau = 0.2$ 和 $\tau = 0.6$) 损失函数 (右).

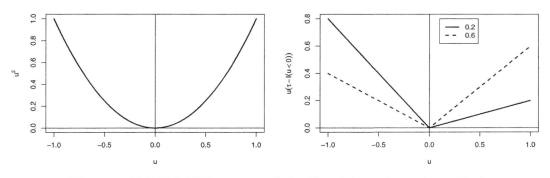

图 **2.8.1** **两类损失函数:** $\rho(u) = u^2$**(左) 及** $\rho_\tau(u) = u(\tau - I(u < 0))$**(右)**

在实际应用中, 选择不对称的分位数损失函数往往可以反映因变量的分位数分布. 不同分位数的分布可能由于各种原因而有相当大的差异. 以只有一个自变量的简单回归问题为例, 该自变量很可能无力解释因变量的分布的变化, 原因可能是缺乏许多其他变量来完整描述因变量. 这时, 就希望采取分位数回归来描述因变量不同分位数的分布, 以显示因为自变量不足所没有揭示出来的信息.

### 2.8.2 恩格尔数据例子的分位数回归

**例 2.8** (engel.csv) **恩格尔数据**. 该数据在程序包 `quantreg`[25]中. 这是一个关于比利时工薪阶层的收入和食品花费的例子, 数据名称为 `engel`, 来自 **Koenker and Bassett**(1982). 这里有两个变量 foodexp(食品花费) 和 income(收入), 一共有 235 个观测值.

### 对例2.8的分位数回归

对于例2.8, 以 foodexp 为因变量, 以 income 为自变量来做 $\tau$ 分位数回归. 使用不同的 $\tau$ 来做分位数回归会产生不同的截距和斜率. 这里使用程序包 `quantreg` 中的分位数回归函数 `rq()`. 使用下面关于例2.8数据的代码:

```
library(quantreg);data(engel)
plot(summary(rq(foodexp~income,tau = 1:49/50,data=engel)))
```

可以生成对于不同的分位数所计算的截距和斜率 (见图2.8.2的上下图). 持续变化的截距和斜率显示了用简单的只有一个截距和一个斜率的线性回归完全不能反映数据变量之间

[25]Roger Koenker (2011). quantreg: Quantile Regression. R package version 4.76. http://CRAN.R-project.org/package=quantreg.

的真实关系. 从图中可以看出, 随着 $\tau$ 的增加, 截距总体上有下降趋势, 而斜率则基本上是上升的.

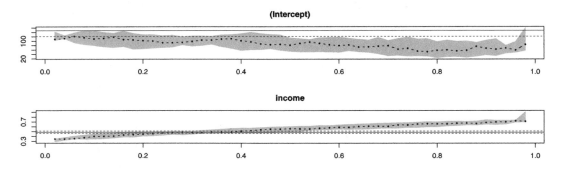

**图 2.8.2    例2.8 恩格尔数据对于不同的分位数所计算的截距和斜率**

下面的代码计算 $\tau$ 分别为 0.15, 0.25, 0.50, 0.75, 0.95, 0.99 的分位数回归, 同时点出了原始数据图 (见图2.8.3左), 做了 (以 10 为底的) 对数变换之后的数据图 (见图2.8.3右) 及两组 6 条分位数回归拟合直线 (见图2.8.3左右). 这些代码均来自程序包 quantreg.

```r
library(quantreg);data(engel)
par(mfrow=c(1,2))
plot(foodexp ~ income, data = engel,
    main = "engel data")#产生散点图
taus <- c(.15, .25, .50, .75, .95, .99)#选择6个tau参数
rqs <- as.list(taus)#构造和taus一样多元素的list来存储回归结果
for(i in seq(along = taus)) { #对每个tau做分位数回归并画图
 rqs[[i]]=rq(foodexp~income, tau=taus[i],data=engel)
 lines(engel$income, fitted(rqs[[i]]), col = i+1)
}
legend("bottomright", paste("tau = ", taus), inset = .04,
    col = 2:(length(taus)+1), lty=1)
#重复上面(把foodexp换成log10(foodexp)):
plot(log10(foodexp) ~ log10(income), data = engel,
    main = "engel data  (log10 - tranformed)")
for(i in seq(along = taus)) {
 rqs[[i]]=rq(log10(foodexp)~log10(income),
 tau=taus[i],data=engel)
 lines(log10(engel$income), fitted(rqs[[i]]), col = i+1)
}
legend("bottomright", paste("tau = ", taus), inset = .04,
    col = 2:(length(taus)+1), lty=1)
```

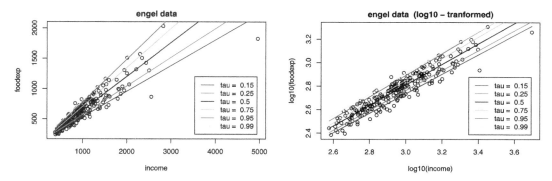

**图 2.8.3　例2.8 原始的恩格尔数据点图 (左) 及对数变换之后的点图 (右) 和各自 6 条分位数回归拟合直线**

## 分位数函数和对例2.8的应用

第 $\tau$ 个条件分位数函数 (conditional quantile function) 定义为 $Q_{y|x}(\tau) = X\beta_\tau$, 这里

$$\beta_\tau = \arg\min_{\beta} E[\rho_\tau(y_i - x_i^\top \beta)].$$

由于精确的期望值无法计算, 只能对分位数函数做出估计. 我们把 $\hat{Q}_{y|x}(\tau) = X\hat{\beta}_\tau$ 作为第 $\tau$ 个条件分位数函数的估计, 这里

$$\hat{\beta}_\tau = \arg\min_{\beta} \sum_{i=1}^{n} \rho_\tau(y_i - x_i^\top \beta).$$

下面我们分别用收入的 0.05 分位点 (贫) 的 income 及收入的 0.95 分位点 (富) 的 income 值来预测不同分位数 (对各种 $\tau$) 回归的拟合值. 换句话说, 是用收入 452.4 比利时法郎 (收入的 0.05 分位点) 的相对贫困家庭, 以及收入 1939.5 比利时法郎 (收入的 0.95 分位点) 的相对富裕家庭来估计的条件分位数函数, 这就产生了图2.8.4中的左图, 从中可以看出估计的条件分位数函数 $Q_{y|x}(\tau)$ 对 $\tau$ 的点图对于两种人群 ($x$ 只有两个值) 的差距. 而图2.8.4中的右图则为相应于这两个分位点收入者的对不同 $\tau$ 的拟合值 (食品花费) 的密度曲线 (即 $Q_{y|x}(\tau)$ 对于两个 $x$ 值的密度曲线). 从图2.8.4中的右图可以看出低收入家庭食品支出集中在狭窄的低水平区域, 而高收入家庭则分布在较高的较广的区域.

产生图2.8.4的变量计算及画图代码如下:

```
library(quantreg);data(engel);attach(engel)
#tau=-1:取(0,1)中的密集的tau(这里271个回归, 结果在z中):
z <- rq(foodexp~income,tau=-1,engel)

#下面取贫富两个income值(x值):
x.poor=quantile(income,.05);x.rich=quantile(income,.95)

#下面算出贫富的income对所有tau斜率和截距的拟合值(各271个):
```

```
qs.poor <- c(c(1,x.poor)%*%z$sol[4:5,])#用公式x'b计算拟合值
qs.rich <- c(c(1,x.rich)%*%z$sol[4:5,])
#上面z$sol[4:5,]为z中相应于不同分位数的斜率和截距

ps <- z$sol[1,]#tau值
ps.wts <- (c(0,diff(ps)) + c(diff(ps),0)) / 2
ap <- akj(qs.poor, z=qs.poor, p = ps.wts)#akj: 自适应核密度估计
ar <- akj(qs.rich, z=qs.rich, p = ps.wts)
#ap$dens与ar$dens为两个密度估计

#下面是画图程序
par(mfrow = c(1,2))
plot(c(ps,ps),c(qs.poor,qs.rich), type="n",
xlab = expression(tau), ylab = "foodexp")
plot(stepfun(ps,c(qs.poor[1],qs.poor)),do.points=F,add=T)
plot(stepfun(ps,c(qs.rich[1],qs.rich)),do.points=F,
    add=T,lty=2)
legend("topleft", c("poor","rich"), lty = c(1,2))
plot(c(qs.poor,qs.rich),c(ap$dens,ar$dens),type="n",
  xlab= "Food Expenditure", ylab= "Density")
lines(qs.poor, ap$dens)
lines(qs.rich, ar$dens,lty=2)
legend("topright", c("poor","rich"), lty = c(1,2))
```

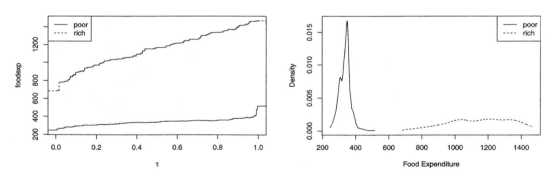

**图 2.8.4    例2.8 对两种人群估计的条件分位数 (左) 和用于食品支出的密度函数 (右)**

## 2.9    本章 Python 运行代码

查看或改变工作目录、引入模块、怎样读取数据三者是 Python 初学者的第一步工作. Python 最基本的数据分析和数据结构模块有 numpy 和 pandas, 同时作图模块有 matplotlib. Python 读取数据和 R 类似, 可以读取各种类型数据, 读者根据需求在网上查阅. 需要注意的是, 为了避免读入数据出现各种麻烦, 第一步的工作目录一定要确认清楚, 同时将数据存入工作目录下, 否则每次读取数据时其路径信息必须写完整, 这样才有成功导入数据的机会.

### 2.9.1　例2.1汽车数据

由于例2.1汽车 (cars.csv) 须生成散点图, 要同时引入 numpy, pandas, matplotlib 三个基本模块. 查看改变工作目录、引入模块和读取数据的代码为:

```
import os
os.getcwd() #查看工作目录
os.chdir('D:/Python work') #改变工作目录
```

```
import numpy as np
import pandas as pd
import matplotlib
%matplotlib inline
import matplotlib.pyplot as plt
```

```
w = pd.read_csv("cars.csv")
```

产生例2.1的散点图 (见图2.9.1) 和代码如下所示:

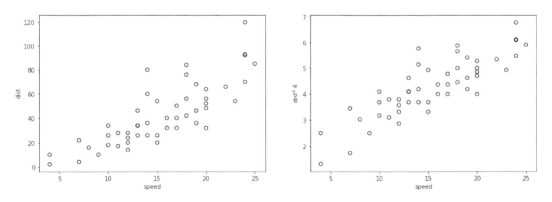

**图 2.9.1　例2.1的 dist 对 speed 的散点图 (左) 及 dist$^{0.4}$ 对 speed 的散点图 (右)**

```
plt.figure(figsize = (15,5))
plt.subplot(1,2,1)
plt.scatter(w.speed,w.dist, facecolors = 'none', edgecolors = 'k')
plt.xlabel("speed")
plt.ylabel("dist")
plt.subplot(1,2,2)
plt.scatter(w.speed,w.dist**0.4,facecolors = 'none', edgecolors = 'k')
plt.xlabel('speed')
plt.ylabel('dist$^0.4$')
```

产生图2.9.2的代码如下所示:

```python
import matplotlib.pyplot as plt
import numpy as np
from sklearn import datasets, linear_model
import pandas as pd
regr = linear_model.LinearRegression()
X = w[['speed']] #或者 X = np.array(w.speed).reshape(-1,1)
y = w.dist ** 0.4
regr.fit(X,y)
plt.figure(figsize = (15,6))
plt.scatter(X,y, facecolors = 'none', edgecolors = 'k' )
plt.xlabel('speed')
plt.ylabel('dist$^{0.4}$')
plt.plot(X, regr.predict(X), color = 'k', linewidth = 1)
a=[];b=[]
for i in range(len(y)):
    a.append([np.array(X)[i], np.array(X)[i]])
    b.append([np.array(y)[i], regr.predict(X)[i]])
for i in range(len(a)):
    plt.plot(a[i], b[i], color='k')
```

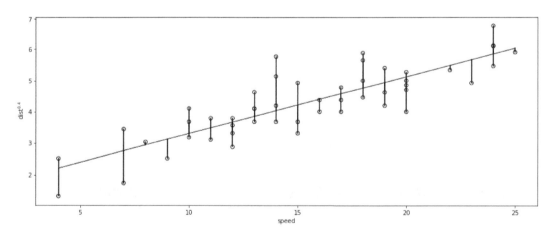

图 2.9.2　例2.1 dist$^{0.4}$ 对 speed 的散点图、回归直线及显示残差的线段

### 2.9.2 例2.2岩心数据

同样, 首先引入三个基本模块和读取数据, 这里不必重复. 产生例2.2**岩心** (rock.csv) 各个变量间的两两散点图代码为:

```python
import plotly.express as px
w = pd.read_csv('rock.csv')
fig = px.scatter_matrix(w,
    dimensions = ["area", "peri", "shape", "perm"],
```

```
     width = 1000, height = 500)
fig.show()
```

各个变量间的两两散点图如图2.9.3所示:

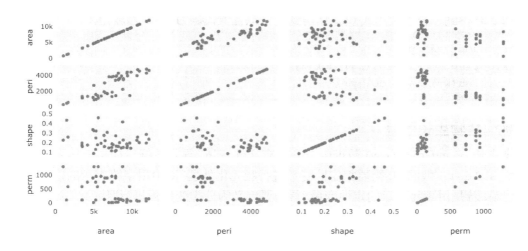

**图 2.9.3　例2.2 各个变量间的两两散点图**

构建的线性回归模型系数估计代码为:

```
import numpy as np
from sklearn.linear_model import LinearRegression
X = w.iloc[:,:3] #或者 X = w[['area','shape','peri']]
y = w.iloc[:,3] #或者 y = w['perm']
model = LinearRegression().fit(X,y)
print('intercept:', model.intercept_)
print('slope:', model.coef_)
```

回归系数估计结果为:

```
intercept: [485.61797447]
slope: [[ 9.13337891e-02 -3.44024603e-01  8.99069260e+02]]
```

直接利用式 (2.2.2) 计算各个回归系数参数估计代码为:

```
import numpy as np
w['const'] = np.ones(len(w))
X = w[['const','area','peri','shape']]
y = w[['perm']]
np.linalg.inv((X.T).dot(X)).dot(X.T).dot(y)
```

得到各个参数

```
array([[ 4.85617974e+02],
       [ 9.13337891e-02],
       [-3.44024603e-01],
       [ 8.99069260e+02]])
```

利用式 (2.2.3) 得到拟合值及用式 (2.2.4) 得到残差拟合值代码为 (不显示输出):

```
import numpy as np
H = X.dot(np.linalg.inv(X.T.dot(X)).dot(X.T))
(np.eye(len(w)) - H).dot(y)
```

### 2.9.3 例2.4植物生长数据

**植物生长** (PlantGrowth.csv) 数据中自变量有定性变量, 导入数据后如果直接用公式或者用模块 sklearn 做回归, 需要把定性变量进行哑元化处理, 其中用字符表示的定性变量哑元化容易, 若是用哑元表示的定性变量, 首先要定义为分类变量再进行哑元化. 对于我们的数据, 哑元化代码为:

```
w = pd.read_csv('PlantGrowth.csv')
# w1 = pd.get_dummies(w)   #字符串分类变量哑元转换，且保持变量个数
#下面去掉各个分类变量代表第一个水平的哑元列：
w1 = pd.get_dummies(w,drop_first = True)
w1['const'] = np.ones(w1.shape[0]) #增加全部是1的截距项(对于用公式算必要)
print(w1.head())
```

部分结果如下:

```
     weight   group_trt1   group_trt2   const
0    4.17          0            0         1.0
1    5.58          0            0         1.0
2    5.18          0            0         1.0
3    6.11          0            0         1.0
4    4.50          0            0         1.0
```

Python 统计建模需要引入模块, 这里用模块 statsmodels.formula.api 的 ols 函数, 这样可以不像用公式那样使用数据 w1, 而如 R 的函数 lm 那样, 可以不需要转换成哑元, 直接用数据 w 做回归分析和方差分析:

```
from statsmodels.formula.api import ols
from statsmodels.stats.anova import anova_lm
model = ols('weight ~ group',w).fit()
print(model.summary())
anovat = anova_lm(model)
```

```
print(anovat)
```

得到方差分析表:

|          | df   | sum_sq   | mean_sq  | F        | PR(>F)  |
|----------|------|----------|----------|----------|---------|
| group    | 2.0  | 3.76634  | 1.883170 | 4.846088 | 0.01591 |
| Residual | 27.0 | 10.49209 | 0.388596 | NaN      | NaN     |

回归分析结果为:

```
                      OLS Regression Results
==========================================
                  coef    std err       t      P>|t|    [0.025   0.975]
------------------------------------------------------------------
Intercept        5.0320     0.197    25.527    0.000    4.628    5.436
group[T.trt1]   -0.3710     0.279    -1.331    0.194   -0.943    0.201
group[T.trt2]    0.4940     0.279     1.772    0.088   -0.078    1.066
==========================================
```

　　针对例2.1回归的残差做正态性检验, 引入模块及其检验代码为:

```
from sklearn import linear_model
from scipy import stats
w = pd.read_csv("cars.csv")
regr = linear_model.LinearRegression()
X = w[["speed"]]
y = w["dist"] ** 0.4
regr.fit(X,y)
res=y - regr.predict(X)
print('Shapiro test p-value =',stats.shapiro(res)[1])
```

输出的 Shapiro 检验的 $p$ 值为 0.4514. 对例2.1拟合残差的正态 Q-Q 图 (见图2.9.4左) 和残差对拟合值图 (见图2.9.4右). 这里的 Q-Q 图完全按照定义画, 没有用任何现成函数.

```
rr=np.sort(res)
np.random.seed(1010);nm=np.sort(np.random.normal(size=len(res)))
from matplotlib import pyplot as plt
f=plt.figure(figsize=(20,6))
ax=plt.subplot(121)
ax.scatter(nm,rr)
ax.set_ylabel('Residual Quantile')
ax.set_xlabel('Normal Quantile')
ax2=plt.subplot(122)
ax2.scatter(regr.predict(X),res, color = 'b')
ax2.set_xlabel('Fitted value')
ax2.set_ylabel('Residual')
```

```
ax2.plot(regr.predict(X),np.zeros(len(X)),'r-')
```

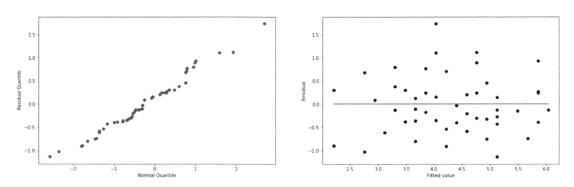

**图 2.9.4　对例2.1拟合残差的正态 Q-Q 图 (左) 和残差对拟合值图 (右)**

### 2.9.4　例2.5嘌呤霉素数据

例2.5 **嘌呤霉素** (Puromycin.csv) 产生 rate 对 conc 的点图 (见图2.9.5) 代码为:

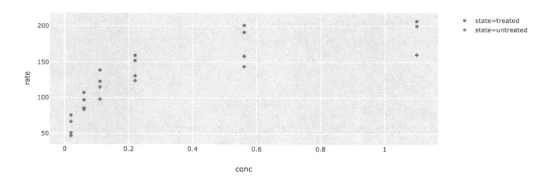

**图 2.9.5　例2.5 rate 对 conc 的点图**

```
import matplotlib.pyplot as plt
import plotly.express as px
w = pd.read_csv("Puromycin.csv")
fig = px.scatter(w, x = "conc", y ="rate", color ="state",
    symbol ="state", width = 1000, height = 400)
fig.show()
```

### 6 种竞争的线性模型回归代码及其残差正态性检验代码为:

1. 方程 $y_i = \beta_0 + \beta_1 x + \epsilon$ 即模型 1 回归分析代码为:

```
from statsmodels.formula.api import ols
model = ols(formula = 'rate ~ conc', data = w).fit()
print(model.summary())
print('Shapiro normality test p-value =',stats.shapiro(model.resid)[1])
```

输出部分结果如下:

```
                          OLS Regression Results
==========================================================================
                  coef     std err       t      P>|t|     [0.025    0.975]
--------------------------------------------------------------------------
Intercept      93.9236     8.000     11.740    0.000     77.286   110.561
conc          105.3980    16.919      6.230    0.000     70.213   140.583
==========================================================================

Shapiro normality test p-value = 0.5219758749008179
```

输出的 $F$ 检验的 $p$ 值为 3.53e-06, $R^2$ 为0.649 (这里输出结果未显示), 对残差的 Shapiro 正态性检验的 $p$ 值为 0.522.

2. 方程 $y = \beta_0 + \beta_1 x + \alpha_i + \epsilon$, $i = 1, 2$ (state 的两个水平) 即模型 2 回归分析和方差分析代码为:

```
from statsmodels.formula.api import ols
from statsmodels.stats.anova import anova_lm
model = ols('rate ~ conc + state',w).fit()
print(model.summary())
anovat = anova_lm(model,typ = 2)
print(anovat)
```

得到部分回归输出结果如下:

```
                          OLS Regression Results
==========================================================================
                        coef     std err     t      P>|t|    [0.025   0.975]
--------------------------------------------------------------------------
Intercept            106.3380    9.413    11.296    0.000    86.702  125.974
state[T.untreated]   -23.8441   11.177    -2.133    0.045   -47.160   -0.529
conc                 102.1603   15.721     6.498    0.000    69.366  134.954
==========================================================================
```

输出的 $F$ 检验的 $p$ 值为 3.67e-06, $R^2$ 为0.714 (这里输出结果未显示). 得到的方差分析结果为:

|          | sum_sq       | df   | F         | PR(>F)   |
|----------|--------------|------|-----------|----------|
| state    | 3232.534681  | 1.0  | 4.550810  | 0.045479 |
| conc     | 29994.685314 | 1.0  | 42.226965 | 0.000002 |
| Residual | 14206.413171 | 20.0 | NaN       | NaN      |

通过 $F$ 检验的 state 的 $p$ 值为 $0.045479$.

3. 方程 $y = \beta_0 + (\beta_1 + \gamma_i)x + \alpha_i + \epsilon$, $i = 1, 2$ (state 的两个水平) 即模型 3 回归分析和方差分析代码为:

```
model = ols('rate ~ conc *state',w).fit()
anovat = anova_lm(model,typ = 2)
print(model.summary())
print(anovat)
```

得到部分回归分析结果如下:

```
                    OLS Regression Results
========================================================
                        coef    std err     t       P>|t|
--------------------------------------------------------
Intercept            103.4881   10.526    9.832     0.000
state[T.untreated]   -17.4505   15.065   -1.158     0.261
conc                 110.4211   20.460    5.397     0.000
conc:state[T.untreated] -21.0834 32.686   -0.645     0.527
========================================================
```

输出的 $F$ 检验的 $p$ 值为 $1.74\text{e-}05$, $R^2$ 为 $0.720$ (这里输出结果未显示). 得到的方差分析表如下:

|            | sum_sq       | df   | F         | PR(>F)   |
|------------|--------------|------|-----------|----------|
| state      | 3232.534681  | 1.0  | 4.417940  | 0.049130 |
| conc       | 29994.685314 | 1.0  | 40.994060 | 0.000004 |
| conc:state | 304.423120   | 1.0  | 0.416058  | 0.526623 |
| Residual   | 13901.990050 | 19.0 | NaN       | NaN      |

可知通过 $F$ 检验得到的 state 的 $p$ 值为 $0.049130$, 而交互效应的 $p$ 值为 $0.526623$.

4. 方程 $y = \beta_0 + \beta_1 \log(x) + \epsilon$ 即模型 4 的回归分析代码为:

```
import numpy as np
model = ols('rate ~ np.log(conc)',w).fit()
print(model.summary())
```

得到部分回归分析结果如下:

```
                       OLS Regression Results
==============================================================
                 coef    std err      t      P>|t|    [0.025     0.975]
--------------------------------------------------------------
Intercept      190.0854    6.332    30.022    0.000   176.918   203.253
np.log(conc)    33.2027    2.739    12.122    0.000    27.507    38.899
==============================================================
```

输出的 $F$ 检验的 $p$ 值为 $6.04\text{e-}11$, $R^2$ 为 $0.875$ (这里输出结果未显示). 同时变量 $\log(conc)$ 的 $t$ 检验的 $p$ 值为 0.000.

5. 方程 $y = \beta_0 + \beta_1 \log(x) + \alpha_i + \epsilon$, $i = 1, 2$ (state 的两个水平) 即模型 5 回归分析和方差分析代码为:

```
import numpy as np
model = ols('rate ~ np.log(conc) + state',w).fit()
anovat = anova_lm(model,typ = 2)
print(model.summary())
print(anovat)
```

部分回归结果如下:

```
                       OLS Regression Results
==============================================================
                    coef     std err      t      P>|t|
--------------------------------------------------------------
Intercept         200.9108     4.661    43.108    0.000
state[T.untreated] -25.1805    4.758    -5.292    0.000
np.log(conc)       32.5637     1.816    17.936    0.000
==============================================================
```

输出的 $F$ 检验的 $p$ 值为 $1.47\text{e-}13$, $R^2$ 为 $0.948$ (这里输出结果未显示). 得到的方差分析表如下:

```
                sum_sq      df        F          PR(>F)
state         3622.845289   1.0    28.006099   3.525104e-05
np.log(conc) 41613.915371   1.0   321.692849   8.547072e-14
Residual      2587.183114  20.0       NaN           NaN
```

可知通过 $F$ 检验得到的 state 的 $p$ 值为 $3.525104\text{e-}05$.

6. 方程 $y = \beta_0 + (\beta_1 + \gamma_i)x + \alpha_i + \epsilon$, $i = 1, 2$ (state 的两个水平) 即模型 6 的回归分析和方差分析代码为:

```
import numpy as np
model = ols('rate ~ np.log(conc) * state',w).fit()
anovat = anova_lm(model,typ = 2)
print(model.summary())
print(anovat)
```

部分回归分析结果如下:

```
                        OLS Regression Results
========================================
                      coef     std err         t       P>|t|
----------------------------------------
Intercept          209.1945      4.453    46.974       0.000
state[T.untreated]  -44.6061      6.811    -6.549       0.000
np.log(conc)         37.1104      1.968    18.858       0.000
np.log(conc):state[T.untreated]  -10.1284   2.937    -3.448       0.003
========================================
```

输出的 $F$ 检验的 $p$ 值为 2.27e-14, $R^2$ 为 0.968 (这里输出结果未显示). 得到的方差分析表如下:

```
                      sum_sq        df            F          PR(>F)
state               3622.845289    1.0    43.257979    2.694833e-06
np.log(conc)       41613.915371    1.0   496.884003    4.396702e-15
np.log(conc):state   995.937697    1.0    11.891828    2.692345e-03
Residual            1591.245417   19.0          NaN             NaN
```

可知通过 $F$ 检验得到的 state $p$ 值为 2.694833e-06, 而交互效应的 $p$ 值为 2.692345e-03.

### 对例2.5的 6 个模型做预测精度的交叉验证

首先引入模块和读取数据. 由于我们使用的 statsmodels.formula.api 中回归函数 ols 和 R 的 lm 类似, 不需要进行哑元化处理.

```python
import numpy as np
import pandas as pd
from statsmodels.formula.api import ols
w = pd.read_csv("Puromycin.csv")
```

5 折交叉验证数据集划分函数 Fold (该函数可以照顾自变量中的定性变量 state, 将数据集平衡且随机地划分为 5 份) 的代码如下:

```python
def Fold(u,Z=5,seed=1010):
    u = np.array(u).reshape(-1)
    id = np.arange(len(u))
    zid = []; ID = []; np.random.seed(seed)
    for i in np.unique(u):
        n = sum(u==i)
        ID.extend(id[u==i])
        k = (list(range(Z))*int(n/Z+1))[:n]
        np.random.shuffle(k)
        zid.extend(k)
    zid = np.array(zid);ID = np.array(ID)
    zid = zid[np.argsort(ID)]
```

```
    return zid
```

我们将使用下面的函数 LMCV 来做 1000 次 5 折交叉验证, 这意味着在每个模型的每次 5 折交叉验证中随机种子完全随机产生 (不重复), 但是对于 6 个模型的 5 个子集是完全一样的, 以确保比较是在相同测试集及训练集的数据基础上进行的. 下面的 reg 代表模型, w 为数据, DY 为因变量的位置 (下标), D 为可能需要分折的定性变量, Z 是折数, N 为 Z 折交叉验证要重复的次数, seed 为随机种子.

```
def LMCV(reg, w, DY=1, D=2,Z = 5, N = 1000,seed=1010):
    u = pd.get_dummies(w.iloc[:,D]).dot(np.arange(2)); n = len(u)
    np.random.seed(seed); Seed = np.random.choice(range(100000),N)
    y = w.iloc[:,DY]
    nmse = [];
    for k in range(N):
        mm = Fold(u, Z = 5, seed = Seed[k])
        Y_pred = np.zeros(n);
        for j in range(Z):
            model = ols(reg, w[mm!=j]).fit()
            Y_pred[mm==j] = model.predict(w[mm==j])
        M = np.sum(( y - np.mean(y))**2)
        nmse.append(np.sum((y - Y_pred)**2)/M)
    NMSE=np.mean(nmse)
    return NMSE
```

例2.5中 6 个模型 1000 次 5 折交叉验证的平均标准化均方误差 (NMSE) 进而生成直观图形 (见图2.9.6) 的代码如下:

```
names = ['model_1', 'model_2', 'model_3', 'model_4', 'model_5', 'model_6']
FML = ['rate ~ conc' ,'rate ~ conc + state','rate ~ conc *state','rate ~ np.log(conc)',
    'rate ~ np.log(conc) + state','rate ~ np.log(conc) * state'];
REG=dict(zip(names,FML))

from datetime import datetime
A = dict()
for reg in REG:
    print(reg,datetime.now())
    A[reg]=LMCV(REG[reg],w,DY=1,D=2,N=1000,seed=1010)

A
```

输出的 5 种模型的标准化均方误差为:

```
{'model_1': 0.4617543483096258,
 'model_2': 0.42238976416036345,
 'model_3': 0.58957783192201721,
 'model_4': 0.14639783204126644,
 'model_5': 0.07440202620037502,
 'model_6': 0.05429826762737211}
```

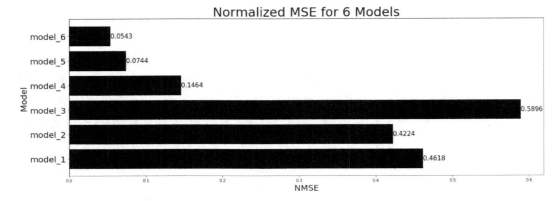

**图 2.9.6    例2.5的 6 个模型的 1000 次 5 折交叉验证的平均 NMSE**

图2.9.6的代码为:

```
import matplotlib.pyplot as plt
plt.figure(figsize = (20,7))
plt.barh(range(len(A)), A.values(), color = 'navy', height = 0.6)
plt.xlabel('NMSE',size=20)
plt.ylabel('Model',size=20)
plt.title('Normalized MSE for 6 Models',size=30)
plt.yticks(np.arange(len(A)),A.keys(),size=20)
for v,u in enumerate(A.values()):
    plt.text(u, v, str(round(u,4)), va = 'center',size=15)
plt.show()
```

可以发现 Python 和 R 交叉验证结果的 NMSE 大小顺序保持高度一致. model_6 的 NMSE 最小; 而 model_3 的 NMSE 最大.

上面的画图代码可以写成下面的函数:

```
def BarPlot(A,xlab='',ylab='',title='',size=[20,20,30,20,15]):
    import matplotlib.pyplot as plt
    plt.figure(figsize = (20,7))
    plt.barh(range(len(A)), A.values(), color = 'navy')#, height = 0.6)
    plt.xlabel(xlab,size=size[0])
    plt.ylabel(ylab,size=size[1])
    plt.title(title,size=size[2])
    plt.yticks(np.arange(len(A)),A.keys(),size=size[3])
    for v,u in enumerate(A.values()):
        plt.text(u, v, str(round(u,4)), va = 'center',color='navy',
            size=size[4])
    plt.show()
```

看上去, 做 1000 次交叉验证似乎太多, 没有必要. 之所以这样 1000 次是因为样本量太少, 交叉验证的结果不那么稳定. 当然, 这可能有些强迫症. 我们也可以做 6 个回归模型的 50 次 5 折交叉验证 (利用前面定义的 Fold 函数和 LMCV 函数).

```
from datetime import datetime
A = dict()
for reg in REG:
    print(reg,datetime.now())
    A[reg]=LMCV(REG[reg],w,DY=1,D=2,N=50,seed=1010)

A
```

得到

```
{'model_1': 0.4547612141616186,
 'model_2': 0.4222141510531317,
 'model_3': 0.5721677249935762,
 'model_4': 0.14600712290121,
 'model_5': 0.07537769536667209,
 'model_6': 0.055811552761862566}
```

我们使用前面定义的画图函数 BarPlot, 得到图2.9.7.

```
BarPlot(A,'NMSE','Model','Normalized MSE for 6 Models')
```

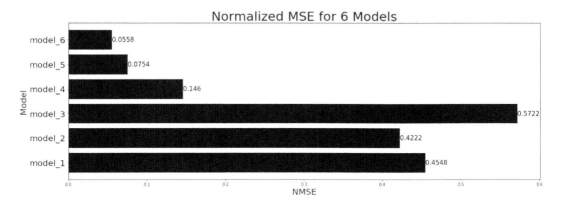

**图 2.9.7　例2.5的 6 个模型的 50 次 5 折交叉验证的平均 NMSE**

从图2.9.7可以看出 50 次交叉验证的结果和 1000 次很接近, 看来不需要做那么多次. 如果变换随机种子只做一次或重复少数几次, 结果跳动较大, 但这些模型的精确度的次序不会有什么区别.

### 2.9.5 例 2.6混凝土强度数据

例2.6混凝土强度数据 (Concrete.csv) 主要对比分析线性回归和机器学习, 包括 bagging、随机森林 (RF)、支持向量机 (SVM) 等方法来和经典回归 (LM) 做比较. 由于在 Python 中没

有与 **R** 等价的 mboost, 它就不参加这里的模型比较了. 读取数据并赋值的代码如下:

```python
import pandas as pd
import numpy as np
w = pd.read_csv('Concrete.csv')
y = w.iloc[:,-1] #最后一个变量Compressive.strength
X = w.iloc[:,:-1]
```

为了 10 折交叉验证, 使用把数据分成子集 (分折) 的函数 Rfold 的代码为:

```python
def Rfold(n, Z, seed):
    zid = (list(range(Z))*int(n/Z+1))[:n]
    np.random.seed(seed)
    np.random.shuffle(zid)
    return(np.array(zid))
```

```python
n = len(y); Z = 10
zid = Rfold(n,Z,1010)
```

引入各个模型的模块和赋值代码如下:

```python
from sklearn.linear_model import LinearRegression
from sklearn.ensemble import RandomForestRegressor,BaggingRegressor
from sklearn.svm import SVR
```

对各个回归模型做比较并产生交叉验证的预测值及标准化均方误差的函数代码为:

```python
def RegCV(X,y,regress, Z=10, seed=8888, trace=True, u=[1]):
    from datetime import datetime
    n=len(y)
    if len(u)>1: zid=Fold(u,Z,seed)
    else: zid=Rfold(n,Z,seed)
    YPred=dict();
    M=np.sum((y-np.mean(y))**2)
    A=dict()
    for i in regress:
        if trace: print(i,'\n',datetime.now())
        Y_pred=np.zeros(n)
        for j in range(Z):
            reg=regress[i]
            reg.fit(X[zid!=j],y[zid!=j])
            Y_pred[zid==j]=reg.predict(X[zid==j])
        YPred[i]=Y_pred
        A[i]=np.sum((y-YPred[i])**2)/M
    if trace: print(datetime.now())
```

```
    R=pd.DataFrame(YPred)
    return R,A
```

```
names = ['LinearRegression', 'Bagging', 'RandomForest', 'SVM' ]
regressors = [LinearRegression(), BaggingRegressor(n_estimators=100),
            RandomForestRegressor(n_estimators=500,random_state=0),
            SVR(gamma='scale', C=1.0, epsilon=0.2)]
REG = dict(zip(names,regressors))
R,A = RegCV(X,y,REG)
```

利用前面的画图程序 BarPlot:

```
BarPlot(A,'NMSE','Model','Normalized MSE for 4 Models')
```

得到各个模型的 10 折交叉验证的 NMSE 条形图 (见图2.9.8). 图形显示, 方法 SVM 最差, 还不如线性回归, 而随机森林和 bagging 都非常优秀.

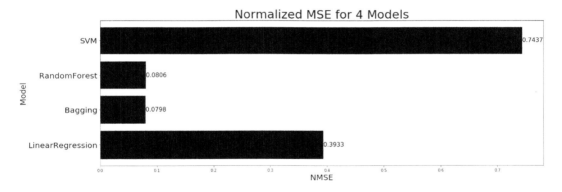

图 2.9.8　例2.6的 4 种方法回归 10 折交叉验证的 NMSE 图

## 2.9.6 例 2.7糖尿病数据

引入模块, 读入糖尿病数据 (diabetes.csv), 调用函数 Rfold, RegCV, BarPlot, 得到各个模型的 NMSE 和直观图形 (见图2.9.9). 各种方法预测精度类似, 岭回归略优于其他方法.

```
import pandas as pd
import numpy as np
w = pd.read_csv("diabetes.csv")

w1 = w.iloc[:,10:]
y = w1.iloc[:,0]
X = w1.iloc[:,1:]

from sklearn.linear_model import LinearRegression, Lasso, Ridge
```

```
names = ['LinearRegression', 'Lasso', 'Ridge']
regressors = [LinearRegression(), Lasso(), Ridge(alpha=0.01)]
REG = dict(zip(names, regressors))

R,A = RegCV (X, y, REG)
BarPlot(A,'NMSE','Model','Normalized MSE for 3 Models')
```

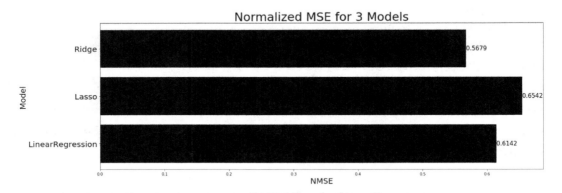

图 2.9.9　例2.7的 10 折交叉验证的 NMSE

### 2.9.7　例 2.8恩格尔数据

导入模块代码如下

```
import numpy as np
import pandas as pd
import statsmodels.api as sm
import statsmodels.formula.api as smf
import matplotlib.pyplot as plt
```

Python 和 R 中自带engel 数据, 但需要调用, 读取该数据代码为

```
w = sm.datasets.engel.load_pandas().data
```

试着做基础的分位数回归, 运行

```
mod = smf.quantreg('foodexp ~ income', w)
res = mod.fit(q=.5)
print(res.summary())
```

得到的输出最后有关于可能的共线性或其他问题的警告.

```
                    QuantReg Regression Results
==========================================
Dep. Variable:              foodexp   Pseudo R-squared:          0.6206
Model:                      QuantReg   Bandwidth:                  64.51
```

```
Method:                 Least Squares   Sparsity:                    209.3
Date:              Wed, 18 Dec 2019    No. Observations:              235
Time:                       15:47:26   Df Residuals:                  233
                                       Df Model:                        1
==========================================
                  coef    std err       t      P>|t|     [0.025    0.975]
------------------------------------------------------------------------
Intercept      81.4823     14.634    5.568     0.000     52.649   110.315
income          0.5602      0.013   42.516     0.000      0.534     0.586
==========================================

The condition number is large, 2.38e+03. This might indicate that there are
strong multicollinearity or other numerical problems.
```

然后计算对数变换前后的预测值

```
quantiles = (0.15, 0.25, 0.50, 0.75, 0.95, 0.99)
pred0=[]; pred1=[]
for j in range(len(quantiles)):
    mod0 = smf.quantreg('foodexp ~ income', w)
    pred0.append(mod0.fit(q = quantiles[j]).predict())
    mod1 = smf.quantreg('np.log(foodexp) ~ np.log(income)', w)
    pred1.append(mod1.fit(q = quantiles[j]).predict())
```

根据以下代码再画出相应的两张图来 (见图2.9.10).

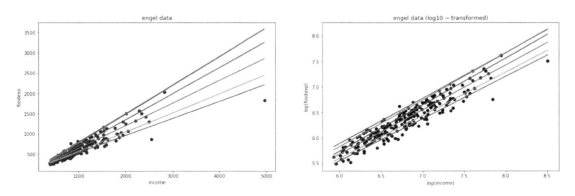

图 2.9.10    例2.8 原始恩格尔 (左) 及对数变换的数据 (右) 各自 6 条分位数回归拟合直线

```
f = plt.figure(figsize=(20,6))
ax = f.add_subplot(121)
ax2 = f.add_subplot(122)
ax.scatter(w.income, w.foodexp, color = 'b')
ax2.scatter(np.log(w.income), np.log(w.foodexp), color = 'b')
for j in range(len(pred0)):
    ax.plot(w.income, pred0[j])
```

```
      ax2.plot(np.log(w.income), pred1[j])
ax.set_xlabel('income')
ax.set_ylabel('foodexp')
ax.set_title('engel data')
ax2.set_xlabel('$log(income)$')
ax2.set_ylabel('$log(foodexp)$')
ax2.set_title('engel data (log10  transformed)')
```

## 2.10   习题

1. 为什么在凸函数中选择损失函数?

2. 利用2.2.4节的例子 (数据 **tt.txt** 和 **tt0.txt**) 表明, 无论把定性变量哪个水平设定为 0, 最终的 6 个截距不会改变.

3. 表明有截距的回归模型的残差和为零: $\sum_{i=1}^{n} e_i = 0$.

4. 表明在回归中因变量观测值的和等于拟合值的和: $\sum_{i=1}^{n} y_i = \sum_{i=1}^{n} \hat{y}_i$.

5. 表明在最小二乘回归中, 回归直线总是经过点 $(\bar{x}, \bar{y})$.

6. 表明在最小二乘回归中任何自变量和残差的内积为零: $\sum_{i=1}^{n} x_i e_i = 0$.

7. 表明在最小二乘回归中拟合值和残差的内积为零: $\sum_{i=1}^{n} \hat{y}_i e_i = 0$.

8. 2.5节例2.5的 6 种模型都有其合理性. 如果没有尝试其他模型, 而单独使用其中一种, 你是不是认为就可以说明问题了?

9. 2.5节例2.5的定性变量 state, 在模型 (2.5.6) 的拟合中除了产生不同截距的效果之外, 还有什么其他效果?

10. 对例2.6试试做各种指数或对数变换, 然后讨论回归结果.

11. 对例2.6试试做加权最小二乘回归 (利用函数 `lm` 中的选项 `weights` 来试各种权重), 看看结果如何.

12. 利用代码

```
w=read.csv("concrete.csv")
a=lm(Compressive.strength~Cement*Blast.Furnace.Slag*Fly.Ash*
    Water*Superplasticizer*Coarse.Aggregate*Fine.Aggregate,w)
b=step(a)
summary(b)
```

对例2.6试做所有可能交叉项的模型, 再用逐步回归来选择变量. 你如何评论结果?

13. 在数理统计及回归分析的教科书中, 读者会见到大量的 ''假定''. 能不能找出证明任何一个假定正确的方法? 如果这些假定不满足, 会有什么样的后果?

14. 2.7节关于多重共线性的论述可以看出, 使用不同的方法会得到完全不同的系数. 因此根据系数来判断自变量对因变量的效应完全没有意义. 一个模型, 无论形式如何, 只要预测精度高就是好模型. 请讨论此观点.

15. 分别举出损失函数对称和不对称的实际应用例子.

16. 对例2.8数据做通常的简单最小二乘回归. 讨论你的结论和感受.

# 第 3 章　广义线性模型

本章主要介绍广义线性模型的各种概念, 并且通过实际例子着重介绍属于广义线性模型的 logistic 回归的分类和 Poisson 对数线性模型.

## 3.1　模型

顾名思义, 广义线性模型 (generalized linear model, GLM) 是线性模型不折不扣的推广. 它在诞生时 (Nelder and Wedderburn, 1972) 就带有不容置疑的线性模型的基因. 它在数学上既严谨又方便灵活, 但沉重地依赖于对数据的各种假定而难免脱离数据的实际规律. 为了弥补假定的不足, 人们发展了许多后续补救办法, 但都基于增加或改变各种假定, 并没有从根本上改变其整体上模型驱动的本质. 下面先介绍广义线性模型的基本概念, 然后通过例子介绍 logistic 回归 (probit 回归) 及 Poisson 对数线性模型. 关于广义线性模型的基本内容, 参见 McCullagh and Nelder (1989).

记自变量的线性表示式为 $\eta = \beta_1 x_1 + \cdots + \beta_p x_p = \boldsymbol{x}^\top \boldsymbol{\beta}$, 这里 $x_j$ 假定为固定的 (并非随机的) 数, $x_1$ 可以是代表常数项的 1.

首先回顾线性模型

$$Y = \boldsymbol{x}^\top \boldsymbol{\beta} + \boldsymbol{\epsilon}, \tag{3.1.1}$$

这里 $\boldsymbol{\epsilon}$ 假定是由独立同正态分布 ($N(0, \Sigma^2)$) 元素组成的零均值向量, 即 $\boldsymbol{\epsilon} \sim N(\boldsymbol{0}, \Sigma)$, $\Sigma = \boldsymbol{I}\Sigma^2$. 因此有

$$Y \sim N(\boldsymbol{x}^\top \boldsymbol{\beta}, \Sigma).$$

于是可以通过最大似然法得到参数 $\boldsymbol{\beta}$ 及 $\Sigma$ 的估计, 而且这个估计在 $Y$ 的正态假定下等价于最小二乘估计. 对 $Y$ 取期望, 得到

$$\mu = E(Y) = \boldsymbol{x}^\top \boldsymbol{\beta} = \eta, \ 或者 \ \mu = \eta. \tag{3.1.2}$$

注意方程 (3.1.2) 的左边是一个参数, 而不是变量, 而方程右边是一个数学表达式, 没有诸如 $\boldsymbol{\epsilon}$ 那样的随机变量, 不要把它和模型表达式 (3.1.1) 混淆.

模型 (3.1.2) 对正态分布的 $Y$ 适用, 但如果 $Y$ 有其他限制, 比如 $Y$ 为频数或者二元响应变量, 如果方差依赖于均值, 则模型 (3.1.2) 就可能不合适了. 为了适应更加广泛的不同分布的变量, 需要推广模型 (3.1.2)(注意, 不是推广表达式 (3.1.1)!). 广义线性模型把 $\mu$ 和 $\eta$ 之间用一个函数 $g()$ 连接起来, 即

$$g(\mu) = \boldsymbol{x}^\top \boldsymbol{\beta} = \eta, \ 或者 \ g(\mu) = \eta. \tag{3.1.3}$$

这就是广义线性模型, 这里, 作用在均值 $\mu$ 上的变换函数 $g(\cdot)$ 称为连接函数 (link function), 而其逆函数 $m(\cdot)$ 称为均值函数. 广义线性模型要求 $Y$ 服从包括正态分布的指数分布族中的已知分布, 因此, 类似于正态情况, 完全可以通过最大似然法得到参数 $\beta$ 及相关分布参数的估计. 当然, 对于一般的广义线性模型, 最大似然法估计必须通过计算机的迭代算法得到, 不像正态情况时有封闭的数学表达式.

现在, 除了均值 $E(Y) = \mu$ 及 $g(\mu) = \eta$ 之外, 这里还把方差看成均值 $\mu$ 的函数:

$$\mathrm{Var}(Y) = \phi V(\mu),$$

这里 $\phi$ 称为散布参数 (dispersion parameter). 对于不同的观测值 $Y_i$, 散布参数 $\phi$ 可能变化, 因此常常记为 $\phi_i$、$a_i(\phi)$、$\phi/p_i$, 等等.

总之, 广义线性模型有三个组成部分: (1) 随机部分, 即变量所属的指数分布族 (见 3.2 节) 成员, 诸如正态分布、二项分布、Poisson 分布等等. (2) 线性部分, 即 $\eta = \boldsymbol{x}'\boldsymbol{\beta}$. (3) 连接函数 $g(\mu) = \eta$.

## 3.2　指数分布族及典则连接函数

如果因变量 $Y = (Y_1, Y_2, \ldots, Y_n)^\top$ 来自指数族分布, 那么其观测值 $(y_1, y_2, \ldots, y_n)$ 的密度函数总是可以写成下面的形式:

$$f(y_i; \theta, \phi) = \exp\left\{ \frac{b(\theta)T(y_i) - \kappa(\theta_i)}{a_i(\phi)} + c(y_i, \phi) \right\}, \tag{3.2.1}$$

式中 $\theta_i$ 和 $\phi$ 是参数, 函数 $T(y_i), b(\theta_i), \kappa(\theta_i), a_i(\phi)$ 在因变量的具体分布确定后都是可以导出的 (已知的). 其中 $a_i(\phi)$ 往往取形式

$$a_i(\phi) = \phi/p_i,$$

这里 $p_i$ 称为先验权重, 往往取 1. 在式 (3.2.1) 中, 如果 $b(\theta) = \theta$, 则称为典则形式 (所有分布都可通过变换成为典则形式), 再者, 如果 $T(y_i) = y_i$, 则 $\theta$ 称为典则参数. 这时式 (3.2.1) 成为

$$f(y_i; \boldsymbol{\theta}, \phi) = \exp\left\{ \frac{\theta_i y_i - \kappa(\theta_i)}{a_i(\phi)} + c(y_i, \phi) \right\}. \tag{3.2.2}$$

这时, 均值等于分布中 $\kappa(\theta)$ 的一阶导数, 而方差又和其二阶导数有关, 这些关系列在下面:

$$
\begin{aligned}
E(Y_i) &= \mu_i = \kappa'(\theta_i) = g^{-1}(\eta_i) = \mu(\theta_i); \\
\mathrm{Var}(Y_i) &= a_i(\phi)\frac{d\mu(\theta_i)}{d\theta_i} = a_i(\phi)\kappa''(\theta_i); \\
\theta_i &= \mu^{-1}(g^{-1}(\eta_i)) = \theta_i(\eta_i).
\end{aligned}
\tag{3.2.3}
$$

上面关于导数的关系利用了事实

$$E\left[\frac{\partial \ell}{\partial \boldsymbol{\theta}}\right] = E\left[\frac{\boldsymbol{y} - \kappa'(\boldsymbol{\theta})}{a(\phi)}\right] = 0; \ E\left[\frac{\partial^2 \ell}{\partial \boldsymbol{\theta}^2}\right] = -\frac{\kappa''(\boldsymbol{\theta})}{a(\phi)} = -E\left[\frac{\partial \ell}{\partial \boldsymbol{\theta}}\right]^2,$$

这里, $\ell$ 代表对数似然函数

$$\ell(\boldsymbol{\theta}, \phi) = \log f(\boldsymbol{y}; \boldsymbol{\theta}, \phi) = \frac{\boldsymbol{\theta}^\top \boldsymbol{y} - \kappa(\boldsymbol{\theta})}{a_i(\phi)} + c(y, \phi).$$

从关系 (3.2.3) 可以看出, 方差函数 $V(\mu_i) = \kappa''(\theta_i)$.

作为特例, 下面是几个指数分布族成员的密度和式 (3.2.2) 之间参数的关系:

• **正态分布:** $Y \sim N(\mu, \sigma^2)$. 其密度函数为

$$\frac{1}{\sqrt{2\pi}\sigma} \exp\{-\frac{(y-\mu)^2}{2\sigma^2}\} = \exp\left\{\frac{\mu y - \mu^2/2}{\sigma^2} + \left[-\frac{1}{2}\log(2\pi\sigma^2) - \frac{y^2}{2\sigma^2}\right]\right\}.$$

可导出 $\theta_i = \mu_i$, $\kappa(\theta_i) = \theta_i^2/2$, $\phi = \sigma^2$, $a(\phi) = \phi$, $c(y_i, \phi) = -(1/2)\log(2\pi\phi) - y_i^2/(2\phi)$.

• **二项分布:** $Y \sim Bin(n, p)$. 其密度函数为

$$\binom{n}{y} p^y (1-p)^{n-y} = \exp\left\{y \log\frac{p}{1-p} + n\log(1-p) + \log\binom{n}{y}\right\}.$$

可导出 $\theta_i = \log[p_i/(1-p_i)]$, $\kappa(\theta_i) = n\log(1+e^{\theta_i})$, $\phi = 1$, $a(\phi) = 1$, $c(y_i, \phi) = \log\binom{n}{y}$.

• **Poisson 分布:** $Y \sim P(\lambda)$. 其密度函数为

$$e^{-\lambda}\frac{\lambda^y}{y!} = \exp\{y\log(\lambda) - \lambda - \log(y!)\}.$$

可导出 $\theta_i = \log(\lambda_i)$, $\kappa(\theta_i) = e^{\theta_i}$, $\phi = 1$, $a(\phi) = 1$, $c(y_i, \phi) = -\log(y_i!)$.

• **Gamma 分布:** $Y \sim \Gamma(\alpha, \beta)$. 其密度函数为

$$\frac{y^{\alpha-1}}{\Gamma(\alpha)\beta^\alpha}e^{-\beta y} = \exp\{\alpha\log(y) - \alpha\log(\beta) - \log(\Gamma(\alpha)) - \log(y) - \beta^{-1}y\}.$$

当 $\alpha$ 已知时, 可导出 $\theta_i = -\beta_i^{-1}$, $\kappa(\theta_i) = \alpha\log(\beta_i)$, $\phi = 1$, $a(\phi) = 1$, $c(y_i, \phi) = (\alpha-1)\log(y_i) - \log(\Gamma(\alpha))$.

• **负二项分布:** $Y \sim NB(k, p)$. 其密度函数为 (对于 $y = k, k+1, \dots$)

$$\binom{y-1}{k-1} p^k (1-p)^{y-k} = \exp\left\{y\log(1-p) + k\log\frac{p}{1-p} + \log\binom{y-1}{k-1}\right\}.$$

可导出 $\theta_i = \log(1-p_i)$, $\kappa(\theta_i) = -k\log\left[(1-e^{\theta_i})/e^{\theta_i}\right]$, $\phi = 1$, $a(\phi) = 1$, $c(y_i, \phi) = \log\binom{y-1}{k-1}$.

还有一些非典则连接函数, 比如对于二项分布的 probit 连接函数 $g(\mu) = \Phi^{-1}(\mu)$ 和互补

的双对数 (complementary log-log) 连接函数 $g(\mu) = \log(-\log(1-\mu))$.

由于 $\kappa''(\theta) = V(\mu)$, 容易导出各个分布的方差函数 $V(\mu)$. 比如正态分布时, $V(\mu) = 1$; 二项分布时, $V(\mu) = \mu(1-\mu)$ (这里 $\mu = p$); Poisson 分布时, $V(\mu) = \mu$ (这里 $\mu = \lambda$); 等等.

对于指数族 (3.2.2), 连接函数 $\theta = \eta$ 称为典则连接函数 (canonical link function), 典则连接函数使得数学推导简单很多. 虽然在数学上有方便之处, 但没有任何证据表明典则连接函数在拟合实际数据时比其他连接函数要好. 对于典则连接函数, 关系 (3.2.3) 为:

$$\theta_i = \eta_i;$$
$$E(Y_i) = \mu(\theta_i) = \kappa'(\theta_i) = \kappa'(\eta_i);$$
$$\mathrm{Var}(Y_i) = a_i(\phi)\kappa''(\theta_i) = a_i(\phi)V(\mu_i) = a_i(\phi)\kappa''(\eta_i) = a_i(\phi)\mu'(\theta_i); \qquad (3.2.4)$$
$$g(\mu(\theta_i)) = g(\kappa'(\theta_i)) = g(\kappa'(\eta_i)) = \eta_i.$$

由于 R 中的广义线性模型函数 glm() 对指数族中某分布的默认连接函数是其典则连接函数, 下面列出了 R 函数 glm() 所用的某些指数族分布的典则连接函数 (见表3.2.1).

**表 3.2.1    R 函数中的某些指数族分布的典则连接函数**

| 分布 | 连接函数在 R 中的名字 | 连接函数 $g(\mu)$ | 均值函数 $m(\eta)$ |
|---|---|---|---|
| 正态 (高斯) | identity | $\boldsymbol{x}^\top \boldsymbol{\beta} = \mu$ | $\mu = \boldsymbol{x}^\top \boldsymbol{\beta}$ |
| 指数 | inverse | $\boldsymbol{x}^\top \boldsymbol{\beta} = -\mu^{-1}$ | $\mu = -(\boldsymbol{x}^\top \boldsymbol{\beta})^{-1}$ |
| Gamma | inverse | $\boldsymbol{x}^\top \boldsymbol{\beta} = -\mu^{-1}$ | $\mu = -(\boldsymbol{x}^\top \boldsymbol{\beta})^{-1}$ |
| 逆高斯 | 1/mu^2 | $\boldsymbol{x}^\top \boldsymbol{\beta} = -\mu^{-2}$ | $\mu = (-\boldsymbol{x}^\top \boldsymbol{\beta})^{-1/2}$ |
| Poisson | log | $\boldsymbol{x}^\top \boldsymbol{\beta} = \log(\mu)$ | $\mu = \exp(\boldsymbol{x}^\top \boldsymbol{\beta})$ |
| 二项 | logit | $\boldsymbol{x}^\top \boldsymbol{\beta} = \log\left(\dfrac{\mu}{1-\mu}\right)$ | $\mu = \dfrac{\exp(\boldsymbol{x}^\top \boldsymbol{\beta})}{1 + \exp(\boldsymbol{x}^\top \boldsymbol{\beta})}$ |

## 3.3    似然函数和准似然函数

### 3.3.1 似然函数和记分函数

**似然函数**

首先回顾数理统计的似然函数. 假定 $\boldsymbol{y} = (y_1, y_2, \ldots, y_n)^\top$ 为变量的 $n$ 个独立观测值所组成的向量, 其密度函数为

$$f(\boldsymbol{y}; \boldsymbol{\theta}) = \prod_{i=1}^{n} f_i(y_i; \boldsymbol{\theta}).$$

那么, 在给定 $\boldsymbol{y}$ 之后, 把它看成是参数 $\boldsymbol{\theta}$ 的函数时, 称为似然函数, 记为

$$L(\boldsymbol{\theta}; \boldsymbol{y}) = \prod_{i=1}^{n} f_i(y_i; \boldsymbol{\theta}),$$

而取了对数之后的

$$\log L(\boldsymbol{\theta}; \boldsymbol{y}) = \sum_{i=1}^{n} \log f_i(y_i; \boldsymbol{\theta})$$

则称为对数似然函数 (log-likelihood function).

举例来说, 对于以计数为因变量的情况, 如果选择 Poisson 分布族 $(P(\lambda))$, 这时连接函数是对数, 则有

$$\log(\lambda_i) = \eta = \boldsymbol{x}_i^\top \boldsymbol{\beta} \ \text{或者} \ \lambda_i = \exp\left(\sum_{i=1}^{n} \boldsymbol{x}_i^\top \boldsymbol{\beta}\right).$$

对数似然函数为

$$\sum_{i=1}^{n} \log f_i(y_i; \boldsymbol{\theta}) = \sum_{i=1}^{n} \frac{y_i \theta_i - \kappa(\theta)}{a_i(\phi)} + c(y_i, \phi)$$
$$= \sum_{i=1}^{n} y_i \log \lambda_i - \lambda_i - \log(y!).$$

这里利用了前面提到的指数族中 Poisson 分布的一些关系式: $\theta_i = \log(\lambda_i)$, $\kappa(\theta_i) = e^{\theta_i} = \lambda_i$, $\phi = 1$, $a_i(\phi) = 1$, $c(y_i, \phi) = -\log(y_i!)$.

### 记分函数

为了求参数 $\boldsymbol{\theta}$ 的最大似然估计, 我们需要对 $\log L(\boldsymbol{\theta}; \boldsymbol{y})$ 求关于参数 $\boldsymbol{\theta}$ 的偏导数. 该偏导数为 $\boldsymbol{\theta}$ 的函数, 称为记分函数 (score function) 或 Fisher 记分函数:

$$\boldsymbol{u}(\boldsymbol{\theta}) = \frac{\partial \log L(\boldsymbol{\theta}; \boldsymbol{y})}{\partial \boldsymbol{\theta}}. \tag{3.3.1}$$

记分函数是一个随机向量, 对真正的参数 $\boldsymbol{\theta}$, 有

$$E[\boldsymbol{u}(\boldsymbol{\theta})] = 0. \tag{3.3.2}$$

而且其方差及协方差矩阵为信息阵:

$$\text{Var}[\boldsymbol{u}(\boldsymbol{\theta})] = \boldsymbol{I}(\boldsymbol{\theta}). \tag{3.3.3}$$

此外, 在比较简单的条件下, 可以通过对 $\log L(\boldsymbol{\theta}; \boldsymbol{y})$ 做关于参数 $\boldsymbol{\theta}$ 的二阶导数得到:

$$\boldsymbol{I}(\boldsymbol{\theta}) = -E\left[\frac{\partial^2 \log L(\boldsymbol{\theta}; \boldsymbol{y})}{\partial \boldsymbol{\theta} \partial \boldsymbol{\theta}'}\right] = \text{Var}[\boldsymbol{u}(\boldsymbol{\theta})]. \tag{3.3.4}$$

### 3.3.2 广义线性模型的记分函数

考虑典则连接函数, 并回忆关系 (3.2.4). 仍然记对数似然函数为 $\ell_i(\theta_i, \phi) = \log f(y_i; \theta_i, \phi)$. 令 $\mu'(\theta_i) = V(\mu_i)$, 或 $\partial \mu_i / \partial \theta_i = V(\mu_i)$, 即有 $\text{Var}(Y_i) = a_i(\phi)\mu'(\theta_i) = a_i(\phi)V(\mu_i)$. 注意下面

的关系:

$$\frac{\partial \mu_i}{\partial \theta_i} = V(\mu_i) \ \Rightarrow\ \frac{\partial \theta_i}{\partial \mu_i} = \frac{1}{V(\mu_i)};$$

$$\frac{d\eta_i}{d\mu_i} = g'(\mu_i) \ \Rightarrow\ \frac{d\mu_i}{d\eta_i} = \frac{1}{g'(\mu_i)}.$$

我们得到

$$
\begin{aligned}
\frac{\partial \ell_i}{\partial \beta_j} &= \frac{d\ell_i}{d\eta_i}\frac{\partial \eta_i}{\partial \beta_j} = \frac{d\ell_i}{d\eta_i}\frac{\partial \eta_i}{\partial \theta_i}\frac{\partial \theta_i}{\partial \beta_j} = \frac{d\ell_i}{d\theta_i}\frac{d\theta_i}{d\mu_i}\frac{d\mu_i}{d\eta_i}\frac{\partial \eta_i}{\partial \beta_j} \\
&= \frac{d\ell_i}{d\theta_i}\left(\frac{d\mu_i}{d\theta_i}\right)^{-1}\left(\frac{d\eta_i}{d\mu_i}\right)^{-1}\frac{\partial \eta_i}{\partial \beta_j} \\
&= \frac{Y_i - \kappa'(\theta_i)}{a_i(\phi)}(\kappa''(\theta_i))^{-1}(g'(\mu_i))^{-1}x_{ij} \\
&= \frac{(Y_i - \mu_i)x_{ij}}{a_i(\phi)V(\mu_i)g'(\mu_i)}.
\end{aligned}
\tag{3.3.5}
$$

由于

$$\frac{x_{ij}}{g'(\mu_i)} = \frac{\partial \mu_i}{\partial \eta_j}\frac{\partial \eta_i}{\partial \beta_j} = \frac{\partial \mu_i}{\partial \beta_j},$$

记分函数 (3.3.5) 可写成没有连接函数的一般形式

$$\sum_{i=1}^{n}\frac{\partial \ell_i}{\partial \beta_j} = \sum_{i=1}^{n}\left[\frac{Y_i - \mu_i}{a_i(\phi)V(\mu_i)}\frac{\partial \mu_i}{\partial \beta_j}\right], \ \ j = 1, 2, \ldots, p \tag{3.3.6}$$

或者矩阵形式

$$\boldsymbol{G}(\boldsymbol{\beta}; \boldsymbol{y}) = \boldsymbol{D}^{\top}\boldsymbol{V}^{-1}(\boldsymbol{y} - \boldsymbol{\mu})\boldsymbol{a}^{-1}(\phi), \tag{3.3.7}$$

这里 $\boldsymbol{D}$ 为以 $\{\partial \mu_i/\partial \beta_j\}$ $(i = 1, 2, \ldots, n)$, $j = 1, 2, \ldots, p$ 为元素的 $n \times p$ 矩阵; $\boldsymbol{V}$ 是以 $V(\mu_1), V(\mu_2), \ldots, V(\mu_n)$ 为对角线元素的对角阵; $\boldsymbol{a}(\phi)$ 是以 $a_1(\phi), a_2(\phi), \ldots, a_n(\phi)$ 为对角线元素的对角阵.

由此, $\boldsymbol{\beta}$ 的最大似然估计为下面的似然方程组的解 ($p$ 为 $\boldsymbol{\beta}$ 的维数):

$$\sum_{i=1}^{n}\frac{(Y_i - \mu_i)x_{ij}}{a_i(\phi)V(\mu_i)g'(\mu_i)} = \sum_{i=1}^{n}\frac{(Y_i - g^{-1}(\boldsymbol{x}_i^{\top}\beta))x_{ij}}{a_i(\phi)V((\boldsymbol{x}_i^{\top}\beta))g'(\mu_i)} = 0, \ \ 1 \leqslant j \leqslant p.$$

### 3.3.3 准记分函数、准对数似然函数及准似然估计

从前面关于记分函数的论述可以看出, 有了记分函数之后, 求最大似然估计就完全依赖于记分函数了. 那么, 是不是可以在数据不完全满足某种特定分布要求的情况下, 构造出满足条件 (3.3.2)、(3.3.3)、(3.3.4) 性质的函数来做参数估计呢? 准似然函数就是如此产生的.

考虑独立同分布的观测值 $Y_1, Y_2, \ldots, Y_n$ 有同样的均值 $\mu$ 和方差 $\sigma^2 V(\mu)$, 考虑函数

$$U(\mu, \boldsymbol{Y}) = \sum_{i=1}^{n} \frac{Y_i - \mu}{\sigma^2 V(\mu)}. \tag{3.3.8}$$

容易验证, $U$ 满足下面的性质:

$$E[U(\mu, \boldsymbol{Y})] = 0; \tag{3.3.9}$$

$$\mathrm{Var}[U(\mu, \boldsymbol{Y})] = \frac{n}{\sigma^2 V(\mu)}; \tag{3.3.10}$$

$$-E\left[\frac{\partial U}{\partial \mu}\right] = \mathrm{Var}[U(\mu, \boldsymbol{Y})]. \tag{3.3.11}$$

可以看出性质 (3.3.9)、(3.3.10)、(3.3.11) 和前面 (3.3.2)、(3.3.3)、(3.3.4) 显示的记分函数的性质对应. 函数 $U(\mu, \boldsymbol{Y})$ 有类似于记分函数的性质, 因此可以得到相应的 "对数似然函数"

$$Q(\mu, \boldsymbol{Y}) = \sum_{i=1}^{n} \int_{y}^{\mu} U(t, \boldsymbol{Y}) \mathrm{d}t = \sum_{i=1}^{n} \int_{y}^{\mu} \frac{Y_i - t}{\sigma^2 V(t)} \mathrm{d}t. \tag{3.3.12}$$

函数 $U(\mu, \boldsymbol{Y})$ 称为准记分函数 (quasi-score function), 而函数 $Q(\mu, \boldsymbol{Y})$ 称为准对数似然函数 (quasi-likelihood, log quasi-likelihood).

方程 $U(\mu, \boldsymbol{Y}) = 0$ 称为准似然估计方程. 对于独立同分布情况, 满足该方程的 $\mu$ 就是样本均值.

考虑更一般的独立观测值 $Y_1, Y_2, \ldots, Y_n$ 的情况, 这里 $Y_i$ 的均值满足 $g(\mu_i) = \boldsymbol{x}_i^\top \boldsymbol{\beta}$ 及 $\mathrm{Var}(Y_i) = a_i(\phi) V(\mu_i)$ 的情况. 记 $\boldsymbol{\mu} = (\mu_1, \mu_2, \ldots, \mu_n)^\top$, $\boldsymbol{V} = diag(V(\mu_1), V(\mu_2), \ldots, V(\mu_n))$, 准记分函数于是为

$$U_j = \sum_{i=1}^{n} \left[ \frac{y_i - \mu_i}{a_i(\phi) V(\mu_i)} \cdot \frac{\partial \mu_i}{\partial \beta_i} \right]. \tag{3.3.13}$$

这和广义线性模型的记分函数 (3.3.6) 完全相同, 或者和式 (3.3.7) 的矩阵形式完全相同:

$$\boldsymbol{U}(\boldsymbol{\beta}; \boldsymbol{y}) = \boldsymbol{D}^\top \boldsymbol{V}^{-1} (\boldsymbol{y} - \boldsymbol{\mu}) \boldsymbol{a}^{-1}(\phi). \tag{3.3.14}$$

这里的符号和式 (3.3.7) 的意义一样.

从准记分函数 (3.3.13) 可以得到准对数似然函数

$$Q(\boldsymbol{\beta}; \boldsymbol{y}) = \sum_{i=1}^{n} \int_{y_i}^{\mu_i} \frac{y_i - t}{a_i(\phi) V(\mu_i)} \mathrm{d}t. \tag{3.3.15}$$

显然, 广义线性模型的最大似然估计和准似然估计都需要确定由连接函数定义的协变量的线性表示 $\boldsymbol{\eta}_i = \boldsymbol{x}_i^\top \boldsymbol{\beta}$ 与均值 $\mu_i$ 之间的关系, 即

$$\mu_i = g^{-1}(\eta_i) = g^{-1}\left(\boldsymbol{x}_i^\top \boldsymbol{\beta}\right),$$

而这使得我们可以计算式 (3.3.14) 或式 (3.3.7) 中的 $D$.

最大似然估计和准似然估计的主要区别在于: 最大似然估计是根据那些 $Y_i$ 的确定分布来导出记分函数, 而准似然估计是由构造的 (3.3.8) 或 (3.3.13) 那样的记分函数以及选择方差函数 $V(\mu)$ 开始来进行的. 准记分函数导致参数 $\beta$ 的估计不是最大似然估计, 但如果准记分函数刚好和某分布的记分函数相同, 那准似然方法的估计和最大似然估计应该相同.

## 3.4    广义线性模型的一些推断问题

### 3.4.1    最大似然估计和 Wald 检验

广义线性模型的参数估计原理很简单, 就是最大似然法, 即解出使其记分函数等于零的方程. 准似然估计与之类似, 只要解使准记分函数等于零的方程即可. 但实践中需要使用迭代再加权最小二乘法. 迭代过程的每一步为, 依据临时估计的 $\hat{\beta}$, 得到 $\hat{\eta}_i = \boldsymbol{x}_i^\top \hat{\boldsymbol{\beta}}$, 进而得到 $\hat{\mu}_i = g^{-1}(\hat{\eta}_i)$. 具体计算时, 利用临时的 $\hat{\eta}_i, \hat{\mu}_i$, 计算 "工作"[1]因变量

$$z_i = \hat{\eta}_i + (y_i - \hat{\mu}_i)\frac{d\hat{\eta}_i}{d\mu_i} = \hat{\eta}_i + (y_i - \hat{\mu}_i)\left.\frac{d\ell(\mu)}{d\mu}\right|_{\mu=\hat{\mu}_i}.$$

然后计算迭代权重

$$w_i = p_i / \left[\kappa''(\theta_i)\left(\frac{d\eta_i}{d\mu_i}\right)^2\right],$$

这里假定 $a_i(\phi) = \phi/p_i$. 记以 $w_i$ 为对角线元素的对角矩阵为 $\boldsymbol{W}$. 于是, 改进的 $\hat{\beta}$ 为

$$\hat{\boldsymbol{\beta}} = (\boldsymbol{X}^\top \boldsymbol{W} \boldsymbol{X})^{-1} \boldsymbol{X}^\top \boldsymbol{W} \boldsymbol{z},$$

这里 $\boldsymbol{z} = (z_1, z_2, \ldots, z_n)$. 不断重复这个迭代, 直至收敛到满意的精度. McCullagh and Nelder (1989) 证明这个算法等价于 Fisher 记分并导致最大似然估计.

最大似然估计和 (在某些简单条件下) 准似然估计都有下面的渐近正态性:

$$\hat{\boldsymbol{\beta}} \sim N(\boldsymbol{\beta}, \boldsymbol{I}^{-1}),$$

这里 $\boldsymbol{I}$ 为记分函数的协方差矩阵, 即信息阵.

这样就有了基于正态的对系数的假设检验 (Wald 检验). 对于 $H_0 : \boldsymbol{\beta} = \boldsymbol{\beta}_0$ 的双边检验, 其检验统计量为

$$\frac{\hat{\boldsymbol{\beta}} - \boldsymbol{\beta}_0}{\boldsymbol{I}^{-1/2}(\beta)},$$

它有渐近的 $\chi_\nu^2$ 分布, 自由度 $\nu = 2$.

---

[1]之所以叫工作因变量是因为它表示中间结果.

### 3.4.2 偏差和基于偏差的似然比检验

考虑广义线性模型的指数族 (3.2.2) 分布, 残余偏差 (residual deviance) 或者似然比统计量 (likelihood ratio statistic), 定义为

$$2\log\left[\ell(\boldsymbol{y};\tilde{\boldsymbol{\theta}}) - \ell(\boldsymbol{y};\hat{\boldsymbol{\theta}})\right]. \tag{3.4.1}$$

式 (3.4.1) 中的 $\tilde{\boldsymbol{\theta}}$ 是满足 $\partial\ell/\partial\beta = 0$ 的最大似然估计, 即 $\kappa'(\tilde{\theta}_i) = Y_i$. 这个模型称为饱和模型 (saturated model), 它假定每个点都有一个参数来描述; 式 (3.4.1) 中的 $\hat{\boldsymbol{\theta}}$ 是人们感兴趣的模型的参数估计, 对于广义线性模型, 包括截距, 它一共有 $p+1$ 个参数来描述. 式 (3.4.1) 的偏差的自由度为 $n-(p+1)$.

还有一种偏差称为零偏差 (null deviance), 定义为

$$2\log\left[\ell(\boldsymbol{y};\tilde{\boldsymbol{\theta}}) - \ell(\boldsymbol{y};\hat{\boldsymbol{\theta}}^{\{0\}})\right]. \tag{3.4.2}$$

零偏差和饱和偏差正相反, 这里的表达式 (3.4.2) 右边的对数似然函数是最简单的模型, 称为零模型, 仅由一个参数 $\hat{\boldsymbol{\theta}}^{\{0\}}$ 描述, 其自由度为 $n-1$. 最典型的例子是在线性表示式 $\boldsymbol{x}'\boldsymbol{\beta}$ 中只有截距项, 如线性回归中用均值代表所有的 $Y$ 变量那样.

残余偏差及零偏差都是以饱和模型为参照 (标准模型) 的度量, 一般用两个嵌套模型做比较. 式 (3.4.1) 中感兴趣的模型是饱和模型的子模型, 而式 (3.4.2) 中的零模型包含在饱和模型中. 通常可以用似然比检验 (likelihood ratio test) 来比较感兴趣的模型 $\Omega_1$ 和标准模型 $\Omega$, 这两个模型是嵌套的.

令 $\hat{\mu}_i$ 和 $\hat{\theta}_i$ 分别为模型 $\Omega_1$ 下的拟合值和相应的典则参数的估计. 令 $\tilde{\mu}_i = y_i$ 和 $\tilde{\theta}_i$ 分别为模型 $\Omega$ 下的相应估计. 假定 $a_i(\phi) = \phi/p_i$, 而 $p_i$ 已知. 于是, 对数似然比为

$$2\sum_{i=1}^{n}\frac{y_i(\tilde{\theta}_i - \hat{\theta}_i) - \kappa(\tilde{\theta}_i) + \kappa(\hat{\theta}_i)}{a_i(\phi)} = 2\sum_{i=1}^{n}\frac{p_i[y_i(\tilde{\theta}_i - \hat{\theta}_i) - \kappa(\tilde{\theta}_i) + \kappa(\hat{\theta}_i)]}{\phi}$$
$$= \frac{D(\boldsymbol{y},\hat{\boldsymbol{\mu}})}{\phi}, \tag{3.4.3}$$

这里由于有除数 $\phi$, 所以称为标准化偏差 (scaled deviance), 而分子部分 (或 $\phi = 1$ 的情况)

$$D(\boldsymbol{y},\hat{\boldsymbol{\mu}}) = 2\sum_{i=1}^{n}p_i[y_i(\tilde{\theta}_i - \hat{\theta}_i) - \kappa(\tilde{\theta}_i) + \kappa(\hat{\theta}_i)]$$

称为偏差. 前面的残余偏差和零偏差都是标准化偏差. 当模型 $\Omega_1$ 为前面所说的饱和模型时, 式 (3.4.3) 表示的就是残余偏差或零偏差.

作为特例, 在正态分布时, 可以得到 $D(\boldsymbol{y},\hat{\boldsymbol{\mu}}) = \sum_{i=1}^{n}(y_i - \hat{\mu}_i)^2$, 即残差平方和.

对于 Poisson 分布,

$$D(\boldsymbol{y},\hat{\lambda}) = 2\sum_{i=1}^{n}\left\{y_i\log\left(\frac{y_i}{\hat{\lambda}_i}\right) - (y_i - \hat{\lambda}_i)\right\},$$

这里第二项和为 0, 可以去掉.

由于在正态情况下, $D(\boldsymbol{y}, \hat{\boldsymbol{\mu}})$ 是残差平方和, 引申到其他分布就不能叫作残差, 而称为偏差残差平方和 (sum of squared deviance residuals). 比如在 Poisson 情况, 记偏差残差 (deviance residuals) 为

$$r_{D_i} = \operatorname{sign}(y - \hat{\lambda}) \left\{ 2 \left( y_i \log \left( \frac{y_i}{\hat{\lambda}_i} \right) - (y_i - \hat{\lambda}_i) \right) \right\}^{1/2},$$

则 $D(\boldsymbol{y}, \hat{\lambda}) = \sum_{i=1}^{n} r_{D_i}^2$.

对于两个竞争模型 $\Omega_1$ 和 $\Omega_2$, 分别有 $p_1$ 和 $p_2$ 个参数. 假定 $\Omega_1 \subset \Omega_2$, 而且 $p_2 > p_1$. 记这两个模型的残余偏差分别为 $D(\Omega_1)/\phi$ 和 $D(\Omega_2)/\phi$. 这时的对数似然比为

$$\frac{D(\Omega_1) - D(\Omega_2)}{\phi},$$

这里 $\phi$ 或者给出, 或者在大模型 $\Omega_2$ 中估计出来. 在通常的正则条件下, 这个似然比有渐近 $\chi_\nu^2$ 分布, 自由度 $\nu = p_2 - p_1$. 在 $\phi$ 未知时, 可以用3.4.3节中提到的估计值 $\hat{\phi}$ 代替, 其渐近分布不变.

只要二者的方差函数相同, 基于某指数族分布的似然函数的偏差可以用来定义准偏差 (quasi-deviance). 这时, 对于上面定义的两个嵌套模型 $\Omega_1$ 和 $\Omega_2$, 统计量 (这时 $\phi$ 必须用估计量)

$$\frac{D(\Omega_1) - D(\Omega_2)}{\hat{\phi}(p_2 - p_1)}$$

有自由度 $(p2 - p1, n - p_2)$ 的渐近 $F$ 分布.

### 3.4.3 散布参数的估计

由于 $\operatorname{Var}(Y_i) = a_i(\phi)V(\mu_i)$,

$$a_i(\phi) = \frac{(E(Y_i) - \mu_i)^2}{V(\mu_i)}.$$

如果 $a_i(\phi) = \phi/p_i$, 那么, 很自然的关于 $\phi$ 的估计为

$$\hat{\phi} = \frac{1}{n-p} \sum_{i=1}^{n} p_i \frac{(Y_t - \hat{\mu}_i)^2}{V(\hat{\mu}_i)} = \frac{1}{n-p} \sum_{i=1}^{n} p_i \frac{(Y_t - \hat{\mu}_i)^2}{\mu'(\hat{\theta}_i)}.$$

## 3.5 logistic 回归和二元分类问题

**例 3.1** (Trans.csv) **献血数据**. 这个数据[2]来自新竹市输血服务中心的记录, 变量有 Recency(上次献血后的月份), Frequency(总献血次数), Time(第一次献血是多少个月之前), Donate(是否将在 2007 年 3 月再献血, 1 为会, 0 为不会).

我们将用 logistic 回归来拟合这个数据, 以二分变量 Donate 为因变量, 此外, 我们的数

[2]Yeh, I., Yang, K., and Ting, T. (2008). Knowledge discovery on RFM model using Bernoulli sequence, *Expert Systems with Applications*. http://archive.ics.uci.edu/ml/datasets/Blood+Transfusion+Service+Center.

据比原始数据少一个变量 (Monetary: 总献血量, 单位毫升), 这是因为每次献血的数量是固定的 (250 毫升), 所以它和变量 Frequency 严格共线, 没有必要在数据中保持两个共线变量.

### 3.5.1 logistic 回归 (probit 回归)

例3.1的变量 Donate 是二分变量, 它有两个哑元值 1 和 0, 分别代表会和不会在某个时间再献血. 这有些类似于二项分布中 Bernoulli 实验的情况, 但概率 $p$ 会随着其他变量的变化而不同. 这种思维导致了 logistic 回归或者 probit 回归的方法. 对于这两种方法, 连接函数分别为 logit 函数

$$g(p) = \log\left(\frac{p}{1-p}\right)$$

和累积正态分布函数的逆

$$g(p) = \Phi^{-1}(p).$$

这两个函数都把取值在 $[0,1]$ 区间的 $p$ 的值域变换到线性表示 $\eta = \boldsymbol{x}^\top\boldsymbol{\beta}$ 可能取的任何实数范围. 下面我们考虑 logistic 回归, 如果 $Y_i \sim Bin(n, p_i)$, 则相应的广义线性模型为

$$\log\left(\frac{p_i}{1-p_i}\right) = \boldsymbol{x}_i^\top\boldsymbol{\beta}, \ i = 1, 2, \ldots, n. \tag{3.5.1}$$

用 logistic 模型拟合例3.1数据的代码如下:

```
w=read.csv("Trans.csv")
a=glm(Donate~.,w,family=binomial)
summary(a)
```

注意, 由于 logit 函数是二项分布的典则连接函数, 不用在 glm() 函数的选项中注明. 由于这里因变量为 0/1 哑元变量, 可以不用因子化. 如果是非 0/1 哑元变量 (比如 1/2), 则必须改变成 0/1 型. 如果变量水平为文字 (如 Male/Female) 则不用因子化, 也不用改成哑元变量, 系统自然接受文字水平.

上面代码的输出为

```
Call:
glm(formula = Donate ~ ., family = binomial, data = w)

Deviance Residuals:
    Min       1Q   Median       3Q      Max
-2.4875  -0.7933  -0.4997  -0.1701   2.6450

Coefficients:
             Estimate Std. Error z value Pr(>|z|)
(Intercept) -0.449540   0.180349  -2.493 0.012681 *
Recency     -0.098584   0.017317  -5.693 1.25e-08 ***
Frequency    0.135390   0.025672   5.274 1.34e-07 ***
Time        -0.023092   0.005964  -3.872 0.000108 ***
```

```
(Dispersion parameter for binomial family taken to be 1)

    Null deviance: 820.89  on 747  degrees of freedom
Residual deviance: 707.87  on 744  degrees of freedom
AIC: 715.87

Number of Fisher Scoring iterations: 5
```

为简单起见, 用 $x_k$ ($k = 1, 2, 3$) 分别代表变量 Recency, Frequency 和 Time; 用 $\beta_k$ ($k = 1, 2, 3$) 分别代表这些变量的系数; $\beta_0$ 代表截距项.

$$\log(\lambda) = \beta_0 + \sum_{k=1}^{3} \beta_k x_k.$$

根据输出, 得到各个参数的估计为:

$$\hat{\beta}_0 = -0.449540, \hat{\beta}_1 = -0.098584, \hat{\beta}_2 = 0.135390, \hat{\beta}_3 = -0.023092.$$

输出显示零偏差为 820.89, 有 747 个自由度; 而残余偏差为 707.87, 有 744 个自由度; AIC 为 715.87. 此外, 输出还显示散布参数的估计为 1, 看来没有过散布的现象.

我们还可以找到各个参数的各种水平的置信区间, 比如选两个变量系数的代码和输出如下:

```
> confint(a, parm=c(2:3))#如不写parm则意味着全部变量
Waiting for profiling to be done...
                2.5 %       97.5 %
Recency   -0.13361876  -0.0655855
Frequency  0.08724469   0.1880517
```

上面输出的置信区间是基于轮廓似然函数 (profiled log-likelihood function), 适用于广义线性模型.

类似于方差分析, 我们可以用代码 anova(a,test="Chisq") 输出基于 $\chi^2$ 检验的偏差分析表:

```
Analysis of Deviance Table
Model: binomial, link: logit
Response: Donate
Terms added sequentially (first to last)

        Df Deviance Resid. Df Resid. Dev  Pr(>Chi)
NULL                     747        820.89
Recency  1   77.340       746        743.55  < 2.2e-16 ***
```

```
Frequency  1    18.775        745      724.78 1.471e-05 ***
Time       1    16.913        744      707.87 3.913e-05 ***
```

还可以比较模型, 拟合零模型, 并用 $\chi^2$ 检验来比较:

```
> b=glm(Donate~1,w,family=binomial)
> anova(b,a,test="Chisq")
Analysis of Deviance Table

Model 1: Donate ~ 1
Model 2: Donate ~ Recency + Frequency + Time
  Resid. Df Resid. Dev Df Deviance  Pr(>Chi)
1       747     820.89
2       744     707.87  3   113.03 < 2.2e-16 ***
```

如果模型假定成立, 这个输出说明我们的模型显著优于零模型.

如果用 probit 模型, 则代码为

```
pa=glm(Donate~.,w,family=binomial(link=probit))
```

这里必须标明连接函数 (link=probit), 因为 probit 不是默认的典则连接函数. 这里不展示 probit 回归输出的结果, 因为和 logistic 回归没有本质上的差别.

还可以用准二项分布 logistic 模型来拟合 (这里只是为了演示, 其实没有必要这样做, 因为没有诸如过散布等问题):

```
c=glm(Donate~.,w,family=quasibinomial)
summary(c)
```

得到下面的输出:

```
Call:
glm(formula = Donate ~ ., family = quasibinomial, data = w)

Deviance Residuals:
    Min       1Q   Median       3Q      Max
-2.4875  -0.7933  -0.4997  -0.1701   2.6450

Coefficients:
             Estimate Std. Error t value Pr(>|t|)
(Intercept) -0.449540   0.184076  -2.442 0.014832 *
Recency     -0.098584   0.017675  -5.578 3.41e-08 ***
Frequency    0.135390   0.026203   5.167 3.06e-07 ***
Time        -0.023092   0.006088  -3.793 0.000161 ***
---
```

```
(Dispersion parameter for quasibinomial family
    taken to be 1.041767)

    Null deviance: 820.89  on 747  degrees of freedom
Residual deviance: 707.87  on 744  degrees of freedom
AIC: NA

Number of Fisher Scoring iterations: 5
```

对于准 logistic 模型, 可以选用下面的代码之一来看偏差分析表:

```
anova(c,test="Chisq")
anova(c,test="F")
```

也可以用下面的代码之一来和 (前面用 b 表示的) 零模型做比较:

```
anova(b,c,test="Chisq")
anova(b,c,test="F")
```

使用程序包 aod[3]中的函数 wald.test(), 可以做 Wald 检验, 比如要联合检验 Recency 和 Time 两个变量的系数是否为零. 可用下面的语句:

```
library(aod)
wald.test(b = coef(a), Sigma = vcov(a), Terms = c(2,4))
```

这里的 Terms = c(2,4) 相应于协方差矩阵 vcov(a) 第 2 和第 4 列的两个变量 (即 Recency 和 Time). 得到下面的输出:

```
Wald test:
----------
Chi-squared test:
X2 = 62.8, df = 2, P(> X2) = 2.3e-14
```

### 3.5.2 用 logistic 回归做分类

在因变量为二分变量, 即有两个水平的变量时, 人们往往用 logistic 回归来做分类. 根据模型 (3.5.1), 我们在得到参数 $\boldsymbol{\beta}$ 的估计 $\hat{\boldsymbol{\beta}}$ 之后可以根据数据 $\boldsymbol{x}$ 对 $p$ 做预测:

$$\log\left(\frac{\hat{p}_i}{1-\hat{p}_i}\right) = \boldsymbol{x}_i^\top \hat{\boldsymbol{\beta}}, \ i = 1,2,\ldots,n. \tag{3.5.2}$$

[3]Lesnoff, M., Lancelot, R. (2012).  aod: Analysis of Overdispersed Data.  R package version 1.3, URL http://cran. r-project.org/package=aod.

式 (3.5.2) 还可以表示成

$$\hat{p}_i = \frac{\exp(\boldsymbol{x}_i^\top \hat{\boldsymbol{\beta}})}{1 + \exp(\boldsymbol{x}\top_i \hat{\boldsymbol{\beta}})}, \ i = 1, 2, \ldots, n. \tag{3.5.3}$$

很显然, 对于每个观测值 (比如观测值 $i$) 我们预测的是 $p_i$, 而不是第 $i$ 个观测值的水平 (比如 "0" 还是 "1", "yes" 还是 "no", 等等). 这时就需要有一个阈值 $p_t$, 使得当 $\hat{p}_i > p_t$ 时判定第 $i$ 个观测值属于某一水平, 否则, 判为另一个水平.

## 阈值 $p_t = 0.5$ 的情况

最简单的阈值为 $p_t = 0.5$. 这时, 对于例3.1, 把原数据既当成训练集又当成测试集来看预测结果的代码为:

```
w=read.csv("Trans.csv");n=nrow(w)
D=4; w[,D]=factor(w[,D]);pt=0.5
a=glm(Donate~.,w,family=binomial)
z=predict(a,w,type="response")
u=rep(levels(w[,D])[2],n);u[!(z>pt)]=levels(w[,D])[1]
table(w[,D],u)
(e=sum(w[,D]!=u)/n)
```

上面代码中把因变量 (即第 4 个变量 w[,D], 这里 D=4) 因子化是为了预测时编程方便. 其中的代码

```
u=rep(levels(w[,D])[2],n);u[!(z>pt)]=levels(w[,D])[1]
```

注意到预测的概率 (用 z 表示) 是针对按照因变量水平排列的第二个水平. 如果没有人工干预, R 软件会按照字母顺序来排列水平, 比如水平 "yes" 和 "no" 中, 自动把 "yes" 排在第二位. 因此输出的 u 就是各个变量预测的水平.

上面最后两行代码的输出为:

```
> table(w[,D],u)
   u
      0    1
  0 555   15
  1 156   22
> (e=sum(w[,D]!=u)/n)
[1] 0.229
```

这说明有 156 个本来是水平 "1" 的被判为 "0", 而有 15 个本来是水平 "0" 的被判为 "1", 只有对角线上是正确分类的. 误判率 (即和原先因变量水平不符合的比例) 为 0.229.

### 选择阈值 $p_t$ 使得误判率最小

显然, 用 $p_t = 0.5$ 作为阈值不那么合适, 下面选择使得训练集误判率最小的阈值. 为此, 我们可使用下面的程序:

```
BI=function(D,w,ff,fm="binomial"){
  a=glm(ff,w,family=fm)
  z=predict(a,w,type="response")
  ee=NULL
  for(p in seq(.01,.99,.01)){
    u=rep(levels(w[,D])[2],nrow(w));u[!(z>p)]=levels(w[,D])[1]
    e=sum(u!=w[,D])/nrow(w);ee=rbind(ee,c(p,e))
  }
  I=which(ee[,2]==min(ee[,2]))
  return(ee[min(I),])
}
```

该程序自动从 0.01 到 0.99 以间隔 0.01 的步长搜索使得误判率最小的 $p_t$, 而输出为 $p_t$ 和对训练集的误判率. 具体如下运行该代码:

```
ff=Donate~.  #公式
BI(4,w,ff)    #调用程序(4是因变量位置, w是数据)
```

得到

```
> BI(4,w,f)
[1] 0.440 0.207
```

这意味着在阈值为 0.44 时, 对训练集的误判率为 0.207. 这比阈值为 0.5 要好些.

### 二水平分类交叉验证

用训练集自己判断自己并不合适, 必须用交叉验证来判断模型的好坏, 对于 logistic 回归, 给了测试集 (用 m 表示测试集下标) 之后, 下面的程序即可计算以集合 m 的余集作为训练集的交叉验证的测试集的误判率 ($e) 和预测值 ($u):

```
BIM=function(D,w,ff,m,P=99,fm="binomial"){
  if (P>1) P=BI(D,w,ff)[1] #如果输入的P>1, 则用误判率最小的阈值, 否则用P
  a=glm(ff,w[-m,],family=fm)
  z=predict(a,w[m,],type="response")
  u=rep(levels(w[m,D])[2],nrow(w[m,]));u[!(z>P)]=levels(w[m,D])[1]
  e=sum(u!=w[m,D])/nrow(w[m,])
  return(list(e=e,u=u))
}
```

显然, 这里利用了上面自动选择阈值的函数 BI().

对于例3.1的数据, 我们首先要用在2.5.4节使用过的函数 Fold() 来把下标随机分成若干份 ($Z = 10$ 份), 然后才可做 $Z$ 折交叉验证. 为了比较, 我们用了三种方法, 前两种是上面所说的阈值 $p_t = 0.5$ 和阈值使得训练集误判率最小的 $p_t$, 另一种是作为对照的线性判别分析方法 (使用在程序包 MASS[4]中的函数 lda()). 线性判别分析将在后面关于经典分类方法的5.1节介绍.

具体对三种方法的 10 折交叉验证代码如下:

```
w=read.csv("Trans.csv");n=nrow(w)
Z=5;D=4; w[,D]=factor(w[,D]);pt=0.5

ff=paste(names(w)[D],"~.",sep="");ff=as.formula(ff)
mm=Fold(Z,w,D,8888)
library(MASS)
Pred=data.frame(m1=w[,D],m2=w[,D],m3=w[,D])
for(i in 1:Z){
  m=mm[[i]]
  Pred[m,1]=BIM(D,w,ff,m,.5)$u
  Pred[m,2]=BIM(D,w,ff,m)$u
  a=lda(ff,w[-m,])
  Pred[m,3]=predict(a,w[m,])$class
}
apply(sweep(Pred,1,w[,D],'!='),2,mean)
```

得到三个模型的交叉验证平均误差分别为阈值 0.5 的 logistic 回归的 0.2272、最小训练集误差阈值的 0.2086 及线性判别分析的 0.2286.

有人认为用 logistic 回归做二分类一般比线性判别分析要好, 但实践表明, 如果阈值固定在 0.5, 则不一定. 上面的交叉验证结果表明线性判别分析和阈值为 0.5 的 logistic 回归预测结果没有多少差别, 同时表明采用使训练集误判率最小的阈值会得到较好的判别结果. **阈值取多少, 应该根据实际应用来确定. 比如在医疗中, 是把病人误说成无病还是把没病的人误说成有病损失大? 这依赖于损失函数的选择. 统计学家没有任何资格为实际工作者决定阈值的大小.**

**评论: 用 logistic 回归做拟合或分类的最大的问题是, 当自变量有较多的定性变量或者定性变量的水平较多时, logistic 回归完全无法进行. 这时就应该采取机器学习方法.**

## 3.6　Poisson 对数线性模型及频数数据的预测

因变量为频数的情况历史上一直都是由回归处理的, 做一个对数变换就把在非负整数的值域转换成散布在实轴的值域, 于是就成了回归分析的对象, 但后来数学家想出了许多符合频数的方法. 最著名的就是 Poisson 对数线性模型. 它利用 Poisson 分布是针对非负整数的特性发展而来, 也刚好是广义线性模型的一个成员. 由于 Poisson 对数线性模型的假定较强, 往往不能满足, 因此又发展出来许多补救办法. 这里将作简单介绍.

---

[4]Venables, W. N. & Ripley, B. D. (2002) *Modern Applied Statistics with S.* Fourth Edition. Springer, New York. ISBN 0-387-95457-0.

下面通过一个以计数为因变量的实验数据来介绍 Poisson 对数线性模型的基本概念及应用.

**例 3.2** (cyclamen.csv) **仙客来数据**. 这个数据[5]来自诱导仙客来开花的实验. 总共有 4 个品种的仙客来植株得到 6 种温度方案和 4 种施肥水平的组合. 其中温度方案是 5 个白日 (摄氏) 温度 (14, 16, 18, 20, 26) 和 4 个夜间 (摄氏) 温度 (14, 16, 18, 20) 的组合. 不是所有的温度组合都存在. 花的数目是我们关注的目标变量, 其数目变化为 4~26.

变量名称: Variety, (品种: 哑元 1~4), Regimem (温度方案: 哑元 1~6), Day (白天温度: 摄氏度), Night (夜间温度: 摄氏度), Fertilizer (施肥水平: 哑元 1~4), Flowers (花的数目).

我们的数据使用程序包 nnet[6]中的 nnet() 神经网络方法弥补了变量 Flowers 的两个缺失值 (第 1411 及第 1712 个观测值).

这个数据的实验设计是比较严格的, 各种变量搭配都非常平均, 通过下面的代码可以读入数据, 并且得到自变量搭配的情况:

```
w=read.csv("cyclamen.csv");n=nrow(w);m=ncol(w)
for(i in c(1,2,5))w[,i]=factor(w[,i])
table(w[,c(1,2,5)])
```

由于 Variety, Regimem 和 Fertilizer 都是用哑元分类变量, 必须因子化. 上面的代码得到自变量搭配的情况:

```
, , Fertilizer = 1
        Regimem
Variety  1  2  3  4  5  6
     1  20 20 20 20 20 20
     2  20 20 20 20 20 20
     3  20 20 20 20 20 20
     4  20 20 20 20 20 20

 , , Fertilizer = 2
        Regimem
Variety  1  2  3  4  5  6
     1  20 20 20 20 20 20
     2  20 20 20 20 20 20
     3  20 20 20 20 20 20
     4  20 20 20 20 20 20

, , Fertilizer = 3
        Regimem
Variety  1  2  3  4  5  6
     1  20 20 20 20 20 20
```

---

[5]The data were supplied by Rodrigo Labouriau of the Biometrics Research Unit, Danish Institute for Agricultural Sciences. 下载网址为 http://www.statsci.org/data/general/cyclamen.html.

[6]Venables, W. N. & Ripley, B. D. (2002) *Modern Applied Statistics with S*. Fourth Edition. Springer, New York. ISBN 0-387-95457-0.

```
      2 20 20 20 20 20 20
      3 20 20 20 20 20 20
      4 20 20 20 20 20 20

, , Fertilizer = 4
       Regimem
Variety  1  2  3  4  5  6
      1 20 20 20 20 20 20
      2 20 20 20 20 20 20
      3 20 20 20 20 20 20
      4 20 20 20 20 20 20
```

由此可知, 对于变量 Variety, Regimem, Fertilizer 的 $4 \times 6 \times 4 = 96$ 种水平的每种搭配都有 20 个观测值, 因此总共有 $96 \times 20 = 1920$ 个观测值. 图3.6.1显示的是 Flowers 对这三个变量各个水平的盒形图.

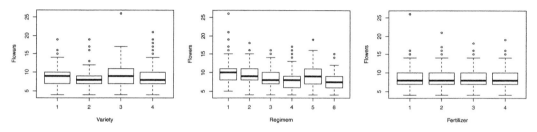

**图 3.6.1　例3.2 的 Flowers 对变量 Variety, Regimem, Fertilizer 各个水平的盒形图**

由于变量 Regimem 体现了 Day 和 Night 的组合, 因此我们在以后的分析中, 仅适用 Regimem, 这在程序中用 w=w[,-c(3:4)] 来删除变量 Day 和 Night.

### 3.6.1 Poisson 对数线性模型

人们把计数 (或频数) 因变量视为服从 Poisson 分布是很自然的, 但由于自变量的变化, Poisson 分布的均值 $\lambda$ 也会随着变化. 作为广义线性模型的特例, Poisson 分布对应的连接函数为对数函数, 它把本来仅仅取正实数的均值 $\boldsymbol{\lambda}$ 变换到整个实轴以被变化多端的线性部分 $\boldsymbol{\eta} = \boldsymbol{x}'\boldsymbol{\beta}$ 表示. Poisson 对数线性模型为

$$\log \lambda_i = \boldsymbol{x}_i'\boldsymbol{\beta}, \ i = 1, 2, \ldots, n. \tag{3.6.1}$$

对于例3.2的数据, 读入数据和使用广义线性模型函数 glm() 并选项 family=poisson(这时自动使用缺省的典则连接函数) 的代码如下:

```
w=read.csv("cyclamen.csv");n=nrow(w)
for(i in c(1,2,5))w[,i]=factor(w[,i])
w=w[,-(3:4)]
a=glm(Flowers~.,w,family=poisson)
```

```
summary(a)
```

这导致一系列参数的估计值和参数显著性检验 (没有什么意义)、散布参数、零偏差、残差偏差及 **AIC** 的输出, 这里只显示最后几行:

```
(Dispersion parameter for poisson family taken to be 1)

    Null deviance: 1256.3  on 1919  degrees of freedom
Residual deviance: 1106.3  on 1908  degrees of freedom
AIC: 8768.8
```

还可以输出基于 $\chi^2$ 检验的偏差分析表, 所用代码和输出为:

```
> anova(a,test="Chisq")
Analysis of Deviance Table
Model: poisson, link: log
Response: Flowers
Terms added sequentially (first to last)


           Df Deviance Resid. Df Resid. Dev  Pr(>Chi)
NULL                       1919      1256.3
Variety     3   26.711    1916      1229.6 6.769e-06 ***
Regimem     5  121.447    1911      1108.2 < 2.2e-16 ***
Fertilizer  3    1.838    1908      1106.3    0.6068
```

根据上面的输出, 变量 Fertilizer 并不 "显著". 我们可以尝试使用逐步回归, 代码为 b=step(a), 可以用 summary(b) 查看结果, 这里不输出没有意义的显著性检验, 仅显示最后几行:

```
(Dispersion parameter for poisson family taken to be 1)
    Null deviance: 1256.3  on 1919  degrees of freedom
Residual deviance: 1108.2  on 1911  degrees of freedom
AIC: 8764.7
```

逐步回归把变量 Fertilizer 删除了. 根据逐步回归结果我们有了拟合的模型. 为描述方便起见, 用 $\beta_0$ 代表截距项; 用 $\alpha_{1i}$ $(i = 1, 2, 3, 4)$ 代表定性变量 Variety 4 个水平的效应, 用 $\alpha_{2j}$ $(j = 1, 2, \ldots, 6)$ 代表 Regimem 6 个水平的效应. 拟合的模型为

$$\log(\lambda) = \beta_0 + \alpha_{1i} + \alpha_{2j}, \ i = 1, 2, 3, 4; \ j = 1, 2, \ldots, 6. \tag{3.6.2}$$

我们得到了各个参数的估计:

```
b$coefficients
  (Intercept)      Variety2      Variety3      Variety4     Regimem2     Regimem3
 2.3094635917 -0.0989213434 -0.0009306655 -0.0437332047 -0.0440281359 -0.1634080118
     Regimem4      Regimem5      Regimem6
```

```
-0.1902604115 -0.0809806809 -0.2445868681
```

该输出的意义为:

$$\hat{\beta}_0 = 2.3094636, \ \hat{\alpha}_{11} = 0 \,(\text{默认}), \ \hat{\alpha}_{12} = -0.0989213, \hat{\alpha}_{13} = -0.0009307,$$

$$\hat{\alpha}_{14} = -0.0437332, \ \hat{\alpha}_{21} = 0 \,(\text{默认}), \ \hat{\alpha}_{22} = -0.0440281, \ \hat{\alpha}_{23} = -0.1634080,$$

$$\hat{\alpha}_{24} = -0.1902604, \ \hat{\alpha}_{25} = -0.0809807, \ \hat{\alpha}_{26} = -0.2445869.$$

输出显示零偏差为 1256.3, 有 1919 个自由度; 而残余偏差为 1108.2, 有 1911 个自由度; AIC 为 8764.7. 此外, 输出还显示散布参数的估计为 1, 看来没有过散布的现象.

对于逐步回归结果, 可以用代码 anova(b,a,test="Chisq") 比较逐步回归前后的两个模型的偏差分析表:

```
Analysis of Deviance Table

Model 1: Flowers ~ Variety + Regimem
Model 2: Flowers ~ Variety + Regimem + Fertilizer
  Resid. Df Resid. Dev Df Deviance Pr(>Chi)
1      1911     1108.2
2      1908     1106.3  3   1.8375   0.6068
```

输出表明, 删除一个变量没有什么影响.

还可以用准 Poisson 模型来拟合 (这里其实没有必要, 因为没有诸如过散布等问题, 也就不显示结果了):

```
d=glm(b, w, family=quasipoisson(link = "log"))
anova(d,test="Chisq")
```

对于准 Poisson 模型, 也可以选用下面代码之一来看偏差分析表:

```
anova(d,test="Chisq")
anova(d,test="F")
```

也可以像 logistic 回归那样, 使用程序包 aod 中的函数 wald.test() 对系数是否为零做 Wald 检验, 但这里没有真正的系数要检验, 只有相对意义上的 $\alpha_{1i}$ 和 $\alpha_{2j}$, 做它们等于零的检验没有什么意义.

### 3.6.2 使用 Poisson 对数线性模型的一些问题

由于广义线性模型的假定很强, 所以当实际数据与假定的分布不符时会产生一些问题. Poisson 对数线性模型也不例外, 人们目前主要关注的是散布问题和零膨胀问题. 下面就介绍人们为应对这两个问题而采取的一些方法. 由于例3.2没有这两个问题, 因此没有具体的运算输出.

## 使用 Poisson 对数线性模型时的散布问题

在 Poisson 对数线性模型中, 假定方差和均值相等, 但当方差大于或小于均值时就会出现过散布 (overdispersion) 问题或欠散布 (underdispersion) 问题.

使用 Poisson 对数线性模型时出现散布问题, 最简单的解决办法是使用前面提到的准 Poisson 对数线性模型, 而且可以说明方差和均值的关系, 比如, 考虑下面的准 Poisson 模型拟合代码 (仅仅是示意, 不运行):

```
glm(Flowers~.,data=w,family=quasi(variance="mu^2",link="log"))
```

这里的选项 variance="mu^2" 就把方差看成随着均值平方变化的函数, 这个选项可以输入 "constant", "mu(1-mu)", "mu", "mu^2", "mu^3", 等等.

应对散布问题的另一种解决方法是双广义线性模型 (double generalized linear model), 其方法体现在 R 的程序包 dglm[7] 之中. 其基本思想如下.

假定均值和方差有如下关系:

$$\mu_i = E(y_i), \ \mathrm{Var}(y_i) = s_i V(\mu_i).$$

式中, $s_i$ 代表散布程度, 称为散布参数, 以 $s_i = 1$ 为没有散布, 而 $V(\mu_i)$ 为 $\mu_i$ 的一个函数 (对没有散布时的 Poisson 分布, $V(\mu) = \mu$). 建模时对均值和方差分别建立广义线性模型, 连接函数分别是

$$g(\mu_i) = \boldsymbol{x}_i^\top \boldsymbol{\beta} \ \ \text{与} \ \ h(s_i) = \boldsymbol{z}_i^\top \boldsymbol{\alpha},$$

式中, 自变量 $\boldsymbol{x}_i$ 及 $\boldsymbol{z}_i$ 都选自原始的自变量. 对于 Poisson 分布 (或者是下面要用的使用更加广泛的 Tweedie 分布) 的普通广义线性模型仅有前面那个连接函数, 而这里对 $s_i$ 建模时考虑的是 Gamma 模型, 即第二个连接函数. 关于双广义线性模型的细节, 参见 Smyth(1989).

下面介绍可代表很多广义线性模型分布的 Tweedie 分布. Tweedie 分布是指数族分布的一个特例. 前面3.2节介绍指数族时的均值 $\mu$ 是包含在 $\theta$ 之中的. 显性表示 $\mu$ 的指数族分布 (3.2.2) 可以写成下面的形式:

$$f(y;\mu,\phi) = a(y,\phi)\exp\frac{\theta(\mu)y - \kappa(\theta(\mu))}{\phi}.$$

Tweedie 分布则为上面指数族中有下面形式的 $\theta(\mu)$ 和 $\kappa(\theta(\mu))$ 的特殊形式:

$$\theta(\mu) = \begin{cases} \frac{\mu^{1-p}-1}{1-p}, & p \neq 1 \\ \ln\mu, & p = 1 \end{cases} \ \ \text{以及} \ \ \kappa(\theta(\mu)) = \begin{cases} \frac{\mu^{2-p}-1}{2-p}, & p \neq 2 \\ \ln\mu, & p = 2 \end{cases}.$$

其均值为 $\mu$, 方差为 $\phi\mu^p$. 式中, $\phi > 0$, 为散布参数; $p$ 称为指标参数 (index parameter). 指标参数唯一地确定 Tweedie 分布的具体成员, 比如 $p = 0$ 代表正态分布; $p = 1, \phi = 1$ 代表 Poisson 分布; $p = 2$ 代表 Gamma 分布; $p = 3$ 代表逆高斯分布. R 程序包 statmod[8] 中有

---

[7]Peter K. Dunn and Gordon K. Smyth (2009). dglm: Double generalized linear models. R package version 1.6.1.

[8]Gordon Smyth with contributions from Yifang Hu, Peter Dunn and Belinda Phipson (2013). statmod: Statistical Modeling.

`tweedie()` 函数.

当然还有其他应对散布的方法, 比如, Breslow (1984) 建议用一种迭代方法拟合过散布的 Poisson 对数线性模型. 其模型和上面的双广义线性模型有所区别, 其中

$$E(y_i) = \mu_i \quad \text{而且} \quad \text{Var}(y_i) = \mu_i + \mu_i^2\phi = \mu_i(1 + \mu_i\phi),$$

式中, $\phi$ 为散布参数 (dispersion parameter), 如果 $\phi > 0$, 就意味着有散布现象. 这里不对这个模型予以计算. 请读者自己尝试运行程序包 `dispmod`[9]中的例子.

此外, 应对散布问题, 在程序包 `MASS` 中还有用负二项分布拟合这类数据的广义线性模型函数 `glm.nb()`.

## 零膨胀时的 Poisson 回归

有时, 计数中有大量的零, 这种不平衡的计数数据称为零膨胀计数数据 (zero-inflated count data). 这种数据会对 Poisson 对数线性模型的拟合造成很大的影响. 有时会把零膨胀问题看成是过散布问题. 这里介绍一种处理零膨胀问题的方法.

零膨胀计数数据模型 (Mullahy 1986; Lambert 1992) 由两个部分组成, 一部分为集中在零点的点质量 (如 logistic 或 probit 回归模型); 另一部分为某计数分布 (比如 Poisson 或负二项回归模型). 如果用 $f(y)$ 表示分布密度, $\pi(0), 1 - \pi(0)$ 表示在零点的点密度 (二项分布), $f_c(y)$ 表示在其他点的计数分布, 则零膨胀密度为

$$f(y) = \pi(0)I_{\{0\}}(y) + [1 - \pi(0)]f_c(y),$$

这里 $I_{\{0\}}(y)$ 是在零点的示性函数. 关于零点的点质量可以选与以 $\pi \equiv \pi(0)$(或者 $1 - \pi(0)$) 为概率的二项分布相关的 logistic 回归 (也可以选其他的, 比如 probit 回归):

$$\ln\frac{\pi}{1-\pi} = \boldsymbol{x}^\top\boldsymbol{\beta} \quad \text{或者} \quad \pi = \frac{\exp(\boldsymbol{x}^\top\boldsymbol{\beta})}{1 + \exp(\boldsymbol{x}^\top\boldsymbol{\beta})}.$$

而在非零的地方则可选用 Poisson 对数线性模型 (或其他模型, 如负二项模型等):

$$\ln(\lambda) = \boldsymbol{x}^\top\boldsymbol{\gamma} \quad \text{或者} \quad \lambda = \exp(\boldsymbol{x}^\top\boldsymbol{\gamma}).$$

整个模型的均值 $\mu$ 应该是

$$\mu = \pi \cdot 0 + (1 - \pi)\lambda.$$

用这个模型估计出来的参数也应该由两部分组成: logistic 回归部分的 $\hat{\boldsymbol{\beta}}$ 及 Poisson 模型的 $\hat{\boldsymbol{\gamma}}$.

为此, 可以利用程序包 `pscl`[10]中的 `zeroinfl()` 函数. 其中对于两部分的模型代码分别标注.

[9]Luca Scrucca (2009). dispmod: Dispersion models. R package version 1.0.1.

[10]Simon Jackman (2011). pscl: Classes and Methods for R Developed in the Political Science Computational Laboratory, Stanford University. Department of Political Science, Stanford University. Stanford, California. R package version 1.04.1. URL http://pscl.stanford.edu/.

### 3.6.3 Poisson 对数线性模型的预测及交叉验证

使用 Poisson 对数线性模型对新数据 (这里用 `newdata` 表示) 均值做预测的代码很简单 (`predict(a,newdata,type="response")`). 但其预测的是 $\lambda_i$ $(i = 1, 2, \ldots, n)$ 不是整数. 因此, 关于预测精度完全可以用前面1.2.3节介绍的标准化均方误差来判断拟合的好坏.

为了做比较, 对于例3.2的数据, 我们首先要用在2.5.4节使用过的函数 `Fold()` 来把下标随机分成若干份 ($Z = 10$ 份), 然后才可做 $Z$ 折交叉验证. 这里使用函数 `Fold()` 是为了把变量 Variety, Regimem 和 Fertilizer 的 96 种搭配中的每一种的 20 个观测值都均衡地随机分成 10 份.

为此, 首先还是用原始数据构造一个和那三个变量 96 种搭配相同的有 96 种水平的分类变量 (`L[,1]`):

```
w=read.csv("cyclamen.csv")
for(i in c(1,2,5))w[,i]=factor(w[,i])
L=rep(777,n);J=0
for(i in unique(w[,1])) for(j in unique(w[,2]))
for(k in unique(w[,5])){
  J=J+1
  L[w[,1]==i&w[,2]==j&w[,5]==k]=J
}
L=data.frame(a=factor(L),1)
```

这样构造是为了适应 `Fold()` 函数的格式. 这里还是使用最初使用的三个自变量 (**Variety**, **Regimem** 和 **Fertilizer**) 数据做 10 折交叉验证. 建立 10 个平衡随机集合的代码为 (`D` 为因变量位置, `Z` 为折数):

```
mm = Fold(L, D=1, Z=10, seed=8888)
```

下面的 10 折交叉验证是对 Poisson 对数线性模型和线性模型做比较. 代码为:

```
library(tidyverse)
w=read.csv("cyclamen.csv")
for(i in c(1,2,5))w[,i]=factor(w[,i])
w=w[,-(3:4)];D=4
pred=matrix(99,n,2)
for(i in 1:Z){
  m=mm[[i]]
  pred[m,1]=glm(Flowers ~ ., family="poisson", data=w[-m,])%>%
    predict(w[m,],type="response")
  pred[m,2]=lm(Flowers ~ .,w[-m,])%>%
    predict(w[m,])
}
M=mean((w[,D]-mean(w[,D]))^2)
```

```
nmse=apply((sweep(pred,1,w[,D],'-'))^2,2,mean)/M
```

结果表明, Poisson 对数线性模型和传统线性模型的交叉验证结果几乎雷同, 它们的 NMSE 分别为 0.8965653 和 0.8972638.

评论: 广义线性模型在数学上是非常精密的. 但这种精密必然与 (不易假定的) 实际数据产生矛盾. 以 **Poisson** 对数线性模型为例, 它是为了描述非负整数变量而设计的, 但最终解出来的是 **Poisson** 参数 (并非整数) 的估计. 在例**3.2**数据的预测精度的交叉验中, **Poisson** 对数线性模型和普通线性模型没有什么区别. 实际上, 对这个数据, **NMSE** 约等于 **0.89** 的 **Poisson** 对数线性模型和普通线性模型几乎和 "拍脑袋" 的用均值来判断的零模型精度差不多 (用均值判断的 **NMSE** 为 1). 显然, 广义线性模型的精致数学公式必须在符合数据所代表的实际世界时才有意义, 但是, 在交叉验证之前, 谁也不能确定这一点. 一个模型的好坏不能靠数学假定, 只有数据本身才有发言权.

## 3.7　本章 Python 运行代码

### 3.7.1　例3.1献血数据

#### logistic 回归

在 Python 中有两种常见的函数, 分属 `sklearn.linear_model` 及 `statsmodels.api` 模块, 其中前者默认的是分类方法, 预测值自动判别输出分类结果, 后者与 R 软件中 logistic 回归的输出类似, 预测值为概率值. 首先介绍`statsmodels.api` 模块的 logistic 回归.

```
w = pd.read_csv('trans.csv')
import statsmodels.api as sm
import statsmodels.formula.api as smf
formula = 'Donate~Recency+Frequency+Time'
mod = smf.glm(formula=formula,data=w,family=sm.families.Binomial()).fit()
print(mod.summary())
```

```
                Generalized Linear Model Regression Results
================================================
Dep. Variable:              Donate   No. Observations:         748
Model:                         GLM   Df Residuals:             744
Model Family:             Binomial   Df Model:                   3
Link Function:               logit   Scale:                 1.0000
Method:                       IRLS   Log-Likelihood:        -353.93
Date:             Fri, 20 Dec 2019   Deviance:              707.87
Time:                     11:18:00   Pearson chi2:            775.
No. Iterations:                  5
Covariance Type:         nonrobust
================================================
                coef    std err         z      P>|z|      [0.025      0.975]
------------------------------------------------
Intercept    -0.4495      0.180    -2.493      0.013      -0.803      -0.096
Recency      -0.0986      0.017    -5.693      0.000      -0.133      -0.065
```

| Frequency | 0.1354 | 0.026 | 5.274 | 0.000 | 0.085 | 0.186 |
| Time | -0.0231 | 0.006 | -3.872 | 0.000 | -0.035 | -0.011 |

=========================================

## 用 logistic 回归做分类

其次, 介绍 `sklearn.linear_model` 模块用 **logistic** 回归做分类

```python
import numpy as np
import pandas as pd
w = pd.read_csv('trans.csv')
X = w.iloc[:,:-1]; y = w.iloc[:,-1]
from sklearn.linear_model import LogisticRegression
logreg = LogisticRegression(solver='lbfgs')
logreg.fit(X,y)
print('intercept:', logreg.intercept_)
print('slope:', logreg.coef_)
```

输出的参数估计为:

```
intercept: [-0.44956796]
slope: [[-0.09856745  0.13530511 -0.0230787 ]]
```

## 二元分类的交叉验证

现在, 针对例3.1二元分类我们使用 `sklearn.linear_model` 模块做 10 折交叉验证. 利用2.9.4节的交叉验证分折函数 `Fold` 来得到交叉验证的 10 个子集下标. 输入数据及分子集代码为:

```python
w = pd.read_csv('trans.csv')
y = w.iloc[:,3];
X = w.iloc[:,:3];
Zid = Fold(y, Z=10, seed = 8888)
```

进行交叉验证:

```python
pred = np.zeros(len(y))
clf = LogisticRegression(solver='lbfgs')
for j in range(Z):
    clf.fit(X[Zid!=j],y[Zid!=j])
    pred[Zid==j] = clf.predict(X[Zid==j])
from sklearn.metrics import confusion_matrix
print('confusion_matrix:\n',confusion_matrix(y, pred))
print('error rate =',np.mean(y!=pred))
```

输出混淆矩阵及误判率:

```
confusion_matrix:
 [[560   10]
 [169    9]]
error rate = 0.2393048128342246
```

### 3.7.2 例 3.2仙客来数据

载入模块及数据:

```
import pandas as pd
import numpy as np
import seaborn as sns
w = pd.read_csv("cyclamen.csv")
```

产生 Flowers 对 Variety, Regimem, Fertilizer 三个变量各个水平的盒形图 (见图3.7.1):

```
import matplotlib.pyplot as plt
plt.figure(figsize=(12,4))
plt.subplot(1,3,1)
sns.boxplot( x=w["Variety"], y=w["Flowers"])
plt.subplot(1,3,2)
sns.boxplot( x=w["Regimem"], y=w["Flowers"])
plt.subplot(1,3,3)
sns.boxplot( x=w["Fertilizer"], y=w["Flowers"])
```

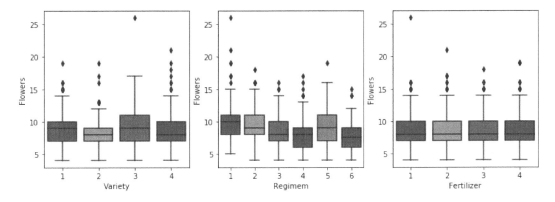

**图 3.7.1　例3.2 的 Flowers 对变量 Variety, Regimem, Fertilizer 各个水平的盒形图**

### Poisson 对数线性模型的预测及交叉验证

首先, 把原始数据三个分类变量构造一个具有同样搭配的 96 种水平的分类变量 A (其中匹配 R 中 Fold 函数的是变量 L)

```
n=len(w); m=len(w.columns)
A=np.ones(n)*777
J=0
for i in set(w.iloc[:,0]):
    for j in set(w.iloc[:,1]):
        for k in set(w.iloc[:,4]):
            J=J+1
            A[(w.iloc[:,0]==i)&(w.iloc[:,1]==j)&(w.iloc[:,4]==k)]=J
x1=np.ones(A.shape[0])
L=np.column_stack((A,x1))
```

使用在 2.9.4 节定义的 Fold 函数把各个水平平衡分成各个子集.

```
Z=10
Zid = Fold(A, Z=10, seed = 8888)
```

由于变量 Regimem 体现了 Day 和 Night 的组合, 删掉两者后得到新数据集. 此外, Variety, Regimem, Fertilizer 是数值型的分类变量, 首先需要进行哑元处理.

```
w1 = pd.get_dummies(w.iloc[:,[0,1,4]].astype('category'), drop_first = True)
X=w1
w1['Flowers']=w['Flowers']
y=w['Flowers']
M = np.sum((y-np.mean(y))**2)
```

最后, 比较 Poisson 对数线性模型和传统线性模型的预测及交叉验证结果

```
import statsmodels.api as sm
import statsmodels.formula.api as smf
formula ='Flowers~Variety_2+Variety_3+Variety_4+Regimem_2+Regimem_3+\
        Regimem_4+Regimem_5+Regimem_6+Fertilizer_2+Fertilizer_3+Fertilizer_4'
names = ['glm', 'lm']

A = dict()
YPred = dict()
for i in REG:
    Y_pred = np.zeros(len(y))
    for j in range(Z):
        if i=='glm': fam=sm.families.Poisson()
        else: fam=sm.families.Gaussian()
        Y_pred[Zid==j]=smf.glm(formula=formula,data=w1.iloc[Zid!=j,:],family=fam)\
        .fit().predict(X.iloc[Zid==j,:])
    YPred[i] = Y_pred
    A[i] = np.sum((y-YPred[i])**2)/M
print(A)
```

```
{'glm': 0.8965546980297776, 'lm': 0.897405794160779}
```

## 3.8　习题

1. 用代码 w=read.csv("column.2C.csv") 输入脊柱数据. 这个数据[11]的自变量 (V1,V2,...,
   V6) 为 6 个生物力学特征, 都是数量. 研究目的是把患者分为两类: 正常 (100 人, 代码为
   NO: normal), 不正常 (210 人, 代码为 AB: abnormal). 在原始数据中变量 V6 的第 116 个观
   测值是明显的异常值, 会影响拟合运算, 因此, 我们对其进行了修正 (把原来的 418.54 换
   成了 46.7093), 这里的数据集是修正后的.
   (1) 请用本章所介绍的两种 logistic 回归来对该数据进行拟合, 并做各种检验.
   (2) 请用本章所介绍的两种 logistic 回归来做分类, 得到对训练集的误判率.
   (3) 用交叉验证来比较 logistic 回归和其他方法分类的预测精度.

2. 用代码 w=read.csv("hemophilia.csv") 输入血友病数据.[12]这个数据是由美国国
   家癌症研究所资助的多中心血友病队列研究 (multicenter hemophilia cohort study, MHCS)
   获得的. 该项研究从 1978 年 1 月 1 日到 1995 年 12 月 31 日在 16 个治疗中心 (12 个在美
   国, 4 个在西欧) 跟踪了超过 1600 个血友病人, 该数据一共有 2144 个观测值及 6 个变量.
   (注意对数据中用哑元表示的定性变量的因子化.)
   (1) 把最后一个变量 deaths(死亡数目) 作为因变量用 Poisson 对数线性模型来拟合.
   (2) 试图解决各种可能出现的问题 (比如过散、零膨胀等). 对结果进行讨论.
   (3) 用交叉验证来和其他方法比较预测精度 NMSE.

---

[11]可从网站http://archive.ics.uci.edu/ml/datasets/Vertebral+Column下载.
[12]来自加州大学伯克利分校的 STAT LABS 网站: http://www.stat.berkeley.edu/users/statlabs/labs.html.

# 第 4 章 机器学习回归方法

## 4.1 引言

前面章节的回归, 都对数据做了各种主观的数学假定. 这些假定降低了解决实际问题过程的难度, 而且使结果显得更容易 "解释". 这种在假定下所得出的结论很容易被统计界之外的人相信, 因为大量的概率和统计专业术语以及在严格的数学逻辑下的数学推导使得人们往往忘记做出这些结论的大前提——对于实际问题的无法证实的数学假定.

我们不能低估这些基于数学假定的统计方法在统计发展历史上的功绩. 在铅笔和纸是唯一计算工具的时代, 数据中的信息量不可能很大, 而那些缺乏的信息必须用主观假定来弥补, 否则将很难得到结论, 或者结论不易解释. 在现在的网络通信时代, 人们不能忘记马匹和驿站作为通信工具的历史作用.

不否认马匹和驿站的功绩并不意味着我们必须还用这些方法来通信. 在计算机时代, 基于铅笔和纸的传统统计思维方式必然会被基于计算机的新的思维方式冲击. 但统计本身的科学的批判性思维和严格的逻辑性却持续存在, 正如通信的准确与及时的理念自古都不会改变一样.

大多数传统统计学家并不否认机器学习方法令人信服的结论和效率, 但不能期望所有人都接受新鲜事物, 人们必须理解一个娴熟的骑手对现代交通工具进行批判时的心理.

## 4.2 作为基本模型的决策树 (回归树)

决策树是一个很简单的模型, 但它又是一些预测精度很高的机器学习方法的基本模块. 因此理解决策树对于理解那些组合方法是很重要的. 我们通过一个简单例子来描述用作回归的决策树的原理.

**例 4.1** (servo.csv) **伺服系统数据**. 该数据[1] 有 167 个观测值和 5 个变量. 其背景是在两个 (连续) 增益设置和机械联系的两个 (离散) 选择项上预测一个伺服机构的类型. 变量有 motor (马达, 5 个水平分类变量), screw (导螺杆, 5 个水平分类变量), pgain (p 增益, 数量), vgain (v 增益, 数量) 及 class (类型).

这里我们把连续变量 class 作为因变量来考虑回归问题.

---

[1]Lichman, M. (2013). UCI Machine Learning Repository [http://archive.ics.uci.edu/ml]. Irvine, CA: University of California, School of Information and Computer Science. 数据可在网址https://archive.ics.uci.edu/ml/datasets/ Servo下载.

### 4.2.1 回归树的描述

首先, 用例4.1建立一棵决策树, 看看这棵树有什么特点, 并且看该树如何用到新数据. 我们用程序包 rpart[2]的函数 rpart() 来建立决策树. 读入数据和用全部数据建立决策树的代码为:

```
w=read.csv("servo.csv")
library(rpart.plot)
(a=rpart(class~.,w))
rpart.plot(a,type=2,extra=1,digits=4)
```

这产生了如图4.2.1所显示的决策树并打印出对应决策树的细节.

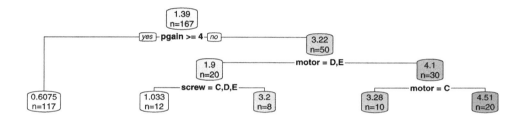

**图 4.2.1　对例4.1数据做回归的决策树**

和图4.2.1对应的决策树的细节输出为 (由于变量 pgain 只有 4 个值: 5, 6, 4, 3, 因此在图中的 pgain>=4 和下面输出的 pgain>=3.5 是等价的):

```
n= 167
node), split, n, deviance, yval
      * denotes terminal node

 1) root 167 403.788700 1.3897080
   2) pgain>=3.5 117   7.909512 0.6075345 *
   3) pgain< 3.5 50 156.801500 3.2199950
     6) motor=D,E 20  63.762060 1.9000070
      12) screw=C,D,E 12   1.146652 1.0333320 *
      13) screw=A,B 8  40.081690 3.2000180 *
     7) motor=A,B,C 30  34.960470 4.0999880
      14) motor=C 10  18.835910 3.2799860 *
      15) motor=A,B 20   6.038506 4.5099890 *
```

图4.2.1的决策树如同一棵倒长的树. 最上面的一个节点称为根节点, 最下面没有后续分叉的节点称为叶节点或终节点. 每一个分叉点都是一个节点. 在终节点前的节点处都有一个拆分

---

[2]Terry Therneau, Beth Atkinson and Brian Ripley (2015). rpart: Recursive Partitioning and Regression Trees. R package version 4.1-9. http://CRAN.R-project.org/package=rpart.

变量, 并且根据其取值来确定拆分数据成两部分 (两个叉). 一个节点下面分叉所得的节点称为其子节点, 而分出子节点的节点为其父节点. 下面我们逐个节点介绍.

打印输出一开始有下面的信息

```
n= 167
node), split, n, deviance, yval * denotes terminal node
```

前面说明观测值有 167 个, 而后面为每个节点的内容. node) 为节点号码, split 为分叉的拆分变量及判别准则, n 为在该节点有多少观测值, deviance 是偏差, 这里等于在这个节点的 SST, 即 $\sum_{i \in N_K}(y_i - \bar{y})^2$, 式中的 $N_K$ 为在该节点的样本的下标集合. yval 为在该节点数据因变量均值 $\bar{y}$. 而最后 * denotes terminal node 说明星号 (*) 标明的节点是终节点.

其次, 关于决策树打印输出的第 1 号节点为:

```
1) root 167 403.788700 1.3897080
```

该节点 (根节点) 号码为 1), 而且是根节点 (root), 那里有 167 个观测值 (全部数据), 偏差为 403.788700, 因变量的均值为 1.3897080. 图4.2.1中也标出了因变量均值 (1.39) 和样本量 (n=167).

打印输出的第 2 号节点为:

```
2) pgain>=3.5 117    7.909512 0.6075345 *
```

该节点号码为 2), 而且是满足拆分变量 pgain 大于或等于 3.5 的那部分数据 (pgain>=3.5), 该节点处剩下 117 个观测值, 偏差为 7.909512, 因变量的均值为 0.6075345. 而且由于有 (*) 号, 这是终节点, 不会再继续了. 这相当于图4.2.1中左边的叉, 图中有该叉数据满足的条件 pgain>=3.5 及这部分变量的均值 (0.6075) 和样本量 (117).

打印输出的第 3 号节点为:

```
3) pgain< 3.5 50 156.801500 3.2199950
```

该节点号码为 3), 而且是满足拆分变量 pgain 小于 3.5 的那部分数据 (pgain<3.5), 那里剩下 50 个观测值, 偏差为 156.801500, 因变量的均值为 3.2199950. 这不是终节点, 还会再继续. 这相当于图4.2.1中右边的叉, 图中有该叉数据满足的条件 <3.5 及这部分变量的均值 (3.22) 和样本量 (50).

打印输出的第 6 号节点为第 3 号节点的一个子节点:

```
6) motor=D,E 20   63.762060 1.9000070
```

该节点号码为 6), 而且包含满足拆分变量 motor 的水平为 "D'' 或者 "E'' 的那部分数据 (motor=D,E), 那里剩下 20 个观测值, 偏差为 63.762060, 因变量的均值为 1.9000070. 这不是终节点, 还会继续. 这相当于图4.2.1中右边第一个分叉的左边叉, 图中标有该叉数据满足的条件 motor=D,E 及这部分变量的均值 (1.9) 和样本量 (20).

打印输出的第 12 号节点为第 6 号节点的一个子节点:

```
    12) screw=C,D,E 12    1.146652 1.0333320 *
```

该节点号码为 12), 而且是满足拆分变量 screw 的水平为 "C","D" 或者 "E" 的那部分数据 (screw=C,D,E), 那里剩下 12 个观测值, 偏差为 1.146652, 因变量的均值为 1.0333320. 这是终节点, 不会继续. 这相当于图4.2.1中间那个分叉的左边叉, 图中有该叉数据满足的条件 screw=C,D,E 及这部分变量的均值 (1.033) 和样本量 (12).

到此, 相信读者已经明白回归树的构造, 我们不再赘述. 读者注意决策树的编号规则: 第一层根节点是 1 号; 其子节点在第二层, 为 2, 3 号; 而第 2, 3 号节点的子节点分别为 4, 5 号和 6, 7 号, 如此下去, 如果一个节点没有子节点, 则其子节点的号码保留, 只是空号而已. 例4.1的决策树就有很多空号, 包括 4, 5, 8, 9, 10, 11 (这些都是 2 号节点潜在的子节点及后代).

下面介绍如何用一个决策树来预测.

## 4.2.2 使用回归树来预测

假定我们有了新的数据, 这就是用下面的代码即时建立的数据 new.data, 只有一行观测值, 没有因变量的值, 但有所有自变量的名字和格式, 具体代码由下面两行组成 (代码前后的括号是为了自动输出赋值的内容):

```
(new.data=data.frame(motor="E",screw="B",pgain=3,vgain=3))
```

得到新数据为:

```
  motor screw pgain vgain
1     E     B     3     3
```

然后看图4.2.1: 根节点下来的第一个拆分变量就是 pgain, 对于这个新数据, pgain 为 3 (< 3.5), 因此应该走向右边的子节点; 然后遇到的拆分变量为 motor, 而新数据的 motor 为 "E", 因此应该走向左边的子节点; 再遇到的拆分变量为 screw, 而新数据的 screw 为 "B", 于是应该走向右边的终节点, 在那里, 训练集 (目前是全部数据) 数据的因变量均值为 3.2, 这也是我们新数据的预测值.

当然, 上面这种 "看图识字" 式的预测在实际计算中是自动进行的:

```
w=read.csv("servo.csv")
library(rpart)
a=rpart(class~.,w)
predict(a,new.data)
```

得到

```
> predict(a,new.data)
       1
3.200018
```

人们会说, 回归树太简单了! 对例4.1数据仅仅给出了 5 个数, 也就是任何新数据来了, 得到的答案仅仅是这 5 个数之一. 这能行吗? 看看线性回归, 不同的新数据往往会给出不同的因变量的值, 多爽啊! 实际上, 预测的精度和可能得到的值的多少无关. 请看下面关于决策树和线性模型的比较.

### 4.2.3 决策树回归和线性模型回归的比较和交叉验证

#### 例4.1的决策树和线性回归拟合比较

对例4.1同时做决策树回归和线性回归, 并计算它们的残差平方和及 $R^2$:

```
D=5;SST=sum((w[,D]-mean(w[,D]))^2)#D是因变量的位置
a=rpart(class~.,w)
resa=w[,D]-predict(a,w)
(SSEa=sum(resa^2))
b=lm(class~.,w)
(SSEb=sum(b$res^2))
(R2a=1-SSEa/SST)
(R2b=1-SSEb/SST)
```

得到表4.2.1所示的两个模型的拟合度量比较.

**表 4.2.1　线性回归和决策树对例4.1数据拟合的 $R^2$ 和 SSE 的比较**

| 模型 | $R^2$ | SSE |
|------|-------|-----|
| 线性回归 | 0.5578665 | 178.5285 |
| 决策树 | 0.8167054 | 74.01227 |

图4.2.2为对例4.1数据做线性回归 (左) 和决策树回归 (右) 的相同纵坐标尺度下的残差图. 从表4.2.1及图4.2.2所显示的结果, 综合比较, 显然, 该数据线性回归远远不如决策树回归.

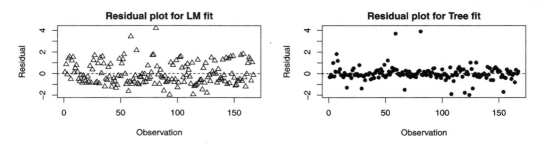

**图 4.2.2　对例4.1数据做线性回归 (左) 和决策树回归 (右) 的残差比较**

图4.2.2是由下面的代码产生的:

```
layout(t(1:2))
yl="Residual";xl="Observation";rg=range(b$res)
plot(b$residuals,pch=2,xlab=xl,ylab=yl,main="Residual plot for LM fit",ylim=rg)
abline(h=0,lty=2)
plot(resa,pch=16,xlab=xl,ylab=yl,main="Residual plot for Tree fit",ylim=rg)
abline(h=0,lty=2)
```

## 例4.1的决策树和线性回归关于变量重要性的比较

很多人认为, 根据回归中的 $F$ 检验或者 $t$ 检验的 $p$ 值可以知道各个变量的重要程度. 比如用 anova(b) 可以得到方差分析表:

```
Analysis of Variance Table

Response: class
          Df  Sum Sq Mean Sq  F value    Pr(>F)
motor      4  15.657   3.914   3.4204   0.01035 *
screw      4  11.315   2.829   2.4718   0.04680 *
pgain      1 166.628 166.628 145.6014 < 2.2e-16 ***
vgain      1  31.659  31.659  27.6642  4.69e-07 ***
Residuals 156 178.528   1.144
```

因此, 按照这个方差分析表的 $p$ 值, 他们可以说, 对于因变量, **pgain** 最重要, **vgain** 次之, 然后是 motor 和 screw. 但是这些检验是基于数据的正态性假定, 如果正态性假定不成立, 这些检验没有意义. 我们来看看对残差的正态性检验:

```
> shapiro.test(b$res)

        Shapiro-Wilk normality test

data:  b$res
W = 0.93225, p-value = 4.385e-07
```

检验结果能说明残差来自正态分布吗? 再看 **Q-Q** 图及线性回归常用的残差对拟合值图, 代码为:

```
layout(t(1:2))
qqnorm(b$res);qqline(b$res)
plot(b$res~b$fit,ylab="Residual",xlab="Fitted value")
abline(h=0,lty=2)
```

得到图4.2.3中的 **Q-Q** 图和残差对拟合值图

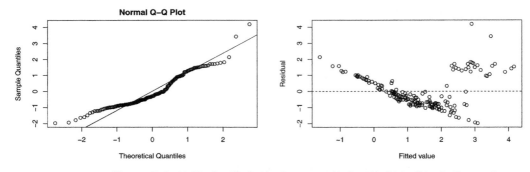

**图 4.2.3　对例4.1数据的线性回归拟合做 Q-Q 图 (左) 和残差对拟合值图 (右)**

图4.2.3中左边的 Q-Q 图根本不像一条直线, 说明正态性假定很荒谬, 而残差对拟合值图呈现出某些系统趋势, 这不但说明因变量独立同正态分布的假定根本不满足, 还说明线性模型本身就很不合适.

而对于根本用不着正态性和线性关系假定的决策树, 从拆分变量的选择次序, 就可以看出变量的重要性次序: pgain, motor, screw 及 vgain. 但决策树对于变量重要性有自己的度量, 即该变量作为拆分变量 (或潜在拆分变量替代物) 对树的改进的综合. 可以用 R 代码得到对每个变量的度量:

```
> a$variable.importance #可简写为a$v
    pgain      motor      screw      vgain
239.07763   68.16505   22.53372   19.12621
```

显然, 这和从决策树本身直观看到的次序一样. 当然, 对于复杂的树, 直观感觉和计算出来的重要性不见得一致.

### 例4.1的决策树和线性回归预测效果的交叉验证

仅仅从一个训练集 (这里是全部数据本身) 来比较模型不足为据, 必须用交叉验证, 也就是一部分训练集数据建模, 然后用这个模型对另一部分没有参加建模的测试集数据做预测, 然后根据测试集误差大小对不同模型的比较来判定模型的好坏. 一般所谓的 $K$ 折交叉验证是把数据尽可能随机地分成 $K$ 份, 而且尽可能地平衡定性变量的各个水平. 然后每次用其中一份作为测试集, 并用其余 $K-1$ 份合并成训练集, 用该训练集建模, 再通过测试集来算出式 (1.2.4) 定义的标准化均方误差 NMSE. 如此进行 $K$ 次, 再看平均的 NMSE.

要做 $K$ 折交叉验证必须要确定 $K$ 个随机选择的下标集. 这个数据的两个分类变量的搭配并不平衡, 由于不易全部平衡, 因此尽量平衡其中一个变量的各个水平, 我们选择第二个变量 screw, 然后使用在2.5.4节使用过的函数 Fold() 来确定 $K=7$ 折交叉验证所用的 7 个下标集合 (存放在 mm 之中). 下面是对例4.1数据做决策树回归和线性回归预测时, 计算交叉验证 NMSE 所用的代码:

```
library(tidyverse)
w=read.csv("servo.csv")
n=nrow(w);D=5;Z=7 #D为因变量位置
pred=matrix(999,n,2)
M=sum((w[,D]-mean(w[,D]))^2)
mm=Fold(w,Z,2,8888) #screw是第2个变量
gg=formula('class~.')

for(i in 1:Z){
  m=mm[[i]]
pred[m,1]=rpart(gg,data =w[-m,])%>%predict(w[m,])
pred[m,2]=lm(gg,data =w[-m,])%>%predict(w[m,])
}
nmse=apply((sweep(pred,1,w[,D],'-'))^2,2,sum)/M
NMSE=data.frame(Method=c('Tree','LM'),NMSE=nmse)
ggplot(NMSE, aes(x=Method, y=NMSE)) +
  geom_bar(stat="identity", width=.5, fill="navyblue") +
  labs(title="Normalized MSE for 2 Methods",xlab='Method') +
  geom_text(aes(label=round(NMSE,4)), hjust=1, color="white", size=5)+
  theme(axis.text.x = element_text(angle=65, vjust=0.6))+
  coord_flip()
```

得到的 NMSE 对于决策树为 0.3067, 而对于线性回归却有 0.5175, 这显示在图4.2.4中. 显然, 对例4.1数据, 决策树要优于线性回归.

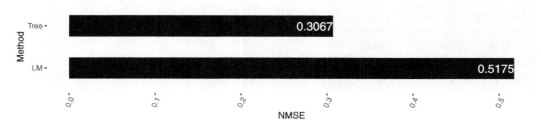

**图 4.2.4　对例4.1数据做决策树和线性回归预测交叉验证的 NMSE**

## 4.2.4 回归树的生长: 如何选择拆分变量及如何结束生长

### 拆分变量的选择

在每个节点, 根据节点处数据的特性, 所有的变量来竞争基于数据的拆分变量. 为这里所用的二分叉决策树生长而竞争拆分变量的准则有多种, 其中一种是分叉使得在该节点的

SST 和在其子节点的 SST 之差

$$\Delta_{SST} = \sum_{i \in 父节点} (y_i - \bar{y})^2 - \left\{ \sum_{i \in 子节点 1} (y_i - \bar{y})^2 + \sum_{i \in 子节点 2} (y_i - \bar{y})^2 \right\}$$

最大. 由于回归树是以均值为拟合值, 所以在某节点的 SST 就是在该节点的残差平方和.

多个自变量如何竞争呢? 每个变量都可以根据其性质把数据分成两份. 比如数值型变量, 可以找出一个分割点 $\tau$, 相应于该变量大于这个分割点的数据归到一个叉或子节点, 而相应于该变量小于这个分割点的数据归到另一个叉或子节点. 于是一个数据集就分成两个子数据集. 但分割点 $\tau$ 如何找呢? 就是要在所有的分割点中找到使得 $\Delta_{SST}$ 最大的分割点. 对于分类变量, 也是类似, 可以根据该变量的值落入某些水平的并集 $\mathcal{A}$ 来定义分叉, 比如相应于该变量等于第一或第三水平的数据可归于一个叉或子节点, 其余的归于另一个叉或子节点. 对于每个分类变量, 要寻找使得 $\Delta_{SST}$ 最大的子集 $\mathcal{A}$. 注意, 由于我们用的是每次两分叉的决策树, 作为拆分基础的子集 $\mathcal{A}$ 和其余集 $\mathcal{A}^C$ 是等价的.

因此, 对于每个节点的数据, 每个变量都有一个使得 $\Delta_{SST}$ 最大的分割点 (对数量变量来说) 或者水平子集 (对分类变量来说). 然后再在变量之间进行竞争, 哪个变量 (以其最佳的分割点 $\tau$ 或水平子集 $\mathcal{A}$) 使得 $\Delta_{SST}$ 最大, 则它就是该节点的拆分变量. 这样决策树就分叉并产生两个子节点. 然后再在子节点上重复上面的竞争过程.

什么时候停止生长呢? 不同的程序有不同的准则, 比如, 当总 $R^2$ 的增长不会大于复杂性参数 (complexity parameter, cp[3]) 的某个值时 (rpart 默认值 0.01) 就不再分叉, 或者到了分叉的限制点 (事先设定), 就会停止生长, 或者某个节点观测值太少 (rpart 默认值 20) 也不会产生子节点.

### 拆分变量的选择: 以例4.1数据为例

我们以例4.1数据为例, 看看各个变量如何竞争拆分变量. 首先, 各个自变量的情况如下 (用代码 summary(w[,-5])):

```
motor   screw      pgain           vgain
A:36    A:42    Min.   :3.000    Min.   :1.000
B:36    B:35    1st Qu.:3.000    1st Qu.:1.000
C:40    C:31    Median :4.000    Median :2.000
D:22    D:30    Mean   :4.156    Mean   :2.539
E:33    E:29    3rd Qu.:5.000    3rd Qu.:4.000
                Max.   :6.000    Max.   :5.000
```

- 根节点: 有 167 个观测值的数据, 4 个自变量竞争拆分变量:
  (1) 变量 motor 有 5 个水平, 因此有 $\sum_{i=1}^{4} \binom{5}{i} = 30$ 种子集选择方法. 其中子集 $\mathcal{A} = \{A, B\}$ 使得 $\Delta_{SST} = 13.9356$, 在该变量所有子集选择中最大.
  (2) 变量 screw 有 5 个水平, 因此也有 30 种子集选择方法. 其中子集 $\mathcal{A} = \{A\}$ 使得 $\Delta_{SST} = 8.049474$, 在该变量所有子集选择中最大.

---

[3]不是 Mallows'Cp Statistic.

(3) 变量 pgain 有三个分割点: 3.5, 4.5, 5.5 (其实任何在该变量两个值之间的点都可做分割点, 这里取的是中间点), 而分割点 $\tau = 3.5$ 使得 $\Delta_{SST} = 239.07763$, 在该变量所有分割点的选择中最大.

(4) 变量 vgain 有四个分割点: 1.5, 2.5 3.5, 4.5, 而分割点 $\tau = 2.5$ 使得 $\Delta_{SST} = 65.77518$, 在该变量所有分割点的选择中最大.

上面 4 个变量以其各自最优状况竞争根节点处的拆分变量, 显然 pgain 取胜, 因为其 $\Delta_{SST} = 239.07763$ 在所有变量的 $\Delta_{SST}$ 中最大. 于是 pgain>=3.5 和 pgain<3.5 把数据分成两部分, 产生 2 号和 3 号节点.

- 拆分 pgain>=3.5 产生 2 号节点数据, 但是再继续不会改进拟合太多, 因此停止了.
- 拆分 pgain<3.5 产生 3 号节点数据, 这里有 50 个观测值, 基于这个数据, 自变量继续竞争拆分变量:

(1) 变量 motor 有 30 种子集选择方法, 子集 $\mathcal{A} = \{D, E\}$ 使得 $\Delta_{SST} = 58.079$, 在该变量所有子集选择中最大.

(2) 变量 screw 有 30 种子集选择方法, 子集 $\mathcal{A} = \{A\}$ 使得 $\Delta_{SST} = 40.50143$, 在该变量所有子集选择中最大.

(3) 变量 pgain 在这个数据中只有一个值 (3) 剩下, 不可能对数据分割, 无资格竞争.

(4) 变量 vgain 则只剩下 1 个分割点: 1.5, 使得 $\Delta_{SST} = 4.380874$.

上面有资格竞争的 3 个变量中竞争的优胜者是 motor=D,E, 它导致了 6 号节点数据和 (motor=A,B,C)7 号节点.

- 在 6 号节点, 有 20 个观测值, 自变量继续竞争:

(1) 变量 motor 只剩下一种选择, 即子集 $\mathcal{A} = \{D\}$ 使得 $\Delta_{SST} = 5.000238$.

(2) 变量 screw 有 30 种子集选择方法, 子集 $\mathcal{A} = \{A\}$ 使得 $\Delta_{SST} = 42.05102$, 在该变量所有子集选择中最大.

(3) 变量 pgain 在这个数据中只有一个值 (3) 剩下, 不可能对数据分割, 无资格竞争.

(4) 变量 vgain 则只剩下 1 个分割点: 1.5, 使得 $\Delta_{SST} = 0.6479855$.

上面有资格竞争的 3 个变量中竞争的优胜者是 motor=D,E, 它导致了 6 号节点数据和 (motor=A,B,C)7 号节点.

- 这种竞争继续下去, 直到最后根据某种准则终止增长.

用 summary.rpart() 函数 (可简写作 summary(), 因为对于 rpart() 生成的对象, 软件会自动转换成 summary.rpart(). 这种转换在其他应用中也是一样) 可以得到决策树具体生长过程的输出:

```
> w=read.csv("servo.csv")
> library(rpart)
> a=rpart(class~.,w)
> summary(a)
Call:
rpart(formula = class ~ ., data = w)
  n= 167
```

```
          CP nsplit rel error    xerror      xstd
1 0.59208602      0 1.0000000 1.0222928 0.1577725
2 0.14383515      1 0.4079140 0.4273504 0.0726843
3 0.05580573      2 0.2640788 0.3714996 0.1097548
4 0.02497853      3 0.2082731 0.2768246 0.1035013
5 0.01000000      4 0.1832946 0.2679838 0.1023023


Variable importance
pgain motor screw vgain
   69    20     6     5


Node number 1: 167 observations,    complexity param=0.592086
  mean=1.389708, MSE=2.417896
  left son=2 (117 obs) right son=3 (50 obs)
  Primary splits:
      pgain < 3.5 to the right, improve=0.59208600, (0 missing)
      vgain < 2.5 to the right, improve=0.16289510, (0 missing)
      motor splits as  RRLLL,  improve=0.03451211, (0 missing)
      screw splits as  RLLLL,  improve=0.01993487, (0 missing)
  Surrogate splits:
      vgain < 2.5 to the right, agree=0.725, adj=0.08, (0 split)


Node number 2: 117 observations
  mean=0.6075345, MSE=0.06760267


Node number 3: 50 observations,    complexity param=0.1438351
  mean=3.219995, MSE=3.136031
  left son=6 (20 obs) right son=7 (30 obs)
  Primary splits:
      motor splits as  RRRLL,  improve=0.37039820, (0 missing)
      screw splits as  RLLLL,  improve=0.25829740, (0 missing)
      vgain < 1.5 to the left,  improve=0.02793898, (0 missing)


Node number 6: 20 observations,    complexity param=0.05580573
  mean=1.900007, MSE=3.188103
  left son=12 (12 obs) right son=13 (8 obs)
  Primary splits:
      screw splits as  RRLLL,  improve=0.35340320, (0 missing)
      motor splits as  ---LR,  improve=0.07842027, (0 missing)
      vgain < 1.5 to the left,  improve=0.01016255, (0 missing)


Node number 7: 30 observations,    complexity param=0.02497853
  mean=4.099988, MSE=1.165349
  left son=14 (10 obs) right son=15 (20 obs)
```

```
    Primary splits:
        motor splits as   RRL--,    improve=0.2884987, (0 missing)
        screw splits as   RRLLL,    improve=0.2671366, (0 missing)
        vgain < 1.5 to the left,    improve=0.1196053, (0 missing)

Node number 12: 12 observations
  mean=1.033332, MSE=0.09555435

Node number 13: 8 observations
  mean=3.200018, MSE=5.010211

Node number 14: 10 observations
  mean=3.279986, MSE=1.883591

Node number 15: 20 observations
  mean=4.509989, MSE=0.3019253
```

## 4.3　组合方法的思想

### 4.3.1　直观说明

一个简单模型并不总是很有效, 精确度也不一定高, 我们称之为一个弱学习器 (任何模型都是根据数据来学习的学习器), 决策树就是这种弱学习器. 但是如果把一些弱学习器组合起来, 就可能形成一个非常优秀的学习器. 这就是组合方法 (ensemble method) 的基本思想 (Breiman, 1996).

为了理解这种思想, 考虑以简单多数原则当选的选举问题. 假定候选人 A 在一个很大的人群中的支持率有 51%, 那么, 如果只有一个选民来选举, 那么 A 被选上的概率为 0.51; 如果有 1001 个人参选, 那么 A 被选上 (至少 501 人选 A) 的概率为 0.7366309 (根据二项分布代码 `pbinom(500,1001,0.51,low=F)`); 如果有 10001 个人参选, 那么 A 被选上 (至少 5001 人选 A) 的概率为 0.9772688 (根据二项分布代码 `pbinom(5000,10001,0.51,low=F)`).

图4.3.1说明了上面选举例子中支持率 (横坐标)、被选上的概率 (纵坐标) 及参选人数 $n$ 的关系. 可以看出, 参选人数越多, 支持率小于 0.5(竖直虚线) 的候选人就越难被选上, 而支持率大于 0.5 的候选人就越容易被选上. 图4.3.1是由下面的代码产生的:

```
layout(t(1:3))
n=c(11,1001,10001); p=seq(0,1,.01)
for (i in n){
 plot(p,pbinom(floor(i/2),i,p,low=F),type="l",
     xlab = "Supporting rate",ylab = "Probability of being elected")
 title(paste('n =',i))
 abline(v=0.5,lty=2)
}
```

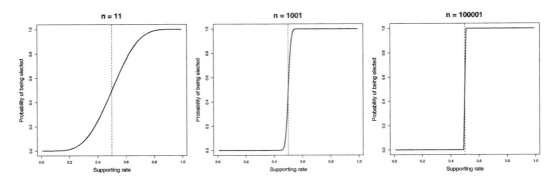

**图 4.3.1 支持率 (横坐标)、被选上的概率 (纵坐标) 及选举人数 $n$ 的关系**

可以把决策树看作一个简单的学习器. 用许多决策树可以组合成非常精确的学习器. 当然, 用同一个数据产生的决策树是一样的, 没有组合作用. 但是如果对原始数据做自助法抽样 (即做放回抽样) 则会产生不同的数据, 因而会产生不同的决策树. 如果再在抽样概率以及决策树选择拆分变量等方面做些改变, 则可以产生基于同一个原始数据的各种不同的决策树, 形成一个可以 "投票" 的决策树群, 众多决策树的综合决策精度则会大大高于单个决策树的决策精度.

### 4.3.2 组合方法及自助法抽样

自助法 (bootstrap) 抽样是基于决策树的组合方法的基础. 自助法抽样方法是从样本 $\boldsymbol{X} = (X_1, X_2, \ldots, X_n)$ 中重复进行放回抽样.

**自助法回顾**

自助法最初目的是估计一个统计量 $T_n = g(\boldsymbol{X}) = g(X_1, X_2, \ldots, X_n)$ 的方差和分布. 自助法还能用来构造置信区间. 自助法是决策树组合方法中再抽样构造决策树的主要方法.

令 $\mathbb{V}_F(T_n)$ 表示 $T_n$ 的方差. 它是背景分布 $F$ 的一个函数. 如果知道 $F$, 至少在理论上知道了方差. 比如, 如果 $T_n = n^{-1} \sum_{i=1}^{n} X_i$ 为样本均值, 那么

$$\mathbb{V}_F(T_n) = \frac{\sigma^2}{n} = \frac{\int x^2 \mathrm{d}F(x) - (\int x \mathrm{d}F(x))^2}{n},$$

这显然是 $F$ 的一个函数.

由于 $F$ 不知道, 只能基于样本经验分布 $\widehat{F}_n$ 的 $\mathbb{V}_{\widehat{F}_n}(T_n)$ 来估计 $\mathbb{V}_{F_n}(T_n)$. 由于 $\mathbb{V}_{\widehat{F}_n}(T_n)$ 可能不易计算, 用自助法模拟来近似它, 记为 $v_{\text{boot}}$. 具体步骤为:

1. 可放回地从 $X_1, X_2, \ldots, X_n$ 抽取 $X_1^*, X_2^*, \ldots, X_n^*$.
2. 计算 $T_n^* = g(X_1^*, X_2^*, \ldots, X_n^*)$.
3. 重复上面步骤 1 和步骤 2 $B$ 遍, 得到 $T_{n,1}^*, T_{n,2}^*, \ldots, T_{n,B}^*$.

这样, 可令

$$v_{\text{boot}} = \frac{1}{B} \sum_{b=1}^{B} \left( T_{n,b}^* - \frac{1}{B} \sum_{r=1}^{B} T_{n,r}^* \right)^2.$$

自助法能够用来对统计量 $T_n$ 的累积分布函数 (CDF) 作近似. 令 $T_n$ 的累积分布函数为 $G_n(t) = \mathbb{P}(T_n \leqslant t)$. 于是对 $G_n$ 的自助法近似为

$$\widehat{G}_n^*(t) = \frac{1}{B} \sum_{b=1}^{B} I(T_{n,b}^* \leqslant t).$$

由此可以得到各种基于其 CDF 的关于 $T_n$ 的推断结果, 比如点估计和区间估计等, 这些结果平行于基于抽样分布的结果, 但不需要诸如正态性分布等假定, 完全由数据本身来确定.

### 组合方法中的自助法

对于我们的回归任务, 考虑预测因变量 $Y_X$ 的问题. 令 $\phi(X)$ 为一个来自诸如决策树或线性回归的预测结果. 令 $\mu_\phi = E(\phi(X))$, 这里的期望是关于学习样本所基于的分布, 所以 $\phi(X)$ 是学习样本 $X$ 的函数, 而不是固定 $X$ 实现值的函数. 于是有

$$
\begin{aligned}
E(&[Y_X - \phi(X)]^2)\\
&= E([(Y_X - \mu_\phi) + (\mu_\phi - \phi(X))]^2)\\
&= E([Y_X - \mu_\phi]^2) + 2E(Y_X - \mu_\phi)E(\mu_\phi - \phi(X)) + E([\mu_\phi - \phi(X)]^2)\\
&= E([Y_X - \mu_\phi]^2) + E([\mu_\phi - \phi(X)]^2)\\
&= E([Y_X - \mu_\phi]^2) + \mathrm{Var}(\phi(X)) \geqslant E([Y_X - \mu_\phi]^2).
\end{aligned}
$$

这里的不等式实际上是严格的, 因为不是所有学习样本都能产生同样的因变量预测值. 这个不等式意味着能够把 $\mu_\phi = E(\phi(X))$ 作为预测量, 而且比 $\phi(X)$ 有更小的均方预测误差.

如何得到 $E(\phi(X))$ 呢? 一个易于描述的典型方法就是下节 bagging 所用的自助法, 它对于 $E(\phi(X))$ 的估计为

$$\frac{1}{B} \sum_{b=1}^{B} \phi_b^*(X), \tag{4.3.1}$$

这里的 $\phi_b^*(X)$ 就是基于第 $b$ 次自助法抽样所产生的决策树得到的预测. 式 (4.3.1) 是简单的 $B$ 项平均. 而其他方法的自助法抽样可能会有改变 (比如加权), 树的构造也可能会不同 (比如限制每个节点拆分变量的竞争者数目), 平均也可能是根据各个决策树的误差而做的加权平均.

在后面关于机器学习回归和分类的各章节会陆续具体介绍各种基于决策树的组合方法.

### 抽样分布和自助法分布的区别

一般经典的统计推断是基于抽样分布 (sampling distribution), 抽样分布是从总体重复抽样所得的样本的分布. 但是从原始总体重复抽样是很难实现的, 一般只有一个样本, 因此必须对分布做出无法验证的各种假定, 然后根据这些假定来对参数或统计量做出推断. 而自助法从仅有的一个原始样本做重复的放回抽样, 由此可以得到许多自助法样本, 这些样本的分布为自助法分布 (bootstrap distribution). 这些自助法分布通常在形状、散布和偏倚等方面用

来近似实际的抽样分布, 根据自助法所得到的各种关于统计量的推断结果不需要基于任何分布假定.

**自助法的适用限制**

首先, 太小的原始样本集不是总体的很好近似, 不一定适合用自助法. 此外, 对于某些不平衡的样本也不适合用自助法, 比如想通过只有一个对象死亡而其余几千个都存活的生存数据来研究死亡原因的情况, 或者人口数据中各个阶层的比例和实际比例显著不平衡的情况等. 此外, 对于很不规范的数据, 比如具有大量错误、缺失值或者非正常度量的观测值的数据, 也不宜用自助法. 一些非独立观测值组成的数据, 比如时间序列、空间数据等也不宜用自助法, 因为自助法是基于独立性假定的.

## 4.4    bagging 回归

### 4.4.1 概述

bagging 是一个基于自助法 (bootstrap) 抽样的组合方法, 其名称来自英文 "bootstrap aggregating", 可做回归和分类. 它是 Breiman(1996) 发明的方法.

bagging 的做法很简单, 就是从样本里面用自助法放回地抽样多次, 而每次建立一棵树, 一共建立指定数量的 (假定有 $B$ 棵) 树之后, 对于一个新观测值通过这 $B$ 棵树进行 $B$ 次回归, 得到 $B$ 个预测值, 然后把这些值的简单平均作为该 bagging 模型对这个观测值的因变量的预测值 (参见式 (4.3.1)).

下面通过一个例子来看 bagging 回归如何实现.

**例 4.2** (airfoil.csv) 翼型数据. 该数据是 NASA 数据. 是对二维和三维翼型叶片在消声风洞进行空气动力学和声学试验时获得的.[4]

该数据有 1503 个观测值, 6 个变量. 变量有 Frequency (频率, 单位: 赫兹), Angle (攻角, 单位: 度), Chord (弦长, 单位: 米), Velocity (自由流速度, 单位: 每秒米), Thickness(吸入侧排量厚度, 单位: 米), Pressure(标准化声压水平, 单位: 分贝).

### 4.4.2 全部数据的拟合

我们使用程序包 `ipred`[5]中的函数 `bagging()` 做 bagging 回归. 这里需要注意的关于编程的一个问题是, 如果你已经载入包含同名分类函数 `bagging()` 的程序包 adabag, 必须用代码 `detach(package:adabag)` 把 adabag 解除, 才能用函数 `bagging()` 做 bagging 回归, 以避免代码冲突, 当然, 也可以在代码中标明程序包, 比如使用 `ipred::bagging` 就可以不卸载 adabag.

对例4.2数据做 bagging 回归的代码为 (设立随机种子是为了使他人重复你的计算并得到同样的结果):

---

[4]Lichman, M. (2013). UCI Machine Learning Repository [http://archive.ics.uci.edu/ml]. Irvine, CA: University of California, School of Information and Computer Science. 数据可以从下面的网址下载https://archive.ics.uci.edu/ml/citation_policy.html.

[5]Andrea Peters and Torsten Hothorn (2015). ipred: Improved Predictors. R package version 0.9-4. http://CRAN.R-project.org/package=ipred.

```
w=read.csv("airfoil.csv")
library(ipred);set.seed(1010)
a=bagging(Pressure~.,w,coob=T,nbagg=100)
cat('RMSE =',a$err,', ','NMSE =',a$err^2/mean((w[,6]-mean(w[,6]))^2))
```

其中选项 coob=T 意味着程序自己利用 OOB 数据进行了交叉验证. 所谓 OOB 交叉验证是在自助法 (放回) 抽样中, 每次都有些观测值没有被抽到 (没有捡到袋子里: out of bag, OOB), 这些观测值形成天然的测试集. 这个程序以及其他一些用自助法抽样的组合程序都利用 OOB 集合做交叉验证. 选项 nbagg=100 意味着选择构造 100 棵树 (默认值是 25 棵树). 当选项 coob=T 时 (默认是选项 coob=FALSE), 输出的 a$err 是 OOB 交叉验证误差 (均方误差的平方根) 和标准化均方误差:

```
RMSE = 3.69768 ,  NMSE = 0.2874872
```

我们让 bagging 做了 100 次自助法抽样, 建立了 100 棵树, 人们可以输出任何一棵树, 比如用代码 a$mtree[[20]][[1]] 就可以输出第 20 棵树所基于的自助法样本下标集合 (和样本量一样多, 但有很多重复的); 用代码 a$mtree[[20]][[2]] 就可以打印出第 20 个决策树; 而用下面的代码 (比方说):

```
plot(a$mtree[[20]][[2]]);text(a$mtree[[20]][[2]])
```

就可以产生第 20 棵树的图形.

### 4.4.3 交叉验证和模型比较

我们可以做 $K = 10$ 折交叉验证以求出决策树、bagging 和线性回归的预测的 NMSE 并画出图来 (见图4.4.1).

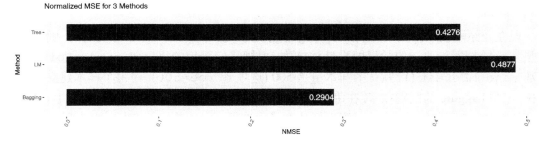

**图 4.4.1  三种方法拟合例4.2数据 10 折交叉验证的 NMSE**

结果表明, 对于例4.2, 作为组合方法的 bagging 比决策树要优越, 而线性回归表现最差 (它们的 NMSE 分别是: 决策树为 0.4276, bagging 为 0.2904, 线性回归为 0.4877), 这是可以预料的.

产生图4.4.1的代码为:

```
library(tidyverse)
w=read.csv("airfoil.csv")
library(rpart);library(ipred)
D=6;Z=10;n=nrow(w); set.seed(1010)
I=sample(rep(1:Z,ceiling(n/Z)))[1:n]
gg=formula(Pressure~.)
M=mean((w[,D]-mean(w[,D]))^2)
pred=matrix(99,n,3)
set.seed(1010)
for(i in 1:Z){
  m=(I==i)
  pred[m,1]=rpart(gg,w[!m,])%>% predict(w[m,])
  pred[m,2]=bagging(gg,nbagg=100,w[!m,])%>% predict(w[m,])
  pred[m,3]=lm(gg,w[!m,])%>% predict(w[m,])
}
nmse=apply((sweep(pred,1,w[,D],'-'))^2,2,mean)/M
NMSE=data.frame(Method=c('Tree','Bagging','LM'),NMSE=nmse)
ggplot(NMSE, aes(x=Method, y=NMSE)) +
  geom_bar(stat="identity", width=.5, fill="navyblue") +
  labs(title="Normalized MSE for 3 Methods",xlab='Method') +
  geom_text(aes(label=round(NMSE,4)), hjust=1, color="white", size=5)+
  theme(axis.text.x = element_text(angle=65, vjust=0.6))+
  coord_flip()
```

bagging 是最简单的基于决策树的组合方法, 用它来介绍组合方法容易让人理解. 但在很多情况下它不如后面要介绍的 mboost 及随机森林精确.

## 4.5　随机森林回归

### 4.5.1　概述

现在介绍随机森林回归, 它和 bagging 非常类似, 也是 Breiman(2001) 发明的. 随机森林也是从原始数据抽取一定数量的自助法样本, 根据我们要用的程序包 randomForest[6]的函数 randomForest(), 默认的样本量是 500 (选项 ntree=500). 对每个样本建立一个决策树, 但与 bagging 的区别在于, 在每个节点, 在所有竞争的自变量中, 随机选择几个 (而不是所有的变量) 来竞争拆分变量. 至于选择几个是由选项 mtry 决定的, 对于回归, 默认值是三分之一的自变量数目. 随机森林的每棵树都不剪枝, 让其充分生长. 最终的预测结果是把所有决策树的结果做简单平均, 这和 bagging 类似.

随机森林的这种随机选择少数自变量来竞争节点拆分变量的做法使得一些弱势变量有机会参加建模, 因此可能会揭示仅仅靠一些强势变量无法发现的数据规律. 随机森林也和 bagging 一样计算 OOB 交叉验证误差, 随机森林还利用各种方法从不同角度展示自变量的重要性.

---

[6]A. Liaw and M. Wiener (2002). Classification and Regression by randomForest. *R News* 2(3), 18–22.

随机森林能够处理观测值很少却有很多自变量的被称为"维数诅咒"的问题, 还能处理自变量高阶交互作用及自变量相关的问题.

### 4.5.2 例子及拟合全部数据

在本节, 我们通过一个建筑物能源效率的数据来说明随机森林在回归问题上的实践.

**例 4.3** (energy.csv) **能源效率数据**. 该数据[7]的因变量为 Y1 (建筑物供暖负荷) 和 Y2(冷却负荷), 代表了能量效率度量; 而自变量为建筑参数: X1 (相对紧凑度), X2 (表面积), X3 (墙面积), X4 (房顶面积), X5 (总高度), X6 (朝向), X7 (透光面积), X8 (透光面积分布).

注意: 这里有两个因变量可选, 在自变量中, 我们注意到 X1 和 X2 的相关系数达到 $-0.99$, X4 和 X5 的相关系数达到 $-0.97$, 这对于决策树、bagging 和随机森林等方法没有影响, 但有可能使得普通线性回归出问题 (特别是在较少数据的交叉验证中).

为确定起见, 我们选择 Y1 为因变量, 而从数据中删去 Y2(它和 Y1 很相关, 不宜作为自变量). 用随机森林拟合例4.3全部数据的代码如下:

```
w=read.csv("energy.csv")[,-10];w$X6=factor(w$X6)
library(randomForest);set.seed(1010)
a=randomForest(Y1~.,w,importance=T,localImp=T,proximity=T)
```

在上面的选项中, `importance=T` 的目的是要在输出中得到各个自变量对预测精确度及对决策树拆分时节点纯度变化方面的重要性度量, `localImp=T` 是要输出变量和观测值关系上的局部重要性, 而 `proximity=T` 则是通过度量各个观测值在同一棵树同一个终节点中同时出现的次数来看各个观测值之间的接近程度.

上面随机森林拟合的结果存储在对象 a 中, 可以用 `names(a)` 来看有什么结果:

```
> names(a)
 [1] "call"           "type"           "predicted"
 [4] "mse"            "rsq"            "oob.times"
 [7] "importance"     "importanceSD"   "localImportance"
[10] "proximity"      "ntree"          "mtry"
[13] "forest"         "coefs"          "y"
[16] "test"           "inbag"          "terms"
```

比如 a$rsq 包含了 500 棵树的 $R^2$, a$mse 包含了 500 棵树的 MSE, 等等.

在拟合的结果中, a$forest 包含了森林的所有信息细节. 实际上 a$forest 中的大部分信息可以从 getTree() 函数得到. 比如第 28 棵树的信息在下面代码赋值的 Ta28 中:

```
Ta28=getTree(a,28,labelVar=T)
```

Ta28 有 6 列, 行数等于这棵树的节点个数, 各列的名字和意义为:

---

[7]A. Tsanas, A. Xifara: Accurate quantitative estimation of energy performance of residential buildings using statistical machine learning tools, *Energy and Buildings*, Vol. 49, pp. 560-567, 2012. 数据可从下面网址下载: https://archive.ics.uci.edu/ml/datasets/Energy+efficiency.

1. left daughter: 该节点的左边子节点的行数 (0 表示其为终节点).
2. right daughter: 该节点的右边子节点的行数 (0 表示其为终节点).
3. split var: 该节点的拆分变量名字 (0 表示其为终节点).
4. split point: 该节点的最好分割点.
5. status: 是否终节点 (-1 为是, 1 为不是).
6. prediction: 对该节点的预测值 (0 说明该节点不是终节点).

在上面代码指定的包含输出结果的对象 a 中所有树的大小 (终节点个数) 可以由代码
treesize(a) 得到, 而 treesize(a,terminal=F) 得到包括每棵树的所有节点的个数.
我们可以由此画出拟合例4.3数据产生的随机森林每棵树的所有节点数 (见图4.5.1中左图)
和终节点数 (见图4.5.1中右图) 的直方图.

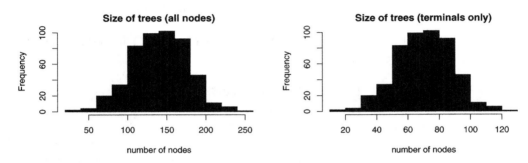

**图 4.5.1　随机森林对例4.3拟合的所有节点数 (左) 和终节点数 (右) 的直方图**

图4.5.1是由下面的代码产生的:

```
layout(t(1:2))
hist(treesize(a,terminal=F),col=4,xlab="number of nodes",
  main="Size of trees (all nodes)")
hist(treesize(a),col=4,xlab="number of nodes",
  main="Size of trees (terminals only)")
```

### 4.5.3 随机森林回归中的变量重要性

变量重要性, 特别是随机森林所有的置换精度重要性 (permutation accuracy importance)
度量是非常有用的工具. 其原理为, 随机撤掉某变量, 这时如果预测精度大大降低, 则说明该
变量特别重要. 随机森林的变量置换是在 OOB 数据上进行的. 比如对每棵树计算置换前后
的精确度 (体现在 MSE) 的差别, 然后对所有树平均之后做一个标准化 (除以差别的标准差,
如果标准差为 0 则不除).

除了关于精度降低的重要性之外, 还有关于变量拆分节点不纯度的总降低的重要性, 对
于回归是按照节点平均 MSE 降低来度量的. 这个度量不是用置换度量的, 有如单棵树的变
量重要性度量的平均.

拟合代码中的选项 importance=T 和 localImp=T 使得输出对象 a 中包含了这些信
息. 用 a$importance 可打印出重要性度量:

```
       %IncMSE IncNodePurity
X1 62.8481803    20335.01849
X2 52.4067938    17249.78170
X3 15.9267685     4805.34415
X4 42.9546923    13037.54485
X5 50.8019698    14780.69648
X6 -0.2723394       79.89903
X7  8.4313892     3418.43827
X8  3.6572640     1757.27529
```

这两列就是我们前面提到的两种重要性, 第一列是关于置换精度的, 第二列是关于节点纯度的, 都是越大越重要. 还可以用 `varImpPlot(a)` 代码点出重要性图来, 但这里还是用自己的代码. 由于在拟合选项中还有 `localImp=T`, 这使得我们可以得到每个观测值在 OOB 数据中变量置换精度的度量, 即变量对每个观测值的局部重要性. 输出局部重要性的代码为 `a$local` (实际上为 `a$localImportance` 的简写之一), 但它是 $8 \times 768$ 的矩阵, 对应于 8 个自变量和 768 个观测值. 因为太大, 没有必要打印出来. 可以用下面的代码来画出变量重要性 (见图4.5.2中上面两幅图) 和局部重要性图 (见图4.5.2中下图):

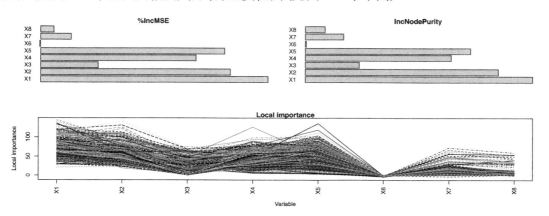

图 4.5.2　随机森林对例4.3拟合的变量重要性图 (上) 和局部重要性图 (下)

```
layout(matrix(c(1,2,3,3),nrow=2,b=T))
for(i in 1:2){
barplot(a$importance[,i],horiz =T,las=2,axes=F)
title(colnames(a$importance)[i])}
matplot(1:8,a$local,type="l",xlab="Variable",axes=F,
    ylab="Local importance",main="Local importance")
axis(2);axis(1, at=1:(ncol(w)-1),labels=names(w)[-9], las=2);box()
```

图4.5.2的上两幅图为变量重要性图, 可以看出, 几乎共线 (相关系数很大) 的 X1 和 X2 都很显著. 而下图为局部重要性图, 它描述对于每一个观测值各个变量的重要程度. 总体不重要的变量, 不一定局部就不重要. 但对于这个数据, 比如变量 X6, 总体很不重要, 局部也不重要.

### 4.5.4 部分依赖图

随机森林输出中还可以点出部分依赖图 (partial dependence plot), 它是为每个自变量定义的, 是因变量对该变量的边缘依赖性, 如同边缘期望一样, 把其他变量的影响在求和中消除, 记预测函数为 $f()$, 则形式上的部分依赖函数 (对随机森林来说, 该函数是由计算机程序代表的, 而不是一个简单的可以用显式表达的数学公式) 为

$$\tilde{f}(x) = \frac{1}{n} \sum_{i=1}^{n} f(x, x_{iC}),$$

这里 $x$ 为我们关注的变量, 而 $x_{iC}$ 为除了 $x$ 之外的所有自变量. 对于例4.3, 画出所有自变量部分依赖图的代码为

```
par(mfrow=c(2,4));nm=paste0("X",1:8)
for(i in 1:8)
partialPlot(a,pred.data=w,nm[i],
        main = paste("Partial Dependence on",nm[i]))
```

得到图4.5.3. 从图4.5.3可以看出, 对于因变量 (注意因变量 Y1 的取值范围为 $[6.01, 43.10]$), 各个变量在因变量的取值上的影响很不一样. 比如最不重要的变量 X6 仅在很小的范围内和 Y1 有关, 而有些变量则是全方位的.

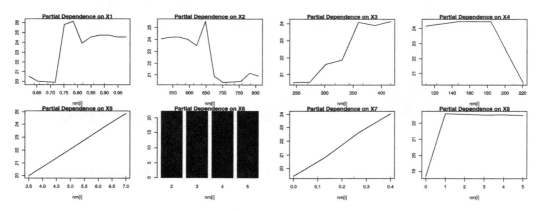

**图 4.5.3　随机森林对例4.3拟合的变量部分依赖图**

### 4.5.5 利用随机森林做变量选择

从前面的关于自变量重要性及自变量和因变量之间关系的讨论, 很容易联想到变量选择问题. 对于随机森林, Genuer, Poggi and Tuleau-Malot(2010) 建议下面的两步法, 第一步是一般的, 第二步依赖于研究对象.

1. 初始删除和排序:
   (1) 计算随机森林的重要性得分, 删除不重要的那些变量;
   (2) 按照重要性降序排列剩下的 $m$ 个变量.
2. 变量选择:

(1) 为解释目的: 从 $k = 1$ 到 $k = m$, 构造包括头 $k$ 个变量的嵌套随机森林模型, 并且选择导致 OOB 误差最小的模型;

(2) 为预测目的: 从为了解释而排序的变量开始, 通过逐步调用和检验变量 (只有在 OOB 误差减少超过某阈值时才引入变量), 构造一个随机森林的上升序列, 最后的模型则被选择.

### 4.5.6 接近度和离群点图

随机森林输出的另一个副产品是接近度 (proximity). 如拟合代码有 proximity=TRUE 的选项时, 就会生成对称的接近度矩阵 ($n \times n$), 对于我们的数据, 它是 $768 \times 768$ 的矩阵, 其第 $ij$ 个元素为第 $i$ 个观测值和第 $j$ 个观测值在决策树同一个终节点的频率的一种度量 (不是整数). 接近度在诸如基因等领域有很重要的应用价值. 对于例4.3的拟合输出, 接近度矩阵为 a\$proximity.

在随机森林中, 观测值离群点定义为样本量 $n$ 除以其接近度的平方和 (再进行标准化). 显然, 如果接近度很大, 说明该观测值比较接近观测值主体, 这样分母就较大, 离群点度量就小. 计算接近度需要在拟合代码中包含选项 proximity=T. 图4.5.4为离群点图.

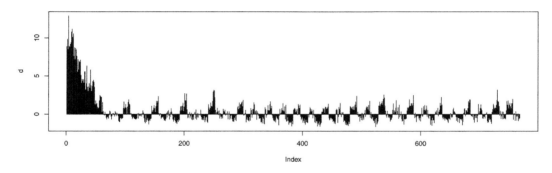

**图 4.5.4    随机森林对例4.3拟合的离群点图**

产生图4.5.4的代码为:

```
d=outlier(a$proximity)
plot(d, type="h")
```

### 4.5.7 关于误差的两个点图

随机森林随着决策树的数目增加, 误差 (MSE) 会降低, 而随着变量的增加, 误差也会降低. 下面的代码就产生这样两幅图 (见图4.5.5):

```
rr=rfcv(w[,-9], w[,9], cv.fold=10)
par(mfrow=c(1,2))
plot(a,main="Error vs number of trees")
with(rr, plot(n.var, error.cv, type="o", lwd=2))
```

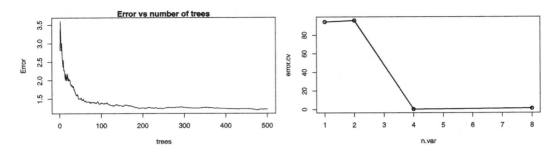

**图 4.5.5    随机森林对例4.3拟合的决策树数目 (左) 及变量个数 (右) 与误差的关系图**

图4.5.5中的左图就是用 `plot(a)` 得到的 (和 `plot(a$mse,type="l")` 相同), 其纵坐标为误差, 而横坐标为决策树的数目; 图4.5.5中的右图是利用 10 折交叉验证得到的变量个数 (横坐标) 与误差 (纵坐标) 的关系. 右图变量数目变化的次序是按照变量重要性确定的. 从图4.5.5中的左图可以看出, 对于例4.3, 只要一两百棵树就够了.

### 4.5.8  寻求最佳节点竞争变量个数

在随机森林回归时, 对于每个节点, 按照函数 `randomForest()` 关于 `mtry` 选项的默认值, 只有三分之一的自变量数目被随机选出. 其实这并不一定对所有数据都合适. 程序包 `randomForest` 有一个函数可以自动根据 OOB 误差计算最优的 `mtry` 值. 对于例4.3数据, 代码为:

```
set.seed(8888);tuneRF(w[,-9], w[,9],stepFactor=1.5)
```

输出了搜寻过程和每一步的 OOB 误差并产生相应的点图 (见图4.5.6).

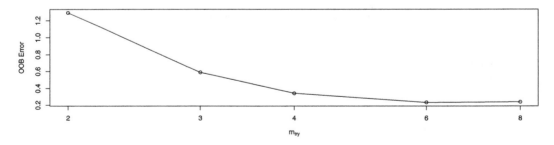

**图 4.5.6    对例4.3做随机森林拟合选择最优竞争变量数目**

```
  mtry   OOBError
2    2 1.2947364
3    3 0.5883644
4    4 0.3409234
6    6 0.2329331
8    8 0.2389066
```

读者从输出和图4.5.6可以看出, 对于这个数据, 竞争节点的变量数目从 4 个增至 6 个时, 误差的确在减少, 但变化很小, 然而再增加变量时, 误差又会有所增加. 这也说明, 并不是 `mtry` 值越大越精确.

### 4.5.9 对能源效率数据 (例4.3) 做三种方法的交叉验证

对例4.3做 bagging、随机森林和线性模型的 10 折交叉验证的比较. 由于线性模型对于共线性很敏感, 为了使线性模型能够正常运作, 除了删除 Y2 之外, 我们还删除了和 X1 非常相关的变量 X2. 运算结果得到图4.5.7和相应的 NMSE (分别为 bagging 的 0.0543, 随机森林的 0.0092 及线性模型的 0.0862). 显然随机森林比 bagging 和线性模型的预测精度要高很多.

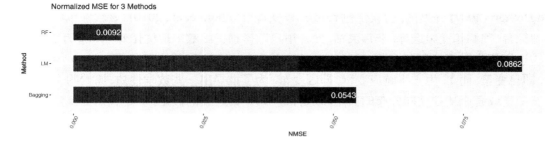

**图 4.5.7　对例4.3做交叉验证来比较 3 个模型的 NMSE**

得到图4.5.7和相应交叉验证的 NMSE 的代码如下:

```
w=read.csv("energy.csv")[,-c(2,10)];w$X6=factor(w$X6)
library(tidyverse)
library(rpart);library(ipred);library(randomForest)
D=8;Z=10;n=nrow(w); set.seed(1010)
I=sample(rep(1:Z,ceiling(n/Z)))[1:n]
gg=formula(Y1~.)
M=mean((w[,D]-mean(w[,D]))^2)
pred=matrix(99,n,3)
set.seed(1010)
for(i in 1:Z){
  m=(I==i)
  pred[m,1]=bagging(gg,nbagg=100,w[!m,])%>% predict(w[m,])
  pred[m,2]=randomForest(gg,w[!m,])%>% predict(w[m,])
  pred[m,3]=lm(gg,w[!m,])%>% predict(w[m,])
}

nmse=apply((sweep(pred,1,w[,D],'-'))^2,2,mean)/M
NMSE=data.frame(Method=c('Bagging','RF','LM'),NMSE=nmse)
ggplot(NMSE, aes(x=Method, y=NMSE)) +
  geom_bar(stat="identity", width=.5, fill="navyblue") +
  labs(title="Normalized MSE for 3 Methods",xlab='Method') +
```

```
geom_text(aes(label=round(NMSE,4)), hjust=1, color="white", size=5)+
theme(axis.text.x = element_text(angle=65, vjust=0.6))+
coord_flip()
```

## 4.6　mboost 回归

### 4.6.1　概述

本节介绍另一个非常重要的回归组合方法: mboost(model based boosting, 基于模型的自助法). 它和 bagging 回归有类似之处, 但比 bagging 要复杂一些. mboost 方法是 Bühlmann and Hothorn(2007) 开发的, 由软件包 mboost[8]实现 (Hothorn et al., 2010). 该软件包可用来做模型拟合, 预测和变量选择. 非常灵活, 允许用户选择损失函数来最优化 boosting 方法.

这里假定数据为随机变量 $(\boldsymbol{X}_1, Y_1), (\boldsymbol{X}_2, Y_2), \ldots, (\boldsymbol{X}_n, Y_n)$ 的实现, $\boldsymbol{X}_i$ 为 $p$ 维预测变量, 即自变量, 而 $Y_i$ 为一维响应变量, 即因变量. 为了推导出一些数学性质, 原始的文献假定这些变量或者服从独立同分布的假定, 或者推广到平稳过程的假定; 但是我们主要依靠对预测精度的交叉验证来判断模型的优劣, 不需要这些非常主观的假定, 正像当数据不是独立同正态分布时照样可以使用普通最小二乘回归, 因为我们不必去考察依赖于假定的各种检验的 $p$ 值.

bagging 和随机森林使用决策树作为自己的基本学习器, 而 mboost 可选择的基本学习器不仅包括决策树, 还包括可选择的若干其他方法, 同时还可以决定哪些变量或变量组合用哪些基本学习器, 而且同样的变量还可以同时出现在不同的学习器中 (这里用 $f(\boldsymbol{X})$ 表示变量 (或组合) 应用于学习器 $f(\cdot)$ 的值). 最终的模型是这些学习器结果的加权平均. 我们的目的是根据 $\boldsymbol{X} = (\boldsymbol{X}_1, \boldsymbol{X}_2, \ldots, \boldsymbol{X}_n)'$ 对 $\boldsymbol{Y} = (Y_1, Y_2, \ldots, Y_n)'$ 做出所谓的最优的预测. 这里 "最优" 的准则是基于可选择的实数值域的损失函数 $\rho(y, f)$. 比如, 对于广义线性模型和广义可加模型, 损失函数通常取因变量分布的负对数似然函数 (线性模型的二次损失函数等价于负对数似然函数). 因此, 我们的目的是估计最优预测函数

$$f^*(\cdot) = \arg \min_f E_{\boldsymbol{Y}, \boldsymbol{X}}[\rho(\boldsymbol{Y}, f(\boldsymbol{X})].$$

当然, 这个期望是不可能计算的, 只能以所谓经验风险来近似:

$$\sum_{i=1}^n [\rho(\boldsymbol{Y}_i, f(\boldsymbol{X}_i)].$$

通过使得经验风险最小来寻求对 $f^*$ 的估计是 Friedman(2001) 提出的泛函梯度下降法 (functional gradient descent). 其步骤如下:

1. 给出函数 $f$ 的初始值 $\hat{f}^{[0]}$, 它是 $n$ 维向量, 以后记第 $m$ 次迭代的结果为 $f^{[m]}$.
2. 对于一组作为输入的自变量和一个一元因变量确定基本学习器. 对于不同的学习器, 输

---

[8]T. Hothorn, P. Bühlmann, T. Kneib, M. Schmid, and B. Hofner (2015). mboost: Model-Based Boosting, R package version R package version 2.4-2, http://CRAN.R-project.org/package=mboost.

入变量可以不同, 这些输入的自变量都是原始自变量的子集. 最简单的情况是一个自变量一个基本学习器, 也可以几个变量共存于一个学习器中 (对某些学习器, 比如 bbs 有限制). 每一个基本学习器代表了一个建模的选择. 用 $P$ 表示基本学习器的个数, 初始时设 $m = 0$.

3. 把迭代次数 $m$ 增加 1.

4. (a) 计算负梯度 $-\partial \rho(\boldsymbol{Y}, f)/\partial f$, 并在 $\hat{f}^{[m-1]}(\boldsymbol{X}_i)$ 算出其值:

$$U_i^{[m]} = -\frac{\partial}{\partial f} \rho(\boldsymbol{Y}, f)|_{f = \hat{f}^{[m-1]}(\boldsymbol{X}_i)}, \ i = 1, 2, \ldots, n$$

(b) 对第 2 步中的每个基本学习器 (一共 $P$ 个) 都用这个负梯度向量

$$\boldsymbol{U}^{[m]} = (U_1^{[m]}, U_2^{[m]}, \ldots, U_n^{[m]})$$

来拟合数据 $\boldsymbol{X}_1, \boldsymbol{X}_2, \ldots, \boldsymbol{X}_n$(用回归), 一共产生 $P$ 个负梯度拟合向量.

(c) 根据残差平方和 (RSS) 最小来选择拟合最好的基本学习器, 相应的拟合结果用 $\hat{\boldsymbol{U}}^{[m]}$ 表示.

(d) 更新目前的估计, 令 $\hat{f}^{[m]} = \hat{f}^{[m-1]} + \nu \hat{\boldsymbol{U}}^{[m]}$, 这里 $0 < \nu \leqslant 1$ 为实质步长因子. 也就是说, 沿着估计的负梯度向量方向进行.

5. 重复第 3 ~ 4 步直到事先确定的停止迭代限 $m_{\text{stop}}$.

在步骤 4(c) 和 4(d), mboost 方法实行了变量选择和模型选择, 因为在每次迭代中, 只有一个基本学习器 (以及与其关联的自变量) 被选中来更新估计 $\hat{f}^{[m]}$. 停止迭代限 $m_{\text{stop}}$ 的选择可以通过交叉验证来确定. 步长因子 $\nu$ 的选择没有 $m_{\text{stop}}$ 的选择那么重要, 因为 $\nu$ 很小 (比如 $\nu = 0.1$).

最终的组合模型是一个可加模型

$$\hat{f} = \hat{f}_1 + \hat{f}_2 + \cdots + \hat{f}_P,$$

这里 $\hat{f}_1 + \hat{f}_2 + \cdots + \hat{f}_P$ 是所选的基本学习器及其所用的自变量. 在上面的迭代过程中, 一个学习器可能会被选中多次, 则其估计 $\hat{f}_j$ 为相应估计 $\nu \hat{\boldsymbol{U}}^{[m-1]}$ 的和. 一个学习器也可能一次都没选上, 则相应的 $\hat{f}_j$ 为零.

软件包 mboost 可以用 mboost 方法应对很多传统模型的任务, 这些任务中本书已经涉及的有标准回归、中位数回归、分位数回归、logistic 回归、Poisson 回归、比例危险模型等. 还可以做后面要介绍的 AdaBoost 分类. 这里仅介绍标准回归.

## 4.6.2 例子及拟合全部数据

**例 4.4** (imports85.csv) **美国 85 年的进口汽车数据**. 该数据是 1985 年美国进口汽车的各种数据[9], 包括 26 个变量, 205 个观测值, 下面是变量的简单介绍. symboling (风险因素符号: $-3$ 到 $+3$, 数字越大风险越大), normalized.losses (和其他汽车比较的损失: 从 65 到 256 的

---

[9]Lichman, M. (2013). UCI Machine Learning Repository [http://archive.ics.uci.edu/ml]. Irvine, CA: University of California, School of Information and Computer Science. 该数据可在下面网址下载: https://archive.ics.uci.edu/ml/datasets/Automobile.

数量), make (生产厂家: 22 个水平), fuel.type (燃料类型, 2 个水平: diesel, gas), aspiration (吸气, 2 个水平: std, turbo), num.of.doors (门的数量, 2 个水平: four, two), body.style (车型, 5 个水平: hardtop, wagon, sedan, hatchback, convertible), drive.wheels (驱动, 3 个水平: 4wd, fwd, rwd), engine.location (发动机位置, 2 个水平: front, rear), wheel.base (轴距: 从 86.6 到 120.9), length (长度: 从 141.1 到 208.1), width(宽度: 从 60.3 到 72.3), height (高度: 从 47.8 到 59.8), curb.weight (自重: 从 1488 到 4066), engine.type (发动机类型, 7 个水平: dohc, dohcv, l, ohc, ohcf, ohcv, rotor), num.of.cylinders (气缸数目, 7 个水平: eight, five, four, six, three, twelve, two), engine.size (单缸发动机排量: 从 61 到 326 毫升), fuel.system (燃油系统, 8 个水平: 1bbl, 2bbl, 4bbl, idi, mfi, mpfi, spdi, spfi.), bore (缸径: 从 2.54 到 3.94), stroke (冲程, 数量: 从 2.07 到 4.17), compression.ratio (压缩比: 从 7 到 23), horsepower (马力: 从 48 到 288hp), peak.rpm (峰值转速: 从 4150 到 6600), city.mpg (城市油耗: 13 到 49 英里/加仑), highway.mpg (公路油耗: 16 到 54 英里/加仑), price (价格: 从 5118 到 45400 美元). 上面的长度单位为英寸, 重量单位为磅.

我们把 price 作为因变量, 其他的作为自变量来做回归. 自变量中有很多定性变量, 有些还有很多水平, 这使得通常的线性模型无能为力. 我们在此试用 mboost 方法来拟合.

有很多种拟合的选择, 这里我们用最简单的一种模型来拟合, 其公式代码 (显然是编程序产生不是手工敲入的) 为:

```
gg=
price ~ btree(symboling) + btree(normalized.losses) +
    btree(make) + btree(fuel.type) + btree(aspiration) +
    btree(num.of.doors) + btree(body.style) +
    btree(drive.wheels) + btree(engine.location) +
    btree(wheel.base) + btree(length) + btree(width) +
    btree(height) + btree(curb.weight) + btree(engine.type) +
    btree(num.of.cylinders) + btree(engine.size) +
    btree(fuel.system) + btree(bore) + btree(stroke) +
    btree(compression.ratio) + btree(horsepower) +
    btree(peak.rpm) + btree(city.mpg) + btree(highway.mpg)
```

补充上面两个式子的程序代码:

```
w=read.csv('imports85.csv',stringsAsFactors = TRUE)
nm=names(w)
a="~btree(";  b=")+btree("
gg=formula(paste0(nm[26],a,paste(nm[-(26)],collapse = b),")"))
```

可以看出, 模型是每个变量对应一棵决策树. 当然, 除了 btree 之外, 还有很多基本学习器, 比如 bbs(B-spline basis, B 样条基), 但后者对于定性变量不合适. 我们输入及用 mboost 拟合数据的代码为 (这里的选项全部用缺省值):

```
w=read.csv("imports85.csv",stringsAsFactors = TRUE)
library(mboost)
a=mboost(gg,w)
sum(resid(a)^2)/sum((w$price-mean(w$price))^2)
```

得到 NMSE 为 0.03252169.

现在查看模型输出的其他信息. 由于模型中的各个变量是分开的, 我们还可以看到在默认的 100 次迭代中各个变量被选中的次数, 这也是变量重要性的一种度量, 代码如下, 结果的条形图如图4.6.1所示.

```
TS1=table(selected(a))
barplot(TS1,names.arg=names(w)[as.numeric(names(TS1))],horiz =T,las=2,col=4)
```

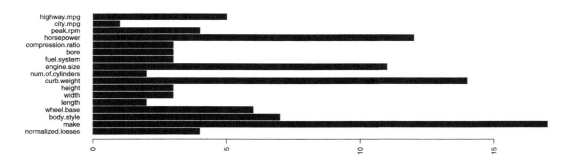

**图 4.6.1　例4.4的 mboost 拟合中各个变量在迭代中被选中的次数**

我们一共有 25 个自变量, 但图4.6.1中只出现了 17 个, 说明有 8 个变量在迭代过程中根本没有选中过. 可以把从 mboost 中选出的变量和在随机森林中按照变量重要性所排列的做一比较, 下面是随机森林拟合例4.4的代码和变量重要性图 (见图4.6.2).

```
library(randomForest)
set.seed(1010)
aRF=randomForest(price~.,w,importance=T)
aRF$importance

par(mfrow=c(1,2))
for(i in 1:2){
barplot(aRF$importance[,i],horiz =T,las=2,col=4,,cex.names = .7)
title(colnames(aRF$importance)[i])}
```

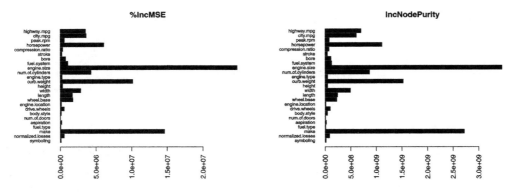

**图 4.6.2　例4.4的随机森林拟合中各个变量的重要性图**

显然, 这两种方法所确定的变量重要性很不一样, 这说明选择变量的出发点不一样, 度量不一样, 结果当然也不同. 到底哪种方法好, 还必须用交叉验证才能确定.

### 4.6.3　对进口汽车数据 (例4.4) 做几种方法的交叉验证

我们这里使用 mboost、bagging 和随机森林做 10 折交叉验证. 所用的划分 10 个下标集的函数 CV() 详见2.6.2节. 下面是代码:

```
w=read.csv("imports85.csv",stringsAsFactors = TRUE)
library(mboost);library(ipred);library(randomForest)
library(tidyverse);D=26;Z=10
n=nrow(w); set.seed(1010)
I=sample(rep(1:Z,ceiling(n/Z)))[1:n]
gg=formula(price~.)
M=mean((w[,D]-mean(w[,D]))^2)
pred=matrix(99,n,3)
set.seed(1010)
for(i in 1:Z){
  m=(I==i)
  pred[m,1]=mboost(gg1,w[!m,])%>% predict(w[m,])
  pred[m,2]=bagging(gg,nbagg=100,w[!m,])%>% predict(w[m,])
  pred[m,3]=randomForest(gg,w[!m,])%>% predict(w[m,])
}
pred%>%dim()
nmse=apply((sweep(pred,1,w[,D],'-'))^2,2,mean)/M
NMSE=data.frame(Method=c('mboost', 'Bagging','RF'),NMSE=nmse)
ggplot(NMSE, aes(x=Method, y=NMSE)) +
  geom_bar(stat="identity", width=.5, fill="navyblue") +
  labs(title="Normalized MSE for 3 Methods",xlab='Method') +
  geom_text(aes(label=round(NMSE,4)), hjust=1, color="white", size=5)+
  theme(axis.text.x = element_text(angle=65, vjust=0.6))+
  coord_flip()
```

相应 10 折的 NMSE 如图4.6.3所示, 可以看出, 随机森林最好 (NMSE=0.0545), mboost 其次 (NMSE=0.0663), bagging 较差 (NMSE=0.0845).

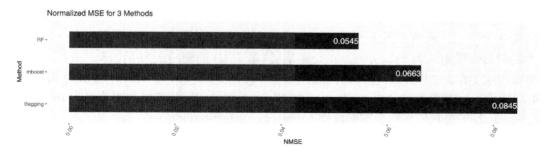

**图 4.6.3　例4.4对三种回归方法 10 折交叉验证的 NMSE**

# 4.7　人工神经网络回归

## 4.7.1　神经网络原理

人工神经网络 (artificial neural networks) 是对自然神经网络的模仿, 是最早的机器学习方法之一, 它可以有效地解决很复杂的有大量互相相关变量的回归和分类问题, 它是深度学习最主要的工具之一, 目前在各个领域有着非常广泛的应用.

神经网络可以很复杂, 但其原理并不复杂, 我们只需要理解简单神经网络的原理, 因为复杂神经网络基本上是简单神经网络的重复. 图4.7.1描述的就是有 4 个自变量以及 2 个因变量 (相应于数据 `toy2.csv`) 的简单神经网络.

**图 4.7.1　有 4 个自变量的输入层、3 个节点的隐藏层及 2 个节点的输出层的神经网络**

图4.7.1描述的是一个 3 层神经网络, 最左边一层称为**输入层** (input layer), 也称为**第 1 层**, 它有 4 个节点, 节点个数依赖于具体回归问题 (对于分类自变量, 往往一个有 $m$ 个水平的自变量, 要占据 $m-1$ 个节点), 分别代表 4 个自变量的输入; 中间一层称为**隐藏层** (hidden layer), 在这个 3 层网络中也称为**第 2 层**, 它有 3 个节点, 这个节点数目是人们主观选择的; 最右边一层称为**输出层** (output layer), 在这个 3 层网络中也称为**第 3 层**, 有 2 个节点代表 2 个因变量 (或者在分类问题中代表分类因变量的 2 个水平).

## 前向传播

在图4.7.1中, 还有许多连线, 有粗有细, 隐藏层左边的线代表了 4 个自变量加权平均到隐藏层 3 个节点的所有权重 (一共 $4 \times 3 = 12$ 个权重: $w_{ij}^{(1)}$, $i = 1, 2, 3$, $j = 1, 2, 3, 4$), 记第 1 层的自变量输入为 $x_1, x_2, x_3, x_4$, 到隐藏层 (第 2 层) 的输出记为 $h_1^{(2)}, h_2^{(2)}, h_3^{(2)}$. 而隐藏层到输出层 (第 3 层) 也要加权平均, 记权重为 $w_{i,j}^{(2)}$, $i = 1, 2, j = 1, 2, 3$, 输出为 $h_1^{(3)}, h_2^{(3)}$. 图4.7.1表明这些加权平均之外还有一个常数项, 对于这里的网络记常数项为 $b_i^{(1)}$, $i = 1, 2, 3$, $b_i^{(2)}$, $i = 1, 2$. 于是我们有称为**前向传播** (forward propagation) 的公式

$$h_1^{(2)} = f(w_{11}^{(1)}x_1 + w_{12}^{(1)}x_2 + w_{13}^{(1)}x_3 + w_{14}^{(1)}x_4 + b_1^{(1)}) \tag{4.7.1}$$

$$h_2^{(2)} = f(w_{21}^{(1)}x_1 + w_{22}^{(1)}x_2 + w_{23}^{(1)}x_3 + w_{24}^{(1)}x_4 + b_2^{(1)}) \tag{4.7.2}$$

$$h_3^{(2)} = f(w_{31}^{(1)}x_1 + w_{32}^{(1)}x_2 + w_{33}^{(1)}x_3 + w_{34}^{(1)}x_4 + b_3^{(1)}) \tag{4.7.3}$$

$$h_1^{(3)} = f(w_{11}^{(2)}h_1^{(2)} + w_{12}^{(2)}h_2^{(2)} + w_{13}^{(2)}h_3^{(2)} + b_1^{(2)}) \tag{4.7.4}$$

$$h_2^{(3)} = f(w_{21}^{(2)}h_1^{(2)} + w_{22}^{(2)}h_2^{(2)} + w_{23}^{(2)}h_3^{(2)} + b_2^{(2)}) \tag{4.7.5}$$

**可能人们注意到, 上面的公式不是简单的线性组合, 对每个线性组合做了用函数 $f(\cdot)$ 描述的变换, 实际上, 如果没有这些变换, 这个神经网络的输出, 也就是第 3 层的 $h_1^{(3)}, h_2^{(3)}$ 就与简单线性回归无异, 根本不值得再重复研究了.** 这个函数称为**激活函数** (activation function), 最常用的是从实轴 $(-\infty, \infty)$ 到 $[0, 1]$(或 $[-1, 1]$, $[0, \infty]$ 等) 的映射. 下面是激活函数的某些选择: $f(x) = 1/1 + \mathrm{e}^{-x}$, $f(x) = \tanh(x)$, $f(x) = \max(0, x)$. 激活函数是对生物神经网络的模仿, 它把外界的脉冲状刺激 "柔化". 对于不同的激活函数的选择如何对输出产生影响, 可以通过对于激活函数的导数来考察. 神经网络至少在一层中需要包含激活函数.

## 前向传播的矩阵公式

对于我们的模型, 记

$$\boldsymbol{x} = \begin{bmatrix} x_1 \\ x_2 \\ x_3 \\ x_4 \end{bmatrix}; \ \boldsymbol{W}^{(1)} = \begin{bmatrix} w_{11}^{(1)} & w_{12}^{(1)} & w_{13}^{(1)} & w_{14}^{(1)} \\ w_{21}^{(1)} & w_{22}^{(1)} & w_{23}^{(1)} & w_{24}^{(1)} \\ w_{31}^{(1)} & w_{32}^{(1)} & w_{33}^{(1)} & w_{34}^{(1)} \end{bmatrix}; \ \boldsymbol{b}^{(1)} = \begin{bmatrix} b_1^{(1)} \\ b_2^{(1)} \\ b_3^{(1)} \end{bmatrix}$$

$$\boldsymbol{h}^{(2)} = \begin{bmatrix} h_1^{(2)} \\ h_2^{(2)} \\ h_3^{(2)} \end{bmatrix}; \ \boldsymbol{h}^{(3)} = \begin{bmatrix} h_1^{(3)} \\ h_2^{(3)} \end{bmatrix}; \ \boldsymbol{W}^{(2)} = \begin{bmatrix} w_{11}^{(2)} & w_{12}^{(2)} & w_{13}^{(2)} \\ w_{21}^{(2)} & w_{22}^{(2)} & w_{23}^{(2)} \end{bmatrix}; \ \boldsymbol{b}^{(2)} = \begin{bmatrix} b_1^{(2)} \\ b_2^{(2)} \end{bmatrix}$$

再记

$$\boldsymbol{z}^{(2)} = \begin{bmatrix} z_1^{(2)} \\ z_2^{(2)} \\ z_3^{(2)} \end{bmatrix}; \ z_i^{(2)} = w_{i1}^{(1)}x_1 + w_{i2}^{(1)}x_2 + w_{i3}^{(1)}x_3 + w_{i4}^{(1)}x_4 + b_i^{(1)} = \sum_{j=1}^{4} w_{ij}^{(1)}x_i + b_i^{(1)}, \ i = 1, 2, 3;$$

$$\boldsymbol{z}^{(3)} = \begin{bmatrix} z_1^{(3)} \\ z_2^{(3)} \end{bmatrix}; \ z_i^{(3)} = w_{i1}^{(2)}h_1^{(2)} + w_{i2}^{(2)}h_2^{(2)} + w_{i3}^{(2)}h_3^{(2)} + b_i^{(2)} = \sum_{j=1}^{3} w_{ij}^{(2)}x_i + b_i^{(2)}, \ i = 1, 2.$$

于是, 前向传播公式 (4.7.1)-(4.7.5) 可写成:

$$\textbf{第 1 层} \Rightarrow \textbf{第 2 层:} \ \underset{3\times 1}{\boldsymbol{z}}^{(2)} = \underset{3\times 4}{\boldsymbol{W}}^{(1)} \underset{4\times 1}{\boldsymbol{x}} + \underset{3\times 1}{\boldsymbol{b}}^{(1)};$$

$$\underset{3\times 1}{\boldsymbol{h}}^{(2)} = f\left(\underset{3\times 1}{\boldsymbol{z}}^{(2)}\right) = f\left(\underset{3\times 4}{\boldsymbol{W}}^{(1)} \underset{4\times 1}{\boldsymbol{x}} + \underset{3\times 1}{\boldsymbol{b}}^{(1)}\right) \qquad (4.7.6)$$

$$\textbf{第 2 层} \Rightarrow \textbf{第 3 层:} \ \underset{2\times 1}{\boldsymbol{z}}^{(3)} = \underset{2\times 3}{\boldsymbol{W}}^{(2)} \underset{3\times 1}{\boldsymbol{h}}^{(2)} + \underset{2\times 1}{\boldsymbol{b}}^{(2)};$$

$$h_{\boldsymbol{W},\boldsymbol{b}}(\boldsymbol{x}) \equiv \underset{2\times 1}{\boldsymbol{h}}^{(3)} = f\left(\underset{2\times 1}{\boldsymbol{z}}^{(3)}\right) = f\left(\underset{2\times 3}{\boldsymbol{W}}^{(2)} \underset{3\times 1}{\boldsymbol{h}}^{(2)} + \underset{2\times 1}{\boldsymbol{b}}^{(2)}\right) \qquad (4.7.7)$$

注意, 上面公式标明了每个矩阵和向量的维数, 以对应于我们具体模型的 4-3-2 结构: 第 1 层 4 个节点, 第 2 层 3 个节点, 第 3 层 2 个节点. 最后一行的 $h_{\boldsymbol{W},\boldsymbol{b}}(\boldsymbol{x})$ 表示了根据数据 $\boldsymbol{x}$ 通过模型中的参数 (权重和常数)$\boldsymbol{W}, \boldsymbol{b}$ 得到最终预测值的函数, 该函数说明: **只要有了参数 $\boldsymbol{W}^{(\ell)}, \boldsymbol{b}^{(\ell)}$, 神经网络就可以根据数据 $\boldsymbol{x}$ 预测出因变量值.** 因此, 神经网络的核心问题是找到参数 $\boldsymbol{W}^{(\ell)}, \boldsymbol{b}^{(\ell)}$, 这是一个利用数据来修正参数的有监督学习过程, 称为**反向传播** (back-propagation).

对于一般的多层神经网络情况, 记 $\boldsymbol{h}^{(1)} = \boldsymbol{x}$, 层数为 $n_\ell$, 并记第 $\ell$ 层的节点数为 $s_\ell$, $s_{\ell+1}$ 为第 $\ell+1$ 层的节点数, 上面的公式 (4.7.6) 及 (4.7.7) 可写为

$$\underset{s_{\ell+1}\times 1}{\boldsymbol{z}}^{(\ell+1)} = \underset{s_{\ell+1}\times s_\ell}{\boldsymbol{W}}^{(\ell)} \underset{s_\ell\times 1}{\boldsymbol{h}}^{(\ell)} + \underset{s_{\ell+1}\times 1}{\boldsymbol{b}}^{(\ell)}; \breve{a}\breve{a} \underset{s_{\ell+1}\times 1}{\boldsymbol{h}}^{(\ell+1)} = f\left(\underset{s_{\ell+1}\times 1}{\boldsymbol{z}}^{(\ell+1)}\right), \ell = 1, 2, \ldots, n_\ell-1,$$
$$(4.7.8)$$

显然, 上面矩阵 (向量) 的维数依神经网络前后 2 层的节点数而定, 对于因变量的预测值为最后一层 (第 $n_\ell$ 层) 的 $\boldsymbol{h}^{(n_\ell)}$.

## 利用梯度下降法做反向传播

前向传播公式中的已知部分是 $\boldsymbol{x}$, 激活函数是我们选的, 也算是已知的, 但参数 $\boldsymbol{W}^{(\ell)}, \boldsymbol{b}^{(\ell)}$ 未知. 反向传播的过程就是:

(1) 给出一套参数 $\boldsymbol{W}^{(\ell)}, \boldsymbol{b}^{(\ell)}$ 的初始值 (可随机取);

(2) 得到对因变量 $\boldsymbol{y}$ 的预测值 $h_{\boldsymbol{W},\boldsymbol{b}}(\boldsymbol{x})$;

(3) 考察因变量 $\boldsymbol{y}$ 和 $h_{\boldsymbol{W},\boldsymbol{b}}(\boldsymbol{x})$ 的差异 (误差), 并根据这个差异及选定的损失函数来调整 $\boldsymbol{W}^{\ell}, \boldsymbol{b}^{(\ell)}$, 这需要优化方法, 我们将描述梯度下降法;

(4) 回到 (1), 重复这个过程, 直到误差减小到预定范围之内或达到最大迭代次数为止.

**梯度下降法科普**

图4.7.2是一个横坐标为权重 ($w$) 及纵坐标为误差的假想关系曲线. 人们希望改变权重以达到减少误差的目的. 在图中间, 误差是极小值.

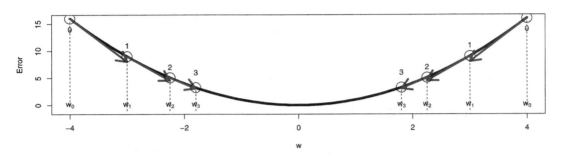

**图 4.7.2　梯度下降法示意图**

假定目前的 $w_0$ 在图中左边相应的误差用 "0" 标识, 这时误差变化最大的方向是箭头标明的切线 (梯度) 方向, 该梯度的方向是曲线在相应点的导数 (斜率) 方向, 其值可记为 $\frac{\partial}{\partial w}$error 或者 $\nabla$error. 于是权重从原先的值 $w_{\text{old}}$ 改变到新的值 $w_{\text{new}}$:

$$w_{\text{new}} = w_{\text{old}} - \alpha \cdot \nabla\text{error}, \tag{4.7.9}$$

这里 $\alpha$ 是个正常数以调节步长. **为什么这里是减号呢?** 从图中可以直观看出, 左边的导数为负, 即 $\nabla\text{error} < 0$, 而 $w$ 应该增加, 在右边导数为正, 而 $w$ 应该减少, 所以上式应该是减号. 如此, 从点 "0" 变化到点 "1", 再变化到点 "2" 等等, 如此下去, 越接近极小值, 斜率数值逐渐减少, 调整的步伐也相对越小, 直到误差在极小值的某认可的小邻域之内.

式 (4.7.9) 对于我们的神经网络来说过于简单, 却是各种迭代算法的基础模型.

**神经网络的梯度下降法**

上面一节提到, 我们希望调整权重, 逐步减少误差或者损失. 对于我们的神经网络来说, 损失是什么呢? 最明显的选择和最小二乘回归一样: 残差平方和. 在最小二乘回归中, 我们希望把残差平方和 $\sum_i(y_i - \hat{y}_i)^2 = \|\boldsymbol{y} - \hat{\boldsymbol{y}}\|^2$ 最小化. 对于神经网络, $\hat{\boldsymbol{y}} = \boldsymbol{h}^{(n_\ell)}$, 因此, 我们的残差平方和为一系列权重 $\boldsymbol{W}$、常数项 $\boldsymbol{b}$ 及数据 $\boldsymbol{x}, \boldsymbol{y}$ 的函数, 定义为 (其中的系数 $\frac{1}{2}$ 仅仅为了求导数时消去而设, 没有实质意义):

$$
\begin{aligned}
J(\boldsymbol{W}, \boldsymbol{b}, \boldsymbol{x}, \boldsymbol{y}) &= \frac{1}{2}\left\| \underset{s_{n_\ell}\times 1}{\boldsymbol{y}} \underset{s_{n_\ell}\times 1}{\boldsymbol{h}}^{(n_\ell)} \right\|^2 \\
&= \frac{1}{2}\left\| \underset{s_{n_\ell}\times 1}{\boldsymbol{y}} f\left( \underset{s_{n_\ell}\times 1}{\boldsymbol{z}}^{(n_\ell)} \right) \right\|^2 \\
&= \frac{1}{2}\left\| \underset{s_{n_\ell}\times 1}{\boldsymbol{y}} f\left( \underset{s_{n_\ell}\times s_{n_\ell-1}}{\boldsymbol{W}}^{(n_\ell-1)} \underset{s_{n_\ell-1}\times 1}{\boldsymbol{h}}^{(n_\ell-1)} + \underset{s_{n_\ell}\times 1}{\boldsymbol{b}}^{(n_\ell-1)} \right) \right\|^2.
\end{aligned}
$$

于是, 根据初等微积分的涉及矩阵和向量微分的知识, 对式 (4.7.9) 中关于权重及常数项梯度 $\nabla$error 的计算就变为

$$
\begin{aligned}
\frac{\partial J}{\partial \boldsymbol{W}^{(n_\ell-1)}} &= \frac{\partial J}{\partial \boldsymbol{h}^{(n_\ell)}} \frac{\partial \boldsymbol{h}^{(n_\ell)}}{\partial \boldsymbol{z}^{(n_\ell)}} \frac{\partial \boldsymbol{z}^{(n_\ell)}}{\partial \boldsymbol{W}^{(n_\ell-1)}} = \frac{1}{2} \frac{\partial}{\partial \boldsymbol{h}^{(n_\ell)}} \left( \boldsymbol{y}\boldsymbol{h}^{(n_\ell)} \right)^2 \frac{\partial f\left(\boldsymbol{z}^{(n_\ell)}\right)}{\partial \boldsymbol{z}^{(n_\ell)}} \frac{\partial \boldsymbol{W}^{(n_\ell-1)} \boldsymbol{h}^{(n_\ell-1)}}{\partial \boldsymbol{W}^{(n_\ell-1)}} \\
&= \underset{s_{n_\ell}\times 1}{\left( \boldsymbol{y}\boldsymbol{h}^{(n_\ell)} \right)} \cdot \underset{s_{n_\ell}\times 1}{f'(\boldsymbol{z}^{(n_\ell)})} \underset{1\times s_{n_\ell-1}}{\boldsymbol{h}^{(n_\ell-1)^{\top}}} \\
&= \underset{s_{n_\ell}\times 1}{\boldsymbol{\delta}^{(n_\ell)}} \underset{1\times s_{n_\ell-1}}{\left( \boldsymbol{h}^{(n_\ell-1)} \right)^{\top}}, \quad\quad\quad\quad\quad\quad\quad\quad\quad\quad\quad\quad (4.7.10) \\
\frac{\partial J}{\partial \boldsymbol{b}^{(n_\ell-1)}} &= \underset{s_{n_\ell}\times 1}{\left( \boldsymbol{y}\boldsymbol{h}^{(n_\ell)} \right)} \cdot \underset{s_{n_\ell}\times 1}{f'(\boldsymbol{z}^{(n_\ell)})} \\
&= \underset{s_{n_\ell}\times 1}{\boldsymbol{\delta}^{(n_\ell)}}. \quad\quad\quad\quad\quad\quad\quad\quad\quad\quad\quad\quad\quad\quad\quad\quad (4.7.11)
\end{aligned}
$$

在上面两个式子的最后一个等号, 我们对于最后一层 (第 $n_\ell$ 层) 均定义了

$$
\underset{s_{n_\ell}\times 1}{\boldsymbol{\delta}^{(n_\ell)}} = \underset{s_{n_\ell}\times 1}{\left( \boldsymbol{y}\boldsymbol{h}^{(n_\ell)} \right)} \cdot \underset{s_{n_\ell}\times 1}{f'(\boldsymbol{z}^{(n_\ell)})}.
$$

但是对于 $\ell < n_\ell$ 的各层, 没有目标变量 $\boldsymbol{y}$ 作为参照来定义 $\boldsymbol{\delta}^{(\ell)}$, 但是, 我们注意到, 在前向传播中, 第 $\ell$ 层和第 $\ell+1$ 层的权重 $\boldsymbol{h}^{(\ell)}$ 与 $\boldsymbol{h}^{(\ell+1)}$ 是通过权重 $\boldsymbol{W}^{(\ell)}$ 计算的:

$$
h_j^{(\ell)} \overset{w_{ij}^{(\ell)}}{\Longrightarrow} h_i^{(\ell+1)},
$$

因此, 在反向传播中我们可以考虑通过权重 $\boldsymbol{W}^{(\ell)}$ 以 $\boldsymbol{\delta}^{(n_\ell)}$ 计算 $\boldsymbol{\delta}^{(n_\ell-1)}$:

$$
\delta_j^{(\ell)} = \left( \sum_{i=1}^{s^{(\ell+1)}} w_{ij}^{(\ell)} \delta_i^{(\ell+1)} \right) f'\left( z_j^{(\ell)} \right),
$$

或者按照矩阵符号, 上式为:

$$
\underset{s_\ell\times 1}{\boldsymbol{\delta}^{(\ell)}} = \underset{s_\ell\times s_{\ell+1}}{\left( \boldsymbol{W}^{(\ell)} \right)^{\top}} \underset{s_{\ell+1}\times 1}{\boldsymbol{\delta}^{(\ell+1)}} \cdot f'\left( \underset{s_\ell\times 1}{\boldsymbol{z}^{(\ell)}} \right), \quad 2 \leqslant l < n_\ell. \quad\quad (4.7.12)
$$

因此, **对于每个样本观测值** $(\boldsymbol{x}_i, \boldsymbol{y}_i)$, $i=1,2,\ldots,m$, 在每两层之间 (第 $\ell$ 层和第 $\ell+1$ 层之间) 我们都有对**整个权重 $\boldsymbol{W}^{(\ell)}$ 的全部元素** $\{w_{ij}^{(\ell)}\}$ 及常数项 $\boldsymbol{b}^{(\ell)}$ 的全部元素 $\{b_i^{(\ell)}\}$ 更新所需的梯度矩阵, 它们分别是:

$$
\frac{\partial J(\boldsymbol{W}, \boldsymbol{b}, \boldsymbol{x}_i, \boldsymbol{y}_i)}{\partial \boldsymbol{W}^{(\ell)}} = \underset{s_{\ell+1}\times 1}{\boldsymbol{\delta}^{(\ell+1)}} \underset{1\times s_l}{\left( \boldsymbol{h}^{(\ell)} \right)^{\top}}, \quad\quad\quad (4.7.13)
$$

$$
\frac{\partial J(\boldsymbol{W}, \boldsymbol{b}, \boldsymbol{x}_i, \boldsymbol{y}_i)}{\partial \boldsymbol{b}^{(\ell)}} = \underset{s_{\ell+1}\times 1}{\boldsymbol{\delta}^{(\ell+1)}}. \quad\quad\quad\quad\quad (4.7.14)
$$

当对所有 $m$ 个观测值算完了上述梯度之后 (对每一层有 $m$ 个矩阵), 需要求出 (逐个元素) 平均值:

$$\frac{1}{m}\Delta \boldsymbol{W}^{(\ell)} \equiv \frac{1}{m}\sum_{i=1}^{m}\frac{\partial J(\boldsymbol{W},\boldsymbol{b},\boldsymbol{x}_i,\boldsymbol{y}_i)}{\partial \boldsymbol{W}^{(\ell)}}, \tag{4.7.15}$$

$$\frac{1}{m}\Delta \boldsymbol{b}^{(\ell)} \equiv \frac{1}{m}\sum_{i=1}^{m}\frac{\partial J(\boldsymbol{W},\boldsymbol{b},\boldsymbol{x}_i,\boldsymbol{y}_i)}{\partial \boldsymbol{b}^{(\ell)}}. \tag{4.7.16}$$

注意, 在计算中, 两个 (累积) 和矩阵 $\Delta \boldsymbol{W}^{(\ell)}$ 及 $\Delta \boldsymbol{b}^{(\ell)}$ 是逐步累积求和的, 每次迭代开始前它们都是零矩阵, 一直到对所有的观测值全部算完, 就可以更新原先的矩阵, 下一次迭代再从零矩阵开始. 上面得到的式 (4.7.15) 和式 (4.7.16) 就是权重更新的公式 (4.7.9) 中的 $\nabla \mathrm{error}$, 在每次迭代中权重 $\boldsymbol{W}^{(\ell)}$ 和常数项 $\boldsymbol{b}^{(\ell)}$ 的更新公式为

$$\boldsymbol{W}_{new}^{(\ell)} = \boldsymbol{W}_{old}^{(\ell)} - \alpha \left[\frac{1}{m}\Delta \boldsymbol{W}^{(\ell)}\right], \tag{4.7.17}$$

$$\boldsymbol{b}_{new}^{(\ell)} = \boldsymbol{b}_{old}^{(\ell)} - \alpha \left[\frac{1}{m}\Delta \boldsymbol{b}^{(\ell)}\right]. \tag{4.7.18}$$

有了上面更新参数矩阵的方法, 就可以通过迭代来训练模型, 使得神经网络对于训练集数据越来越精确, 最终得到的以最后修订的权重和常数项为代表的神经网络就可以用来做预测或交叉验证了.

### 4.7.2 神经网络的计算步骤

神经网络在计算之前要确定其结构: **一共多少层, 每层有多少个节点**. 比如有 4 个自变量、一个有 3 个节点的隐藏层和一个有 2 个因变量的回归 (或者是一个有 2 个水平因变量的分类), 则一共有 $n_\ell = 3$ 层, 每层节点数为 $s_1 = 4, s_2 = 3, s_3 = 2$, 也就是说用三元数组 $(4, 3, 2)$ 表示. 在这种情况下, 如果训练集样本量为 $m$, 则自变量应该是 $m \times 4$ 维矩阵, 因变量应该是 $m \times 2$ 矩阵. 另外, 要确定更新步长 $\alpha$.

在做完上面的设定之后, 具体的计算步骤如下:

1. 首先设定初始权重和常数项 (比如随机产生):

$$\boldsymbol{W}^{(\ell)},\ \boldsymbol{b}^{(\ell)}, \ell = 1, 2, \ldots, n_\ell - 1;$$

2. 重复下面的迭代 (预定最多 $M$ 次):
   (1) 把梯度的逐步累积 $\Delta \boldsymbol{W}$ 和 $\Delta \boldsymbol{b}$ 的所有元素设为 0;
   (2) 从 $i = 1$ 开始, 对于第 $i$ 个观测值 $(\boldsymbol{x}_i, \boldsymbol{y}_i)$ 做如下计算 $(i = 1, 2, \ldots, m)$:
      (i) 对每一层 (一共 $n_\ell$ 层) 实行前向传播, 得到输出 (参考式 (4.7.8)) $\boldsymbol{z}^{(\ell)}$ 和 $\boldsymbol{h}^{(\ell)} = f(\boldsymbol{z}^{(\ell)})$;
      (ii) 从输出层 (第 $n_\ell$ 层) 开始逐层做反向传播:
         (a) 对第 $n_\ell$ 层利用 $(\boldsymbol{y} - \boldsymbol{h}^{(n_\ell)})$ 计算 $\boldsymbol{\delta}^{(n_\ell)} = (\boldsymbol{y} - \boldsymbol{h}^{(n_\ell)})f'(\boldsymbol{z}^{(n_\ell)})$;
         (b) 对第 $\ell$ $(2 \leqslant \ell < n_\ell)$ 层, 计算 $\boldsymbol{\delta}^{(l)} = (\boldsymbol{W}^{(\ell)})^\top \boldsymbol{\delta}^{(\ell+1)}f'(\boldsymbol{z}^{(\ell)})$;

(c) 对每一层, 更新 $\Delta \boldsymbol{W}^{(\ell)}$ 和 $\Delta \boldsymbol{b}^{(\ell)}$(注意, 这里的累积和对于每个观测值加一次, 最终是 $m$ 个元素之和):

$$\Delta \boldsymbol{W}^{(\ell)} = \Delta \boldsymbol{W}^{(\ell)} + \boldsymbol{\delta}^{(\ell+1)} \left( \boldsymbol{h}^{(\ell)} \right)^{\top},$$

$$\Delta \boldsymbol{b}^{(\ell)} = \Delta \boldsymbol{b}^{(\ell)} + \boldsymbol{\delta}^{(\ell+1)};$$

(d) 记录损失 $e_i = \| \boldsymbol{y} - \boldsymbol{h}^{(n_\ell)} \|$;

(e) $i = i + 1$ 回到 (i), 继续迭代直到 $i = m$.

(3) 对各个层的权重和常数项更新 (每一次迭代更新一次, 一共更新 $M$ 次):

$$\boldsymbol{W}^{(\ell)} = \boldsymbol{W}^{(\ell)} - \alpha \left[ \frac{1}{m} \Delta \boldsymbol{W}^{(\ell)} \right],$$

$$\boldsymbol{b}^{(\ell)} = \boldsymbol{b}(\ell) - \alpha \left[ \frac{1}{m} \Delta \boldsymbol{b}^{(\ell)} \right];$$

(4) 得到第 $j$ 次迭代的平均损失 $E_j = \bar{e} = \frac{1}{m} \sum_{i=1}^{m} e_i$.

3. 回到 2, 继续迭代, 直到预先设定的次数 $M$ 或者平均损失度量 $\bar{e}$ 小于预定阈值. 这时输出的结果为各层经过 $M$ 次更新的权重和常数项 $\boldsymbol{W}^{(\ell)}, \boldsymbol{b}^{(l)}$ 以及每次迭代的平均损失组成的向量 $\boldsymbol{E} = (E_1, E_2, \ldots, E_M)$.

### 4.7.3　理解神经网络的简易的 R 代码

我们下面介绍一些 R 代码, 来理解前面小节神经网络的计算步骤. 这些函数比较浅显, 效率不高, 速度较慢, 但可以运行. 实践中, 还请用专业人士编写的软件. 这些代码理论上可以计算任意层的神经网络, 而且对于分类也不用改变代码 (但要哑元化分类因变量).

#### 激活函数

我们使用的激活函数为

$$f(z) = \frac{1}{1 + \exp(-z)},$$

其导数为

$$f'(x) = \frac{\mathrm{e}^{-x}}{(1 + \mathrm{e}^{-x})^2} = f(x)(1 - f(x)).$$

相应的程序为:

```
f=function(x){1/(1 + \exp(-x))}
Df=function(x){f(x)*(1 - f(x))}
```

## 产生 $W^{(\ell)}, b^{(\ell)}$ 的初始矩阵

```r
IniWeights=function(NNStr){
  W=list()->b
  for (l in 2:length(NNStr)){
    W[[l-1]] = matrix(runif(NNStr[l]*NNStr[l-1]),NNStr[l],NNStr[l-1])
    b[[l-1]] =runif(NNStr[l])
  }
  return(list(W=W,b=b))
}
```

## 产生 $\Delta W^{(\ell)}, \Delta b^{(\ell)}$ 的初始零矩阵

```r
IniDWeights=function(NNStr){
  DW=list()->Db
  for (l in 2:length(NNStr)){
    DW[[l-1]] = matrix(0,NNStr[l],NNStr[l-1])
    Db[[l-1]] =rep(0,NNStr[l])
  }
  return(list(DW=DW,Db=Db))
}
```

## 前向传播

```r
FP=function(x, W, b){
  h = list()->z; h[[1]]= x
  for (l in 1:length(W)){
    if (l==1) node_in=t(x) else node_in=h[[l]]
    z[[l+1]]=W[[l]]%*% node_in+b[[l]] # matrix(b[[l]],length(b[[l]]),1)
    h[[l+1]]=f(z[[l+1]])
  }
  return(list(h=h, z=z))
}
```

## 求 $\delta^{(\ell)}$ 的程序

```r
LastDelta=function(y, h_out, z_out){
  return(-(y-h_out)*Df(z_out))
}
HiddenDelta=function(delta_plus_1, w_l, z_l){
  return(t(w_l)%*%delta_plus_1*Df(z_l))
}
```

## 神经网络学习主程序

```
NNET=function(NNStr, X, y, iter=3000, alpha=0.25){
  a=IniWeights(NNStr); W=a$W;b=a$b  #产生初始权重W和常数项b
  cnt = 0;m =nrow(y) ; L=ncol(y)
  Error = NULL
  cat('\n开始', iter, '次迭代')
  while (cnt < iter){ #做迭代
    if (cnt %% 1000 == 0)  cat('\n第', cnt, '次迭代')
    a=IniDWeights(NNStr); DW=a$DW; Db =a$Db #初始累积权重和常数
    AError = 0 #平均误差
    for (i in 1:m){ #逐个观测值计算
      delta = list()
      a= FP(X[i,], W, b); h=a$h; z=a$z #前向传播得到h和z
      for (l in length(NNStr):1){ #从输出层起计算delta
        if (l==length(NNStr)){ #计算输出层delta
          delta[[l]]=LastDelta(matrix(y[i,],2,1), h[[l]], z[[l]])
          AError =AError+ sqrt(sum((matrix(y[i,],L,1)-h[[l]])^2))
        } else { #计算其他层delta
          if (l > 1) delta[[l]] = HiddenDelta(delta[[l+1]],W[[l]],z[[l]])
          DW[[l]] = DW[[l]]+ delta[[l+1]]%*%t(as.numeric(h[[l]]))
          Db[[l]] = matrix(Db[[l]],length(b[[l]]),1)+delta[[l+1]]
        }
      } #delta计算完毕
    } #计算完整个数据集，得到梯度累积和DW
    #下面对本次迭代更新权重W和b
    for (l in (length(NNStr)-1):1){ #逐层计算
      W[[l]] =W[[l]]  -alpha * (1.0/m * DW[[l]])
      b[[l]] = matrix(b[[l]],length(b[[l]]),1) -alpha * (1.0/m * Db[[l]])
    }
    AError = 1.0/m * AError #本次迭代的平均误差
    Error=c(Error,AError)    #存储每次的平均误差
    cnt = cnt+ 1 #对迭代次数计数
  } #迭代完毕
  return(list(W=W, b=b, Error=Error)) #输出最终的W和b
}
```

## 对于回归的预测程序

```
PredR=function(W, b, X){
  m = nrow(X)
  y = NULL
  for (i in 1:m){
```

```
    a= FP(X[i,], W, b)
    h=a$h;z=a$z
    y=cbind(y,h[[length(h)]])
  }
  return(t(y))
}
```

## 小例子

我们用一个有两个因变量的小例子 (数据 **toy2.csv**) 来说明前面代码的使用. 和神经网络有关的代码主要是训练程序 NNET 和预测函数 PredNNET, 注意, 这仅仅是个演示, 该数据太小, 而且对于层数和节点数的选择也是任意的. 这里给出的是 10 折交叉验证代码, 事先需要运行前面定义过的各个函数 (f, Df, IniWeights, IniDWeights, FP, LastDelta, HiddenDelta).

```
u=read.csv("toy2.csv")
mys=c(4,3,2) #各层的节点数目
#下面三行代码是把因变量变换到0-1之间
uy_min=apply(u[,1:2],2,min)
uy_max=apply(u[,1:2],2,max)
uy=sweep(sweep(u[,1:2],2,uy_min,'-'),2,uy_max-uy_min,'/')
set.seed(1010)
Z=10;n=nrow(u)
I=sample(rep(1:Z,ceiling(n/Z)))[1:n]
pred=matrix(999,n,2)
t0=Sys.time() #i=1
for (i in 1:Z){
  cat('\n第',i,'折交叉验证')
  m=(I==i)
  r=NNET(mys, u[!m,-(1:2)], as.matrix(uy[!m,]))
  pred[m,] = PredR(r$W,r$b,u[m,-(1:2)])
}
(dt=Sys.time()-t0)
PD=sweep(sweep(pred,2,uy_max-uy_min,'*'),2,uy_min,'+')
M=sapply(u[,1:2],function(x) sum((x-mean(x))^2))
(NMSE=apply((PD-u[,1:2])^2,2,sum)/M)
```

输出为两个因变量的 NMSE:

```
        y1          y2
0.09096374 0.11312431
```

这个小数据都计算了一分多钟, 因此, 这个程序不实用.

### 4.7.4 通过进口汽车数据 (例4.4) 介绍 nnet 程序包

下面根据例4.4的数据, 利用程序包 nnet[10]的函数 nnet() 对部分自变量做神经网络回归, 并画出图 (见图4.7.3).

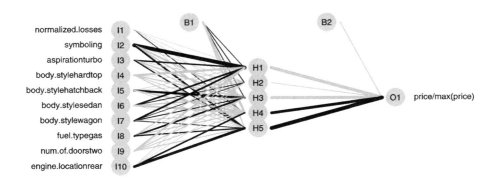

**图 4.7.3 例4.4的有 5 个隐藏层节点、7 个自变量 (1 个 4 个水平的定性自变量占 4 个节点) 及 1 个因变量的神经网络图**

为了图形容易识别, 图中只选了部分变量, 这里所选择的自变量是 mboost 和随机森林中的较重要变量 (它们的列号分别为 2, 1, 5, 7, 4, 6, 9): normalized.losses, symboling, aspiration, body.style, fuel.type, num.of.doors, engine.location. 读入数据及绘制图4.7.3的代码为:

```
library(nnet)
w=read.csv("imports85.csv",stringsAsFactors = TRUE)
sel=c(2, 1, 5, 7, 4, 6, 9)#所选变量的列
w1=w[,c(sel,26)]
a=nnet(price/max(price) ~ ., data=w1, method="nnet",
maxit=1000, size = 5, decay = 0.01, trace=F)
library(NeuralNetTools)
plotnet(a,pad_x=.7)
```

由于程序包 nnet 本身并不提供画图程序, 上述画图程序来自程序包 NeuralNetTools[11].

图4.7.3是一个有 7 个自变量 (输入)、1 个因变量 (输出) 的神经网络的示意图. 左边代表自变量的 7 个节点形成输入层 (input layer), 但由于 7 个自变量中有 5 个是分类变量, 它们的水平数分别为 2, 5, 2, 2, 2 个, 因此相应于这 5 个变量的输入层节点数目为 1, 4, 1, 1, 1 个 (组成 8 个新变量)[12], 于是实际的输入层节点为 10 个. 出现在输入层节点的定量变量的名字还是原来的, 而定性变量的名字为原来名字加上所选水平的名字. 下面是这 5 个定性变量所生成的 8 个变量的新名字:

[10]Venables, W. N. & Ripley, B. D. (2002) *Modern Applied Statistics with S.* Fourth Edition. Springer, New York. ISBN 0-387-95457-0.

[11]Beck MW (2018). NeuralNetTools: Visualization and Analysis Tools for Neural Networks. *Journal of Statistical Software*, 85 (11), 1-20. doi: 10.18637/jss.v085.i11 (URL: https://doi.org/10.18637/jss.v085.i11).

[12]这和回归分析中分类自变量的情况一样, 如果一个分类自变量有 $k$ 个水平, 则必有一个约束条件, 而一般软件的约束条件是第一个水平为 0, 而其他 $k-1$ 个水平变成 $k-1$ 个以 1 和 0 为哑元的变量.

- 变量 aspiration (有两个水平: std, turbo) 取第二个水平形成新变量: aspirationturbo;
- 变量 body.style (有 5 个水平: convertible, hardtop, hatchback, sedan, wagon) 取第 2 到第 5 个水平形成下面 4 个新哑元变量: body.stylehardtop, body.stylehatchback, body.stylesedan, body.stylewagon;
- 变量 fuel.type (有两个水平: diesel, gas) 取第二个水平形成新变量: fuel.typegas;
- 变量 num.of.doors (有两个水平: four, two) 取第二个水平形成新变量: num.of.doorstwo;
- 变量 engine.location (有两个水平: front, rear) 取第二个水平形成新变量: engine.locationrear;

中间 8 个节点形成隐藏层, 最右边的一个节点属于输出层, 代表因变量. 这些节点按照连线连接. 此外, 还有两个节点 B1 和 B2 从上面连接到隐藏层和输出层, 它们代表截距项.

神经网络的因变量可以有多个, 隐藏层也可以有多个, 但对于较简单的问题, 一个隐藏层就够了, 这里所用的 R 程序包 nnet 的神经网络只有一个隐藏层. 隐藏层的节点可多可少, 太多可能导致过拟合, 太少则可能拟合不好, 可以用交叉验证来选择隐藏层的节点数目.

### 4.7.5 用神经网络拟合进口汽车全部数据 (例4.4)

用神经网络拟合例4.4全部数据的代码为:

```
w=read.csv("imports85.csv",stringsAsFactors = TRUE)
library(nnet)
a=nnet(price/max(price) ~ ., data=w, maxit=1000,
    size = 10, decay = 0.1, trace=F)
plotnet(a,pad_x=.6)
```

这里选项 size 是隐藏层节点个数, decay 为权重衰减, maxit 为最大迭代次数 (如果不收敛, 到了最大迭代次数则停止), trace 代表是否打印出迭代过程 (可以看出停止时是否收敛). 使用前面的打印代码 (plot.nnet), 可以得到图4.7.4, 由于变量和隐藏节点太多, 从该图不易看出具体的结构. 实际上, 如果要看神经网络的细节可以打印出各种输出: a\$wts 代表最好的权重, a\$fitted.values 代表训练集的拟合值, a\$residuals 为残差, a\$convergence 的值代表是收敛 (0) 还是到了迭代最大次数 (1). 比如, 可以打印出拟合值和真实值的散点图 (见图4.7.5中左图) 和残差对拟合值图 (见图4.7.5中右图). 图4.7.5是用下面代码产生的:

```
par(mfrow=c(1,2))
plot(a$fitted*max(w$price)~w$price)
plot(a$fitted*max(w$price),a$resid)
abline(h=0,lty=2)
```

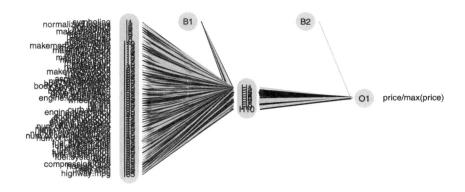

**图 4.7.4　例4.4的有 10 个隐藏层节点, 全部自变量及 1 个因变量的神经网络图**

聪明的读者可能已经注意到, 在前面用神经网络拟合例4.4全部数据的代码中, 我们用了 `price/max(price)` 而不是 `price` 本身作为因变量. 这是因为神经网络所用的默认激活函数[13]的值域是在 $[0,1]$ 区间, 所以我们把因变量保持在这个区间. 但是要注意, 在预测时一定要变换回原来的尺度. 在产生图4.7.5的代码中, 如果 `a$fitted` 不乘以 `max(w$price)`, 图形不会改变, 但尺度会改变.

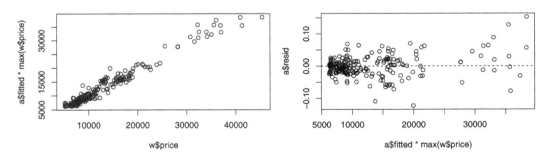

**图 4.7.5　神经网络拟合例4.4数据的拟合值和真实值的散点图 (左) 及残差对拟合值图 (右)**

### 4.7.6　选择神经网络的参数

神经网络隐藏层节点个数等参数的选择与预测精度有很大的关系, 而选择的方法就是交叉验证. 就例4.4而言, 下面是选择参数的程序 (这里使用了程序包 `caret`[14]中的 `train()`函数):

```
w=read.csv("imports85.csv",stringsAsFactors = TRUE)
library(nnet);library(caret)
grid=expand.grid(.decay=c(0.5, 0.1, 0.05, 0.01),
    .size=c(9,10,11))
```

---

[13]比如 $1/(1+\mathrm{e}^{-x})$.

[14]Max Kuhn. Contributions from Jed Wing, Steve Weston, Andre Williams, Chris Keefer, Allan Engelhardt, Tony Cooper, Zachary Mayer, Brenton Kenkel, the R Core Team, Michael Benesty, Reynald Lescarbeau, Andrew Ziem and Luca Scrucca. (2015). caret: Classification and Regression Training. R package version 6.0-41. `http://CRAN.R-project.org/package=caret`.

```
fit=train(price/max(price) ~ ., data=w, method="nnet",
    maxit=1000, tuneGrid=grid, trace=F)
print(fit)
```

这种格子点式的试验比较费时间, 最好少用几个点, 然后往最优方向继续试验. 上面的代码产生的结果如下:

| decay | size | RMSE | Rsquared | RMSE SD | Rsquared SD |
|-------|------|------|----------|---------|-------------|
| 0.01 | 9 | 0.06425504 | 0.8688690 | 0.01484816 | 0.06260266 |
| 0.01 | 10 | 0.06379159 | 0.8703190 | 0.01229265 | 0.05109560 |
| 0.01 | 11 | 0.06579384 | 0.8677029 | 0.01440395 | 0.04651042 |
| 0.05 | 9 | 0.06422794 | 0.8673621 | 0.01349447 | 0.05701069 |
| 0.05 | 10 | 0.06264613 | 0.8746062 | 0.01196621 | 0.05388086 |
| 0.05 | 11 | 0.06123577 | 0.8773970 | 0.01203115 | 0.05838643 |
| 0.10 | 9 | 0.06204007 | 0.8761884 | 0.01102594 | 0.04395951 |
| 0.10 | 10 | 0.06173129 | 0.8799170 | 0.01164395 | 0.05099713 |
| 0.10 | 11 | 0.06269236 | 0.8750830 | 0.01218533 | 0.05345084 |
| 0.50 | 9 | 0.06932490 | 0.8518860 | 0.01453050 | 0.06629559 |
| 0.50 | 10 | 0.06945608 | 0.8501852 | 0.01327154 | 0.05766371 |
| 0.50 | 11 | 0.06901647 | 0.8515430 | 0.01404802 | 0.06037007 |

根据 RMSE 建议使用 size = 11 and decay = 0.05. 注意, 对于这个数据的试验, 这些 RMSE 很接近, 由于 train() 程序内部的交叉验证控制, 即便事先使用固定的随机种子, 结果也不相同, 因此, 不一定就采用所建议的参数组合. 对于有些数据, 参数对结果影响很大, 就需要认真应对了.

### 4.7.7 对例4.4做神经网络的 10 折交叉验证

这里对例4.4做神经网络的 10 折交叉验证. 代码如下:

```
D=26;Z=10;n=nrow(w);set.seed(1010)
I=sample(rep(1:Z,ceiling(n/Z)))[1:n]
M=mean((w[,D]-mean(w[,D]))^2)
pred=rep(999,n)
for(i in 1:Z){
  m=(I==i);
  pred[m]=nnet(price/max(price) ~ ., data=w[!m,], maxit=1000,
    size = 10, decay = 0.1, trace=F)%>%
    predict(w[m,])*max(w$price)
}
(nmse=mean((pred-w[,D])^2)/M)
```

得到的 10 折交叉验证的 NMSE 为 0.1243492, 不如前面用相同训练集和测试集得到的随机森林的 0.0545, mboost 的 0.0663 及 bagging 的 0.0845. 当然, 我们的神经网络的各种选项并不一定合适, 使得比较不公平. 一般来说, 如果自变量大都是数量变量, 神经网络的表现比有很多定性变量时要强.

　　**评论**: 类似于经典线性回归, 神经网络回归的一个弱点是当数据中自变量有太多的定性变量或定性变量水平太多时往往无法运作, 这和神经网络的数学原理有关. 对于这类数据, 就应该使用基于决策树的各种方法.

　　神经网络的另一个特点是对其诸如隐藏层数目、隐藏层节点个数、调节步长、如何修正权重等选项的不同配置会使得结果有很大区别, 这使得不易 "傻瓜地" 轻易得到好的结果, 但也可以经过努力得到非常好的结果. 神经网络是深度学习方法最重要的算法.

## 4.8　支持向量机回归

### 4.8.1　概述

　　支持向量机 (support vector machine, SVM) 是非常特别的算法, 比如, 它使用核函数 (kernel) 及依赖于边缘的支持向量等. 支持向量机最初是针对分类问题而产生的, 在回归中仍然保持着其在分类问题上的主要特点: 它处理非线性问题时是通过核把低维变量映射到高维变量空间. 该系统的能力是由不依赖于变量空间维数的参数所控制的.

**线性问题的基本思想**

　　考虑训练数据 $\{(\boldsymbol{x}_1, y_1), (\boldsymbol{x}_2, y_2), \ldots, (\boldsymbol{x}_\ell, y_\ell)\} \subset \mathcal{X} \times \mathbb{R}$, 这里自变量空间 $\mathcal{X}$ 常常为 $\mathbb{R}^p$. 按照 Vapnik(1995), 在 $\epsilon$ 支持向量机回归, 目的是寻找一个函数 $f(x)$, 该函数必须尽可能地 "扁平"(也就是尽可能地简单), 而且要使得对于距离训练集的所有因变量值 $y_i$ 最多偏离 $\epsilon$, 也就是说, 我们不关心少于 $\epsilon$ 的误差, 但不能接受大于它的误差.

　　首先考虑线性函数

$$f(\boldsymbol{x}) = \langle \boldsymbol{w}, \boldsymbol{x} \rangle + b, \ \boldsymbol{x}, \boldsymbol{w} \in \mathcal{X}, \tag{4.8.1}$$

式中符号 $\langle \cdot, \cdot \rangle$ 表示在 $\mathcal{X}$ 中的内积. 扁平性在这里意味着寻找很小的 $\boldsymbol{w}$, 一种方法为使得欧氏范数平方 $\|\boldsymbol{w}\|^2 = \langle \boldsymbol{w}, \boldsymbol{w} \rangle$ 最小. 形式上, 这个问题可以写成下面的凸函数最优问题:

$$\min_{\boldsymbol{w}} \frac{1}{2} \|\boldsymbol{w}\|^2, \ 约束为: \begin{cases} y_i - \langle \boldsymbol{w}, \boldsymbol{x}_i \rangle - b \leqslant \epsilon, \forall i, \\ \langle \boldsymbol{w}, \boldsymbol{x}_i \rangle + b - y_i \leqslant \epsilon, \forall i, \end{cases} \tag{4.8.2}$$

该式的假定为, 对于大约所有的 $(\boldsymbol{x}_i, y_i)$, 这样的 $\epsilon$ 精确度问题的解存在, 但是, 式 (4.8.2) 的条件似乎过于苛刻, 所以, 人们引入松弛变量 $\xi, \xi^*$ 来放宽条件, 以允许一些误差的存在. 这样, 就有下面放宽条件的最优问题:

$$\min_{\boldsymbol{w}} \frac{1}{2} \|\boldsymbol{w}\|^2 + C \sum_{i=1}^{\ell} (\xi_i + \xi_i^*), \ 约束为: \begin{cases} y_i - \langle \boldsymbol{w}, \boldsymbol{x}_i \rangle - b \leqslant \epsilon + \xi_i, \forall i, \\ \langle \boldsymbol{w}, \boldsymbol{x}_i \rangle + b - y_i \leqslant \epsilon + \xi_i^*, \forall i, \\ \xi_i \geqslant 0, \xi_i^* \geqslant 0, \forall i. \end{cases} \tag{4.8.3}$$

这里的 $C\ (>0)$ 称为正则化参数或正则常数 (regularization constant), 它确定扁平性与对 $\epsilon$ 偏离的容忍度之间的平衡. 式 (4.8.3) 的约束相应于 $\epsilon$ 不敏感损失函数 ($\epsilon$-insensitive loss function):

$$\rho_{\epsilon}(z) = \begin{cases} 0, & |z| \leqslant \epsilon, \\ |z| - \epsilon, & |z| > \epsilon. \end{cases} \tag{4.8.4}$$

对于我们的回归问题, 损失函数的变元 $z$ 为 $f(\boldsymbol{x}_i) - y_i$. 图4.8.1为对这种情况的描述, 左图为关于数据、函数 $f(x)$、$\epsilon$、$\xi$ 的描述; 右图为损失函数 $\rho_{\epsilon}(\cdot)$.

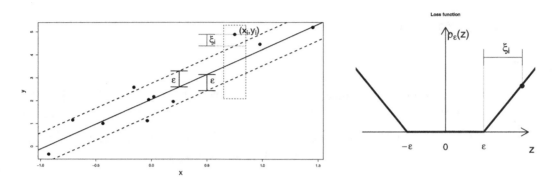

**图 4.8.1   松弛边缘损失设置 (左) 和 $\epsilon$ 不敏感损失函数 (右)**

由式 (4.8.4) 定义的损失函数, 使得在问题中所有距离目标在 $\epsilon$ 之内的所有点对于损失不起作用, 在以后的推导中, 只有在此距离之外的点才会有意义, 这些点就是支持向量.

## 线性问题的最优化解

根据 Mangasarian(1969), McCormick(1983), Vanderbei(1997) 及 Smola and Schölkopf(2004), 这里考虑用下面的 Lagrange 函数来解问题 (4.8.3):

$$\begin{aligned} L = & \frac{1}{2}\|\boldsymbol{w}\|^2 + C\sum_{i=1}^{\ell}(\xi_i + \xi_i^*) - \sum_{i=1}^{\ell}(\eta_i\xi_i + \eta_i^*\xi_i^*) \\ & - \sum_{i=1}^{\ell}\alpha_i(\epsilon + \xi_i - y_i + \langle \boldsymbol{w}, \boldsymbol{x}_i\rangle + b) \\ & - \sum_{i=1}^{\ell}\alpha_i^*(\epsilon + \xi_i^* - y_i + \langle \boldsymbol{w}, \boldsymbol{x}_i\rangle + b), \end{aligned} \tag{4.8.5}$$

其中 $\eta_i, \eta_i^*, \alpha_i, \alpha_i^*$ 为 Lagrange 乘数, 它们均必须为非负的. 这个 Lagrange 函数由目标函数 (称为原始 (primal) 目标函数) 及引入成对变量的约束组成. 能够证明, 这个函数对于原始目标变量和成对变量有一个鞍点.

对于函数 $L$ 关于原始变量 $w, b, \xi_i, \xi_i^*$ 取偏导数:

$$\frac{\partial}{\partial b} L = \sum_{i=1}^{\ell} (\alpha_i^* - \alpha_i) = 0, \tag{4.8.6}$$

$$\frac{\partial}{\partial \boldsymbol{w}} L = \boldsymbol{w} - \sum_{i=1}^{\ell} (\alpha_i - \alpha_i^*) \boldsymbol{x}_i = 0, \tag{4.8.7}$$

$$\frac{\partial}{\partial \xi_i} L = C - \alpha_i - \eta_i = 0, \tag{4.8.8}$$

$$\frac{\partial}{\partial \xi_i^*} L = C - \alpha_i^* - \eta_i^* = 0. \tag{4.8.9}$$

把这些结果带入式 (4.8.5) 得到成对最优问题:

$$最小化: \frac{1}{2} \sum_{i,j=1}^{\ell} (\alpha_i - \alpha_i^*)(\alpha_j - \alpha_j^*)\langle \boldsymbol{x}_i, \boldsymbol{x}_j \rangle + \epsilon \sum_{i=1}^{\ell} (\alpha_i + \alpha_i^*) - \sum_{i=1}^{\ell} y_i(\alpha_i - \alpha_i^*), \tag{4.8.10}$$

$$约束为: \sum_{i=1}^{\ell} (\alpha_i - \alpha_i^*) = 0, \ \alpha_i, \alpha_i^* \in [0, C].$$

在推导式 (4.8.10) 时已经通过式 (4.8.8) 和式 (4.8.9) 把 $\eta_i, \eta_i^*$ 消去了. 记我们最优问题关于 $\alpha, \alpha^*, \boldsymbol{w}, b$ 的解分别为 $\bar{\alpha}, \bar{\alpha}^*, \bar{\boldsymbol{w}}, \bar{b}$.

由式 (4.8.7), 有

$$\bar{\boldsymbol{w}} = \sum_{i=1}^{\ell} (\bar{\alpha}_i - \bar{\alpha}_i^*) \boldsymbol{x}_i,$$

即得到

$$f(x) = \sum_{i=1}^{\ell} (\bar{\alpha}_i - \bar{\alpha}_i^*)\langle \boldsymbol{x}_i, \boldsymbol{x} \rangle + \bar{b}. \tag{4.8.11}$$

式 (4.8.11) 为支持向量展开 (support vector expansion).

注意, 这里的函数是由训练集的支持向量表示的, 独立于空间 $\mathcal{X}$ 的维数. 这里的方法完全依赖于数据的内积; 根据式 (4.8.11), 计算函数 $f(x)$ 也不用得到 $\boldsymbol{w}$ 的显式, 只需要通过训练集的线性组合就行了. 这有助于把支持向量机回归方法推广到非线性的情况.

根据优化问题的 **KKT** 条件 (Karush, 1939; Kuhn and Tucker, 1951), 可以得到下面乘积为零的关系:

$$\begin{aligned} \bar{\alpha}_i(\epsilon + \xi_i - y_i + \langle \bar{\boldsymbol{w}}, \boldsymbol{x}_i \rangle + \bar{b}) &= 0, \\ \bar{\alpha}_i^*(\epsilon + \xi_i^* + y_i - \langle \bar{\boldsymbol{w}}, \boldsymbol{x}_i \rangle - \bar{b}) &= 0; \end{aligned} \tag{4.8.12}$$

$$\begin{aligned} (C - \bar{\alpha}_i)\xi_i &= 0, \\ (C - \bar{\alpha}_i^*)\xi_i^* &= 0. \end{aligned} \tag{4.8.13}$$

由式 (4.8.13) 可知, 只有相应于 $\bar{\alpha}_i^* = C, \bar{\alpha}_i = C$ 的样本 $(\boldsymbol{x}_i, y_i)$ 位于 $f$ 周围的 $\epsilon$ 不敏感区域之外. 而且由式 (4.8.12) 可知, $\bar{\alpha}_i \bar{\alpha}_i^* = 0$, 即一组成对变量 $\bar{\alpha}_i, \bar{\alpha}_i^*$ 不可能同时都不等于零. 如

果 $\bar{\alpha}_i \in (0, C)$, 则 $\xi_i = 0$; 而如果 $\bar{\alpha}_i^* \in (0, C)$, 则 $\xi_i^* = 0$. 因此, 我们有

$$\bar{b} = \begin{cases} y_i - \langle \bar{w}, x_i \rangle - \epsilon & \bar{\alpha}_i \in (0, C), \\ y_i - \langle \bar{w}, x_i \rangle + \epsilon & \bar{\alpha}_i^* \in (0, C). \end{cases} \tag{4.8.14}$$

支持向量展开式 (4.8.11) 仅仅是基于满足 $|f(x_i) - y_i| \geqslant \epsilon$ 的样本点. 只有对于这些数据, Lagrange 乘数可能非零. 对于在 $\epsilon$ 范围内的样本点, 即满足 $|f(x_i) - y_i| < \epsilon$ 的点, 式 (4.8.12) 的第二个因子不等于零, 因此 $\bar{\alpha}_i, \bar{\alpha}_i^*$ 必须为零以满足 KKT 条件. 这就是说 $\bar{w}$ 关于 $x_i$ 的展开式不需要所有的样本点, 这称为稀疏性 (sparsity). 这些样本点就称为支持向量 (support vector).

按照稀疏性, 式 (4.8.14) 可以写成:

$$\bar{b} = -\frac{1}{2} \langle \bar{w}, (\bar{x}_r + \bar{x}_s) \rangle, \tag{4.8.15}$$

这里 $\bar{x}_r$ 和 $\bar{x}_s$ 分别相应于 $\alpha$ 或 $\alpha^*$ 不为零的支持向量.

## 非线性问题及核

对于非线性问题, 可以把自变量映射 ($x \mapsto \Phi(x)$) 到更高维数的新自变量空间, 把非线性问题转换成线性问题. 然而, 这类映射的方式太多, 即使限于多项式投影也是天文数字. 但是由于我们的问题是对偶的内积形式, 可以通过核 (kernel) 来解决:

$$k(x, x') = \langle \Phi(x), \Phi(x') \rangle. \tag{4.8.16}$$

通过核就避免了寻找 $\Phi(\cdot)$ 显式表达式的麻烦. 这时问题 (4.8.10) 成为下面的优化问题:

$$\text{最小化: } \frac{1}{2} \sum_{i,j=1}^{\ell} (\alpha_i - \alpha_i^*)(\alpha_j - \alpha_j^*) k(x, x') + \epsilon \sum_{i=1}^{\ell} (\alpha_i + \alpha_i^*) - \sum_{i=1}^{\ell} y_i (\alpha_i - \alpha_i^*), \tag{4.8.17}$$

$$\text{约束为: } \sum_{i=1}^{\ell} (\alpha_i - \alpha_i^*) = 0, \ \alpha_i, \alpha_i^* \in [0, C].$$

类似地, 有

$$\bar{w} = \sum_{i=1}^{\ell} (\bar{\alpha}_i - \bar{\alpha}_i^*) \Phi(x_i),$$

即得支持向量展开

$$f(x) = \sum_{i=1}^{\ell} (\bar{\alpha}_i - \bar{\alpha}_i^*) k(x_i, x) + \bar{b}. \tag{4.8.18}$$

至于什么样的核可以作为映射函数的内积等问题, 我们不在这里讨论, 那属于数学家的课题. 我们只要使用大家经常用的一些核就行了. 在软件中, 可能会有如下一些核函数:

- 线性核: $\langle u, v \rangle$;
- 多项式核: $(\gamma \langle u, v \rangle + c)^p$;

- S 形核: $\tanh(\gamma\langle \boldsymbol{u}, \boldsymbol{v}\rangle + c)$;
- 径向基函数核: $\exp(-\gamma\|u - v'\|^2)$;
- Laplace 核: $\exp(-\gamma\|u - v'\|)$;
- Bessel 核: $(-\text{Bessel}_{(\nu+1)}^n\gamma\|u - v'\|^2)$.

### 4.8.2 用支持向量机拟合翼型全部数据 (例4.2)

考虑用支持向量机拟合例4.2全部数据. 这里使用程序包 e1071[15]中的函数 svm(). 拟合的具体代码为:

```
library(e1071)
w=read.csv("airfoil.csv")
set.seed(1010)
a=svm(Pressure ~ .,w,cross=10)
summary(a)
```

上面的选项 cross=10 是让程序自动进行 10 折交叉验证. 得到的汇总输出为

```
Call:
svm(formula = Pressure ~ ., data = w)


Parameters:
   SVM-Type:  eps-regression
 SVM-Kernel:  radial
       cost:  1
      gamma:  0.2
    epsilon:  0.1


Number of Support Vectors:  1155
10-fold cross-validation on training data:


Total Mean Squared Error: 10.49872
Squared Correlation Coefficient: 0.7803243
Mean Squared Errors:
 11.35589 7.494447 9.048922 10.05086 10.27973
 9.922631 9.312262 13.08572 9.326642 15.09037
```

上面的输出表明, 默认的核为径向基函数 (radial basis) 核, 核参数中的 $\gamma = 0.2$, $\epsilon$ 不敏感损失函数的默认 $\epsilon = 0.1$, 支持向量的数目为 1155 个. 交叉验证的总均方误差为 10.49872. 输出中还有 10 折交叉验证中每一次的均方误差. 把总均方误差换算成标准化均方误差为 0.2189723(当然这有随机性).

实际上, 输出的还有所有的标准化的支持向量、拟合值、残差等, 以供进一步分析.

---

[15]David Meyer, Evgenia Dimitriadou, Kurt Hornik, Andreas Weingessel and Friedrich Leisch (2014). e1071: Misc Functions of the Department of Statistics (e1071), TU Wien. R package version 1.6-4. http://CRAN.R-project.org/package=e1071.

### 4.8.3 对例4.2做 5 种方法的交叉验证

我们可以做 $K$ 折交叉验证. 我们利用 10 折交叉验证来比较 bagging、mboost、随机森林、神经网络和 SVM 的预测的 NMSE. 得到输出的 5 个 NMSE: 0.2913 (bagging), 0.4822 (mboost), 0.2748 (随机森林), 0.6153 (神经网络), 0.2231 (SVM). 结果显示在图4.8.2.

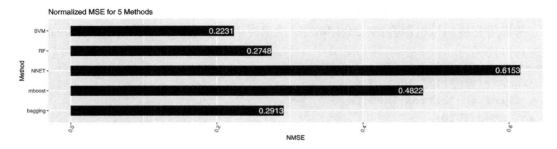

**图 4.8.2　例4.2数据对 5 种方法的 10 折交叉验证 NMSE**

生成图4.8.2的代码为:

```
w=read.csv("airfoil.csv")
library(ipred);library(mboost);library(randomForest)
library(kernlab);library(e1071);library(nnet)
D=6;Z=10;n=nrow(w);set.seed(1010)
I=sample(rep(1:Z,ceiling(n/Z)))[1:n]
M=mean((w[,D]-mean(w[,D]))^2)
gg=formula(Pressure~.)
gg1=formula(Pressure ~ btree(Frequency) + btree(Angle) +
btree(Chord) + btree(Velocity) + btree(Thickness))
library(tidyverse)
pred=matrix(999,n,5)
for(i in 1:Z){
  m=(I==i);set.seed(8888)
  pred[m,1]=bagging(gg,nbagg=100,w[!m,])%>%
    predict(w[m,])
  pred[m,2]=mboost(gg1,w[!m,])%>%
    predict(w[m,])
  pred[m,3]=randomForest(gg,w[!m,])%>%
    predict(w[m,])
  pred[m,4]=nnet(Pressure/max(Pressure) ~ ., data=w[!m,], maxit=1000,
    size = 6, decay = 0.05, trace=F)%>%
    predict(w[m,])*max(w$Pressure)
  pred[m,5]=svm(gg,w[!m,])%>%
    predict(w[m,])
}
nmse=apply((sweep(pred,1,w[,D],'-'))^2,2,mean)/M;
```

```
NMSE=data.frame(Method=c('bagging','mboost','RF','NNET','SVM'),NMSE=nmse)
ggplot(NMSE, aes(x=Method, y=NMSE)) +
  geom_bar(stat="identity", width=.5, fill="navyblue") +
  labs(title="Normalized MSE for 5 Methods",xlab='Method') +
  geom_text(aes(label=round(NMSE,4)), hjust=1, color="white", size=5)+
  theme(axis.text.x = element_text(angle=65, vjust=0.6))+
  coord_flip()
round(nmse,4)
```

从输出中可以看出, 对于某些数据表现非常突出的 mboost 和 nnet 对于例4.2的数据表现并不佳, 而 SVM 却表现得非常出色, 超过了随机森林. 甚至一般不如 mboost 的 bagging 也表现不错. 这也说明, 绝对不能说某种方法一定比另一种要好. 对于某一个数据而言优秀的模型, 也可能对另一个数据而言就不好, 反之亦然. 但不要忘记, 对于模型的不同选项也会影响效果, 因此, 任何比较模型的结果都是在一定条件下产生的.

**评论: 类似于经典线性回归和神经网络, 支持向量机回归的一个弱点是当数据的自变量有太多的定性变量或定性变量水平太多时往往无法运作, 这和其数学结构有关. 对于这类数据, 就应该使用基于决策树的各种方法了.**

## 4.9  k 最近邻回归

### 4.9.1  概述

最简单的回归方法可能是 k 最近邻 (k-nearest neighbors) 方法了. 它是根据测试集自变量观测值与训练集自变量观测值距离最近的 $k$ 个点对测试集的因变量做加权平均来预测. 图4.9.1描述了对于简单一元回归使用两种核函数加权, 以及不同的 $k$ 值的效果. 显然 $k$ 越大, 预测的图形越光滑.

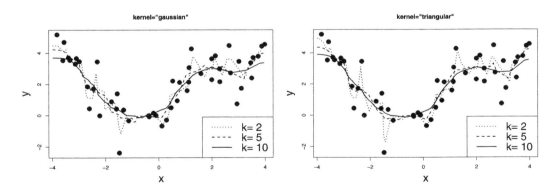

**图 4.9.1  k 最近邻方法对于不同核函数和不同 $k$ 值的示意图**

对于训练集 $\{(y_i, \boldsymbol{x}_i), i = 1, 2, \ldots, L\}$, 这里 $\boldsymbol{x}_i = (x_{i1}, x_{i2}, \ldots, x_{ip})^\top$ 代表自变量的值. 而确定最近邻是基于所选择的距离函数 $d(\cdot, \cdot)$. 显然, 有 3 个度量是必须选择的: 距离的定义、核函数的选择以及 $k$ 的选择.

对于距离, 我们考虑比较一般的 Minkowski 距离

$$d(\boldsymbol{x}_i, \boldsymbol{x}_j) = \left( \sum_{s=1}^{p} |x_{is} - x_{js}|^q \right)^{1/q}.$$

当 $q = 2$ 时, 这是欧氏距离; 当 $q = 1$ 时, 为绝对距离.

对于所定义的距离 $d$, 下面列举一些常用的核函数 $K(d)$:

- 矩形核: $\frac{1}{2}\boldsymbol{I}(|d| \leqslant 1)$, 这实际上没有加权.
- 三角核: $(1 - |d|)\boldsymbol{I}(|d| \leqslant 1)$.
- Epanechnikov 核: $\frac{3}{4}(1 - d^2)\boldsymbol{I}(|d| \leqslant 1)$.
- 四次或双权核: $\frac{14}{15}(1 - d^2)^2\boldsymbol{I}(|d| \leqslant 1)$.
- 三权核: $\frac{35}{32}(1 - d^2)^3\boldsymbol{I}(|d| \leqslant 1)$.
- 余弦核: $\frac{\pi}{4}\cos\left(\frac{\pi}{2}d\right)\boldsymbol{I}(|d| \leqslant 1)$.
- 高斯核: $\frac{1}{\sqrt{2\pi}}\exp\left(-\frac{d^2}{2}\right)$.
- 倒数核: $\frac{1}{|d|}$.

根据经验, 除了矩形核之外的权重类型选择对于预测并不是很重要的. 记 $\boldsymbol{x}_{(\ell)}$ 为一个新数据点的第 $\ell$ 近邻点. 由于这些核函数需要一个窗宽或者散布参数, 通常用标准化距离来解决这个问题. 标准化距离为

$$D(\boldsymbol{x}, \boldsymbol{x}_{(i)}) = \frac{d(\boldsymbol{x}, \boldsymbol{x}_{(i)})}{d(\boldsymbol{x}, \boldsymbol{x}_{(k+1)})}, \quad i = 1, 2, \ldots, k.$$

显然 $D(\boldsymbol{x}, \boldsymbol{x}_{(i)}) \in [0, 1]$. 在实践中, 往往加上一个小的正值于 $d(\boldsymbol{x}, \boldsymbol{x}_{(k+1)})$, 以避免分母为 0.

### 4.9.2 对翼型数据 (例4.2) 做 k 最近邻方法的交叉验证

这里使用程序包 kknn[16]的函数 kknn() 做 k 最近邻拟合, 该函数默认的 $k = 7$, 默认的距离为欧氏距离, 而默认的核函数为 "optional", 即 $[(2(d+4)/(d+2))(d/(d+4))k]$.

下面我们还接着4.8.3节的交叉验证代码, 对例4.2数据补充做 k 最近邻方法回归的 10 折交叉验证 (用同样的测试集和训练集):

```
w=read.csv("airfoil.csv")
D=6;Z=10;n=nrow(w);set.seed(1010)
I=sample(rep(1:Z,ceiling(n/Z)))[1:n]
gg=formula(Pressure~.)
M=mean((w[,D]-mean(w[,D]))^2)
library(kknn)
pred=rep(999,n)
for(i in 1:Z){
  m=(I==i)
  pred[m]=kknn(gg,w[!m,],w[m,])%>%
```

---

```
    .$fitted
}
mean((pred-w[,D])^2)/M
```

结果的 NMSE 为 0.1466366. 图4.9.2(大部分重复图4.8.2) 展示了 6 种方法 10 折交叉验证的
NMSE. 从图中也可以看出, 最简单的 k 最近邻方法居然是误差最小的方法.

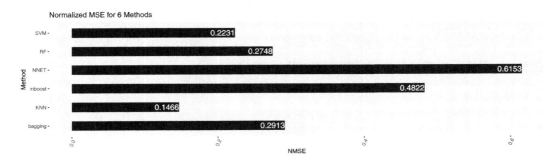

图 **4.9.2**    对例**4.2**数据做 **6** 种方法 **10** 折交叉验证的 **NMSE**

评论: 很多人认为, k 最近邻方法的一个缺陷是它对于训练集之外的点的预测不会很好.
的确有这个问题. 不仅如此, 如果数据有很多定性自变量, 那么对各个变量之间距离的不同
定义会产生不同的结果.

更进一步, 很多人认为横截面回归作预测不如时间序列模型或者纵向数据模型那么可
靠. 这就显然带有偏见了. 在很多情况下, 时间序列模型或者纵向数据模型的可预测性是基
于数学模型主观假定的而不是基于事实. 想想看, 有哪一个时间序列模型预测出任何一次金
融危机或者经济危机. 很多实际例子表明, 时间序列或纵向数据模型的预测精度并不比横截
面数据模型预测的更精确.

## 4.10    本章 Python 运行代码

在使用 **Python** 于本章的例子时, 希望注意下面几点:
1. 与 **R** 相比, 由于编程语言不同、函数内部结构及选项都不同, **Python** 所产生的计
   算结果和 **R** 产生的不一定类似, 甚至没有可比性.
2. 本节并不完全平行地重复前面 **R** 代码所做的, 没有刻意斟酌选项的选择, 也没有
   对不同的结果做比较, 这些都留给读者去尝试.
3. 注意不同的模型对于不同数据所表现出的差异. 一个模型表现优劣和数据及模型
   选项有关, 也和采用的函数有关; 即使是类似模型, 不同软件的函数也有不同的表
   现.

### 4.10.1  决策树回归的拟合及画图

我们用例2.3来看如何用 Python 对决策树做拟合及画图. 输入有关模块及数据

```
import pandas as pd
import numpy as np
import matplotlib.pyplot as plt
from sklearn.tree import DecisionTreeRegressor
from sklearn import tree
import graphviz
w=pd.read_csv('Boston.csv')
y=w.MEDV
X=w.iloc[:,:-1]
```

决策树 (为了显示清楚只做 2 层) 拟合并作图 (见图4.10.1).

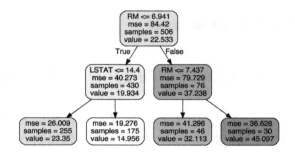

**图 4.10.1    例2.3决策树回归图**

```
reg = DecisionTreeRegressor(random_state=0,max_depth=2)
reg=reg.fit(X,y)
dot_data=tree.export_graphviz(reg,out_file=None,
            feature_names = X.columns,rounded=True, filled=True)
graph = graphviz.Source(dot_data)
graph.render("Bostontree")  #输出图到Bostontree.pdf文件
graph
```

### 4.10.2  例4.1伺服系统数据的决策树与线性模型回归的交叉验证

首先输入必要的模块及数据, 并且把自变量哑元化:

```
import pandas as pd
import numpy as np
from sklearn.tree import DecisionTreeRegressor
from sklearn.linear_model import LinearRegression

w=pd.read_csv('servo.csv')
y=w['class']
```

```
X=pd.get_dummies(w.iloc[:,:-1])
```

利用2.9.5节的函数 RegCV(利用 Fold 根据变量 screw 把数据分成 7 折) 做回归的交叉验证,
同时利用2.9.5节的函数 BarPlot 画出 NMSE 条形图 (见图4.10.2).

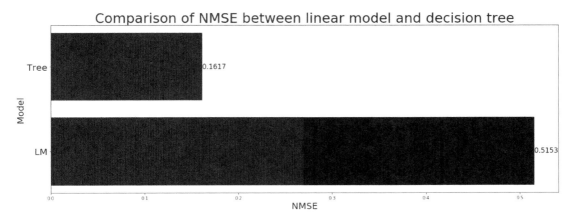

**图 4.10.2　　例4.1的决策树及线性回归的交叉验证 NMSE 图**

用下面的代码计算 NMSE 并画图4.10.2.

```
from sklearn.tree import DecisionTreeRegressor
from sklearn.linear_model import LinearRegression
names=['LM','Tree']
reg = [LinearRegression(),DecisionTreeRegressor(max_depth=None)]
REG=dict(zip(names,reg))
R,A=RegCV(X,y,REG,Z=7,u=w['screw'],seed=1010)
BarPlot(A,'NMSE','Model',
        'Comparison of NMSE between linear model and decision tree')

print(A)
```

输出的 NMSE 为:

```
{'LM': 0.5153098628781699, 'Tree': 0.16167235022253376}
```

### 4.10.3　例4.2翼型数据的 bagging、决策树与线性模型回归的交叉验证

首先输入必要的模块及数据:

```
import pandas as pd
import numpy as np
import matplotlib.pyplot as plt
from sklearn.tree import DecisionTreeRegressor
```

```
from sklearn.linear_model import LinearRegression
from sklearn.ensemble import BaggingRegressor

w=pd.read_csv('airfoil.csv')
y=w['Pressure']
X=w.iloc[:,:-1]
```

利用2.9.5节的函数 RegCV (利用 Rfold) 把数据分成 10 折做交叉验证, 同时利用2.9.5节的函数 BarPlot 画出 NMSE 条形图 (见图4.10.3).

```
names=['LM','Tree','bagging']
reg = [LinearRegression(),DecisionTreeRegressor(max_depth=None),
       BaggingRegressor(n_estimators=100)]
REG = dict(zip(names,reg))
R,A=RegCV(X,y,REG)
print(A)
BarPlot(A,'NMSE','Model','Normalized MSE for 3 Models')
```

输出的 NMSE 及图4.10.3如下:

```
{'LM': 0.48979, 'Tree': 0.12500, 'bagging': 0.05657}
```

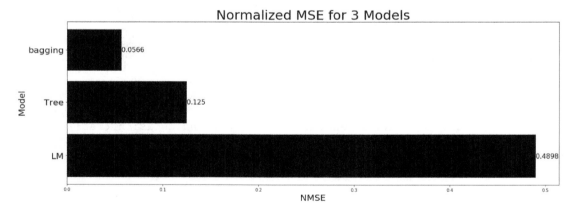

图 **4.10.3**　例**4.2**的线性回归、决策树及 **bagging** 的交叉验证 **NMSE** 图

### 4.10.4　例4.3能源效率数据的随机森林回归的变量重要性

首先输入必要的模块及数据:

```
import pandas as pd
import numpy as np
import matplotlib.pyplot as plt
from sklearn.ensemble import RandomForestRegressor
```

```
w=pd.read_csv('energy.csv')
w.X6=w.X6.astype('category')
y=w['Y1']
X = pd.get_dummies(w.iloc[:,[0,2,3,4,5,6,7]], drop_first = False)
```

做随机森林回归并产生变量重要性 (见图4.10.4).

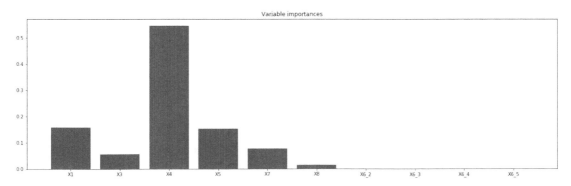

**图 4.10.4　例4.3随机森林回归的变量重要性图**

```
random_forest = RandomForestRegressor(n_estimators=500,random_state=0)
random_forest.fit(X, y)
preds = random_forest.predict(X)

fig = plt.figure(figsize=(20, 6))
ax = fig.add_subplot(111)
ax.bar(X.columns, random_forest.feature_importances_)
ax.set_title('Variable importances')
```

输入代码:

```
dict(zip(X.columns, random_forest.feature_importances_))
```

输出变量重要性数值:

```
{'X1': 0.15669958276964133,
 'X3': 0.05566358839137073,
 'X4': 0.5444139229014571,
 'X5': 0.15242487535374716,
 'X7': 0.07702331992829871,
 'X8': 0.01301674468083876,
 'X6_2': 0.00016639443226918845,
 'X6_3': 0.00017696346309393216,
 'X6_4': 0.0001650163062677964,
 'X6_5': 0.00024959177301540236}
```

### 4.10.5 例4.3能源效率数据的 bagging、随机森林与线性模型回归的交叉验证

首先输入必要的模块及数据:

```
import pandas as pd
import numpy as np
import matplotlib.pyplot as plt
from sklearn.linear_model import LinearRegression
from sklearn.ensemble import BaggingRegressor,RandomForestRegressor

w=pd.read_csv('energy.csv')
w.X6=w.X6.astype('category')
y=w['Y1']
X = pd.get_dummies(w.iloc[:,[0,2,3,4,5,6,7]], drop_first = False)
```

利用2.9.5节的函数 RegCV(利用 Rfold) 把数据分成 10 折做交叉验证, 同时利用2.9.5节的函数 BarPlot 画出 NMSE 条形图 (见图4.10.5).

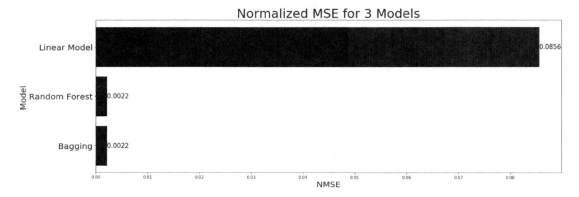

**图 4.10.5  例4.3的线性回归、随机森林及 bagging 的交叉验证 NMSE 图**

用下面的代码计算 NMSE 并画图4.10.5.

```
names = ["Bagging", "Random Forest","Linear Model"]
regressors = [
    BaggingRegressor(n_estimators=100),
    RandomForestRegressor(n_estimators=500,random_state=0),
    LinearRegression()]
REG=dict(zip(names,regressors))
R,A=RegCV(X,y,REG)
print(A)
BarPlot(A,'NMSE','Model','Normalized MSE for 3 Models')
```

输出的 NMSE 为:

```
{'Bagging': 0.0021982952105910956, 'Random Forest': 0.002181385044687003,
'Linear Model': 0.08557854190097332}
```

### 4.10.6 例4.4进口汽车数据的 bagging、随机森林与 HGBoost 回归的交叉验证

Python 没有 mboost 回归函数, 我们用基于直方图的梯度自助法 (histogram-based gradient boosting, HGBoost), 它和 bagging 也很相似, 但在节点选择梯度大的变量, 因为这些变量容易使得数据变纯, 这是梯度自助法的原理, 而基于直方图的梯度自助法则不用自变量的实际数值来分割, 而是用其直方图的条来分割, 这样可大大加快计算速度.

首先输入必要的模块及数据, 并且把因变量中定性变量哑元化:

```
import pandas as pd
import numpy as np
import matplotlib.pyplot as plt
from sklearn.experimental import enable_hist_gradient_boosting
from sklearn.ensemble import HistGradientBoostingRegressor
from sklearn.ensemble import BaggingRegressor,RandomForestRegressor


w=pd.read_csv('imports85.csv')
y=w['price']
X=pd.get_dummies(w.iloc[:,:-1])
```

利用2.9.5节的函数 RegCV (利用 Rfold) 把数据分成 10 折做交叉验证, 同时利用2.9.5节的函数 BarPlot 画出 NMSE 条形图 (见图4.10.6).

```
names = ["Bagging", "Random Forest","HGBoost"]
regressors = [
    BaggingRegressor(n_estimators=100),
    RandomForestRegressor(n_estimators=500,random_state=0),
    HistGradientBoostingRegressor()]
REG=dict(zip(names,regressors))
R,A=RegCV(X,y,REG)
print(A)
BarPlot(A,'NMSE','Model','Normalized MSE for 3 Models')
```

输出的 NMSE 及图4.10.6如下:

```
{'Bagging': 0.06992, 'Random Forest': 0.07099, 'HGBoost': 0.10432}
```

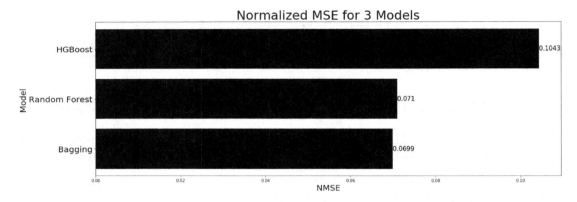

**图 4.10.6  例4.4的线性回归、随机森林及 bagging 的交叉验证 NMSE 图**

### 4.10.7 例4.4进口汽车数据的人工神经网络回归的交叉验证

为了使得单独回归交叉验证更容易, 我们定义下面函数:

```python
def SRCV(X,y,REG,Z=10,seed=1010):
    n=len(y)
    zid=Rfold(n,Z,seed)
    pred=np.zeros(n)
    for j in range(Z):
        REG.fit(X[zid!=j],y[zid!=j])
        pred[zid==j]=REG.predict(X[zid==j])
    NMSE=((y-pred)**2).sum()/np.sum((y-y.mean())**2)
    return NMSE, pred
```

该函数输入自变量 (X)、因变量 (y)、回归模型 (REG)、交叉验证折数 (Z) 及随机种子 (seed), 输出为 NMSE 及交叉验证预测值.

输入必要的模块及数据, 并且把因变量中定性变量哑元化:

```python
import pandas as pd
import numpy as np
import matplotlib.pyplot as plt

w=pd.read_csv('imports85.csv')
y=w['price']
X=pd.get_dummies(w.iloc[:,:-1])

from sklearn.neural_network import MLPRegressor
REG=MLPRegressor(max_iter=50000)
NMSE, pred=SRCV(X,y,REG)
NMSE
```

如果迭代次数 (max_iter) 太少, 这个程序不收敛, 当然 50000 可能稍微多了一点, 但却收

敛了, 输出的 NMSE 为:

```
0.0969460790182017
```

这比前面小节的 HGBoost 稍微好一点.

### 4.10.8 例4.1伺服系统数据的 k 最近邻、线性回归、神经网络、bagging、随机森林与 HGBoost 回归的交叉验证

首先输入必要的模块及数据, 并且把因变量中定性变量哑元化:

```
import pandas as pd
import numpy as np
import matplotlib.pyplot as plt
from sklearn.ensemble import BaggingRegressor,RandomForestRegressor
from sklearn.neural_network import MLPRegressor
from sklearn.experimental import enable_hist_gradient_boosting
from sklearn.ensemble import HistGradientBoostingRegressor
from sklearn.neighbors import KNeighborsRegressor
from sklearn.linear_model import LinearRegression

w=pd.read_csv('servo.csv')
y=w['class']
X=pd.get_dummies(w.iloc[:,:-1])
```

利用2.9.5节的函数 RegCV (利用 Fold 把数据按照变量 screw 分成 7 折) 做交叉验证, 同时利用2.9.5节的函数 BarPlot 画出 NMSE 条形图 (见图4.10.7).

```
names = ["Bagging","NNet", "Random Forest","HGBoost","LM","KNN"]
regressors = [
    BaggingRegressor(n_estimators=100),
    MLPRegressor(max_iter=50000),
    RandomForestRegressor(n_estimators=500,random_state=1010),
    HistGradientBoostingRegressor(),
    LinearRegression(),
    KNeighborsRegressor(n_neighbors=3)]
REG=dict(zip(names,regressors))

R,A=RegCV(X,y,REG,Z=7,u=w['screw'])
BarPlot(A,'NMSE','Model','Normalized MSE for 3 Models')

print(A)
```

输出的 NMSE 及图4.10.7如下:

```
{'Bagging': 0.19450877023772012,
 'NNet': 0.25516894475577295,
 'Random Forest': 0.18856745842464154,
 'HGBoost': 0.2230623151154226,
 'LM': 0.5485251411943513,
 'KNN': 0.5379857595137514}
```

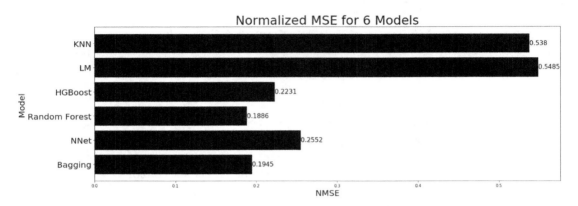

**图 4.10.7 例4.1的 6 种方法的交叉验证 NMSE 图**

## 4.11 习题

1. 用代码 w=read.csv("auto.mpg.csv") 读入汽车耗油数据.[17]该数据的变量为 mpg(耗油量: 每加仑英里数), cylinders (气缸数), displacement (排量), horsepower (马力), weight (重量), acceleration (加速), model.year (型号年), origin (来源: 三个之一), car.name (牌子).

   (1) 用代码 w[,8]=factor(w[,8]) 把哑元表示的定性变量 origin(第 8 个变量) 因子化.

   (2) 用代码 library(missForest);w=missForest(w[,-9])$ximp 对去除最后一个变量 (第 9 个变量) car.name 之后的数据弥补缺失值. (为什么去除最后一个变量?)

   (3) 请用各种回归方法, 以 mpg 为因变量做回归, 并用交叉验证来比较各种方法的预测标准化均方误差, 可以用书上2.5.4节提供的 Fold() 函数来产生交叉验证集, 比如做 10 折交叉验证, 并且平衡第 8 个变量 origin 的各个水平, 可使用下面的代码把 10 个下标集存储在对象 mm 中: mm=Fold(10,w,8,8888).

2. 用代码 w=read.csv("CommViolPredUnnormalizedData.csv") 读入社区和犯罪数据.[18] 该数据中美国社会经济数据来源于普查局 1990 年的普查, 执法数据来自 1990 年 US LEMAS 调查, 犯罪数据来自 1995 年 FBI UCR. 一共有 2215 个观测值和 147 个变量, 而且有缺失值.

[17]Lichman, M. (2013). UCI Machine Learning Repository [http://archive.ics.uci.edu/ml]. Irvine, CA: University of California, School of Information and Computer Science. https://archive.ics.uci.edu/ml/datasets/Auto+MPG.

[18]Creator: Michael Redmond (redmond_lasalle.edu); Computer Science; La Salle University; Philadelphia, PA, 19141, USA. 有关网址为 https://archive.ics.uci.edu/ml/datasets/Communities+and+Crime.

(1) 看懂数据各个变量的意义.

(2) 你可以用代码 `library(missForest);v=missForest(w[,-c(1:5)])$ximp` 弥补缺失值, 并去掉前面 5 个变量 (为什么?). 新数据集为 v.

(3) 你可以对所有比例变量做对数变换 (也可不做).

(4) 自己选择因变量, 比如, 选择 ViolentCrimesPerPop(每 10 万人中暴力犯罪人数) 作为因变量. 然后用各种方法做回归.

(5) 用交叉验证来比较各种方法的预测标准化均方误差. 可用第 5 个变量 fold(`w[,5]`) 提供的 10 个下标集来做 10 折交叉验证. 这时第 $i$ $(i = 1, 2, \ldots, 10)$ 个测试集和训练集的代码为 `v[w[,5]==i,]` 及 `v[w[,5]!=i,]`.

# 第 5 章 经典分类: 判别分析

回归问题是经典统计中最详尽研究的课题, 但同样重要的分类问题在经典统计中却相对被冷落. 其主要原因不是分类不重要, 而是现有的数学工具对于分类问题力不从心. 因此, 在模型驱动的思维模式下, 经典统计中对分类问题的研究基本上还停留在 70 多年前的水平. 目前, 虽然计算机时代发展的机器学习方法从数量上及预测精度上都总体上超过经典的统计方法, 但是, 对于某些数据, 特别是在自变量基本是数量变量的情况下, 经典的判别分析方法及 logistic 回归在分类问题上仍然是一个重要的方法.

前面在 3.5.2 节讨论广义线性模型的 logistic 回归时讨论了二分变量的分类, 并且与线性判别分析做了比较, 现在我们来介绍线性判别分析.

**例 5.1 (sat.csv) 卫星图像数据**. 该数据[1] 包括陆地资源卫星一个卫星图像的 $3 \times 3$ 像素邻域的多频谱值, 并考虑在每个邻域的中心像素相关联的分类问题. 原先的图像为 $82 \times 100$ 像素, 这个数据仅仅是一个子区域. 数据每一行相应于 $3 \times 3$ 的像素邻域. 每一行包含在该 $3 \times 3$ 邻域中的 9 个像素中每一个的 4 个光谱带 (转换成 ASCII 码), 这就构成了 36 个变量的观测值, 此外, 作为第 37 个变量, 还有一个用数值表示的中心像素点处的实际土地类型 (用哑元 1, 2, 3, 4, 5, 7 分别代表红壤 (red soil)、棉花作物 (cotton crop)、灰壤 (grey soil)、潮湿灰壤 (damp grey soil)、有植物茬的土壤 (soil with vegetation stubble)、非常潮湿的灰壤 (very damp grey soil). 数据中缺乏的哑元 6 代表各种类的混合 (mixture class). 因此一共有 37 个变量, 前面 36 个是光谱带, 最后一个是哑元表示的土地类型.

原始的数据是分成两个数据集的. 这里的数据中的前 2000 行属于测试集, 后面的 4435 行属于训练集. 数据提供者的警告是, 不要自行做交叉验证, 用提供的一个训练集和一个测试集就行了. 这可能和数据的整体性有关.

由于这个数据的自变量全部是数值变量, 因此可以使用经典的判别分析方法, 并且和其他方法进行比较.

## 5.1 线性判别分析

在分类问题中, 假定分类因变量一共有 $K$ 类, 即 $k$ 个水平, 则可以假定, 一个对象属于第 $k$ 类的 (先验) 概率为 $\pi_k$, 而 $\sum_{k=1}^{K} \pi_k = 1$. 通常 $\pi_k$ 由频率

$$\hat{\pi}_k = \frac{\text{在第 } k \text{ 类的样本个数}}{\text{总样本个数}}$$

---

[1]Dua, D. and Graff, C. (2019). UCI Machine Learning Repository [http://archive.ics.uci.edu/ml]. Irvine, CA: University of California, School of Information and Computer Science. 下载网址 http://archive.ics.uci.edu/ml/datasets/Statlog+(Landsat+Satellite).

来估计. 如果观测值中的自变量有 $p$ 个, 一共有 $N$ 个观测值, 其中对于第 $k$ 类有 $N_k$ 个观测值. 用 $X_{ki}$ 表示属于第 $k$ 类的第 $i$ 个观测值. 用 $f_k(x)$ 表示属于第 $k$ 类的观测值向量 $\boldsymbol{X}_k = (X_{k1}, X_{k2}, \ldots, X_{kN_k})^\top$ 的分布密度. 相应于自变量 $\boldsymbol{x}$ 的因变量 $Y$ 属于第 $k$ 类 (用 $G(\boldsymbol{x})$ 或 $G$ 表示自变量 $\boldsymbol{x}$ 相应的因变量的类别) 的后验概率为

$$P(G = k|\boldsymbol{x}) = \frac{f_k(\boldsymbol{x})\pi_k}{\sum_{\ell=1}^{K} f_\ell(\boldsymbol{x})\pi_\ell}.$$

根据贝叶斯最大后验分布估计 (maximum a posteriori estimation, MAP),

$$\hat{G}(\boldsymbol{x}) = \arg\max_k P(G = k|\boldsymbol{x}) = \arg\max_k \left[f_k(\boldsymbol{x})\pi_k\right].$$

通常经典判别分析假定多元正态分布:

$$f_k(\boldsymbol{x}) = \frac{1}{(2\pi)^{p/2}|\boldsymbol{\Sigma}_k|^{1/2}} \exp\left\{-\frac{1}{2}(\boldsymbol{x} - \boldsymbol{\mu}_k)^\top \boldsymbol{\Sigma}_k^{-1}(\boldsymbol{x} - \boldsymbol{\mu}_k)\right\}.$$

对于线性判别分析, 还假定 $\boldsymbol{\Sigma}_k = \boldsymbol{\Sigma}$, $\forall k$. 在这个假定下, 不同类的分布仅仅按照正态分布的位置 (参数) 来区别. 这时, 最优的分类为

$$\begin{aligned}
\hat{G}(\boldsymbol{x}) &= \arg\max_k \left[f_k(\boldsymbol{x})\pi_k\right] = \arg\max_k \left[\log\left(f_k(\boldsymbol{x})\pi_k\right)\right] \\
&= \arg\max_k \left\{-\log\left[(2\pi)^{p/2}|\boldsymbol{\Sigma}|^{1/2}\right] - \frac{1}{2}(\boldsymbol{x} - \boldsymbol{\mu}_k)^\top \boldsymbol{\Sigma}^{-1}(\boldsymbol{x} - \boldsymbol{\mu}_k) + \log(\pi_k)\right\}.
\end{aligned}$$

由此得到

$$\hat{G}(\boldsymbol{x}) = \arg\max_k \left[\boldsymbol{x}^\top \boldsymbol{\Sigma}^{-1}\boldsymbol{\mu}_k - \frac{1}{2}\boldsymbol{\mu}_k^\top \boldsymbol{\Sigma}^{-1}\boldsymbol{\mu}_k + \log(\pi_k)\right].$$

定义线性判别函数 (linear discriminant function) 为

$$\delta_k(\boldsymbol{x}) = \boldsymbol{x}^\top \boldsymbol{\Sigma}^{-1}\boldsymbol{\mu}_k - \frac{1}{2}\boldsymbol{\mu}_k^\top \boldsymbol{\Sigma}^{-1}\boldsymbol{\mu}_k + \log(\pi_k),$$

则

$$\hat{G}(\boldsymbol{x}) = \arg\max_k \delta_k(\boldsymbol{x}).$$

显然, 在第 $k$ 和第 $\ell$ 类之间的决策边界为点集:

$$\{\boldsymbol{x} : \delta_k(\boldsymbol{x}) = \delta_\ell(\boldsymbol{x})\}$$

或者

$$\left\{\boldsymbol{x} : \boldsymbol{x}^\top \boldsymbol{\Sigma}^{-1}(\boldsymbol{\mu}_k - \boldsymbol{\mu}_\ell) - \frac{1}{2}(\boldsymbol{\mu}_k + \boldsymbol{\mu}_\ell)^\top \boldsymbol{\Sigma}^{-1}(\boldsymbol{\mu}_k - \boldsymbol{\mu}_\ell) + \log\left(\frac{\pi_k}{\pi_\ell}\right) = 0\right\}. \tag{5.1.1}$$

在实践中, 上面的参数 $\boldsymbol{\mu}_k, \pi_k, \boldsymbol{\Sigma}$ 都未知, 必须做出估计 (记 $x_{ki}$ 为 $X_{ki}$ 的实现值):

$$\hat{\pi}_k = N_k/N;$$

$$\hat{\mu}_k = \frac{1}{N_k}\sum_{i=k}^{N_k} x_{ki};$$

$$\hat{\boldsymbol{\Sigma}} = \frac{1}{N-k}\sum_{k=1}^{K}\sum_{i=1}^{N_k}(x_{ki}-\hat{\mu}_k)(x_{ki}-\hat{\mu}_k)^{\top}.$$

如果对于不同的 $k$, $\boldsymbol{\Sigma}_k$ 不相等, 则必须分别估计它们. 而判别函数

$$\delta_k(\boldsymbol{x}) = -\frac{1}{2}\log|\boldsymbol{\Sigma}_k| - \frac{1}{2}(\boldsymbol{x}-\mu_k)^{\top}\boldsymbol{\Sigma}_k^{-1}(\boldsymbol{x}-\mu_k) + \log(\pi_k)$$

称为二次判别函数 (quadratic discriminant function), 相应的 $\boldsymbol{\Sigma}_k$ 必须分别估计. 因而

$$\hat{G}(\boldsymbol{x}) = \arg\max_k \delta_k(\boldsymbol{x}).$$

注意, 当维数大于 2 时, 特别是当总体偏离正态分布时, 二次判别的结果往往不理想, 可能会产生一些奇怪的结果.

**注:** 我们前面用的最大后验概率 (MAP) 方法是诸多方法中的一种. 更一般地, 如果记 $c(\ell|k)$ 为把第 $k$ 类判为 $\ell$ 类的损失; $R_k$ 为 $\boldsymbol{x}$ 被判为第 $k$ 类的区域 ($R_i \cap R_j = \emptyset$, $\forall \ell \neq k$ 以及 $\cup_i R_i = \Omega$); $P(\ell|k)$ 为本来属于 $k$ 类的个体分到第 $\ell$ 类的概率, 即 $P(\ell|k) = \int_{R_\ell} f_k(\boldsymbol{x})\mathrm{d}\boldsymbol{x}$. 则来自第 $k$ 类的个体 $\boldsymbol{x}$ 的期望误判损失 (expected cost of misclassification, ECM) 为

$$ECM(k) = \sum_{j=1}^{K} P(j|k)c(j|k),$$

这里 $c(k|k) = 0$ 而且 $P(k|k) = 1 - \sum_{j\neq k} P(j|k)$. 于是总的损失为

$$ECM = \sum_{j=1}^{K} \pi_k \left\{ \sum_{j=1, j\neq k}^{K} P(j|k)c(j|k) \right\}.$$

因此, 把 $\boldsymbol{x}$ 判为 $k$ 类的使期望误判损失最小的判别区域为使得下式最小的区域:

$$\sum_{j=1, j\neq k}^{K} \pi_k f_k(\boldsymbol{x})c(j|k).$$

对于 $K = 2$ 的正态分布情况, 上式导致决策边界点为

$$\left\{ \boldsymbol{x}: \boldsymbol{x}^{\top}\boldsymbol{\Sigma}^{-1}(\boldsymbol{\mu}_1 - \boldsymbol{\mu}_2) - \frac{1}{2}(\mu_1 + \mu_2)^{\top}\boldsymbol{\Sigma}^{-1}(\mu_1 - \mu_2) + \log\left(\frac{c(2|1)\pi_1}{c(1|2)\pi_2}\right) = 0 \right\}. \quad (5.1.2)$$

显然, 式 (5.1.1) 适用于误判损失函数相等的特殊情况, 也就是说 **MAP** 是在损失函数都相等

时的判别方法.

## 5.2 Fisher 判别分析

Fisher 判别法是把 (有 $K$ 个总体的) 观测值做出诸如 $\boldsymbol{a}_1^\top \boldsymbol{X}, \boldsymbol{a}_2^\top \boldsymbol{X}, \ldots, \boldsymbol{a}_m^\top \boldsymbol{X}$ 的少数线性组合, 也就是把观测值投影到较低维的空间, 从而形成维数较小 (比如两三维) 的总体, 这时可用目视或图形表示来做进一步分析. Fisher 判别法不用假定正态分布, 但假定 $K$ 个总体协方差矩阵满秩并且相同: $\boldsymbol{\Sigma}_i = \boldsymbol{\Sigma}, \forall i$,

令 $\boldsymbol{\mu} = \frac{1}{K} \sum_{k=1}^{K} \boldsymbol{\mu}_k$, 并记

$$B_{\boldsymbol{\mu}} = \sum_{k=1}^{K} (\boldsymbol{\mu}_k - \boldsymbol{\mu})(\boldsymbol{\mu}_k - \boldsymbol{\mu})^\top.$$

令线性组合 $\boldsymbol{Y} = \boldsymbol{a}^\top \boldsymbol{X}$ 对总体 $k$ 的期望 $\boldsymbol{a}^\top \boldsymbol{\mu}_k$, 对所有总体的方差为 $\mathrm{Var}(\boldsymbol{Y}) = \boldsymbol{a}^\top \boldsymbol{\Sigma} \boldsymbol{a}$, 总均值 $\mu_Y = \frac{1}{K} \sum_{k=1}^{K} \boldsymbol{a}^\top \boldsymbol{\mu}_k = \boldsymbol{a}^\top \boldsymbol{\mu}$. 我们希望投影使得各个类的均值到总均值的距离最大, 这等价于使得下式最大:

$$\sum_{k=1}^{K} (\boldsymbol{a}^\top \boldsymbol{\mu}_k - \boldsymbol{a}^\top \boldsymbol{\mu})^2 = \boldsymbol{a}^\top \left( (\boldsymbol{\mu}_k - \boldsymbol{\mu})(\boldsymbol{\mu}_k - \boldsymbol{\mu})^\top \right) \boldsymbol{a} = \boldsymbol{a}^\top \boldsymbol{B}_{\boldsymbol{\mu}} \boldsymbol{a}.$$

同时我们希望总方差 $\boldsymbol{a}^\top \boldsymbol{\Sigma} \boldsymbol{a}$ 尽可能小, 这就归结到使得

$$\frac{\boldsymbol{a}^\top \boldsymbol{B}_{\boldsymbol{\mu}} \boldsymbol{a}}{\boldsymbol{a}^\top \boldsymbol{\Sigma} \boldsymbol{a}}$$

最大化的问题. 由于矩阵 $\boldsymbol{B}_{\boldsymbol{\mu}}$ 和 $\boldsymbol{\Sigma}$ 未知, 我们用训练样本来估计, 记

$$\bar{\boldsymbol{x}}_k = \frac{1}{N_k} \sum_{j=1}^{N_k} \boldsymbol{x}_{kj}, \ \bar{\boldsymbol{x}} = \frac{\sum_{k=1}^{K} \sum_{j=1}^{N_k} \boldsymbol{x}_{kj}}{\sum_{k=1}^{K} N_i},$$

则有

$$B = \hat{\boldsymbol{B}}_{\boldsymbol{\mu}} = \sum_{k=1}^{K} N_k (\bar{\boldsymbol{x}}_k - \bar{\boldsymbol{x}})(\bar{\boldsymbol{x}}_k - \bar{\boldsymbol{x}})^\top,$$

$$W = (N - K)\hat{\boldsymbol{\Sigma}} = \sum_{k=1}^{K} \sum_{j=1}^{N_k} (\bar{\boldsymbol{x}}_{kj} - \bar{\boldsymbol{x}}_k)(\bar{\boldsymbol{x}}_{kj} - \bar{\boldsymbol{x}}_k)^\top.$$

于是我们的问题成为广义特征值问题, 即求使得下式, 即类间平方和 (between-group-sum of squares)$\boldsymbol{a}^\top \boldsymbol{B} \boldsymbol{a}$ 与类内平方和 (within-group-sum of squares)$\boldsymbol{a}^\top \boldsymbol{W} \boldsymbol{a}$ 之比最大的 $\boldsymbol{a}$

$$\frac{\boldsymbol{a}^\top \boldsymbol{B} \boldsymbol{a}}{\boldsymbol{a}^\top \boldsymbol{W} \boldsymbol{a}},$$

这就归于特征值问题

$$Ba = \lambda Wa.$$

其解为 $W^{-1}B$ 的非零特征向量 $\lambda_1 > \lambda_2 > \cdots > \lambda_s$, $(s \leqslant \min(K-1, p)$, $p$ 为自变量个数), 而相应的特征向量为 $a_1, a_2, \ldots, a_s$. 通常把特征向量单位化, 使得 $a_i = e_i$, 即 $e_i^\top \hat{\Sigma} e_i = 1$. 根据这些特征向量的投影, $a_1^\top x$ 称为第 1 判别量, $a_2^\top x$ 称为第 2 判别量, 等等. 一般选择前 $r (\leqslant s)$ 个判别量. 这时, Fisher 判别法为:

$$\text{如果 } \forall i \neq k: \sum_{j=1}^{r} [a_j^\top (x - \hat{x}_k)]^2 \leqslant \sum_{j=1}^{r} [a_j^\top (x - \hat{x}_i)]^2, \text{ 则判 } x \text{ 为第 } k \text{ 类.}$$

## 5.3 混合线性判别分析

混合线性判别分析是基于高斯混合模型 (Gaussian mixture model, GMM) 的线性判别分析的延伸 (Hastie, and Tibshirani, 1996). 假定对于第 $k$ 类的分布为混合的正态 (高斯) 分布 (用 $\phi(\cdot)$ 表示其密度函数),

$$f_k(x) = \sum_{c=1}^{C_k} w_{kc} \phi(x | \mu_{kc}, \Sigma),$$

这里的 $C_k$ 为混合高斯分布的个体高斯成分数目. 这时后验分布为

$$P(X = x, G = k) = f_k(x) \pi_k = \pi_k \sum_{c=1}^{C_k} w_{kc} \phi(x | \mu_k, \Sigma).$$

参数 $\pi_k$ 的估计如以前一样 ($\hat{\pi}_k = N_k / N$), 但 $w_{kc}, \mu_k, \Sigma$ 的估计需要用 EM 算法.

- E 步骤: 对第 $k$ 类, 对所有 $C_k$ 成分计算后验分布. 对于观测值 $i$:

$$p_{i,c} = \frac{w_{kc} \phi(x_i | \mu_{kc}, \Sigma)}{\sum_{j=1}^{C_k} w_{kj} \phi(x_i | \mu_{kj}, \Sigma)}, \quad c = 1, 2, \ldots, C_k.$$

- M 步骤: 计算关于所有参数的加权最大似然估计.

$$w_{kc} = \frac{\sum_{i=1}^{N} I(Y_i = k) p_{i,c}}{\sum_{i=1}^{N} I(Y_i = k)},$$

$$\mu_{kc} = \frac{\sum_{i=1}^{N} x_i I(Y_i = k) p_{i,c}}{\sum_{i=1}^{N} I(Y_i = k) p_{i,c}},$$

$$\Sigma = \frac{\sum_{i=1}^{N} \sum_{c=1}^{C_k} p_{i,c} (x_i - \mu_{Y_i,c})(x_i - \mu_{Y_i,c})^\top}{N}.$$

有了这些估计之后, 就可以像前面一样用最大后验分布 (MAP) 法来做判别分析了.

# 5.4　各种方法拟合卫星图像数据 (例5.1) 的比较

## 5.4.1　线性判别分析和混合线性判别分析拟合例5.1数据

由于数据的局限性, 我们用数据提供者的训练集得到模型, 并用其测试集来验证误差率. 注意: sat.csv 的前 2000 行为测试集, 余下的为训练集. 读数据的代码如下:

```
u=read.csv("sat.csv");u[,37]=factor(u[,37])
samp=1:2000;v=u[samp,];w=u[-samp,]
D=37;n=nrow(w); m=nrow(v)
```

这里分类所用的线性判别分析函数为前面 (见3.5.2节) 用过的 lda(), 而混合线性判别分析用程序包 mda[2] 中的函数 mda(). 所用的代码为:

```
library(MASS);library(mda)
E=rep(99,2);ff=formula(V37~.);J=1
a=lda(ff,w)
E[J]=sum(v[,D]!=predict(a,v)$class)/m
J=J+1;set.seed(1010)
b=mda(ff,w)
E[J]=sum(v[,D]!=predict(b,v))/m;E
table(predict(a,v)$class,v[,D])
table(predict(b,v),v[,D])#或confusion(b,v)
```

得到两种方法的误判率 (在 E 中) 分别为线性判别的 0.1715 及混合判别的 0.1455. 因此, 对于这个数据混合判别比线性判别要好. 而判别的细节在结果矩阵 (所谓混淆矩阵) 中.

对于线性判别, 结果为 (注意, 该数据因变量的类是用哑元 {1, 2, 3, 4, 5, 7} 表示的. 用混淆矩阵的行为预测的, 列为真实的类):

```
      1    2    3    4    5    7
1   450    1    2    0    6    0
2     0  197    0    0    1    0
3     7    1  372   54    3   24
4     1    1   20   62    9   35
5     1   23    0    3  168    3
7     2    1    3   92   50  408
```

该矩阵中对角线为正确判别的观测值个数, 而对角线外的为错判的 (一共有 343 个观测值错判, 占 17.15%). 比如第一行表示预测为用哑元 1 代表的类, 其中有 450 个判对, 其余有 9 个错判为别的类.

对于混合判别方法, 混淆矩阵为:

---

[2]S original by Trevor Hastie & Robert Tibshirani. Original R port by Friedrich Leisch, Kurt Hornik and Brian D. Ripley. (2013). mda: Mixture and flexible discriminant analysis. R package version 0.4-4. http://CRAN.R-project.org/package=mda.

```
      1    2    3    4    5    7
1  444    0    2    0    3    0
2    1  218    1    0    6    0
3    7    0  376   38    2   13
4    0    0   14   95    5   56
5    8    4    0    4  184    9
7    1    2    4   74   37  392
```

这个矩阵的对角线外一共有 291 个观测值 (错判的), 占 14.55%.

### 5.4.2 经典线性判别方法和机器学习方法对拟合例5.1数据的比较

对于例5.1的分类问题, 一些机器学习方法的误判率更小. 利用下面的代码, 可以得到一些对于本例较线性判别和混合判别更优秀的机器学习分类方法 (见第6章) 的误判率结果及产生相应的 6 种方法误判率条形图 (见图5.4.1), 各个方法的误判率为 0.1715 (lda), 0.1470 (mda), 0.1240 (adaboost), 0.0890 (RF), 0.0965 (SVM), 0.0935 (KNN). 显然, 机器学习方法的误判率要比传统方法低很多.

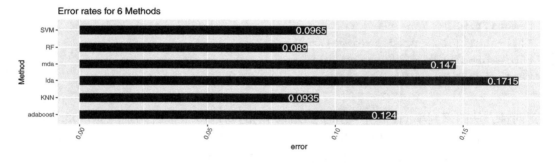

**图 5.4.1    例5.1数据分类的 6 种方法的测试集预测误判率**

```
library(MASS);library(adabag);library(randomForest)
library(kernlab);library(mda);library(kknn)
ff=formula(V37~.);E=rep(99,6)
E[1]=mean(v[,D]!=predict(lda(ff,w),v)$class)
set.seed(1010);E[2]=mean(v[,D]!=predict(mda(ff,w),v))
set.seed(1010);E[3]=mean(v[,D]!=predict(boosting(ff,w),v)$class)
set.seed(1010);E[4]=mean(v[,D]!=predict(randomForest(ff,data=w),v))
set.seed(1010);E[5]=mean(v[,D]!=predict(ksvm(ff,w),v))
E[6]=mean(v[,D]!=kknn(ff, train=w,test=v)$fit)
E
#下面是画图代码:
EE=data.frame(Method=c('lda','mda','adaboost','RF','SVM','KNN'),error=E)
ggplot(EE, aes(x=Method, y=error)) +
  geom_bar(stat="identity", width=.5, fill="navyblue") +
```

```
labs(title="Error rates for 6 Methods",xlab='Method') +
geom_text(aes(label=round(E,4)), hjust=1, color="white", size=5)+
theme(axis.text.x = element_text(angle=65, vjust=0.6))+
coord_flip()
```

上面的代码中, 除了包括我们在回归中用过的一些程序包的函数之外, 还包括程序包 adabag[3]的函数 `boosting()` 和 kernlab[4]的函数 `ksvm()`. 图5.4.1显示了线性判别分析 (lda), 混合线性判别分析 (mda), adaboost(boost), 随机森林 (RF), 支持向量机 (SVM), k 最近邻 方法 (KNN) 等方法对例5.1数据分类的测试集预测误判率. 后面 4 种方法将在下一章介绍.

**评论: 经典的判别分析, 以及比较近期的混合判别方法和这里没有介绍的灵活判别方法 (Hastie, et al., 1994) 的预测精度都属于同一水平, 差别不大, 而且它们都没有脱离模型驱动 的范畴. 对于某些比较规范的数据, 这些方法很好, 但对于另外一些数据, 它们的预测精确度 可能很低. 对于自变量包含很多水平的定性变量的情况, 它们可能根本不能运作.**

## 5.5  本章 Python 运行代码

我们仅对例5.1做几种方法分类的交叉验证, 这些方法包括线性判别分析 (LDA) 及一些 机器学习方法, 包括: k 最近邻方法 (KNN), **Bagging** (Bagging), 随机森林 (Random Forest), 基于直方图的梯度自助法 (HGBoost), 支持向量机 (SVM) 等. 下面是具体的计算及画图 (见 图5.5.1) 代码, 这里我们使用了2.9.5节引入的画条形图函数 BarPlot.

首先, 输入数据, 按照原数据提供者的忠告确定前面 2000 个观测值为测试集, 其余是训 练集.

```
import pandas as pd
import numpy as np

w=pd.read_csv("sat.csv")
X_train=w.iloc[range(2000,len(w)),:-1];X_test=w.iloc[range(2000),:-1]
y_train=w.iloc[range(2000,len(w)),-1];y_test=w.iloc[range(2000),-1]
```

然后, 输入必要的模块及函数

```
from sklearn.discriminant_analysis import LinearDiscriminantAnalysis
from sklearn.svm import SVC
from sklearn.neighbors import KNeighborsClassifier
from sklearn.experimental import enable_hist_gradient_boosting
from sklearn.ensemble import HistGradientBoostingClassifier
from sklearn.ensemble import RandomForestClassifier, BaggingClassifier
from sklearn.naive_bayes import GaussianNB
```

[3]Esteban Alfaro, Matias Gamez, Noelia Garcia (2013). adabag: An R Package for Classification with Boosting and Bagging. *Journal of Statistical Software*. 54(2), 1-35. URL http://www.jstatsoft.org/v54/i02/.

[4]Alexandros Karatzoglou, Alex Smola, Kurt Hornik, Achim Zeileis (2004). kernlab - An S4 Package for Kernel Methods in R. *Journal of Statistical Software*. 11(9), 1-20. URL http://www.jstatsoft.org/v11/i09/.

```
names = ["KNN","Bagging", "Random Forest", "HGBoost","SVM","LDA"]

classifiers = [
    KNeighborsClassifier(n_neighbors=3),
    BaggingClassifier(n_estimators=100,random_state=1010),
    RandomForestClassifier(n_estimators=500,random_state=1010),
    HistGradientBoostingClassifier(random_state=1010),
    SVC(kernel="linear", C=0.025,random_state=0),
    LinearDiscriminantAnalysis(solver='lsqr', shrinkage='auto')]
```

进行分类交叉验证计算:

```
ERR=dict()
for i in range(len(classifiers)):
    clf=classifiers[i].fit(X_train,y_train)
    ERR[names[i]]=(clf.predict(X_test)!=y_test).mean()
BarPlot(ERR,'Error Rate','Method','Comparison of 6 Methods')
ERR
```

输出的误判率为 (显示在图5.5.1中):

```
{'KNN': 0.0965,
 'Bagging': 0.0985,
 'Random Forest': 0.0865,
 'HGBoost': 0.0895,
 'SVM': 0.1465,
 'LDA': 0.1715}
```

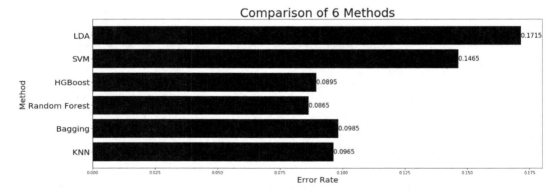

**图 5.5.1  例5.1各种方法误判率的交叉验证结果**

## 5.6  习题

本章的习题与第6章习题合并在第6章末尾.

# 第 6 章  机器学习分类方法

许多优秀的机器学习方法最初都是为了分类而设计的, 对于很多复杂的数据, 它们具有经典分类 (判别分析) 方法所无法达到的预测精度. 下面引入一个例子.

**例 6.1** (kidney02.csv) **慢性肾病数据**. 该数据采自印度医院[1]约 2 个月期间收集的记录.[2] 该数据有 400 个观测值和 25 个变量. 前 24 个变量为自变量, 包括各种化验指标和医院记录: age (年龄), bp (血压), sg (尿比重), al (白蛋白), su (糖), rbc (红细胞), pc (脓细胞), pcc (脓细胞团块), ba (细菌), bgr (随机血糖), bu (血尿素), sc (血清肌酸酐), sod (钠), pot (钾), hemo (血色素), pcv (红细胞容积比), wc (白细胞计数), rc (红细胞计数), htn (高血压), dm (diabetes mellitus), cad (冠状动脉病), appet (食欲), pe (足水肿), ane (贫血); 最后一个变量 (class) 是作为因变量的二分类变量, 有两个水平: ckd (有慢性肾病), notckd (没有慢性肾病).

原始数据有很多缺失值和记录错误, kidney02.csv 是纠正了明显错误及弥补缺失值之后的数据. 弥补缺失值时使用了程序包 missForest[3]中的 missForest() 函数.

这个数据虽然有很多定性变量, 但都是简单的二分变量, 因此, 也可以使用经典的判别分析. 还可以使用 logistic 回归. 由于数据中所有定性变量都是用字符 (而不是哑元) 表示的, 所以在 R 中不必因子化, R 软件可以在输入数据时把字符值变量识别为定性变量.

## 6.1  作为基本模型的决策树 (分类树)

我们通过例6.1来介绍决策树分类. 由于对决策树回归已有所了解, 因此会比较容易理解.

### 6.1.1  分类树的描述

和用决策树做回归时一样, 我们用同样的程序包 rpart 中同样的函数 rpart() 来做分类. 读入数据并且对全部数据做决策树、打印结果并且用程序包 rpart.plot 中的函数 rpart.plot() 产生图6.1.1的代码为:

```
w=read.csv("kidney02.csv")
library(rpart.plot)
(a=rpart(class~.,w))
```

---

[1]Dr. P. Soundarapandian. M.D.,D.M (Senior Consultant Nephrologist), Apollo Hospitals, Managiri, Madurai Main Road, Karaikudi, Tamilnadu, India.

[2]Lichman, M. (2013).  UCI Machine Learning Repository [http://archive.ics.uci.edu/ml].  Irvine, CA: University of California, School of Information and Computer Science. 数据网址为https://archive.ics.uci.edu/ml/datasets/Chronic_Kidney_Disease.

[3]Daniel J. Stekhoven (2013). missForest: Nonparametric Missing Value Imputation using Random Forest. R package version 1.4. Stekhoven D. J., and Buehlmann, P. (2012). MissForest - non-parametric missing value imputation for mixed-type data. *Bioinformatics*, 28(1), 112-118.

```
rpart.plot(a,type=4,extra=3,digits=4,Margin=0)
```

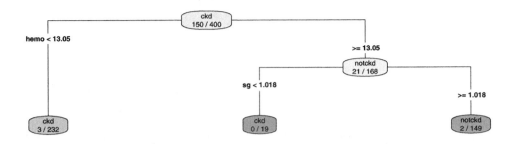

**图 6.1.1　例6.1数据分类的决策树**

与图6.1.1对应的决策树为 ():

```
n= 400
node), split, n, loss, yval, (yprob) * denotes terminal node

1) root 400 150 ckd (0.62500000 0.37500000)
  2) hemo< 13.05 232    3 ckd (0.98706897 0.01293103) *
  3) hemo>=13.05 168   21 notckd (0.12500000 0.87500000)
    6) sg< 1.0175 19    0 ckd (1.00000000 0.00000000) *
    7) sg>=1.0175 149   2 notckd (0.01342282 0.98657718) *
```

打印输出一开始有下面的信息:

```
n = 400
node), split, n, loss, yval, (yprob) * denotes terminal node
```

第一行 n=400 说明总观测值有 400 个, 而第二行为每个节点内容的说明: node) 为节点号码, split 为分叉的拆分变量及判别准则, n 为在该节点有多少观测值, loss 是如果在这个节点按照少数服从多数分类的话, 有多少观测值会分错. yval 为在该节点数据中因变量的多数水平, 即如果不再分划, 这个节点的观测值都被判为该水平. (yprob) 为各个水平在该节点的比例. 而最后 * denotes terminal node 说明星号 (*) 标明的节点是终节点.

其次, 关于该树第 1 号节点的打印输出为:

```
1) root 400 150 ckd (0.62500000 0.37500000)
```

节点号码为 1), 而且是根节点 (root), 那里有 400 个观测值 (全部数据), 其中 150 个为少数水平 (loss), 因变量的多数水平为 ckd, 还显示了因变量两种水平的比例 (0.625 0.375). 图6.1.1中也标出了少数水平 (notckd) 与多数水平 (ckd) 在该节点样本量之比 (150/400), 即该节点如果为终节点的误判比例.

打印输出的第 2 号节点为:

```
   2) hemo< 13.05 232   3 ckd (0.98706897 0.01293103) *
```

节点号码为 2), 而且是满足拆分变量 hemo 小于 13.05 的那部分数据 (hemo<13.05), 那里剩下 232 个观测值, 有 3 个为少数水平, 因变量的多数水平为 ckd, 还显示了因变量两种水平的比例 (0.98706897 0.01293103). 而且由于有 * 号, 这是终节点, 不会再继续了. 这相当于图6.1.1中左边的叉, 图6.1.1中也标出了少数水平 (notckd) 与多数水平 (ckd) 在该节点样本量之比 (3/232).

打印输出的第 3 号节点为:

```
   3) hemo>=13.05 168   21 notckd (0.12500000 0.87500000)
```

节点号码为 3), 而且是满足拆分变量 hemo 不小于 13.05 的那部分数据 (hemo>=13.05), 那里剩下 168 个观测值, 有 21 个为少数水平, 因变量的多数水平为 notckd, 还显示了因变量两种水平的比例 (0.12500000 0.87500000). 这相当于图6.1.1中根节点分出的右边的叉, 图6.1.1中也标出了少数水平 (ckd) 与多数水平 (notckd) 在该节点样本量之比 (21/168). 该节点不是终节点, 还要向左右拆分出第 6 和第 7 节点.

打印输出的第 6 号节点为:

```
   6) sg< 1.0175 19   0 ckd (1.00000000 0.00000000) *
```

节点号码为 6), 而且是满足拆分变量 sg 小于 1.0175 的那部分数据 (sg<1.0175), 那里剩下 19 个观测值, 有 0 个为少数水平, 因变量的多数水平为 ckd, 还显示了因变量两种水平的比例 (1.00000000 0.00000000). 这相当于图6.1.1中下边中间的叉, 图6.1.1中也标出了少数水平 (notckd) 与多数水平 (ckd) 在该节点样本量之比 (0/19). 该节点是终节点.

打印输出的第 7 号节点为:

```
   7) sg>=1.0175 149   2 notckd (0.01342282 0.98657718) *
```

节点号码为 7), 而且是满足拆分变量 sg 不小于 1.0175 的那部分数据 (sg>=1.0175), 那里剩下 149 个观测值, 有 2 个为少数水平, 因变量的多数水平为 notckd, 还显示了因变量两种水平的比例 (0.01342282 0.98657718). 这相当于图6.1.1中下边最右的叉, 图6.1.1中也标出了少数水平 (ckd) 与多数水平 (notckd) 在该节点样本量之比 (2/149). 该节点是终节点.

### 6.1.2 分类树的生长: 如何选择拆分变量及如何结束生长

#### 拆分变量的选择

在介绍决策树回归时, 我们较详细地说明了定性变量和定量变量如何竞争一个节点 (数据) 的拆分变量. 做决策树分类时也类似, 只不过竞争的准则与回归有所不同.

假定观测值一共有 $K$ 类, 在一个节点的观测值中属于第 $i$ 类的比例为 $p_k$ $(k = 1, 2, \ldots, K)$. 显然, $\sum_{k=1}^{K} p_k = 1$. 最常用的准则有下面几种:

- **误分率** 由于按照少数服从多数原则来确定分叉, 误分率就是把少数类分到某叉的概率. 对于有 $K$ 类的情况, 如果 $i^* = \arg\max_i p_i$, 则误分率为 $1 - p_{i^*}$. 在竞争拆分变量时使用误分率会导致一些困难, 因此很少使用.
- **熵** 定义为 $-\sum_{k=1}^{K} p_k \log_2 p_k$. 在所有的观测值都为一类时, 熵为 0. 因此, 所选择的拆分变量是使得父节点的熵和子节点的熵差别 (称为信息增益 (information gain)) 最大的变量. 子节点的熵应该为按各个子节点观测值数目比例对各个节点熵的加权平均.
- **Gini 不纯度 (或 Gini 指数)** 定义为

$$\sum_{k=1}^{K} p_k(1 - p_k) = \sum_{k=1}^{K} p_k - \sum_{k=1}^{K} p_k^2 = 1 - \sum_{k=1}^{K} p_k^2.$$

在所有的观测值都为一类时, Gini 不纯度的度量为 0. 因此, 所选择的拆分变量是使得父节点的 Gini 不纯度和子节点的 Gini 不纯度的差别最大的变量. 子节点的 Gini 不纯度应该用各个子节点观测值数目比例对各个节点 Gini 不纯度的加权平均来计算.

一个变量, 因为取值不同而可能对数据有不同的拆分. 和回归一样, 根据采用的准则, 比如 Gini 不纯度或熵, 使得每个变量的拆分取值在其他取值中使得 Gini 不纯度或熵在父子节点之间变化最大, 并以这个取值和其他变量竞争.

何时停止树的生长则按照某些确定的误判损失函数来计算. 在程序包 part 中函数 rpart() 有一个控制参数 cp, 如果纯度改变达不到它的值, 就不会再分叉了. 函数 rpart() 还有一个称为复杂性参数 (complexity parameter) 的量 $\alpha \in [0, \infty)$, 计算每增加一个变量到模型中的损失.

再如, 从长成的树的终节点开始剪枝, 每剪一次, 看看误差是不是增加, 如果超过要求则停止剪枝. 这种方法最简单.

另一种剪枝原则是使得下式最小:

$$\frac{\text{树 } T \text{ 减去其子树 } t \text{ 后的误差} - \text{树 } T \text{ 的误差}}{\text{树 } T \text{ 的终节点数目} - \text{树 } T \text{ 减去其子树 } t \text{ 后的终节点数目}}.$$

当然, 决策树还有一个最大深度限制, 超过那个限制就绝对不会再长了.

### 从例6.1看分类树的生长过程

和回归一样, 我们还可以得到对例6.1数据做决策树分类时的过程, 不同的是, 这里有替补拆分 (surrogate splits) 出现, 它有可能把主要拆分变量没有分对的分对. 当然还有第二替补、第三替补等等, 那些不比按照简单的误分率准则表现更好的变量不能作为替补. 下面就是所用的代码:

```
w=read.csv("kidney02.csv")
library(rpart)
a=rpart(class~.,w)
summary(a)
```

输出包括 cp 的值、变量重要性、每一个节点的拆分变量和替补拆分变量等各种结果:

```
Call:
rpart(formula = class ~ ., data = w)
  n= 400

          CP nsplit  rel error      xerror       xstd
1 0.8400000       0 1.00000000 1.00000000 0.06454972
2 0.1266667       1 0.16000000 0.20000000 0.03511885
3 0.0100000       2 0.03333333 0.05333333 0.01866667


Variable importance
hemo  pcv   sg   sc   rc   al  rbc  bgr   dm
  18   16   16   15   14   14    2    2    2


Node number 1: 400 observations,    complexity param=0.84
  predicted class=ckd    expected loss=0.375  P(node) =1
    class counts:   250    150
  probabilities: 0.625 0.375
  left son=2 (232 obs) right son=3 (168 obs)
  Primary splits:
      hemo < 13.05     to the left,  improve=144.8276, (0 missing)
      pcv  < 39.895    to the left,  improve=132.0652, (0 missing)
      sg   < 1.017892  to the left,  improve=121.8750, (0 missing)
      sc   < 1.250167  to the right, improve=118.2692, (0 missing)
      al   < 0.4266279 to the right, improve=108.0882, (0 missing)
  Surrogate splits:
      pcv < 39.895     to the left,  agree=0.955, adj=0.893, (0 split)
      rc  < 4.676317   to the left,  agree=0.905, adj=0.774, (0 split)
      sc  < 1.250167   to the right, agree=0.872, adj=0.696, (0 split)
      al  < 0.4266279  to the right, agree=0.850, adj=0.643, (0 split)
      sg  < 1.017892   to the left,  agree=0.845, adj=0.631, (0 split)


Node number 2: 232 observations
  predicted class=ckd    expected loss=0.01293103  P(node) =0.58
    class counts:   229      3
  probabilities: 0.987 0.013


Node number 3: 168 observations,    complexity param=0.1266667
  predicted class=notckd expected loss=0.125  P(node) =0.42
    class counts:    21    147
  probabilities: 0.125 0.875
  left son=6 (19 obs) right son=7 (149 obs)
  Primary splits:
      sg  < 1.0175     to the left,  improve=32.80369, (0 missing)
      rbc splits as  LR, improve=21.57581, (0 missing)
```

```
    al  < 0.5         to the right, improve=19.78846, (0 missing)
    bgr < 152.5       to the right, improve=19.78846, (0 missing)
    sc  < 1.250167   to the right, improve=19.78846, (0 missing)
  Surrogate splits:
    rbc splits as   LR, agree=0.952, adj=0.579, (0 split)
    bgr < 152.5       to the right, agree=0.946, adj=0.526, (0 split)
    sc  < 1.250167   to the right, agree=0.946, adj=0.526, (0 split)
    dm  splits as   RL, agree=0.940, adj=0.474, (0 split)
    al  < 0.5         to the right, agree=0.935, adj=0.421, (0 split)

Node number 6: 19 observations
  predicted class=ckd      expected loss=0  P(node) =0.0475
    class counts:     19      0
   probabilities: 1.000 0.000

Node number 7: 149 observations
 predicted class=notckd expected loss=0.01342282 P(node)=0.3725
    class counts:      2    147
 probabilities: 0.013 0.987
```

下面介绍如何用一个决策树来预测.

## 6.1.3 使用分类树来预测

假定我们有了新的数据 (这里只有一行观测值来自改动的原始数据的第 300 行, 改变 4 个自变量的值并把因变量标为缺失):

```
new.data=w[300,];row.names(new.data)=NULL
new.data$hemo=14;new.data$sg=1
new.data$pc="abnormal";new.data$age=60
new.data$class=NA
new.data
```

得到新数据点 (分两行展示):

```
> new.data
age bp sg al su   rbc      pc          pcc           ba  bgr bu
 60 60  1  0  0 normal abnormal notpresent notpresent 127 48
sc  sod pot hemo pcv   wc   rc  htn dm cad appet pe ane class
0.5 150 3.5   14  52 11000 4.7  no no  no good  no no    NA
```

然后看图6.1.1: 根节点下来的第一个拆分变量就是 hemo, 对于这个新数据, hemo 为 14 ($\geqslant$ 13.05), 因此应该走向右边的子节点; 然后遇到的拆分变量为 sg, 而新数据的 sg 为 1($<$ 1.018), 因此应该走向左边的子节点 (终节点), 在那里数据的因变量的多数水平为 ckd, 这也是我们新数据的预测值.

上面这种"看图识字"式的预测在实际计算中是自动进行的:

```
predict(a,new.data,type="class")
```

得到预测值: `ckd`.

对于训练集本身的"预测"则用下面的代码产生混淆矩阵和误判率:

```
a.p=predict(a,w,type="class")
table(a.p,w$class)
sum(a.p!=w$class)/nrow(w)
```

结果为:

```
a.p       ckd notckd
  ckd     248      3
  notckd    2    147
```

显然, 这里只有 5 个观测值被误判了, 和图6.1.1最左边 (3 个) 及最右边节点 (2 个) 标明的相同 (那里分别标的是 `3/232` 及 `2/149` 代表"少数/总数"). 此外还得到误判率为 0.0125.

### 6.1.4 变量重要性

类似于决策树回归, 在例6.1数据的决策树分类中, 也可以通过代码 `a$var` 得到变量重要性 (只选中 9 个):

```
> a$var
    hemo       pcv        sg        sc        rc
144.82759 129.31034 124.18300 118.12717 112.06897
      al       rbc       bgr        dm
106.91553  18.99161  17.26510  15.53859
```

图6.1.2显示了变量重要性图.

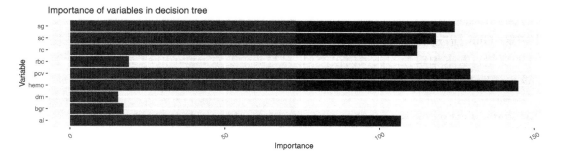

**图 6.1.2　例6.1数据决策树分类的变量重要性图**

图6.1.2是由下面的代码产生的:

```
df=data.frame(Variable=names(a$var),Importance=a$var)
ggplot(df, aes(Variable, Importance)) +
  geom_bar(stat = "identity", fill = "darkblue") +
  theme(axis.text.x = element_text(angle = 30, vjust = 0.5)) + #图标角度
  labs(title = "Importance of variables in decision tree")+
  coord_flip()
```

## 6.2 bagging 分类

如回归时讲述的一样, bagging 分类是一个最简单的基于分类树的组合方法. 它从训练样本中做放回抽样 (自助法抽样) 很多次, 每次建立一个分类决策树, 假定一共建立 $B$ 棵树 (在程序包 adabag 中函数 bagging() 的默认选项是建立 100 棵分类树). 然后, 对于每一个新的观测值, 通过这 $B$ 棵树得到 $B$ 个预测结果, 然后, 按照简单少数服从多数的原则来投票确定该观测值属于哪一类.

### 6.2.1 对慢性肾病 (例6.1) 全部数据的分类

#### 全部数据分类的变量重要性

为对例6.1全部数据分类, 使用下面的代码:

```
w=read.csv("kidney02.csv",stringsAsFactors = TRUE)
library(adabag)
set.seed(9999)
a=bagging(class~.,w)
```

由此可以得到很多结果. 比如可以用代码 a$trees 打印出默认的 100 棵决策树 (很少有人愿意如此做), 也可以打印出你选择的树, 比如要打印第 3 棵树, 则用代码 a$trees[[3]] 即可. 如果你要得到每棵树对每个水平的投票, 可以用代码 a$votes 得到 100 行 2 列 (因变量在例6.1有 2 个水平) 的矩阵. 而代码 a$prob 产生等于 a$votes/100 的比例矩阵.

代码 a$importance 得到各个变量在分类时的相对重要性. 这是基于每个变量在每棵树中对 Gini 指数变化的影响来度量的. 结果在图6.2.1中 (该图没有点出重要性度量完全为 0 的变量), 看来和单独的决策树很类似, 只有两个变量 hemo 和 sg 最重要, pcv 有一点影响. 这也说明 bagging 方法的弱点 (强势自变量的 "霸道"). 产生图6.2.1的代码为:

```
df=data.frame(Variable=names(a$imp),Importance=a$imp)
ggplot(df, aes(Variable, Importance)) +
  geom_bar(stat = "identity", fill = "darkblue") +
  theme(axis.text.x = element_text(angle = 30, vjust = 0.5)) + #图标角度
  labs(title = "Importance of variables in bagging")+
  coord_flip()
```

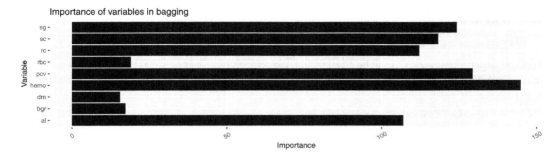

图 6.2.1    例6.1数据 **bagging** 分类的变量重要性图

## 6.2.2 使用 bagging 来预测

我们还是用在分类树时的数据 (只有一行观测值来自改动的原始数据的第 300 行, 改变 4 个自变量的值并把因变量标为缺失):

```
new.data=w[300,];row.names(new.data)=NULL
new.data$hemo=14;new.data$sg=1
new.data$pc="abnormal";new.data$age=60
new.data$class=NA
new.data
levels(new.data[,25])=levels(w[,25])
predict(a,new.data)$class
```

得到预测值: **ckd**. 注意, 这里即使 new.data 的观测值的因变量值为 NA, 也必须确定其水平和训练集数据一样, 更不能只有自变量, 否则会有出错信息. 这是程序包 adabag 的缺陷. 在后面同一程序包的 boosting 分类预测中也有同样的问题.

对于训练集本身的 "预测" 则用下面的代码产生混淆矩阵和误判率:

```
a.p=predict(a,w)$class
table(a.p,w$class)
sum(a.p!=w$class)/nrow(w)
```

结果为:

```
a.p     ckd notckd
  ckd     248      3
  notckd    2    147
```

显然, 对于这个数据, bagging 并不比单个分类树好, 误判率为 0.0125. 原因显然是那两个强势变量 hemo 和 sg 在绝大多数树中都占有绝对优势, 造成结果和单棵树一样. 如果各个变量竞争激烈, 许多变量都可能在建模中起作用, 这时的 bagging 就会和单独的分类树很不一样了, 精确度会提高很多.

### 6.2.3 用自带函数做交叉验证

程序包 adabag 对其包含的分类方法带有交叉验证的函数, 对应于 bagging 方法的相应函数为 bagging.cv(). 下面利用这个函数对例6.1数据分类做 10 折交叉验证 (这里选项 v=10 意味着 10 折, 实际上, 10 折交叉验证是其默认值, 因此不用写入), 交叉验证代码为:

```
bcv=bagging.cv(class~.,w,v=10)
```

输出的混淆矩阵和误判率为:

```
> bcv$confusion
               Observed Class
Predicted Class ckd notckd
        ckd     248      4
        notckd    2    146
> bcv$err
[1] 0.015
```

和用训练集做预测的误差 0.0125 相比, 交叉验证的误判率要高些.

### 6.2.4 分类差额

对于任何一个观测值 $x_i$, 如果被判为第 $j$ 类 ($j = 1, 2, \ldots, k$, 假定有 $k$ 类) 的概率或者后验分布 (即在 bagging 各个决策树所得到的票数比例) 为 $\mu_j(x_i)$, 那么, 分类差额 (classification margin) 定义为

$$m(x_i) = \mu_c(x_i) - \max_{j \neq c} \mu_j(x_i), \tag{6.2.1}$$

这里 $c$ 为 $x_i$ 正确的类, 显然 $\sum_{j=1}^{k} \mu_j(x_i) = 1$. 所有分错的观测值都有负的差额, 而正确分类的观测值都有正的差额. 对于例6.1的数据, 我们用 Fold() 函数把数据随机分成一个训练集及一个测试集, 并据此画出这两个集合的差额分布图 (见图6.2.2).

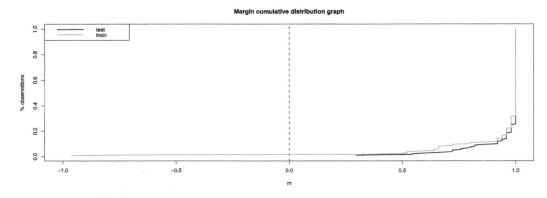

**图 6.2.2　bagging 对例6.1拟合的训练集和测试集的差额分布**

图6.2.2表明, 训练集的分布比测试集稍微好些. 差额分布图显示 $m$ 在各个数值段的分

布. 产生图6.2.2的代码为:

```
mm=Fold(2,w,25,8888);m=mm[[1]]
a=bagging(class~.,w[-m,])
kdbat=margins(predict(a,w[-m,]),w[-m,])
kdbate=margins(predict(a,w[m,]),w[m,])
plot.margins(kdbate,kdbat)
```

**评论:** 一些文献建议, 可以不使用 **bagging** 来分类, 因为随机森林和 **boosting** 一般都比 **bagging** 的预测精度要高. 笔者认为, 一种方法的好坏和数据本身的特性有关. 笔者也见到过一些 **bagging** 预测精度高于随机森林和 **boosting** 的实际例子. 因此, 认为某种方法总是比其他方法优秀的观念是不恰当的.

## 6.3 随机森林分类

现在介绍随机森林分类, 它和 bagging 分类非常类似, 由 Breiman (2001) 提出. 随机森林也是从原始数据抽取一定数量的自助法样本, 根据我们要用的程序包 randomForest 的函数 randomForest(), 默认的样本量是 500 (选项 ntree=500). 对每个样本建立一个决策树, 但与 bagging 的区别在于, 在每个节点, 在所有竞争的自变量中, 随机选择几个 (而不是所有的变量) 来竞争拆分变量. 至于选择几个则是由选项 mtry 决定的, 对于分类, 默认值是自变量数目的平方根. 因此, bagging 是随机森林的 mtry 等于自变量个数的特例. 随机森林的每棵树都不剪枝, 让其充分生长. 而最终的预测结果是根据所有决策树按照各自的分类结果做简单投票, 取最多票的类别.

与回归时一样, 随机森林的这种在节点随机选择少数竞争变量的做法使得一些弱势变量有机会参加建模, 因此可能会揭示仅仅靠一些强势变量无法发现的数据规律. 随机森林分类还计算 OOB 交叉验证误差.

随机森林能够处理观测值很少但有很多个自变量的被称为 "维数诅咒" 的问题, 还能处理自变量高阶交互作用及自变量相关的问题.

### 6.3.1 对慢性肾病 (例6.1) 拟合全部数据

用随机森林拟合例6.1全部数据的代码如下:

```
w=read.csv("kidney02.csv",stringsAsFactors = TRUE)
library(randomForest);set.seed(1010)
a=randomForest(class~.,w,importance=T,localImp=T,proximity=T)
```

在拟合的结果中, a$forest 包含了森林的所有信息细节. 类似于随机森林回归, 输出结果 a$forest 中的大部分信息可以由 getTree() 函数得到. 比如第 50 棵树的信息在下面代码赋值的 Ta50 中:

```
Ta50=getTree(a,50,labelVar=T)
```

Ta50 有 6 列, 行数等于这棵树的节点个数, 各列的名字和意义为:

1. `left daughter`: 该节点的左边子节点的行数 (0 表示其为终节点).
2. `right daughter`: 该节点的右边子节点的行数 (0 表示其为终节点).
3. `split var`: 该节点的拆分变量名字 (`<NA>` 表示其为终节点).
4. `split point`: 该节点的最好分割点.
5. `status`: 是否终节点 (-1 为是, 1 为不是).
6. `prediction`: 对该节点的预测值 (`<NA>` 说明其不是终节点).

　　所有树的大小 (终节点个数) 可以由函数 `treesize(a)` 得到 (按照默认值, 一共有 500 个), 而 `treesize(a,terminal=F)` 得到的包括在每棵树中所有节点的个数. 下面的代码画出我们拟合例6.1数据产生的随机森林每棵树的所有节点数 (见图6.3.1中左图) 和终节点数 (见图6.3.1中右图) 的直方图.

```
par(mfrow=c(1,2))
hist(treesize(a,terminal=F),20,xlab="Size of trees",
    main="Size of Trees (all nodes)")
hist(treesize(a),20,xlab="Size of trees",
    main="Size of Trees (terminals only)")
```

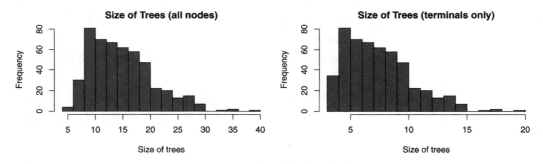

**图 6.3.1　随机森林对例6.1拟合的所有节点数 (左) 和终节点数 (右) 的直方图**

### 6.3.2　对慢性肾病数据 (例6.1) 的拟合精度计算

　　对于训练集, 随机森林的预测混淆矩阵很容易用语句 `a$confusion` 得到:

```
> a$confusion
      ckd notckd class.error
ckd   250      0           0
notckd  0    150           0
```

结果显示误判率为 0. 一般来说, 对训练集做预测的结果都比交叉验证要好. 实际上, 随机森林自动利用 OOB 数据做交叉验证.

　　随机森林在每次抽样构建树的时候, 由于是放回抽样, 就造成了一部分数据没有参与决策树的训练, 这就是 OOB 数据, 它们形成天然的测试集, 我们可以很容易地得到交叉验证误差, 代码 (仅仅用 a) 和结果如下:

```
> a
Call:
 randomForest(formula = class ~ ., data = w, importance = T,
    localImp = T,        proximity = T)
                Type of random forest: classification
                     Number of trees: 500
No. of variables tried at each split: 4

        OOB estimate of  error rate: 0%
Confusion matrix:
      ckd notckd class.error
ckd    250      0           0
notckd   0    150           0
```

输出显示, OOB 误差是 0. 这说明随机森林对这个数据的分类是非常精确的, 在对 OOB 数据的预测中, 没有分错一个.

### 6.3.3 随机森林分类的变量重要性

由于拟合选项 importance=T, 使得用随机森林分类可以得到比回归更多的重要性度量. 这些度量包括变量对每一类预测精确度的影响, 对于例6.1的二分类情况, 这意味着两个重要性度量, 一个关于水平 ckd, 一个关于 notckd; 此外还有两个综合的重要性度量: 变量对于所有类预测精确性的影响的精确度度量以及基于 Gini 指数的度量. 这些重要性显示在图6.3.2中.

图6.3.2中上面两幅图是关于两类 (因变量有 2 个水平) 的各个变量的重要性, 下面两幅图是综合分类的变量重要性图. 图6.3.2的数据是基于用下面的语句得到的关于 24 个自变量的 24 × 4 的重要性矩阵产生的.

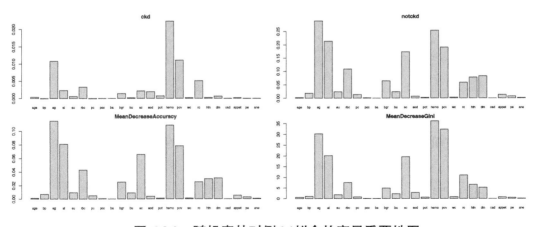

**图 6.3.2　随机森林对例6.1拟合的变量重要性图**

```
w=read.csv("kidney02.csv",stringsAsFactors = TRUE)
library(randomForest);set.seed(1010)
a=randomForest(class~.,w,importance=T,localImp=T,proximity=T)
Imp=a$importance
par(mfrow=c(2,2))
for(i in 1:4)
barplot(Imp[,i],cex.names=.7,main=colnames(Imp)[i])
```

由于在拟合代码的选项中还有 `localImp=T`, 这使我们可以得到每个观测值在 OOB 数据中变量置换精度的度量, 即变量关于每个观测值的局部重要性. 输出局部重要性的代码为 `a$local`, 但它是 $24 \times 400$ 的矩阵, 对应于 24 个自变量和 400 个观测值, 显示在变量局部重要性图中 (见图6.3.3).

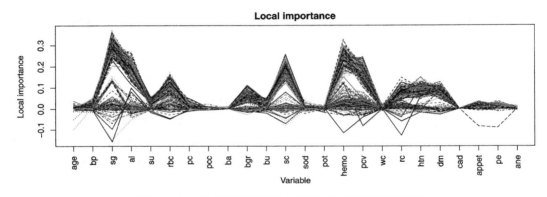

**图 6.3.3　随机森林对例6.1拟合的局部重要性图**

可以用下面的代码来画出变量局部重要性图 (见图6.3.3):

```
matplot(1:24,a$local,type="l",xlab="Variable",axes=F,
        ylab="Local importance",main="Local importance")
axis(2);axis(1, at=1:(ncol(w)-1),labels=names(w)[-25],las=2);
box()
```

从图6.3.3可以看出, 总体不重要的变量, 一般局部也不重要.

运用随机森林的变量重要性可以进行变量选择, 这在介绍随机森林回归时已经涉及, 这里不再重复.

### 6.3.4 部分依赖图

随机森林输出中还可以点出部分依赖图 (partial dependence plot), 它是为每个自变量定义的, 是因变量对该变量的边缘依赖性, 如同边缘期望一样, 把其他变量的影响在求和中消除, 记预测函数为 $f()$, 则形式上的部分依赖函数 (随机森林当然不是一个数学公式) 为 (注

意, 和回归时不同):

$$\tilde{f}(x) = \log p_k(x) - \frac{1}{K}\sum_{j=1}^{K}\log p_j(x),$$

式中, $K$ 为类的数目; $k$ 为函数 `partialPlot()` 选项 `which.class`, 意思是关注哪一类, 其缺省值是第一类; $p_j$ 为投票到 $j$ 类的比例. 对于例6.1, 画出所有自变量部分依赖图 (见图6.3.4) 的代码为:

```
NM=names(w)[1:24];par(mfrow=c(4,6));for(i in 1:24)
partialPlot(a,pred.data=w,NM[i],xlab=NM[i],
    main=paste("Partial Dependence on",NM[i]))
```

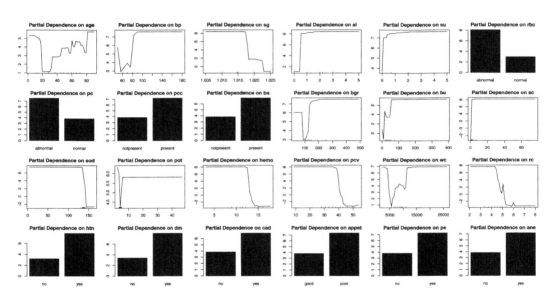

图 6.3.4　随机森林对例6.1拟合的变量部分依赖图

## 6.3.5 接近度和离群点图

### 接近度

　　和回归时一样, 随机森林可输出的另一个副产品是接近度 (proximity). 在拟合代码中, 如果选项 `proximity=TRUE` 时, 就会生成对称的接近度矩阵 $(n \times n)$, 对于我们的数据, 它是 $400 \times 400$ 的矩阵, 其第 $ij$ 个元素为第 $i$ 个观测值和第 $j$ 个观测值在决策树同一个终节点的频率的一种度量 (不是整数). 接近度在诸如基因等领域有很重要的应用价值. 对于例6.1的拟合输出, 接近度矩阵为 `a$proximity`. 由于数据太多, 打印出来很难识别. 但是用透视图或影像图可能会有所启发. 图6.3.5是用 R 函数 `persp()` 所做的透视图 (左) 和用函数 `image()` 做的影像图 (右), 代码如下:

```
par(mfrow=c(1,2))
persp(1:400, 1:400, a$proximity,theta = 30, phi = 30,
    expand = 0.5, col = "lightblue")
image(1:400, 1:400, a$proximity)
```

　　从图6.3.5可以看出前一部分观测值比较接近, 后一部分观测值也比较接近, 但前面和后面部分的观测值似乎很不接近. 这说明数据中观测值的排列顺序并不是随机的. 实际上前 250 个观测值对应的因变量类别为 ckd, 而后面 150 个对应于因变量的 notckd 类. 相应于相同因变量水平的观测值当然要互相接近了, 这反映在图6.3.5所显示的模式之中.

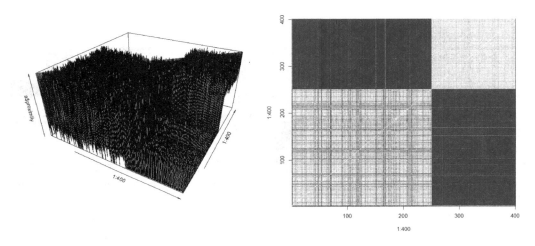

**图 6.3.5　随机森林对例6.1拟合的接近度图: 透视图 (左), 影像图 (右)**

### 离群点图

　　和回归类似, 随机森林分类也有离群点的概念, 图6.3.6就是观测值离群点的点图, 其中突出的可以认为是离群点.

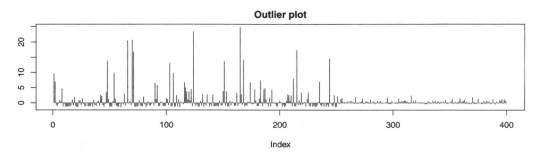

**图 6.3.6　随机森林对例6.1拟合的离群点图**

　　一个观测值离群点定义为样本量 $n$ 除以其接近度的平方和 (再进行标准化). 显然, 如果接近度很大, 说明该观测值比较接近观测值主体, 这样分母就较大, 离群点度量就小. 图6.3.6的代码和随机森林回归时相同 (计算接近度需要拟合代码中有选项 proximity=T):

```
d=outlier(a$proximity)
plot(d, type="h",main='Outlier plot',ylab="")
```

### 6.3.6 关于误差的两个点图

　　随机森林分类与回归一样, 随着决策树的数目增加, 误判率会降低, 而随着变量的增加, 误判率也会降低. 下面的代码就产生这样两幅图 (见图6.3.7):

```
ww <- cbind(w[,-25], matrix(runif(100 * nrow(w)),
    nrow(w), 100))
rr=rfcv(ww, w[,25], cv.fold=10)
par(mfrow=c(1,2))
plot(a,main="Error vs number of trees",xlim=c(0,70))
with(rr,plot(n.var,error.cv,type="o",main="Error vs number of variables",
    lwd=2,xlab='number of variables'))
```

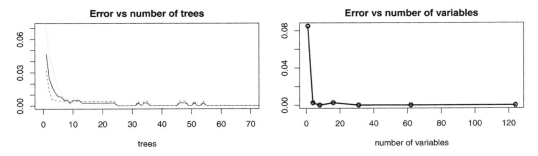

**图 6.3.7　随机森林对例6.1拟合的决策树数目 (左) 及变量个数 (右) 与误差的关系图**

　　图6.3.7中的左图就是用 plot(a) 得到的, 其纵坐标为误差, 而横坐标为决策树的数目; 图6.3.7中的右图是利用 10 折交叉验证得到的变量个数 (横坐标) 与误差 (纵坐标) 的关系. 右图变量数目变化的次序是按照变量重要性确定的. 从图6.3.7中的左图可以看出, 对例6.1, 只要不到 50 棵树就够了.

### 6.3.7 寻求最佳节点竞争变量个数

　　在随机森林分类时, 在每个节点, 按照函数 randomForest() 关于 mtry 选项的默认值, 只有自变量数目平方根的变量被随机选出来竞争拆分变量. 当然这并不一定对所有数据都合适. 和回归一样, 程序包 randomForest 的函数 tuneRF 可以自动根据 OOB 误差计算最优的 mtry 值. 对于例6.1的数据, 代码为:

```
set.seed(8888);tuneRF(w[,-25], w[,25],stepFactor=1.5)
```

但由于所得到的 OOB 误差都是 0, 所以不会有更多为了改进精度而做的搜寻, 更不会输出图形了.

## 6.4  AdaBoost 分类

### 6.4.1  概述

AdaBoost (adaptive boosting) 方法是著名的分类方法, 其基本学习器是分类树. 它和 bagging 很像, 不同之处在于, AdaBoost 每次用自助法抽样来构建树时, 都根据前一棵树的结果对误判的观测值增加抽样权重, 使得下一棵树能够令误判的观测值有更多的代表性. 最终的结果由所有的树加权投票得到, 权重根据各个树的精确度来确定. 我们将要用程序包 `adabag` 中的函数 `boosting()`, 该函数通过自助法加权抽样构建的决策树的默认棵数为 100.

假定样本为 $(\boldsymbol{X}_1, Y_1), (\boldsymbol{X}_2, Y_2), \ldots, (\boldsymbol{X}_n, Y_n)$, 为简化描述, 假定因变量为二分变量 $Y \in \{0, 1\}$, 即只有两类. AdaBoost 的具体步骤则为:

1. 对观测值点选择初始的自助法抽样权重 $w_i^{[0]} = 1/n$ $(i = 1, 2, \ldots, n)$, 设 $m = 0$.
2. 把 $m$ 增加 1. 用基本方法 (这里是分类树) 拟合加权抽样的数据, 权重为 $w^{[m-1]}$, 产生分类器 $\hat{g}^{[m]}(\cdot)$.
3. 计算样本内的加权误判率:

$$\mathrm{err}^{[m]} = \sum_{i=1}^{n} w_i^{[m-1]} I(Y_i \neq \hat{g}^{[m]}(\boldsymbol{X}_i)) \Big/ \sum_{i=1}^{n} w_i^{[m-1]},$$

$$\alpha^{[m]} = \log\left(\frac{1 - \mathrm{err}^{[m]}}{\mathrm{err}^{[m]}}\right),$$

然后更新权重:

$$\tilde{w}_i = w_i^{[m-1]} \exp(\alpha^{[m]} I(Y_i \neq \hat{g}^{[m]}(\boldsymbol{X}_i))),$$

$$w_i^{[m]} = \tilde{w}_i \Big/ \sum_{j=1}^{n} \tilde{w}_j.$$

4. 重复第 2 和第 3 步直到预先设定的步数 $m = m_{\mathrm{stop}}$. 这样就建立了根据加权投票来分类的组合分类器:

$$\hat{f}_{\mathrm{AdaBoost}}(\boldsymbol{x}) = \arg\min_{y \in \{0, 1\}} \sum_{m=1}^{m_{\mathrm{stop}}} \alpha^{[m]} I(\hat{g}^{[m]}(\boldsymbol{x}) = y).$$

### 6.4.2  对慢性肾病全部数据 (例6.1) 的分类及变量重要性

用 AdaBoost 对于例6.1全部数据拟合的代码为:

```
w=read.csv("kidney02.csv",stringsAsFactors = TRUE)
library(adabag)
set.seed(1010)
```

```
a=boosting(class~.,w)
```

由于同属于一个程序包, 和 bagging 类似, 可以得到很多结果. 比如可以用代码 a$trees 打印出默认的 100 棵决策树 (很少有人愿意如此做), 也可以打印出你选择的树, 比如要打印第 3 棵树, 则用代码 a$trees[[3]] 即可. 如果你要得到每棵树对每个水平的加权 ($\alpha_i^{[m]}$) 投票, 可以用代码 a$votes 得到 100 行 2 列 (因变量在例6.1有 2 个水平) 的矩阵. 而代码 a$prob 产生对每个观测值分到每一类的后验概率. a$class 为各个观测值被预测的类.

使用代码 a$importance 可得到各个变量在分类时的相对重要性, 这是基于每个变量在每棵树中对 Gini 指数变化的影响以及该树的权重来度量的. 变量重要性的结果展示在图6.4.1中, 虽然其中有很多 0, 重要变量仍然比 bagging 要稍微多些, 但不如随机森林涉及的多.

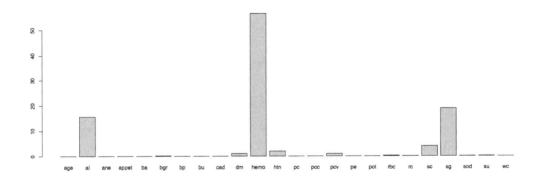

**图 6.4.1　例6.1数据 AdaBoost 分类的变量重要性图**

产生图6.4.1的代码为:

```
barplot(a$importance)
```

### 6.4.3 使用 AdaBoost 来预测

我们还是用在分类树时的数据 (只有一行观测值来自改动的原来数据的第 300 行, 改变 4 个自变量的值并把因变量标为缺失), 代码和 bagging 相同:

```
new.data=w[300,];row.names(new.data)=NULL
new.data$hemo=14;new.data$sg=1
new.data$pc="abnormal";new.data$age=60
new.data$class=NA
new.data
levels(new.data[,25])=levels(w[,25])
predict(a,new.data)$class
```

得到预测值: ckd. 注意, 这里即使 new.data 的观测值的因变量值为 NA, 也必须确定其水平和训练集数据一样, 更不能只有自变量, 否则会有出错信息. 这是程序包 adabag 的缺陷.

对于训练集本身的 "预测" 则用下面的代码产生混淆矩阵和误判率:

```
a.p=predict(a,w)$class
table(a.p,w$class)
sum(a.p!=w$class)/nrow(w)
```

结果为:

```
a.p       ckd notckd
  ckd     250      0
  notckd    0    150
```

这个结果和随机森林分类完全一样, 误判率为 0. 当然这仅仅是对训练集 "预测", 交叉验证的误判率更有说服力.

### 6.4.4　用自带函数做交叉验证

对于 AdaBoost 方法的相应的交叉验证函数为 boosting.cv(). 下面利用这个函数对例6.1数据分类做 10 折交叉验证, 代码为:

```
cv=boosting.cv(class~.,w,v=10)
```

输出的混淆矩阵和误判率为:

```
> cv$confusion
               Observed Class
Predicted Class ckd notckd
        ckd     249      0
        notckd    1    150
> cv$err
[1] 0.0025
```

和用训练集做预测的零误差相比, 交叉验证时有一个误判.

### 6.4.5　分类差额

在6.2.4节介绍了分类差额的概念, 并用于 bagging 分类. 对于 AdaBoost 分类, 也可以求出差额并产生分布图. 我们用和 bagging 分类时相同的训练集和测试集来做出差额分布图 (见图6.4.2), 代码如下:

```
mm=Fold(2,w,25,8888);m=mm[[1]]
a=boosting(class~.,w[-m,])
kdbat=margins(predict(a,w[-m,]),w[-m,])
kdbate=margins(predict(a,w[m,]),w[m,])
plot.margins(kdbate,kdbat)
```

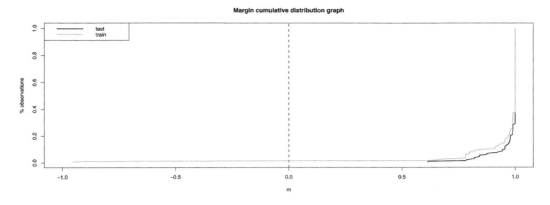

**图 6.4.2　AdaBoost 对例6.1拟合的训练集和测试集的差额分布**

# 6.5　人工神经网络分类

## 6.5.1　概述

本书4.7节介绍了人工神经网络回归并引入了演示性的神经网络训练的 **R** 程序. **神经网络的分类与多因变量回归的概念完全一样, 所有基本程序也完全一样. 在实施中, 需要把因变量按照各个水平哑元化, 有几个水平就形成几个哑元化因变量, 有如多因变量回归.**

我们用演示性数据例子 (**nnettoy.csv**) 来说明如何用4.7.3节引入的各个函数, 这里的第一个变量 ($y$) 是由 0 和 1 组成的分类因变量, 其余 4 个变量为数量型自变量. 下面的代码读入数据, 并且把因变量哑元化 (转换成两个变量):

```
w=read.csv("nnettoy.csv")
#下面是把因变量哑元化的函数
y2dummy=function(y){
  y1=NULL;  sy=sort(unique(y))
  for (i in 1:length(sy))
    y1=cbind(y1,y==sy[i])
  return(y1*1)
}
y=y2dummy(w$y);y
x=w[,-1]
mys=c(4,3,2) #神经网络结构：4个自变量，包括3节点的隐藏层及2节点输出层
```

然后需要先运行4.7.3节的一些辅助函数, 它们包括: `f`, `Df`, `IniWeights`, `IniDWeights`, `FP`, `LastDelta`, `HiddenDelta`, 它们是主函数`NNET` 所需要的. 做好准备之后, 对全部数据运行:

```
res=NNET(mys, x, y)
```

于是可以预测 (不是交叉验证) 并检查误判率, 为此需要定义预测函数, 有关代码如下:

```
predict_y=function(W, b, X){
  m = nrow(X)
  y = vector()
  for (i in 1:m){
    a= feed_forward(X[i,], W, b)
    h=a$h;z=a$z
    y[i] = which.max(h[[length(h)]])-1
  }
  return (y)
}
y_pred = predict_y(res$W,res$b, X)
mean(y_pred!=w$y) #这是误判率
table(w$y,y_pred) #混淆矩阵
```

输出的误判率为 0.2, 混淆矩阵为:

```
   y_pred
   0 1
 0 7 3
 1 1 9
```

用下面的代码可以产生神经网络各次迭代的平均误差图 (见图6.5.1):

```
plot(res$Error[-(1:6)],type = 'l',
    ylab='Average loss',xlab = 'Iteration number')
```

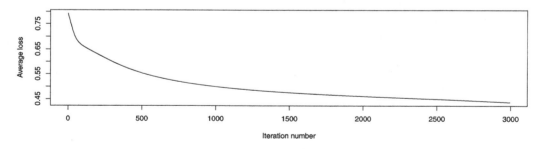

**图 6.5.1　数据 nnettoy.csv 神经网络分类各次迭代的平均误差**

### 6.5.2 对例6.1全部数据的拟合

下面利用程序包 nnet 的函数 nnet() 对例6.1的全部数据做神经网络分类, 并画出图 (见图6.5.2). 读入数据、做神经网络分类及画图6.5.2的代码为:

```
w=read.csv("kidney02.csv",stringsAsFactors = TRUE)
library(nnet)
```

```
set.seed(9999)
a=nnet(class~.,w, size=20,rang=0.01,decay=5e-4, maxit=300)
library(NeuralNetTools)
plotnet(a,pad_x=.7,cex=.7)
```

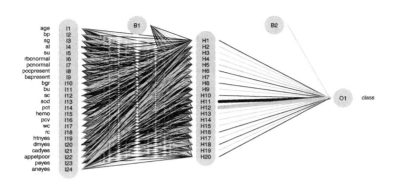

**图 6.5.2　例 6.1 的有 20 个隐藏层节点、24 个自变量及 1 个因变量的神经网络图**

由于例 6.1 的因变量为二分类变量, nnet() 函数把它变成取值 $\{0, 1\}$ 的变量来拟合. 神经网络图 6.5.2 说明了这一点. 最终的输出还有残差 (a$residuals)、拟合值 (a$fitted)、权重 (a$wts) 等.

对训练集本身做预测, 结果似乎很好:

```
> ap=predict(a,w,type="class");table(ap,w$class)

ap        ckd notckd
  ckd     250      0
  notckd    0    150
```

误判率为 0, 但是, 读者可以试试, 如果把隐藏层节点数目改成 size=15, 就会有 5 个观测值被误判, 如果再减少到 10 就全部分成 ckd 了 (全部属于 notckd 类的观测值都分到 ckd). 随机种子改变也会大大改变分类结果. 因此, 神经网络至少不适合这个数据的分类.

## 6.6　支持向量机分类

支持向量机在回归中已经做了介绍. 虽然支持向量机回归方法是从分类发展而来的 (Burges, 1998), 但仍然和分类有不少区别. 其共同点是处理非线性问题时是通过线性学习机由核把低维变量映射到高维变量空间, 而且该系统的能力是由不依赖于变量空间维数的参数所控制的.

### 6.6.1　线性可分问题的基本思想

考虑训练数据样本 $D = \{(\boldsymbol{x}_1, y_1), (\boldsymbol{x}_2, y_2), \ldots, (\boldsymbol{x}_m, y_m)\}$. 由于支持向量机的分类 (无论有多少类) 都是基于二分类的方法, 因此我们仅考虑二分类问题, 假定 $y_j \in \{-1, 1\}$, 而自

变量 $x_j \in \mathbb{R}^n$.

## 线性可分问题和超平面

图6.6.1为在二维空间中线性可分问题的示意图. 图中有两类点. 两类点之间可以用一条直线 (比如 $a + bx = 0$) 分开, 这属于线性可分问题. 在一维空间中, 线性可分意味着可以用一个点 (比如 $a = a_0$) 把两类点分开; 在三维空间中, 线性可分意味着可以用平面把两类点分开; 在多维空间中, 线性可分则意味着可以用超平面把两类点分开. 用

$$\langle \boldsymbol{w}, \boldsymbol{x} \rangle + b = 0$$

表示这样的超平面.[4] 这里 $\boldsymbol{w}$ 称为权向量 (weight vector).

从图6.6.1可以看出, 可以分开这两类点的直线并不唯一. 因此, 问题就归结于选择哪一条直线了. 代表超平面的函数

$$F(\boldsymbol{x}, \boldsymbol{w}, b) = \langle \boldsymbol{w}, \boldsymbol{x} \rangle + b$$

称为支持向量机分类函数 (SVM classification function). $b$ 称为偏差 (bias). 显然, 只要 $w_i \neq 0$, 该超平面和第 $i$ 个坐标轴交于 $(0, 0, \ldots, -b/w_i, \ldots, 0)$, 即和第 $i$ 个坐标轴的截距为 $-b/w_i$. 显然向量 $\boldsymbol{w}$ 为该超平面的法线方向, 正交于该超平面.

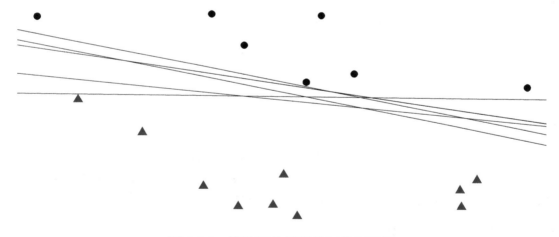

图 6.6.1　线性可分问题的二维示意图

对于任何一个点 $\boldsymbol{x}$, 如果其在超平面 $F(\boldsymbol{x}, \boldsymbol{w}, b) = 0$ 上的投影点为 $\boldsymbol{x}_p$, 而且 $\boldsymbol{x}$ 与 $\boldsymbol{x}_p$ 的有向距离 (directed distance) 为 $r$, 那么可以表示为

$$\boldsymbol{x} = x_p + r\frac{\boldsymbol{w}}{\|\boldsymbol{w}\|},$$

---

[4]这里的符号 $\langle \boldsymbol{w}, \boldsymbol{x} \rangle$ 是向量 $\boldsymbol{w}$ 和 $\boldsymbol{x}$ 的然或点积, 也可以写成 $\boldsymbol{w}'\boldsymbol{x}, \boldsymbol{w} \cdot \boldsymbol{x}$ 或者 $\boldsymbol{w}^\top \boldsymbol{x}$.

这里的 $\|\boldsymbol{w}\| = \sqrt{\langle \boldsymbol{w}, \boldsymbol{w} \rangle}$, $\boldsymbol{w}/\|\boldsymbol{w}\|$ 是单位权向量. 因此有

$$\begin{aligned} F(\boldsymbol{x}, \boldsymbol{w}, b) &= \langle \boldsymbol{w}, x_p + r\frac{\boldsymbol{w}}{\|\boldsymbol{w}\|} \rangle + b \\ &= \langle \boldsymbol{w}, x_p \rangle + b + \langle \boldsymbol{w}, r\frac{\boldsymbol{w}}{\|\boldsymbol{w}\|} \rangle \\ &= 0 + r\frac{\langle \boldsymbol{w}, \boldsymbol{w} \rangle}{\|\boldsymbol{w}\|} \\ &= r\|\boldsymbol{w}\|, \end{aligned}$$

也就是说, 点 $\boldsymbol{x}$ 到超平面 $F(\boldsymbol{x}, \boldsymbol{w}, b) = 0$ 的距离为

$$r = \frac{F(\boldsymbol{x}, \boldsymbol{w}, b)}{\|\boldsymbol{w}\|}.$$

显然, 对上面说的线性可分问题能够给出如下定义: 如果对于函数 $F(\boldsymbol{x}, \boldsymbol{w}, b)$ 满足

$$F(\boldsymbol{x}, \boldsymbol{w}, b) > 0, \ y_i = 1,$$
$$F(\boldsymbol{x}, \boldsymbol{w}, b) < 0, \ y_i = -1,$$

或等价地

$$y_i(\langle \boldsymbol{w}, \boldsymbol{x}_i \rangle + b) > 0, \ \forall (\boldsymbol{x}_i, y_i) \in D, \tag{6.6.1}$$

则称 $D$ 是线性可分的 (linearly separable). 而点 $\boldsymbol{x}$ 到超平面的绝对距离为

$$\delta = yr = \frac{yF(\boldsymbol{x}, \boldsymbol{w}, b)}{\|\boldsymbol{w}\|}.$$

记点 $\boldsymbol{x}_i$ 到超平面的绝对距离为 $\delta_i$, 则

$$\delta_i = \frac{yF(\boldsymbol{x}, \boldsymbol{w}, b)}{\|\boldsymbol{w}\|} = \frac{y(\langle \boldsymbol{w}, \boldsymbol{x}_i \rangle + b)}{\|\boldsymbol{w}\|}.$$

称点到超平面的距离的最小值为线性分类器的边距 (margin), 即边距

$$\delta^* = \min_{\boldsymbol{x}_i}\{\delta_i\} = \min_{\boldsymbol{x}_i}\left[\frac{y(\langle \boldsymbol{w}, \boldsymbol{x}_i \rangle + b)}{\|\boldsymbol{w}\|}\right].$$

所有满足上面最小值的点 $\boldsymbol{x}^*$(记相应的 $y$ 为 $y^*$), 即

$$\boldsymbol{x}^* = \arg\min_{\boldsymbol{x}_i}\left[\frac{y(\langle \boldsymbol{w}, \boldsymbol{x}_i \rangle + b)}{\|\boldsymbol{w}\|}\right]$$

或

$$\delta^* = \frac{y^*(\langle \boldsymbol{w}, \boldsymbol{x}^* \rangle + b)}{\|\boldsymbol{w}\|},$$

都称为支持向量.

## 典则超平面

我们选择一个因子 $s$ 使得

$$sy^*(\langle \boldsymbol{w}, \boldsymbol{x}^* \rangle + b) = sy^*(F(\boldsymbol{x}^*, \boldsymbol{w}, b)) = 1$$

或

$$s = \frac{1}{y^*(\langle \boldsymbol{w}, \boldsymbol{x}^* \rangle + b)} = \frac{1}{y^*(F(\boldsymbol{x}^*, \boldsymbol{w}, b))}.$$

于是支持向量 $\boldsymbol{x}^*$ 到超平面 $sF(\boldsymbol{x}^*, \boldsymbol{w}, b) = 0$(乘一个因子不会改变超平面) 的距离 (即边距)
为

$$\delta^* = \frac{1}{\|\boldsymbol{w}\|}.$$

这样的超平面 $sF(\boldsymbol{x}^*, \boldsymbol{w}, b) = 0$ 称为典则超平面 (canonical hyperplane). 对于典则超平面,

$$y_i(\langle \boldsymbol{w}, \boldsymbol{x}_i \rangle + b) \geqslant 1, \ \forall (\boldsymbol{x}_i, y_i) \in D. \tag{6.6.2}$$

我们以后讨论的超平面都是指典则超平面.

## 边距最大的典则超平面

在图6.6.1中可以有很多超平面来分割两类点. 直观上容易接受的超平面是选择使得邻
域最宽的直线作为最优分割直线.

最优的典则超平面 $F^*(\boldsymbol{x}^*, \boldsymbol{w}, b) = 0$ 应该使得边距最大, 即

$$F^* = \arg\max_F \{\delta^*\} = \arg\max_{\boldsymbol{w}, b} \left\{ \frac{1}{\|\boldsymbol{w}\|} \right\}.$$

使边距最大化等价于最小化 $\|\boldsymbol{w}\|$. 这时的问题就成为

$$\text{最小化: } Q(\boldsymbol{w}) = \frac{1}{2}\|\boldsymbol{w}\|^2, \tag{6.6.3}$$

$$\text{约束为: } y_i(\langle \boldsymbol{w}, \boldsymbol{x}_i \rangle + b) \geqslant 1, \ \forall (\boldsymbol{x}_i, y_i) \in D. \tag{6.6.4}$$

式 (6.6.3) 中 $Q(\boldsymbol{w})$ 表达式 $\|\boldsymbol{w}\|$ 前面的因子 $\frac{1}{2}$ 是为了数学上的方便. 这是个有约束的优化问
题.

式 (6.6.3) 和式 (6.6.4) 的带约束的优化问题可用 Lagrange 乘数法来解, 即对每个约束引
进 Lagrange 乘数 $\alpha_i$, 并基于 KKT(Karush-Kuhn-Tucker) 条件

$$\alpha_i \{y_i(\langle \boldsymbol{w}, \boldsymbol{x}_i \rangle + b) - 1\} = 0, \ \alpha_i \geqslant 0.$$

构造 Lagrange 函数

$$\mathcal{L}(\boldsymbol{w}, b, \boldsymbol{\alpha}) = \frac{1}{2}\|w\|^2 - \sum_{i=1}^{m} \alpha_i \{y_i(\langle \boldsymbol{w}, \boldsymbol{x}_i \rangle + b) - 1\}. \tag{6.6.5}$$

需要寻求使得 $\mathcal{L}$ 最小的 $\boldsymbol{w}, b$ 和 $\alpha_i$, 以得到最优典则超平面.

图6.6.2就是这样一条最优典则超平面 (这里是直线), 表示其邻域的两条直线刚好接触到两类中的三个点, 实际上, 仅仅这三个称为支持向量的点决定了这个直线.

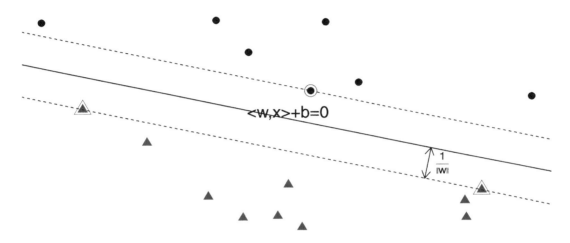

图 6.6.2　线性可分问题的最优分割直线

## 对偶 Lagrange 问题

为了解上面的 Lagrange 问题, 需要求 $\mathcal{L}$ 关于 $\boldsymbol{w}, b$ 的偏导数, 并使它们等于 0:

$$\frac{\partial}{\partial \boldsymbol{w}} \mathcal{L} = \boldsymbol{w} - \sum_{i=1}^{m} \alpha_i y_i \boldsymbol{x}_i = 0 \text{ 或者 } \boldsymbol{w} = \sum_{i=1}^{m} \alpha_i y_i \boldsymbol{x}_i;$$

$$\frac{\partial}{\partial b} \mathcal{L} = \sum_{i=1}^{m} \alpha_i y_i = 0.$$

把这些带入式 (6.6.5) 得到对偶 Lagrange 目标函数 (dual Lagrangian objective function):

$$\begin{aligned}
\mathcal{L}_{\text{dual}} &= \frac{1}{2}\langle \boldsymbol{w}, \boldsymbol{w} \rangle - \langle \boldsymbol{w}, \sum_{i=1}^{m} \alpha_i y_i \boldsymbol{x}_i \rangle - b \sum_{i=1}^{m} \alpha_i y_i + \sum_{i=1}^{m} \alpha_i \\
&= -\frac{1}{2}\langle \boldsymbol{w}, \boldsymbol{w} \rangle + \sum_{i=1}^{m} \alpha_i \\
&= \sum_{i=1}^{m} \alpha_i - \frac{1}{2} \sum_{i=1}^{m} \sum_{j=1}^{m} \alpha_i \alpha_j y_i y_j \langle \boldsymbol{x}_i, \boldsymbol{x}_j \rangle.
\end{aligned}$$

这时的对偶目标问题就成为

$$目标: \max_{\boldsymbol{\alpha}} \mathcal{L}_{\text{dual}} = \sum_{i=1}^{m} \alpha_i - \frac{1}{2} \sum_{i=1}^{m} \sum_{j=1}^{m} \alpha_i \alpha_j y_i y_j \langle \boldsymbol{x}_i, \boldsymbol{x}_j \rangle. \tag{6.6.6}$$

$$约束: \alpha_i \geqslant 0 \; \forall i \in D, \; \sum_{i=1}^{m} \alpha_i y_i = 0.$$

按照 KKT 条件

$$\alpha_i \{ y_i(\langle \boldsymbol{w}, \boldsymbol{x}_i \rangle + b) - 1 \} = 0, \; \alpha_i \geqslant 0,$$

或者 $\alpha_i = 0$, 或者 $y_i(\langle \boldsymbol{w}, \boldsymbol{x}_i \rangle + b) = 1$. 如果 $\alpha_i > 0$, 则 $y_i(\langle \boldsymbol{w}, \boldsymbol{x}_i \rangle + b) = 1$, 那么 $\boldsymbol{x}_i$ 一定是支持向量. 反之, 如果 $y_i(\langle \boldsymbol{w}, \boldsymbol{x}_i \rangle + b) > 1$, 则 $\boldsymbol{x}_i$ 一定不是支持向量, 那么 $\alpha_i = 0$. 因此, 只用支持向量可计算 $\boldsymbol{w}$:

$$\boldsymbol{w} = \sum_{i, \alpha_i > 0} \alpha_i y_i \boldsymbol{x}_i.$$

也就是说, 那些非支持向量与确定 $\boldsymbol{w}$ 毫无关系.

根据 $\alpha_i \{ y_i(\langle \boldsymbol{w}, \boldsymbol{x}_i \rangle + b) - 1 \} = 0$ 和 $y_i(\langle \boldsymbol{w}, \boldsymbol{x}_i \rangle + b) = 1$,

$$b_i = \frac{1}{y_i} - \langle \boldsymbol{w}, \boldsymbol{x}_i \rangle = y_i - \langle \boldsymbol{w}, \boldsymbol{x}_i \rangle.$$

取 $b$ 为 $b_i$ 的平均值: $b = \text{avg}_{\alpha_i > 0} \{ b_i \}$.

因此, 按照 SVM 分类器, 对于一个新的点 $\boldsymbol{z}$, 预测的 $y$ 值为

$$\hat{y} = \text{sign}(\langle \boldsymbol{w}, \boldsymbol{z} \rangle + b),$$

这里 $\text{sign}(\cdot)$ 为符号函数.

### 6.6.2 近似线性可分问题

我们可以放松条件, 以使得在允许一些错分类的情况下把某些线性不可分问题仍然按照线性可分情况处理. 这时, 我们在式 (6.6.2) 中引入松弛变量 (slack variable) $\xi_i (\geqslant 0)$, 得到

$$y_i(\langle \boldsymbol{w}, \boldsymbol{x}_i \rangle + b) > 1 - \xi_i, \; \forall (\boldsymbol{x}_i, y_i) \in D. \tag{6.6.7}$$

在 $0 < \xi_i < 1$ 时, 使用式 (6.6.7) 分类还和原先一样不会分错, 但当 $\xi_i \geqslant 1$ 时, 就会分错. 在式 (6.6.7) 的设定下, 问题成为所谓的软边距 (soft margin) 问题:

$$目标: \min_{\boldsymbol{w}, b, \xi_i} \left\{ \frac{\|\boldsymbol{w}\|}{2} + C \sum_{i=1}^{m} (\xi_i)^k \right\}. \tag{6.6.8}$$

$$约束: y_i(\langle \boldsymbol{w}, \boldsymbol{x}_i \rangle + b) > 1 - \xi_i, \; \xi_i \geqslant 0, \; \forall (\boldsymbol{x}_i, y_i) \in D.$$

式 (6.6.8) 中的 $C$ 和 $k$ 为与误分类损失有关的常数. $\sum_{i=1}^{m}(\xi_i)^k$ 为损失, 是相对于可分问题的偏离的度量. 和回归时一样, $C$ 称为正则常数, 控制着最大化边距 $2/\|\boldsymbol{w}\|$ 和最小化损失 $\sum_{i=1}^{m}(\xi_i)^k$ 之间的平衡. $k$ 一般取 1, 称为转轴损失 (hinge loss), 或者取 2, 称为二次损失 (quadratic loss).

## 转轴损失情况

这时, KKT 条件为

$$\alpha_i\{y_i(\langle\boldsymbol{w},\boldsymbol{x}_i\rangle+b)-1+\xi_i\}=0,\ \alpha_i\geqslant 0,$$
$$\beta_i(\xi_i-0)=0,\ \beta_i\geqslant 0.$$

Lagrange 函数 $\mathcal{L}(\boldsymbol{w},b,\boldsymbol{\xi},\boldsymbol{\alpha},\boldsymbol{\beta},C)$ 为

$$\mathcal{L}=\frac{1}{2}\|w\|^2+C\sum_{i=1}^{m}\xi_i-\sum_{i=1}^{m}\alpha_i\{y_i(\langle\boldsymbol{w},\boldsymbol{x}_i\rangle+b)-1+\xi_i\}-\sum_{i=1}^{m}\beta_i\xi_i. \tag{6.6.9}$$

对 $\mathcal{L}$ 关于 $\boldsymbol{w},b,\boldsymbol{\xi}$ 求偏导数并设为 0, 得到:

$$\boldsymbol{w}=\sum_{i=1}^{m}\alpha_i y_i\boldsymbol{x}_i,\ \sum_{i=1}^{m}\alpha_i y_i=0,\ \beta_i=C-\alpha_i.$$

把这些带入式 (6.6.5) 得到对偶 Lagrange 目标函数:

$$\begin{aligned}
\mathcal{L}_{\text{dual}}=&\frac{1}{2}\langle\boldsymbol{w},\boldsymbol{w}\rangle-\langle\boldsymbol{w},\sum_{i=1}^{m}\alpha_i y_i\boldsymbol{x}_i\rangle-b\sum_{i=1}^{m}\alpha_i y_i+\sum_{i=1}^{m}\alpha_i+C\sum_{i=1}^{m}\xi_i\\
&-\sum_{i=1}^{m}(\alpha_i+\beta_i)\xi_i\\
=&-\frac{1}{2}\langle\boldsymbol{w},\boldsymbol{w}\rangle+\sum_{i=1}^{m}\alpha_i+C\sum_{i=1}^{m}\xi_i-\sum_{i=1}^{m}(\alpha_i+C-\alpha_i)\\
=&\sum_{i=1}^{m}\alpha_i-\frac{1}{2}\sum_{i=1}^{m}\sum_{j=1}^{m}\alpha_i\alpha_j y_i y_j\langle\boldsymbol{x}_i,\boldsymbol{x}_j\rangle.
\end{aligned}$$

对偶目标问题为

$$\text{目标: }\max_{\boldsymbol{\alpha}}\mathcal{L}_{\text{dual}}=\sum_{i=1}^{m}\alpha_i-\frac{1}{2}\sum_{i=1}^{m}\sum_{j=1}^{m}\alpha_i\alpha_j y_i y_j\langle\boldsymbol{x}_i,\boldsymbol{x}_j\rangle. \tag{6.6.10}$$
$$\text{约束: }0\leqslant\alpha_i\leqslant C\ \forall i\in D,\ \sum_{i=1}^{m}\alpha_i y_i=0.$$

类似于以前, 如果 $\alpha_i>0$, 则 $\boldsymbol{x}_i$ 一定是支持向量. 反之, 如果 $\alpha_i=0$, 则 $\boldsymbol{x}_i$ 一定不是支

持向量. 但是这里的支持向量包括所有的满足

$$y_i(\langle \boldsymbol{w}, \boldsymbol{x}_i \rangle + b) = 1 - \xi_i$$

的点, 也就是说, 既包含在边距上的点 ($\xi_i = 0$ 的点), 也包括那些 $\xi_i > 0$ 的点. 只用支持向量可计算 $\boldsymbol{w}$:

$$\boldsymbol{w} = \sum_{i, \alpha_i > 0} \alpha_i y_i \boldsymbol{x}_i.$$

由于 $\beta_i = C - \alpha_i$ 以及 KKT 条件 $\beta_i(\xi_i - 0) = 0, (C - \alpha_i)\xi_i = 0$, 因此, 对于 $\alpha_i > 0$ 的情况, 只有两种可能: $\alpha_i = C$, 或者 $\alpha_i < C$ (这里 $\alpha_i < C$ 意味着 $\xi_i = 0$, 即没有软边距的情况). 这时可以解出

$$b_i = y_i - \langle \boldsymbol{w}, \boldsymbol{x}_i \rangle,$$

$b$ 可用 $b_i$ 的平均值得到. 对于一个新的点 $\boldsymbol{z}$, 预测的 $y$ 值为

$$\hat{y} = \text{sign}(\langle \boldsymbol{w}, \boldsymbol{z} \rangle + b).$$

## 二次损失情况

在二次损失情况下, Lagrange 函数 $\mathcal{L}(\boldsymbol{w}, b, \boldsymbol{\xi}, \boldsymbol{\alpha}, C)$ 为

$$\mathcal{L} = \frac{1}{2}\|w\|^2 + C\sum_{i=1}^{m} \xi_i^2 - \sum_{i=1}^{m} \alpha_i \{y_i(\langle \boldsymbol{w}, \boldsymbol{x}_i \rangle + b) - 1 + \xi_i\}. \tag{6.6.11}$$

对 $\mathcal{L}$ 关于 $\boldsymbol{w}, b, \boldsymbol{\xi}$ 求偏导数并设为 0, 得到:

$$\boldsymbol{w} = \sum_{i=1}^{m} \alpha_i y_i \boldsymbol{x}_i, \ \sum_{i=1}^{m} \alpha_i y_i = 0, \ \xi_i = \frac{1}{2C}\alpha_i.$$

得到对偶 Lagrange 目标函数:

$$\begin{aligned}
\mathcal{L}_{\text{dual}} &= \sum_{i=1}^{m} \alpha_i - \frac{1}{2}\sum_{i=1}^{m}\sum_{j=1}^{m} \alpha_i \alpha_j y_i y_j \langle \boldsymbol{x}_i, \boldsymbol{x}_j \rangle - \frac{1}{4C}\sum_{i=1}^{m} \alpha_i^2 \\
&= \sum_{i=1}^{m} \alpha_i - \frac{1}{2}\sum_{i=1}^{m}\sum_{j=1}^{m} \alpha_i \alpha_j y_i y_j \left( \langle \boldsymbol{x}_i, \boldsymbol{x}_j \rangle + \frac{1}{2C}\delta_{ij} \right),
\end{aligned}$$

这里, 当 $i \neq j$ 时, $\delta_{ij} = 0$, 而当 $i = j$ 时, $\delta_{ij} = 1$. 对偶目标问题为

$$\text{目标: } \max_{\boldsymbol{\alpha}} \mathcal{L}_{\text{dual}} = \sum_{i=1}^{m} \alpha_i - \frac{1}{2}\sum_{i=1}^{m}\sum_{j=1}^{m} \alpha_i \alpha_j y_i y_j \left( \langle \boldsymbol{x}_i, \boldsymbol{x}_j \rangle + \frac{1}{2C}\delta_{ij} \right). \tag{6.6.12}$$

$$\text{约束: } \alpha_i \geqslant 0, \ \forall i \in D, \ \sum_{i=1}^{m} \alpha_i y_i = 0.$$

类似于以前, 有

$$\boldsymbol{w} = \sum_{i,\alpha_i>0} \alpha_i y_i \boldsymbol{x}_i \ \text{以及} \ b = \underset{i,\alpha_i>0}{\text{avg}} \{y_i - \langle \boldsymbol{w}, \boldsymbol{x}_j \rangle\}.$$

### 6.6.3 非线性可分问题

#### 投影及核函数

图6.6.3显示了一维空间中的线性不可分割问题 (左图), 但是做一个非线性变换 ($x = x^2$) 之后, 成为二维的线性可分问题 (右图). 其直观意义为: 把一个缠绕不清的低维问题转换成一个相对稀松的高维问题使得分类问题变得更加容易.

因此, 通常对于非线性可分问题, 利用变换 $\boldsymbol{x} \mapsto \Phi(\boldsymbol{x})$ 把数据从空间 $D = \{(\boldsymbol{x}_i, y_i)\}_{i=1}^{m}$ 投影到 $D_\Phi = \{(\Phi(\boldsymbol{x}_i), y_i)\}_{i=1}^{m}$ 中, 形成新的数据集. 通常很难寻找到适合变换 $\Phi(\boldsymbol{x})$ 的具体形式, 但是, 由于我们目标问题的对偶性, 即运算是通过然实现的, 可以仅仅通过核函数来实现, 这里的核函数为

$$K(\boldsymbol{x}_i, \boldsymbol{x}_j) = \langle \Phi(\boldsymbol{x}_i), \Phi(\boldsymbol{x}_j) \rangle.$$

这时, 问题 (6.6.8) 就成为

$$\text{目标:} \ \min_{\boldsymbol{w}, b, \xi_i} \left\{ \frac{\|\boldsymbol{w}\|}{2} + C \sum_{i=1}^{m} (\xi_i)^k \right\}. \tag{6.6.13}$$

$$\text{约束:} \ y_i(\langle \boldsymbol{w}, \Phi(\boldsymbol{x}_i) \rangle + b) > 1 - \xi_i, \ \xi_i \geqslant 0, \ \forall(\boldsymbol{x}_i, y_i) \in D.$$

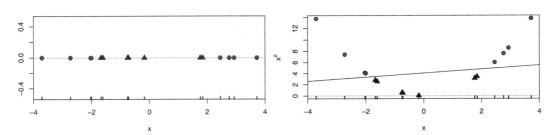

**图 6.6.3　非线性可分问题 (左图) 及投影到高维空间后成为线性可分问题 (右图)**

#### 对偶目标问题

对于转轴损失, 对偶目标问题 (6.6.10) 为

$$\text{目标:} \ \max_{\boldsymbol{\alpha}} \mathcal{L}_{dual} = \sum_{i=1}^{m} \alpha_i - \frac{1}{2} \sum_{i=1}^{m} \sum_{j=1}^{m} \alpha_i \alpha_j y_i y_j \langle \Phi(\boldsymbol{x}_i), \Phi(\boldsymbol{x}_j) \rangle.$$

$$= \sum_{i=1}^{m} \alpha_i - \frac{1}{2} \sum_{i=1}^{m} \sum_{j=1}^{m} \alpha_i \alpha_j y_i y_j K(\boldsymbol{x}_i, \boldsymbol{x}_j). \tag{6.6.14}$$

$$\text{约束:} \ 0 \leqslant \alpha_i \leqslant C \ \forall i \in D, \ \sum_{i=1}^{m} \alpha_i y_i = 0.$$

对于二次损失, 取核函数为

$$K^{(2)}(\boldsymbol{x}_i, \boldsymbol{x}_j) = \langle \Phi(\boldsymbol{x}_i), \Phi(\boldsymbol{x}_j) \rangle + \frac{1}{2C}\delta_{ij}.$$

对偶目标问题 (6.6.12) 为

$$\text{目标: } \max_{\boldsymbol{\alpha}} \mathcal{L}_{dual} = \sum_{i=1}^{m} \alpha_i - \frac{1}{2}\sum_{i=1}^{m}\sum_{j=1}^{m} \alpha_i \alpha_j y_i y_j K^{(2)}(\boldsymbol{x}_i, \boldsymbol{x}_j). \tag{6.6.15}$$

$$\text{约束: } \alpha_i \geqslant 0 \; \forall i \in D, \; \sum_{i=1}^{m}\alpha_i y_i = 0.$$

**核函数, 偏差和预测**

显然, 核函数为

$$\boldsymbol{w} = \sum_{\alpha_i > 0} \alpha_i y_i \Phi(\boldsymbol{x}_i).$$

但是, 我们没有必要去显式地计算 $\boldsymbol{w}$. 记 $n^*$ 为支持向量的数目, 则偏差为

$$\begin{aligned}
b &= \frac{1}{n^*}\left(\sum_{\alpha_i > 0}\alpha_i - \sum_{\alpha_i > 0}\langle \boldsymbol{w}, \Phi(\boldsymbol{x}_i)\rangle\right) \\
&= \frac{1}{n^*}\left(\sum_{\alpha_i > 0} y_i - \sum_{\alpha_i > 0}\sum_{\alpha_j > 0}\alpha_i y_i \langle \Phi(\boldsymbol{x}_i), \Phi(\boldsymbol{x}_j)\rangle\right) \\
&= \frac{1}{n^*}\left(\sum_{\alpha_i > 0} y_i - \sum_{\alpha_i > 0}\sum_{\alpha_j > 0}\alpha_i y_i K(\boldsymbol{x}_i, \boldsymbol{x}_j)\right).
\end{aligned}$$

对于一个新数据 $\boldsymbol{z}$, 预测值为

$$\begin{aligned}
\hat{y} &= \text{sign}(\langle \boldsymbol{w}, \Phi(\boldsymbol{z})\rangle + b) \\
&= \text{sign}\left(\sum_{\alpha_i > 0}\alpha_i y_i \langle \Phi(\boldsymbol{x}_i), \Phi(\boldsymbol{z})\rangle + b\right) \\
&= \text{sign}\left(\sum_{\alpha_i > 0}\alpha_i y_i K(\boldsymbol{x}_i, \boldsymbol{z}) + b\right).
\end{aligned}$$

显然, 我们不用计算 $\boldsymbol{w}$, 也不用单独的 $\Phi(\cdot)$ 函数, 计算仅仅基于支持向量全部通过非线性核函数进行. 这也称为核技巧 (kernel trick). 常用的核函数在支持向量机回归一节已经介绍, 这里不再重复.

### 6.6.4 多于两类的支持向量机分类

前面的讨论都假定因变量只有两个水平 ($y_i \in \{-1, 1\}$). 但是, 有多个因子的分类不能直接推广两类的方法. 不过可以利用二分类的结果. 目前有两种常用做法: 一对一 (one-versusone) 方法和一对多 (one-versus-all) 方法.

## 一对一法分类

如果对 $K > 2$ 类的情况来做 SVM 分类, 要对训练集轮流做每两类的 SVM 二分类, 一共有 $\binom{K}{2}$ 个 SVM 分类要做. 然后记录每个观测值分到各个类的次数, 最后, 一个观测值在 $\binom{K}{2}$ 次分类中被划分到哪一类的次数最多就分到哪一类.

## 一对多法分类

一对多法对 $K > 2$ 类的情况来做 SVM 分类是轮流把某一类表示为 $+1$, 而其余的 $K-1$ 类的组合表示为 $-1$, 并且做 SVM 二分类 (一共 $K$ 次). 这样, 对于一个新观测值 $z$, 每个分类 (假定是第 $k$ 类为 $+1$) 都产生了判别函数

$$\hat{y}_{\boldsymbol{z}}^{(k)} = \sum_{\alpha_{ik}>0} \alpha_{ik} K(\boldsymbol{x}_{ik}, \boldsymbol{z}) + b_k,\ k = 1, 2, \ldots, K.$$

这里 $\boldsymbol{x}_{ik}$ 表示第 $k$ 类为 $+1$ 类时的支持向量. 对 $\boldsymbol{z}$ 的最终的判别结果为

$$\hat{y}_{\boldsymbol{z}} = \arg \max_k \hat{y}_{\boldsymbol{z}}^{(k)}.$$

### 6.6.5 对慢性肾病全部数据 (例6.1) 的拟合

这里用程序包 kernlab 的支持向量机函数 ksvm() 对例6.1全部数据做拟合, 这里默认用的核函数是径向基核函数. 代码为:

```
w=read.csv("kidney02.csv",stringsAsFactors = TRUE)
library(kernlab)
set.seed(1010)
a=ksvm(class~.,w,cross=10)
```

由此可以输出很多结果, 比如, 可以得到训练集的混淆矩阵 (行是预测值, 列是真值):

```
> table(predict(a,w),w$class)

        ckd notckd
  ckd    249      0
  notckd   1    150
```

一共只有一个分错. 误判率为 $1/400 = 0.0025$.

注意, 由于程序包 kernlab 是按照面向对象的 S4[5](而不是原先的 S3) 的语言规则编写的, 如果要看对象 a 中有什么内容, 使用 slotNames(a) (而不是 names(a)), 得到:

---

[5]http://adv-r.had.co.nz/S4.html.

```
[1] "param"    "scaling"    "coef"      "alphaindex"
[5] "b"        "obj"        "SVindex"   "nSV"
[9] "prior"    "prob.model" "alpha"     "type"
[13] "kernelf"  "kpar"       "xmatrix"   "ymatrix"
[17] "fitted"   "lev"        "nclass"    "error"
[21] "cross"    "n.action"   "terms"     "kcall"
```

举例来说, 要得到训练集的误判率 error, 可以用 a@error (而不是 a$error) 来得到 (当然也是 0.0025); 而 10 折交叉验证的误判率从 a@cross 得到 (由于在选项中设了 cross=10), 也是 0.0025; 而从 a@alpha 可得到所有大于 0 的 $\alpha_i$(这里有 45 个); 从 a@b 可得到 $-b$ 的值 (得到 0.9914861); 从 a@nSV 可得到支持向量的个数 (为 45); 从 a@fitted 可得到拟合值 (即 400 个由 ckd 和 notckd 组成的数组); 从 a@obj 可得到目标函数的值 (-13.5407); 从 a@kernelf 可得到核函数的信息 (种类和参数):

```
> a@kernelf
Gaussian Radial Basis kernel function.
 Hyperparameter : sigma =  0.0778030689932193
```

从 a@alphaindex 可得到所有 54 个支持向量的下标:

```
[1]    1  22  47  62  70  90 103 106 111 118 122 129 130 149
[15] 151 168 186 201 207 212 215 219 244 248 250 267 275 277
[29] 283 295 305 308 337 339 340 352 358 359 362 366 370 375
[43] 384 385 395
```

## 6.7  k 最近邻方法分类

在4.9节, 我们讨论过用原理上可能是最简单的方法, 即 k 最近邻方法做回归, 下面考虑用 k 最近邻法做分类. 首先看图6.7.1, 图中的训练集有两类点, 一类用三角形表示, 一类用圆圈表示. 对于点 $z_1$(左图和中图) 和点 $z_2$(右图), 问题是应该把它们分到哪一类.

一般来说, 用最近邻的 $k$ 个点来决定新点的类别. 在图6.7.1的左图, 选择 $k = 3$, 这时 $z_1$ 应该分到上面 (三角形表示) 一类, 因为在 3 个最近邻点中上面一类的点有 2 个, 而下面的只有 1 个, 上面以 2 比 1 胜出; 但在图6.7.1的中图, 选择 $k = 5$, 这时 $z_1$ 应该分到下面 (圆圈表示) 一类, 因为下面一类有 3 个点, 下面以 3 比 2 胜出; 在图6.7.1的右图, 对于点 $z_2$, $k = 7$, 似乎下面会以 5 比 2 胜出, 但 $z_2$ 离上面一类的两点更近些, $z_2$ 应该属于哪一类呢? 这时加权投票似乎就有必要了. 此外, 在图6.7.1中 ''近邻'' 是以欧氏距离定义的, 其实还有其他的距离可以用, 比如 Minkowski 距离、Mahalanobis 距离等. 总而言之, $k$ 的大小、距离以及权重 (核函数) 的选择都对 k 最近邻方法分类的结果有影响.

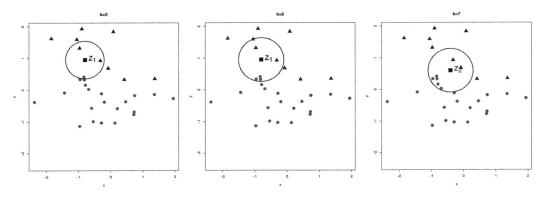

**图 6.7.1　k 最近邻法做分类的几种情况**

　　我们还是使用在回归中用过的程序包 kknn 中的 kknn() 函数来对例6.1全部数据做分类. 程序代码中选项的默认值为: 近邻数目 k=7, 距离种类 distance=2 (**Minkowski** 距离), 核函数 kernel="optimal" (参见4.9节) 等. 程序代码为:

```
library(kknn)
w=read.csv("kidney02.csv",stringsAsFactors = TRUE)
a=kknn(class~., train= w,test=w)
table(a$fit,w$class)
```

得到混淆矩阵, 行为拟合 (对训练集 "预测") 值, 列为真实值:

```
        ckd notckd
ckd     250      0
notckd    0    150
```

这里显示误判率为 0. 后面我们还会做交叉验证.

　　从输出中可以得到 $k$ 个最近邻点对测试集点的投票 (a$CL)、权重 (a$W)、距离 (a$D) 和最近邻点的下标 (a$C).

## 6.8　朴素贝叶斯分类

**例 6.2　皮肤病数据** (原数据: dermatology.data, 填补缺失值后的数据: derm.csv). 该数据的维数为 $366 \times 35$, 也就是说数据涉及 366 个红斑鳞状细胞疾病 (erythemato-squamous diseases) 患者的数据, 包含一个称为**因变量** (response) 或**响应变量**的目标变量 (皮肤病类型) 及 34 个**自变量**或**预测变量**, 其中 32 个是有序变量, 1 个是数量变量: age(年龄), 1 个是定性变量: family history(家族史). 该数据是关于鉴别红斑鳞状细胞疾病的具体类型. 有监督学习的目的是建立模型, 然后通过利用 34 个自变量判定因变量属于下面 6 种类型中的哪一类, 这就是该数据的因变量, 名为 class (类型, 一共 6 种水平, 用哑元表示: 1, 2, 3, 4, 5, 6), 简称 V35.

| 红斑鳞状细胞疾病类型 | | 在数据中的个数 |
| --- | --- | --- |
| 英文 | 中文 | |
| psoriasis | 牛皮癣 | 112 |
| seboreic dermatitis | 脂漏性皮炎 | 61 |
| lichen planus | 扁平苔藓 | 72 |
| pityriasis rosea | 玫瑰糠疹 | 49 |
| cronic dermatitis | 慢性皮炎 | 52 |
| pityriasis rubra pilaris | 毛孔性红糠疹 | 20 |

属于**临床属性**的 12 个自变量及属于**组织病理学属性**的 22 个自变量情况如下:

| **临床属性**:(取值 0,1, 2, 3, 除非另有说明) | | |
| --- | --- | --- |
| 简称 | 数据文件原英文名 | 中文 |
| V1 | erythema | 红斑 |
| V2 | scaling | 尺度 |
| V3 | definite borders | 明确的边界 |
| V4 | itching | 瘙痒 |
| V5 | Koebner phenomenon | Koebner 现象 |
| V6 | polygonal papules | 多边形丘疹 |
| V7 | follicular papules | 滤泡性丘疹 |
| V8 | oral mucosal involvement | 口腔粘膜受累 |
| V9 | knee and elbow involvement | 膝盖和肘部受累 |
| V10 | scalp involvement | 头皮受累 |
| V11 | family history, (0 or 1) | 家族史 (0 或 1) |
| V34 | Age | 年龄 (整数) |
| **组织病理学属性**:(取值 0,1,2,3) | | |
| 简称 | 数据文件原英文名 | 中文 |
| V12 | melanin incontinence | 黑色素失禁 |
| V13 | eosinophils in the infiltrate | 浸润中的嗜酸性粒细胞 |
| V14 | PNL infiltrate | PNL 渗透 |
| V15 | fibrosis of the papillary dermis | 乳头状真皮的纤维化 |
| V16 | exocytosis | 胞吐作用 |
| V17 | acanthosis | 棘皮症 |
| V18 | hyperkeratosis | 角化过度 |
| V19 | parakeratosis | 角化不全 |
| V20 | clubbing of the rete ridges | 杵状膜层突 |
| V21 | elongation of the rete ridges | 膜层突伸长 |
| V22 | thinning of the suprapapillary epidermis | 上皮下表皮变薄 |
| V23 | spongiform pustule | 海绵状脓包 |
| V24 | Munro microabcess | Munro 微脓肿 |
| V25 | focal hypergranulosis | 局灶性颗粒过多 |
| V26 | disappearance of the granular layer | 颗粒层消失 |
| V27 | vacuolisation and damage of basal layer | 基底层的空泡化和损伤 |
| V28 | spongiosis | 海绵样水肿 |
| V29 | saw-tooth appearance of retes | 锯齿状的膜层外观 |
| V30 | follicular horn plug | 毛囊角塞 |
| V31 | perifollicular parakeratosis | 毛囊周围角化不全 |
| V32 | inflammatory monoluclear infiltrate | 炎性单核细胞浸润 |
| V33 | band-like infiltrate | 带状渗透 |

红斑鳞状细胞疾病的鉴别诊断是皮肤病学中的一个问题. 它们都具有红斑和鳞屑的临床特征, 差异很小. 通常, 活组织检查对于诊断是必须的. 这些疾病也具有许多组织病理学特征. 鉴别诊断的另一个困难是疾病可能在开始阶段显示另一种类型疾病的特征, 并且也可能具有后面阶段的特征. 对患者首先在临床上评估了 12 个特征, 这些特征中除了 age (年龄) 及 family history (家族史, 0: 没有, 1: 有) 之外, 用 0, 1, 2, 3 打分, 分别表示不存在这个特征 (0) 及严重性 (1, 2, 3), 然后, 采集皮肤样品, 通过在显微镜下分析确定 22 个组织病理学特征的值 (也取值 0,1,2,3).

例 6.2 的数据来自 Ilter[6]、Güvenir [7](也是提供者). 参见 Güvenir, Demiröz and Ilter(2006). [8] 该数据的缺失值是用问号 "?" 标识的.

## 6.8.1 朴素贝叶斯原理

**朴素贝叶斯 (naive Bayes)** 是一种非常简单而又有效的分类方法. 假定因变量有 $k$ 类, 记为 $c_1, c_2, \ldots, c_k$, 朴素贝叶斯做了下面两个假定:

1. 在给定 $c_k$ 的条件下自变量 $\boldsymbol{x} = (x_1, x_2, \ldots, x_n)$ 都是独立的, 因此

$$p(x_1, x_2, \ldots, x_n | c_k) = p(c_k)p(x_1|c_k)p(x_2|c_k) \cdots p(x_n|c_k);$$

2. 给定类别 (比如 $c_k$) 之后假定它们的条件分布 $p(x_i|c_k)$ 的类型, 比如正态分布、多项分布或 Bernoulli 分布, 等等.

根据上述假定, 我们可以算出 $p(x_1, x_2, \ldots, x_n | c_k)$ 的值. 虽然实际的数据不会完全满足这些假定, 但朴素贝叶斯的分类精确度往往很高.

我们的目的就是要计算在给定数据 $\boldsymbol{x}$ 的条件下属于类 $c_k$ 的概率, 即后验概率 $p(c_k|\boldsymbol{x})$, 并且求使后验概率最大的类 $c_k$.

根据贝叶斯定理, 后验分布 (给定数据 $\boldsymbol{x}$ 的条件下属于类 $c_k$ 的概率)

$$p(c_k|\boldsymbol{x}) = \frac{p(c_k)p(\boldsymbol{x}|c_k)}{p(\boldsymbol{x})} \tag{6.8.1}$$

$$\propto p(c_k)p(\boldsymbol{x}|c_k) = p(c_k)p(x_1, x_2, \ldots, x_n|c_k) \tag{6.8.2}$$

$$= p(c_k)p(x_1|c_k)p(x_2|c_k) \cdots p(x_n|c_k) = p(c_k)\prod_{i=1}^{n} p(x_i|c_k). \tag{6.8.3}$$

其中, 式 (6.8.1) 是贝叶斯定理, 式 (6.8.2) 是因为分母的概率 $p(\boldsymbol{x})$ 与我们关心的类没有关系 (这里符号 $\propto$ 是 "成比例" 的意思), 而式 (6.8.3) 是因为我们假定观测值 $x_1, x_2, \ldots, x_n$ 在给定了 $c_k$ 时的条件独立性.

有了上式及假定的 $p(x_i|c_k)$ 的条件分布, 给定数据 $x_1, x_2, \ldots, x_n$ 之后, 我们就可以寻求使得 $p(c_k)\prod_{i=1}^{n} p(x_i|c_k)$ 最大的类 $c_k$.

[6]Nilsel Ilter, M.D., Ph.D., Gazi University, School of Medicine, 06510 Ankara, Turkey, Phone: +90 (312) 214 1080.

[7]H. Altay Güvenir, PhD., Bilkent University, Department of Computer Engineering and Information Science, 06533 Ankara, Turkey, Phone: +90 (312) 266 4133. Email: guvenir@cs.bilkent.edu.tr.

[8]http://archive.ics.uci.edu/ml/datasets.html?format=&task=&att=mix&area=&numAtt=&numIns=&type=&sort=dateDown&view=table.

### 6.8.2 用朴素贝叶斯方法对皮肤病数据 (例6.2) 做分类

我们用程序包 e1071 的函数 naiveBayes 对例6.2皮肤病数据来做分类, 注意: 这个函数假定自变量的条件分布是正态分布. 下面同时对随机森林和朴素贝叶斯分类做 10 折交叉验证. 我们还使用2.9.4节引入的 Fold 函数来创造交叉验证的下标集.

```r
w=read.csv("derm.csv")
for (i in (1:ncol(w))[-34])w[,i]=factor(w[,i])
library(e1071);library(randomForest)

Z=10;D=35
mm=Fold(w,Z,D,1010)
Pr=data.frame(rf=w$V35,NB=w$V35)
for(i in 1:Z){
  Pr$rf[mm[[i]]]=
    randomForest(V35~.,w[-mm[[i]],])%>%
    predict(w[mm[[i]],])
  Pr$NB[mm[[i]]]=
    a=naiveBayes(V35~.,w[-mm[[i]],])%>%
    predict(w[mm[[i]],])
}

table(w$V35,Pr$rf);mean(w$V35!=Pr$rf)
table(w$V35,Pr$NB);mean(w$V35!=Pr$NB)
```

输出的结果为:

```
> table(w$V35,Pr$rf);mean(w$V35!=Pr$rf)


      1    2    3    4    5    6
 1  112    0    0    0    0    0
 2    1   57    0    3    0    0
 3    0    0   72    0    0    0
 4    0    4    0   45    0    0
 5    0    0    0    0   52    0
 6    0    0    0    0    0   20
[1] 0.02185792
> table(w$V35,Pr$NB);mean(w$V35!=Pr$NB)


      1    2    3    4    5    6
 1  112    0    0    0    0    0
 2    0   56    0    5    0    0
 3    0    0   72    0    0    0
 4    0    1    0   48    0    0
 5    0    0    0    0   52    0
```

```
   6    0    0    0    0    0   20
[1] 0.01639344
```

结果表明, 对于这个数据, 朴素贝叶斯分类比随机森林的误判率要低 0.5 个百分点. 所以它是一个很好的分类方法.

## 6.9　对慢性肾病数据 (例6.1) 做各种方法分类的交叉验证

为了对各种方法做例6.1数据分类的交叉验证, 使用了2.5.4节平衡各测试集因变量水平的函数 Fold() 以及3.5.2节用于 logistic 回归的函数 BI() 和 BIM(). 这里用来比较的方法有 adaboost、bagging、随机森林 (RF)、支持向量机 (svm)、k 最近邻方法 (knn)、线性判别分析 (lda)、混合线性判别分析 (mda)、logistic 回归 (logit). 对例6.1数据分类的 10 折交叉验证平均误判率结果显示在图6.9.1中.

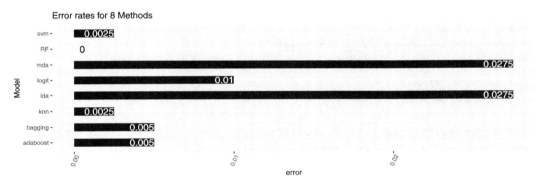

**图 6.9.1　例6.1对 8 种方法分类的 10 折交叉验证的误判率**

对例6.1数据分类的 10 折交叉验证误判率结果的打印输出 (产生图6.9.1的值) 为:

```
adaboost  bagging      RF      svm      knn      lda      mda    logit
  0.0050   0.0050  0.0000   0.0025   0.0025   0.0275   0.0275   0.0100
```

从输出和图6.9.1可以看出, 对例6.1数据分类, 最好的是随机森林, 其交叉验证误分率也是 0, 其次为并列的 svm 和 k 最近邻方法, 然后是 adaboost 和 bagging, 最差的是 mda 和 lda.

上面计算 8 种方法交叉验证误判率和产生图6.9.1所用的代码为:

```
library(MASS);library(adabag);library(randomForest);library(ipred)
library(kernlab);library(mda);library(kknn);library(tidyverse)
w=read.csv("kidney02.csv",stringsAsFactors = TRUE)
D=25;Z=10;n=nrow(w)
ff=paste(names(w)[D],"~.",sep="");ff=as.formula(ff)
mm=Fold(Z,w,D,8888)


z=sample(levels(w$class),n,rep=T)
```

```
pred=data.frame(z,z,z,z,z,z,z,z,z)
for(i in 1:Z){
  m=mm[[i]];set.seed(1010)
  a=boosting(ff,w[-m,])
  pred[m,1]=predict(a,w[m,])$class
  set.seed(1010)
  pred[m,2]=ipred::bagging(ff,data =w[-m,])%>%
  predict(w[m,])
  set.seed(1010)
  pred[m,3]=randomForest(ff,data=w[-m,])%>%
    predict(w[m,])
  pred[m,4]=ksvm(ff,w[-m,])%>%
    predict(w[m,])
  pred[m,5]=kknn(ff, train= w[-m,],test=w[m,])%>%
    .$fit
  a=lda(ff,w[-m,])
  pred[m,6]=predict(a,w[m,])$class
  pred[m,7]=mda(ff,w[-m,])%>%
    predict(w[m,])
  pred[m,8]=BIM(D,w,ff,m)$u
}
err=apply(sweep(pred,1,w$class,"!="),2,mean)
NN=c("adaboost","bagging","RF","svm","knn","lda","mda","logit")
names(err)=NN;err
E=data.frame(Model=NN,error=err)
ggplot(E, aes(x=Model, y=error)) +
  geom_bar(stat="identity", width=.5, fill="navyblue") +
  labs(title="Error rates for 8 Methods",xlab='Method') +
  geom_text(aes(label=round(E$error,4)), hjust=c(rep(1,2),-1,rep(1,5)),
            color=c(rep("white",2),'black',rep("white",5)), size=5)+
  theme(axis.text.x = element_text(angle=65, vjust=0.6))+
  coord_flip()
```

## 6.10　案例分析: 蘑菇可食性数据

**例 6.3** (agaricus-lepiota1.txt, agaricus-lepiota.txt) **蘑菇可食性数据**. 该数据[9] 有 23 个变量, 8124 个观测值, 变量用 V1, V2, ..., V23 表示. 其中 V1 为能否食用, 水平 "e"(edible) 代表可食用, 水平 "p"(poisonous) 代表有毒; 其余变量都是分类变量, 表示各种蘑菇各部位的形状、颜色、气味、生长特点、生长环境等属性, 全部用字母表示其水平 (最多 12 个水平). 数据文件 agaricus-lepiota.txt 是原始数据, 而 agaricus-lepiota1.txt 是补了 (V12) 的缺失值之后的 (下面

---

[9]Lichman, M. (2013).  UCI Machine Learning Repository [http://archive.ics.uci.edu/ml].  Irvine, CA: University of California, School of Information and Computer Science.  数据网址为 http://archive.ics.uci.edu/ml/datasets/Mushroom.

要用的) 数据. 此外, 由于 V17 只有一个水平, 对建模不起作用.[10] 下面处理时该数据的 V1(能否食用) 看成因变量, 其他作为自变量. 这是一个因变量只有两个水平的分类问题.

　　**注意: 由于自变量全部是分类变量, 那些基于数量变量方法的经典的判别分析、混合线性判别分析、logistic 回归、支持向量机、k 最近邻方法、神经网络都不能正常运行. 只能用决策树和基于决策树的组合分类方法来处理.**

### 6.10.1　决策树分类

#### 拟合全部数据

　　首先, 得到对例6.3全部数据分类的决策树 (见图6.10.1).

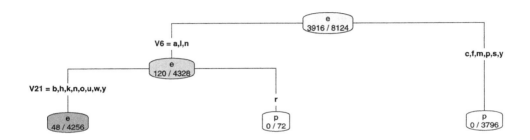

**图 6.10.1　例6.3全部数据分类的决策树**

　　图6.10.1是用下面的代码得到的:

```
w=read.table("agaricus-lepiota1.txt",header=T,stringsAsFactors = TRUE)
library(rpart.plot)
(a=rpart(V1~.,w))
rpart.plot(a,type=4,extra=3,digits=4,Margin=0)
```

打印出来的树为:

```
n= 8124

node), split, n, loss, yval, (yprob)
      * denotes terminal node

1) root 8124 3920 e (0.5180 0.4820)
  2) V6=a,l,n 4328  120 e (0.9723 0.0277)
    4) V21=b,h,k,n,o,u,w,y 4256   48 e (0.9887 0.0113) *
    5) V21=r 72    0 p (0.0000 1.0000) *
  3) V6=c,f,m,p,s,y 3796    0 p (0.0000 1.0000) *
```

---

[10]由于这类不起作用的变量对我们所要使用的基于决策树的 4 种方法没有影响, 我们没有刻意删除 V17, 这也说明这些方法的稳健性, 所有这几种方法都把 V17 的重要性标为 0, 自动不使用它. 但是如果要用诸如线性判别分析、logistic 回归等方法, 这类变量必须删除.

该决策树仅仅使用了两个拆分变量: V6 和 V21. 从 summary(a) 得到的 (部分) 结果为:

```
Node number 1: 8124 observations,    complexity param=0.969
  predicted class=e  expected loss=0.482  P(node) =1
    class counts:  4208   3916
   probabilities: 0.518 0.482
  left son=2 (4328 obs) right son=3 (3796 obs)
  Primary splits:
      V6   splits as   LRRLRLRRR,    improve=3820, (0 missing)
      V21  splits as   LRLLLRLRL,    improve=2200, (0 missing)
      V10  splits as   RLRRLLLLRLLL, improve=1540, (0 missing)
      V13  splits as   LRLL,         improve=1400, (0 missing)
      V14  splits as   LRLL,         improve=1330, (0 missing)
  Surrogate splits:
      V21  splits as   LRLLLLLRL,    agree=0.862, adj=0.705, (0 split)
      V10  splits as   RLRRLLLLLLLL, agree=0.811, adj=0.595, (0 split)
      V13  splits as   LRLL,         agree=0.781, adj=0.532, (0 split)
      V14  splits as   LRLL,         agree=0.781, adj=0.531, (0 split)
      V20  splits as   RLRRL,        agree=0.780, adj=0.530, (0 split)

Node number 2: 4328 observations,    complexity param=0.0184
  predicted class=e  expected loss=0.0277  P(node) =0.533
    class counts:  4208    120
   probabilities: 0.972 0.028
  left son=4 (4256 obs) right son=5 (72 obs)
  Primary splits:
      V21  splits as   LLLLLRLLL,    improve=138.0, (0 missing)
      V10  splits as   -LLLLLLLRLLL, improve= 45.6, (0 missing)
      V16  splits as   --LLLLLLR,    improve= 45.6, (0 missing)
      V4   splits as   RLLLLRLLLL,   improve= 26.1, (0 missing)
      V15  splits as   --LLLLLLR,    improve= 15.2, (0 missing)
  Surrogate splits:
      V10  splits as   -LLLLLLLRLLL, agree=0.989, adj=0.333, (0 split)
```

这个输出说明除了 V6 和 V21 之外, V10, V13, V14, V20 作为备选也被考虑过, 这也说明了重要变量是如何选出来的.

我们还可以得到混淆矩阵

```
> a.p=predict(a,w,type="class")
> table(a.p,w$V1)

a.p     e     p
  e  4208    48
```

```
p    0 3868
```

误判的有 48 个. 虽然误判率只有 0.00591, 但把 48 个毒蘑菇误判成可食的, 问题很严重.

## 变量重要性

决策树的变量重要性的输出为:

```
> a$var
  V6  V21  V10  V13  V14  V20
3823 2834 2322 2035 2031 2027
```

在 22 个自变量中, 重要变量只涉及 6 个变量, 而这些变量都是在 summary(a) 的输出中涉及的.

## 6.10.2　bagging 分类

为对例6.3全部数据分类, 使用两个程序包的同名函数bagging, 下面为计算代码:

```
library(adabag);library(ipred)
a=adabag::bagging(V1~.,w)#默认100棵树
b=ipred::bagging(V1~.,nbagg=100,w)#默认nbagg=25棵树
```

对于两个程序包的同名函数的计算结果表明:

1. 对于adabag::bagging: 可以使用代码 a$trees 来查看默认的 100 棵生成的树, 可以看到这些树全部都是由强势变量 V6 和 V21 当拆分变量, 所有的树的形状完全一样, 因此, 该程序包 bagging 方法没有对决策树的结果有任何改进. 这种现象体现了 bagging 方法应对少数极端强势变量状况时的缺陷. 如果用adabag 程序包自带的程序计算交叉验证 (默认 10 折): bagging.cv(V1~.,w), 得到误判率为 0.005908, 也就是误判 48 个, 和单独决策树一样.

2. 对于ipred::bagging: 结果比adabag::bagging 要精确得多, 也有自带函数计算交叉验证 (默认 10 折).

```
mypredict.bag <- function(object, newdata)
   predict(object, newdata = newdata)
errorest(V1 ~ ., data=w, model=bagging,
        estimator = "cv", predict= mypredict.bag)
```

得到误判率为 0, 没有一个对象误判.

## 6.10.3　随机森林分类

### 对例6.3拟合全部数据

用随机森林拟合例6.3全部数据的代码如下:

```
library(randomForest)
set.seed(1010)
a=randomForest(V1~.,w,importance=T,localImp=T,proximity=T)
print(a)
```

可以得到 OOB 数据交叉验证误差 (等于 0) 的信息:

```
Number of trees: 500
No. of variables tried at each split: 4
        OOB estimate of  error rate: 0%
Confusion matrix:
      e     p class.error
e 4208     0           0
p    0 3916           0
```

## 随机森林分类的变量重要性

用语句 a$importance 可以输出 22×4 的关于 22 个自变量的重要性矩阵: 图6.10.2显示了变量重要性. 图6.10.2中上面两幅图是关于两类 (因变量两个水平 "e'' 和 "p") 的各个变量的重要性, 下面两幅图是综合分类的变量重要性图,

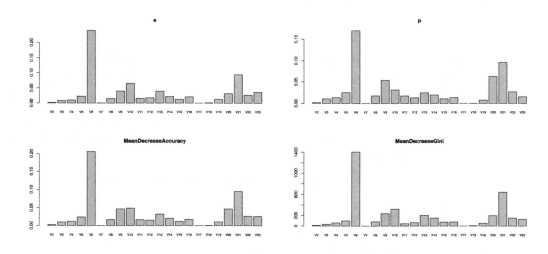

**图 6.10.2   随机森林对例6.3拟合的变量重要性图**

图6.10.2是由下面的代码产生的:

```
Imp=a$importance
par(mfrow=c(2,2))
for(i in 1:4)
barplot(Imp[,i],cex.names=.7,main=colnames(Imp)[i])
```

显然, 由于随机森林仅仅随机选择少数 (这里是 4 个) 来竞争拆分变量, 限制了强势变量, 很多变量都进入决策树, 这对随机变量的 OOB 误分率为 0 有很大贡献.

**随机森林分类的局部重要性**

为了了解哪些观测值与哪些变量有关, 可以查看局部重要性图 (见图6.10.3). 图6.10.3是用下面代码产生:

```
matplot(1:(ncol(w)-1),a$local,type="l",xlab="Variable",axes=F,
        ylab="Local importance",main="Local importance");axis(2)
axis(1, at=1:(ncol(w)-1),labels=names(w)[-1], las=2);box()
```

从图6.10.3可以很清楚看出, 有相当多的观测值并不支持那两个在 bagging 仅有的重要变量 V6 和 V21. 这也说明了为什么只依赖于 V6 和 V21 的 bagging 和决策树无法对这些观测值正确分类.

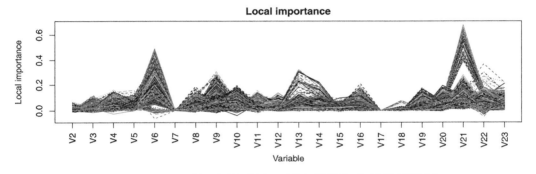

**图 6.10.3　随机森林对例6.3拟合的局部变量重要性图**

**随机森林分类的部分依赖图**

为了解每个自变量的每个水平的影响, 可以查看部分依赖图 (见图6.10.4).

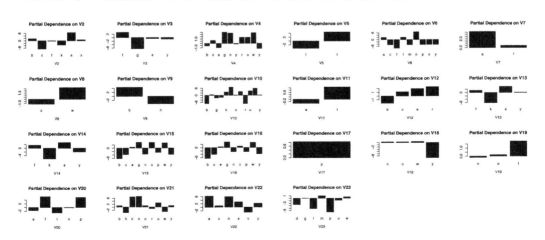

**图 6.10.4　随机森林对例6.3拟合的部分依赖图**

图6.10.4是用下面的代码产生的:

```
NM=names(w)[2:23]
par(mfrow=c(4,6))
for(i in 1:22)
partialPlot(a,pred.data=w,NM[i],xlab=NM[i],
    main=paste("Partial Dependence on",NM[i]))
```

## 6.10.4 AdaBoost 分类

用 AdaBoost 对于例6.3全部数据拟合并产生变量重要性图 (见图6.10.5).

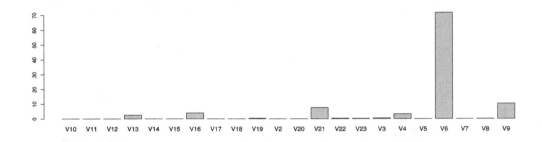

**图 6.10.5　AdaBoost 对例6.3拟合的变量重要性图**

拟合并产生图6.10.5的代码为:

```
library(adabag)
set.seed(1010)
a=boosting(V1~.,w)
barplot(a$importance,cex.names=1.2)
```

图6.10.5显示, AdaBoost 从另一个角度来纠正在决策树中存在强势变量的问题. 由于调整再抽样的权重, 使得一些 "弱势" 观测值得以在样本中较多地被代表, 也使得相关的变量有机会成为拆分变量, 打破了仅代表主流数据的强势变量的垄断.

## 6.10.5　4 种方法交叉验证

和前面一样, 为了对各种方法做例6.3分类的交叉验证, 我们使用2.5.4节的平衡验证集合中因变量水平的函数 Fold(). 由于其他方法全部不能用, 这里用作比较的方法只有决策树、AdaBoost、bagging 和随机森林. 下面的输出显示了这 4 种方法交叉验证的结果, 表明除了决策树之外, bagging(ipred)、AdaBoost 和随机森林的交叉验证误判率全部为 0 的精确性.

```
      Tree     adaboost      bagging           RF
0.005908419 0.000000000 0.000000000 0.000000000
```

上面的交叉验证计算所使用的代码为:

```
w=read.table("agaricus-lepiota1.txt",header=T,stringsAsFactors = TRUE)
D=1;Z=10;n=nrow(w)
ff=paste(names(w)[D],"~.",sep="");ff=as.formula(ff)
mm=Fold(Z,w,D,8888)
library(MASS);library(rpart);library(ipred)
library(randomForest);library(adabag);library(tidyverse)
z=sample(levels(w$V1),n,rep=T)
pred=data.frame(z,z,z,z)
for(i in 1:Z){
  m=mm[[i]];
  pred[m,1]=rpart(ff,w[-m,])%>%
    predict(w[m,],type="class")
  set.seed(1010)
  a=boosting(ff,w[-m,])
  pred[m,2]=predict(a,w[m,])$class
  set.seed(1010)
  pred[m,3]=ipred::bagging(ff,data =w[-m,])%>%
  predict(w[m,])
  set.seed(1010)
  pred[m,4]=randomForest(ff,data=w[-m,])%>%
    predict(w[m,])
}
err=apply(sweep(pred,1,w$V1,"!="),2,mean)
NN=c("Tree","adaboost","bagging","RF")
names(err)=NN;err
```

## 6.11　案例分析: 手写数字笔迹识别

**例 6.4** (pendigits.csv) **手写数字笔迹识别数据**. 该数据有 10992 个观测值和 17 个变量, 其中前 3498 个观测值是测试集, 而后 7494 个观测值为训练集. 原始数据是两个数据集合, 有大量缺失值, 这里给出的为用 missForest() 函数弥补缺失值后的数据. 变量中, 第 17 个变量 (V17) 为有 10 个水平的因变量, 而其余变量都是数量变量.

本节将用几种方法来对该数据做分类, 使用的方法包括 AdaBoost (boost), 随机森林 (RF), 支持向量机 (svm), k 最近邻方法 (knn), 线性判别分析 (lda), 混合线性判别分析 (mda).

如果要用本书原始数据 (从网上下载), 请注意数据格式的转换和缺失值的标识方法.[11]

### 6.11.1　使用给定的测试集来比较各种模型

我们使用下面的代码来做比较并产生图6.11.1:

---

[11]原始数据的网址之一为: http://www.csie.ntu.edu.tw/~cjlin/libsvmtools/datasets/multiclass.html#news20, 数据名为 pendigits(训练集) 和 pendigits.t(测试集), 都属于 LIBSVM 格式. 网址https://archive.ics.uci.edu/ml/datasets/Pen-Based+Recognition+of+Handwritten+Digits也提供该数据, 但其中的缺失值都以字符 "空格 +0" 表示 (说明中却显示无缺失值, 这是不对的). 第二个网址给出了数据的细节. 数据来源于 E. Alpaydin, Fevzi. Alimoglu, Department of Computer Engineering, Bogazici University, 80815 Istanbul Turkey, alpaydinboun.edu.tr.

```r
w=read.csv("pendigits.csv");w[,17]=factor(w[,17])
m=1:3498 #testing set
###############################################
library(MASS);library(rpart);library(adabag)
library(randomForest);library(kernlab)
library(mda);library(kknn);library(tidyverse)
###############################################
D=17;n=nrow(w)
ff=paste(names(w)[D],"~.");ff=as.formula(ff)
###############################################
z=sample(levels(w[,D]),length(m),rep=T)
E=data.frame(z,z,z,z,z,z)
set.seed(1010)
a=boosting(ff,w[-m,])
E[,1]=predict(a,w[m,])$class
set.seed(1010)
E[,2]=randomForest(ff,data=w[-m,])%>%
  predict(w[m,])
set.seed(1010)
a=ksvm(ff,w[-m,])
E[,3]=predict(a,w[m,])
set.seed(1010)
E[,4]=kknn(ff, train= w[-m,],test=w[m,])%>%
  .$fit
a=lda(ff,w[-m,])
E[,5]=predict(a,w[m,])$class
set.seed(1010)
E[,6]=mda(ff,w[-m,])%>%
  predict(w[m,])

err=apply(sweep(E,1,w[m,D],"!="),2,mean)
NN=c("adaboost","RF","svm","knn","lda","mda")

E=data.frame(Model=NN,error=err)
ggplot(E, aes(x=Model, y=error)) +
  geom_bar(stat="identity", width=.5, fill="navyblue") +
  labs(title="Error rates for 6 Methods",xlab='Method') +
  geom_text(aes(label=round(E$error,4)), hjust=1,
            color="white", size=5)+
  theme(axis.text.x = element_text(angle=65, vjust=0.6))+
  coord_flip()
```

得到的误判率分别为 (见图6.11.1):

```
> names(err)=NN;err
    adaboost          RF         svm         knn         lda         mda
  0.04202401  0.03001715  0.02001144  0.02287021  0.17924528  0.08490566
```

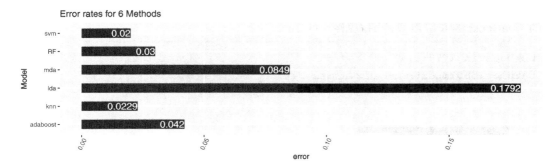

图 6.11.1　几种方法对例6.4拟合的误判率图

从结果看出, 最好的方法是 svm, 其次是 k 最近邻方法, 然后是随机森林、AdaBoost, 最后是混合线性判别和线性判别分析方法.

## 6.11.2 各种方法的单独分析

### AdaBoost

利用程序包 adabag 本身自带的 AdaBoost 的折交叉验证函数 boosting.cv() 可给全部数据做交叉验证, 10 折交叉验证表明, 全部数据做 10 折交叉验证的误判率要小于给定的原始测试集的误判率 (0.042). 这样做的代码为:

```
BC=boosting.cv(V17~.,w,v=10)
BC$confusion
BC$error
```

得到综合的混淆矩阵及误判率:

```
> BC$confusion
              Observed Class
Predicted Class    0     1     2     3     4     5     6     7     8     9
              0 1130     0     0     0     2     0     2     0     4     1
              1    0  1096    10     8     0     2     0     5     0     4
              2    0    29  1124     1     1     0     0     4     0     0
              3    0    11     1  1038     0     5     0     4     0     1
              4    2     0     0     0  1141     1     4     0     2     0
              5    0     1     0     2     0  1038     2     0     1     4
              6    0     2     0     0     0     2  1047     2     2     0
              7    0     2     9     5     0     1     1  1124     1     2
              8    8     0     0     0     0     3     0     3  1043     1
```

```
                    9     3     2     0     1     0     3     0     0     2 1042
> BC$error
[1] 0.01537482
```

为了产生根据训练集得到的变量重要性图, 可以利用下面的代码产生根据全部数据得到的 AdaBoost 的变量重要性图 (见图6.11.2):

```
bb=boosting(V17~.,w)
barplot(bb$importance,cex.names=1.6)
```

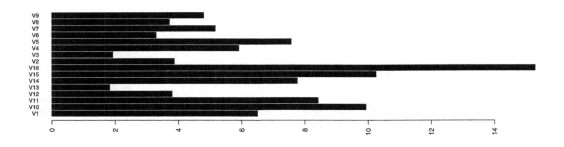

**图 6.11.2　AdaBoost 对例6.4训练集拟合的变量重要性图**

## 随机森林

利用下面的代码:

```
(b=randomForest(V17~.,w,,importance=T,localImp=T,proximity=T))
```

可以得到随机森林对整个数据集分类的 OOB 交叉验证误差:

```
          OOB estimate of  error rate: 0.79%
Confusion matrix:
      0    1    2    3    4    5    6    7    8    9 class.error
0 1133    0    0    0    4    0    1    0    4    1    0.008749
1    0 1112   23    6    0    1    0    0    0    1    0.027122
2    0    9 1132    1    0    0    0    2    0    0    0.010490
3    0    3    1 1047    0    1    0    1    0    2    0.007583
4    1    0    0    0 1143    0    0    0    0    0    0.000874
5    0    0    0    4    1 1046    0    0    1    3    0.008531
6    0    0    1    0    0    1 1054    0    0    0    0.001894
7    0    1    4    1    0    0    1 1135    0    0    0.006130
8    0    0    0    0    0    1    0    1 1052    1    0.002844
9    0    2    0    0    0    1    0    0    1 1051    0.003791
```

输出表明, OOB 误判率为 0.0079, 比单独用给定的原始测试集的误判率 (0.0312) 要小.

用全部数据得到的变量重要性显示在图6.11.3中, 其中上图为分别对因变量 10 个水平的变量重要性图, 下面两幅图分别为关于全局精确度和分类能力的重要性变量图.

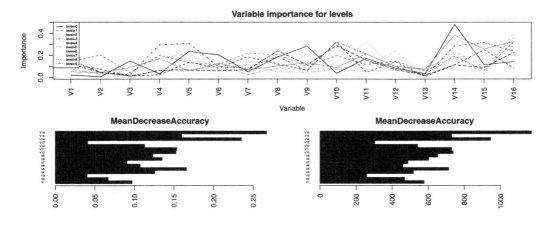

图 6.11.3　随机森林对例6.4全部数据拟合的变量重要性图

产生图6.11.3的代码为:

```
layout(matrix(c(1,1,2,3),nrow = 2,by=T))
matplot(1:(ncol(w)-1),b$importance[,1:10],type="l",xlab="Variable",axes=F,
       ylab="Importance",main="Variable importance for levels")
legend('topleft', paste0('level=',0:9),col=1:10,lty=1:10,cex=0.5)
axis(2)
axis(1, at=1:(ncol(w)-1),labels=names(w)[-17], las=2)
box()
for(i in 11:12)
barplot(b$importance[,i],main=colnames(b$importance)[11],
        horiz=T,cex.names=.4,las=2,col=4)
```

利用下面的代码得到随机森林对例6.4全部数据拟合的局部变量重要性图 (见图6.11.4):

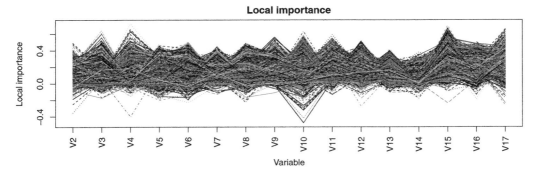

图 6.11.4　随机森林对例6.4全部数据拟合的局部变量重要性图

```
matplot(1:(ncol(w)-1),b$local,type="l",xlab="Variable",axes=F,
        ylab="Local importance",main="Local importance");axis(2)
axis(1, at=1:(ncol(w)-1),labels=names(w)[-1], las=2);box()
```

利用下面的代码得到随机森林对例6.4全部数据拟合的部分依赖性图 (见图6.11.5):

```
NM=names(w)[1:16]
par(mfrow=c(4,4))
for(i in 1:16)
partialPlot(b,pred.data=w,NM[i],xlab=NM[i],
main=paste("Partial Dependence on",NM[i]))
```

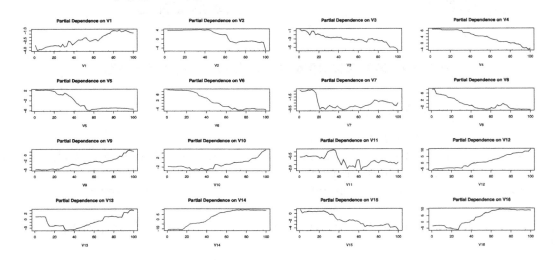

**图 6.11.5　随机森林对例6.4全部数据拟合的部分依赖性图**

## 支持向量机

利用下面的代码:

```
bsvm=ksvm(V17~.,w,cross=10)
table(predict(bsvm,w),w$V17)
bsvm@cross
```

可以得到 **svm** 对整个数据集分类的混淆矩阵:

|   | 0 | 1 | 2 | 3 | 4 | 5 | 6 | 7 | 8 | 9 |
|---|---|---|---|---|---|---|---|---|---|---|
| 0 | 1140 | 0 | 0 | 0 | 0 | 0 | 0 | 0 | 0 | 0 |
| 1 | 1 | 1122 | 3 | 3 | 0 | 0 | 0 | 1 | 0 | 2 |
| 2 | 0 | 7 | 1140 | 1 | 0 | 0 | 0 | 0 | 0 | 0 |
| 3 | 0 | 9 | 0 | 1045 | 0 | 1 | 0 | 0 | 0 | 0 |
| 4 | 1 | 1 | 0 | 1 | 1144 | 0 | 0 | 0 | 0 | 1 |

| | | | | | | | | | |
|---|---|---|---|---|---|---|---|---|---|
| 5 | 0 | 0 | 0 | 1 | 0 | 1051 | 1 | 0 | 1 | 0 |
| 6 | 1 | 0 | 0 | 0 | 0 | 0 | 1055 | 0 | 0 | 0 |
| 7 | 0 | 3 | 1 | 2 | 0 | 0 | 0 | 1141 | 2 | 2 |
| 8 | 0 | 0 | 0 | 0 | 0 | 1 | 0 | 0 | 1052 | 0 |
| 9 | 0 | 1 | 0 | 2 | 0 | 2 | 0 | 0 | 0 | 1050 |

及自带的 10 折交叉验证误差:

```
> bsvm@cross
[1] 0.00628
```

根据代码 bsvm@error, 训练集 (全部数据) 误判率为 0.00473, 都比用给定的原始测试集的误判率 (0.0203) 要小.

## k 最近邻方法

利用下面的代码:

```
ka=kknn(V17~., train= w,test=w)
table(ka$fit,w$V17)
sum(ka$fit!=w$V17)/nrow(w)
```

可以得到 k 最近邻方法对整个数据集分类的混淆矩阵和训练集 (整个数据) 的误判率:

| | 0 | 1 | 2 | 3 | 4 | 5 | 6 | 7 | 8 | 9 |
|---|---|---|---|---|---|---|---|---|---|---|
| 0 | 1140 | 0 | 0 | 0 | 0 | 0 | 0 | 0 | 0 | 0 |
| 1 | 0 | 1135 | 1 | 1 | 0 | 0 | 0 | 0 | 0 | 0 |
| 2 | 0 | 4 | 1143 | 2 | 0 | 0 | 0 | 2 | 0 | 0 |
| 3 | 0 | 0 | 0 | 1048 | 0 | 1 | 0 | 0 | 0 | 0 |
| 4 | 2 | 1 | 0 | 1 | 1142 | 0 | 0 | 0 | 0 | 1 |
| 5 | 0 | 1 | 0 | 0 | 1 | 1054 | 1 | 0 | 1 | 0 |
| 6 | 1 | 0 | 0 | 0 | 0 | 0 | 1055 | 0 | 0 | 0 |
| 7 | 0 | 1 | 0 | 1 | 0 | 0 | 0 | 1140 | 1 | 0 |
| 8 | 0 | 0 | 0 | 0 | 0 | 0 | 0 | 0 | 1053 | 0 |
| 9 | 0 | 1 | 0 | 2 | 1 | 0 | 0 | 0 | 0 | 1054 |

```
> sum(ka$fit!=w$V17)/nrow(w)
[1] 0.00255
```

误判率比用给定的原始测试集的误判率 (0.0229) 要小.

## 线性判别分析

利用下面的代码:

```
ldar=lda(V17~.,w)
table(predict(ldar,w)$class,w$V17)
sum(w$V17!=predict(ldar,w)$class)/nrow(w)
```

可以得到线性判别分析方法对整个数据集分类的混淆矩阵和训练集 (整个数据) 的误判率:

```
          0     1     2     3     4     5     6     7     8     9
0  1015     0     0     0     0     0     9     0    59     1
1    13   770    19    13     0    11     0    46    37    34
2     0   211  1113     1     1     0     0    29     0     0
3     0    26     0  1029     0    38     0    57    25     8
4    13     0     0     0  1108     1     2     2     0     7
5     1    73     0     0     9   718     1     5    70    26
6     5     6     0     0     4    27  1029     0     6     7
7     0    35    12     8     1     6     0   979     4     2
8    89     1     0     0     0     7    15     4   839     0
9     7    21     0     4    21   247     0    20    15   970
> sum(w$V17!=predict(ldar,w)$class)/nrow(w)
[1] 0.129
```

### 混合线性判别分析

利用下面的代码:

```
mdar=mda(V17~.,w)
table(predict(mdar,w),w$V17)
sum(w$V17!=predict(mdar,w))/nrow(w)
```

可以得到混合线性判别分析方法对整个数据集分类的混淆矩阵和训练集 (整个数据) 的误判率:

```
          0     1     2     3     4     5     6     7     8     9
0  1122     0     0     0     0     0     2     0    13    18
1     0   995    13     5     0    11     0     6     3    16
2     0    83  1129     1     0     0     0    11     0     0
3     0    49     0  1044     0    23     0    10     0    11
4     4     1     0     0  1125     0     0     0     0     1
5     0     1     0     0    11  1005     1     0     5    39
6     1     4     0     0     2     0  1053     3     2     0
7     1     8     2     4     4     0     0  1105     5     2
8    13     0     0     0     0     2     0     7  1025     0
9     2     2     0     1     2    14     0     0     2   968
> sum(w$V17!=predict(mdar,w))/nrow(w)
[1] 0.0383
```

### 6.11.3 对手写数字笔迹识别 (例6.4) 整个数据做几种方法的 10 折交叉验证

下面不用给出的原始测试集, 而用全部数据 (10992 个观测值) 来做 10 折交叉验证并产生相应的误判率图 (见图6.11.6), 全部代码如下 (使用了2.5.4节的函数 Fold() 来平衡测试集的各类水平):

```r
library(MASS);library(rpart);library(adabag)
library(randomForest);library(kernlab)
library(mda);library(kknn);library(tidyverse)
w=read.csv("pendigits.csv");w[,17]=factor(w[,17])
D=17;Z=10;n=nrow(w)
ff=paste(names(w)[D],"~.");ff=as.formula(ff)
mm=Fold(Z,w,D,8888)
z=sample(levels(w[,D]),length(m),rep=T)
E=data.frame(z,z,z,z,z,z)
#############################################i=1
t1=Sys.time()
for(i in 1:Z){
  m=mm[[i]]
  set.seed(1010)
  a=boosting(ff,w[-m,])
  E[m,1]=predict(a,w[m,])$class
  set.seed(1010)
  E[m,2]=randomForest(ff,data=w[-m,])%>%
    predict(w[m,])
  a=ksvm(ff,w[-m,])
  E[m,3]=predict(a,w[m,])
  set.seed(1010)
  E[m,4]=kknn(ff, train= w[-m,],test=w[m,])%>%
    .$fit
  a=lda(ff,w[-m,])
  E[m,5]=predict(a,w[m,])$class
  E[m,6]=mda(ff,w[-m,])%>%
    predict(w[m,])
}
(Time=Sys.time()-t1)

err=apply(sweep(E,1,w[,D],"!="),2,mean)
NN=c("adaboost","RF","svm","knn","lda","mda")
names(err)=NN;err
EE=data.frame(Model=NN,error=err)

ggplot(EE, aes(x=Model, y=error)) +
  geom_bar(stat="identity", width=.5, fill="navyblue") +
  labs(title="Error rates for 6 Methods",xlab='Method') +
  geom_text(aes(label=round(EE$error,4)), hjust=c(rep(-.1,4),rep(1,2)),
            color=c(rep('black',4),rep("white",2)), size=5)+
  theme(axis.text.x = element_text(angle=65, vjust=0.6))+
  coord_flip()
```

用 6 种方法拟合例6.4数据的 10 折交叉验证误判率显示在图6.11.6中.

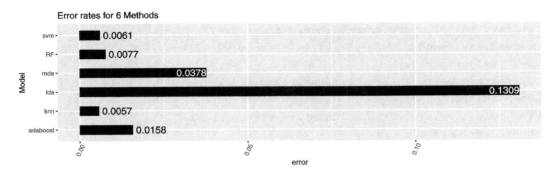

图 6.11.6　6 种方法拟合例6.4数据的 10 折交叉验证误判率

这次的 10 折交叉验证结果最好的为 k 最近邻方法, 其他方法的排序没有变化, 但误判率的值有所变化. 这个结果显然比仅有一个训练集和一个测试集更客观些. 各种方法的 10 折交叉验证误判率为:

```
   adaboost            RF          svm          knn          lda          mda
 0.015829694  0.007732897  0.006095342  0.005731441  0.130913392  0.037754731
```

## 6.12　本章 Python 运行代码

**在使用 Python 于本章的例子时, 希望注意下面几点:**

1. 与 R 相比, 由于编程语言、函数内部结构及选项都不同, **Python** 所产生的计算结果和 **R** 产生的不一定类似, 甚至没有可比性.
2. 本节并不完全平行地重复前面 R 代码所做的, 没有刻意斟酌选项的选择, 也没有对不同的结果做比较, 这些都留给读者去尝试.
3. 注意不同的模型对于不同数据所表现的差异. 一个模型表现优劣和数据及模型选项有关, 也和采用的函数有关; 即使是类似模型, 不同软件的函数也很不相同.

### 6.12.1　决策树分类的拟合及画图

我们用例6.2: 皮肤病数据来看如何用 Python 对决策树做拟合及画图. 输入有关模块及数据

```
import pandas as pd
import numpy as np
from sklearn.tree import DecisionTreeClassifier
from sklearn import tree
import graphviz
w=pd.read_csv('derm.csv')
y=w['V35']
```

```
X=pd.get_dummies(w.iloc[:,:-2].astype('category'))
X['V34']=w['V34']
```

决策树(为了显示清楚只做2层)拟合并作图(见图6.12.1):

```
clf=DecisionTreeClassifier(random_state=0,max_depth=2) #criterion='gini'
clf=clf.fit(X,y)
dot_data=tree.export_graphviz(clf,out_file=None,feature_names=X.columns,
rounded=True, filled=True)
graph = graphviz.Source(dot_data)
graph.render("dermtree") #输出图到dermtree.pdf文件
graph #显示图
```

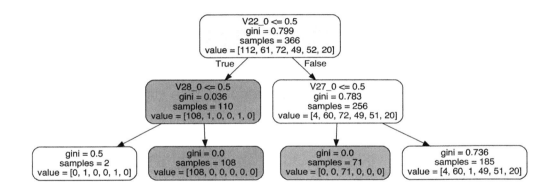

**图 6.12.1    例6.2决策树分类图**

## 6.12.2  例6.1慢性肾病数据随机森林分类的变量重要性

首先输入数据,把分类变量哑元化,输入需要的模块及方法:

```
import pandas as pd
import numpy as np
import matplotlib.pyplot as plt
from sklearn.metrics import confusion_matrix
from sklearn.ensemble import RandomForestClassifier

w=pd.read_csv('kidney02.csv',stringsAsFactors = TRUE)
y=pd.get_dummies(w['class']).dot(np.arange(2))
X=pd.get_dummies(w.iloc[:,:-1],drop_first=False)
```

进行随机森林拟合并输出变量重要性(见图6.12.2)及 **OOB** 混淆矩阵:

```
random_forest = RandomForestClassifier(n_estimators=100, oob_score=True)
random_forest.fit(X, y)

preds = random_forest.predict(X)
print(f'OOB误判率: {(1 - random_forest.oob_score_) * 100}%')
oob_preds = np.argmax(random_forest.oob_decision_function_, axis=1)
print('OOB 混淆矩阵:\n', confusion_matrix(y, oob_preds))
A=dict(zip(X.columns, random_forest.feature_importances_))

BarPlot(A,'Importance','Variable',
     'Variable importances of random Forest', size=[12,12,30,12,12])
```

输出的误判率 (为 0) 和混淆矩阵为:

```
OOB误判率: 0.0%
OOB 混淆矩阵:
 [[250    0]
 [   0 150]]
```

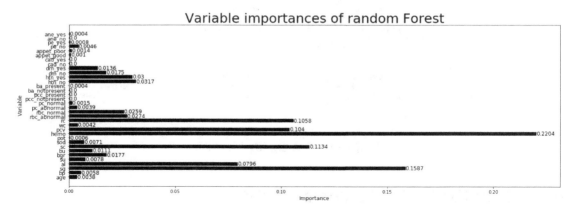

**图 6.12.2    例6.1随机森林分类变量重要性图**

### 6.12.3 例6.1慢性肾病数据的分类的若干方法交叉验证

首先输入数据, 把分类变量哑元化, 输入需要的模块及方法:

```
import pandas as pd
import numpy as np
import matplotlib.pyplot as plt
w=pd.read_csv('kidney02.csv',stringsAsFactors = TRUE)
y=pd.get_dummies(w['class']).dot(np.arange(2))
X=pd.get_dummies(w.iloc[:,:-1],drop_first=True)
```

```
from sklearn.svm import SVC
from sklearn.ensemble import RandomForestClassifier, AdaBoostClassifier,\
BaggingClassifier
from sklearn.naive_bayes import GaussianNB
from sklearn.experimental import enable_hist_gradient_boosting
from sklearn.ensemble import HistGradientBoostingClassifier
from sklearn.linear_model import LogisticRegression
from sklearn.discriminant_analysis import LinearDiscriminantAnalysis
from sklearn.tree import DecisionTreeClassifier
names = ["Bagging", "Linear SVM", "Decision Tree",
    "Random Forest", "AdaBoost", "Naive Bayes",'Lda','Logit', 'HGboost']
classifiers = [
    BaggingClassifier(n_estimators=100,random_state=1010),
    SVC(kernel="linear", C=0.025,random_state=0),
    DecisionTreeClassifier(max_depth=5,random_state=0),
    RandomForestClassifier(n_estimators=500,random_state=0),
    AdaBoostClassifier(n_estimators=100,random_state=0),
    GaussianNB(),
    LinearDiscriminantAnalysis(),
    LogisticRegression(solver="liblinear"),
    HistGradientBoostingClassifier(random_state=0)]
CLS=dict(zip(names,classifiers))
```

类似于2.9.5节的回归交叉验证函数 RegCV, 下面定义分类的交叉验证函数 ClaCV, 输入自变量 (X)、因变量 (y)、各种分类模型 (CLS)、交叉验证折数 (Z)、随机种子 (seed) 及显示时间 (trace), 输出为预测值和错判率. 函数 RegCV 利用了2.9.5节的函数 Fold 来按照因变量水平均衡地分折.

```
def ClaCV(X,y,CLS, Z=10,seed=8888, trace=True):
    from datetime import datetime
    n=len(y)
    Zid=Fold(y,Z,seed=seed)
    YCPred=dict();
    A=dict()
    for i in CLS:
        if trace: print(i,'\n',datetime.now())
        Y_pred=np.zeros(n)
        for j in range(Z):
            clf=CLS[i]
            clf.fit(X[Zid!=j],y[Zid!=j])
            Y_pred[Zid==j]=clf.predict(X[Zid==j])
        YCPred[i]=Y_pred
        A[i]=np.mean(y!=YCPred[i])
```

```
        if trace: print(datetime.now())
        R=pd.DataFrame(YCPred)
        return R, A
```

进行交叉验证, 求出各个模型的误判率并利用2.9.5节画条形图的程序 BarPlot 产生误判率图 (见图6.12.3):

```
R,A=ClaCV(X,y,CLS)
BarPlot(A,'Error Rate','Model','Error Rate for Classification')

print(A)
```

输出为:

```
{'Bagging': 0.005, 'Linear SVM': 0.02, 'Decision Tree': 0.0075,
 'Random Forest': 0.0, 'AdaBoost': 0.0025, 'Naive Bayes': 0.0125,
 'Lda': 0.0275, 'Logit': 0.0075, 'HGboost': 0.0025}
```

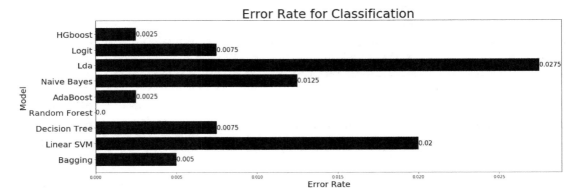

**图 6.12.3　9 种方法对例6.1分类的交叉验证误判率**

### 6.12.4 例6.3蘑菇可食性数据分类的若干方法交叉验证

和6.12.3节完全类似, 首先输入数据, 把分类变量哑元化, 输入需要的模块及方法:

```
import pandas as pd
import numpy as np
import matplotlib.pyplot as plt
w=pd.read_table("agaricus-lepiota1.txt",sep=" ",stringsAsFactors = TRUE)
y=pd.get_dummies(w['V1']).dot(np.arange(2))
X=pd.get_dummies(w.iloc[:,1:],drop_first=True)

from sklearn.neighbors import KNeighborsClassifier
from sklearn.svm import SVC
```

```
from sklearn.ensemble import RandomForestClassifier, AdaBoostClassifier,\
BaggingClassifier
from sklearn.naive_bayes import GaussianNB
from sklearn.discriminant_analysis import QuadraticDiscriminantAnalysis
from sklearn.experimental import enable_hist_gradient_boosting
from sklearn.ensemble import HistGradientBoostingClassifier
from sklearn.linear_model import LogisticRegression
from sklearn.discriminant_analysis import LinearDiscriminantAnalysis
from sklearn.tree import DecisionTreeClassifier
names = ["Bagging", "Linear SVM", "Decision Tree",
    "Random Forest", "AdaBoost", "Naive Bayes",
    'Lda','Logit','HGboost','KNN']
classifiers = [
    BaggingClassifier(n_estimators=100,random_state=1010),
    SVC(kernel="linear", C=0.025,random_state=0),
    DecisionTreeClassifier(random_state=0),
    RandomForestClassifier(n_estimators=500,random_state=0),
    AdaBoostClassifier(n_estimators=100,random_state=0),
    GaussianNB(),
    LinearDiscriminantAnalysis(),
    LogisticRegression(solver="liblinear"),
    HistGradientBoostingClassifier(random_state=0),
    KNeighborsClassifier(3)]

CLS=dict(zip(names,classifiers))
```

进行交叉验证,求出各个模型的误判率并产生误判率图(见图6.12.4):

```
R,A=ClaCV(X,y,CLS)
BarPlot(A,'Error Rate','Model','Error Rate for Classification')

print(A)
```

输出为:

```
{'Bagging': 0.0,
 'Linear SVM': 0.00258493353028065,
 'Decision Tree': 0.0029542097488921715,
 'Random Forest': 0.0,
 'AdaBoost': 0.0,
 'Naive Bayes': 0.05502215657311669,
 'Lda': 0.0004923682914820286,
 'Logit': 0.0004923682914820286,
 'HGboost': 0.0,
```

```
'KNN': 0.0}
```

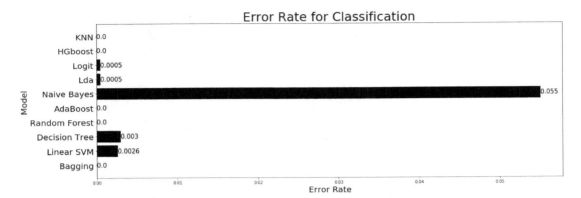

**图 6.12.4　10 种方法对例6.3蘑菇可食性数据分类的交叉验证误判率**

## 6.12.5　例6.4手写数字笔迹识别数据的分类的若干方法交叉验证

　　和6.12.4节完全类似, 首先输入数据, 输入需要的模块及方法:

```
import pandas as pd
import numpy as np
import matplotlib.pyplot as plt
w=pd.read_csv('pendigits.csv')
y=w['V17']
X=w.iloc[:,:-1]

from sklearn.neighbors import KNeighborsClassifier
from sklearn.svm import SVC
from sklearn.ensemble import RandomForestClassifier, AdaBoostClassifier,\
BaggingClassifier
from sklearn.naive_bayes import GaussianNB
from sklearn.discriminant_analysis import QuadraticDiscriminantAnalysis
from sklearn.experimental import enable_hist_gradient_boosting
from sklearn.ensemble import HistGradientBoostingClassifier
from sklearn.linear_model import LogisticRegression
from sklearn.discriminant_analysis import LinearDiscriminantAnalysis
from sklearn.tree import DecisionTreeClassifier
names = ["Bagging", "Linear SVM", "Decision Tree",
    "Random Forest", "AdaBoost", "Naive Bayes",
    'Lda','Logit','HGboost','KNN']
classifiers = [
    BaggingClassifier(n_estimators=100,random_state=1010),
    SVC(kernel="linear", C=0.025,random_state=0),
```

```
        DecisionTreeClassifier(random_state=0),
        RandomForestClassifier(n_estimators=500,random_state=0),
        AdaBoostClassifier(n_estimators=100,random_state=0),
        GaussianNB(),
        LinearDiscriminantAnalysis(),
        LogisticRegression(solver="liblinear"),
        HistGradientBoostingClassifier(random_state=0),
        KNeighborsClassifier(3)]

    CLS=dict(zip(names,classifiers))
```

进行交叉验证,求出各个模型的误判率并产生误判率图(见图6.12.5):

```
    R,A=ClaCV(X,y,CLS)
    BarPlot(A,'Error Rate','Model','Error Rate for Classification')

    print(A)
```

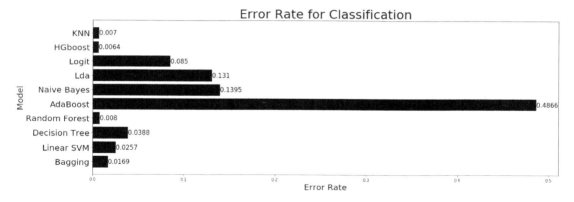

图 6.12.5    10 种方法对例6.4分类的交叉验证误判率

输出为:

```
{'Bagging': 0.016921397379912665,
 'Linear SVM': 0.025655021834061136,
 'Decision Tree': 0.03875545851528384,
 'Random Forest': 0.008005822416302766,
 'AdaBoost': 0.48662663755458513,
 'Naive Bayes': 0.1394650655021834,
 'Lda': 0.13100436681222707,
 'Logit': 0.08497088791848617,
 'HGboost': 0.006368267831149927,
 'KNN': 0.00700509461426492}
```

### 6.12.6 例6.2皮肤病数据的分类的若干方法交叉验证

和6.12.5节完全类似, 首先输入数据, 把分类变量哑元化, 输入需要的模块及方法:

```python
import pandas as pd
import numpy as np
import matplotlib.pyplot as plt
w=pd.read_csv('derm.csv')
y=w['V35']
X=pd.get_dummies(w.iloc[:,:-2].astype('category'))
X['V34']=w['V34']


from sklearn.neighbors import KNeighborsClassifier
from sklearn.svm import SVC
from sklearn.ensemble import RandomForestClassifier, AdaBoostClassifier,\
BaggingClassifier
from sklearn.naive_bayes import GaussianNB
from sklearn.discriminant_analysis import QuadraticDiscriminantAnalysis
from sklearn.experimental import enable_hist_gradient_boosting
from sklearn.ensemble import HistGradientBoostingClassifier
from sklearn.linear_model import LogisticRegression
from sklearn.discriminant_analysis import LinearDiscriminantAnalysis
from sklearn.tree import DecisionTreeClassifier
names = ["Bagging", "Linear SVM", "Decision Tree",
    "Random Forest", "AdaBoost", "Naive Bayes",
    'Lda','Logit','HGboost','KNN']
classifiers = [
    BaggingClassifier(n_estimators=100,random_state=1010),
    SVC(kernel="linear", C=0.025,random_state=0),
    DecisionTreeClassifier(random_state=0),
    RandomForestClassifier(n_estimators=500,random_state=0),
    AdaBoostClassifier(n_estimators=100,random_state=0),
    GaussianNB(),
    LinearDiscriminantAnalysis(),
    LogisticRegression(solver="liblinear"),
    HistGradientBoostingClassifier(random_state=0),
    KNeighborsClassifier(3)]

CLS=dict(zip(names,classifiers))
```

进行交叉验证, 求出各个模型的误判率并产生误判率图 (见图6.12.6):

```python
R,A=ClaCV(X,y,CLS)
BarPlot(A,'Error Rate','Model','Error Rate for Classification')
```

```
print(A)
```

输出为:

```
{'Bagging': 0.03278688524590164,
 'Linear SVM': 0.04644808743169399,
 'Decision Tree': 0.06830601092896176,
 'Random Forest': 0.02185792349726776,
 'AdaBoost': 0.2923497267759563,
 'Naive Bayes': 0.06830601092896176,
 'Lda': 0.0273224043715847,
 'Logit': 0.02459016393442623,
 'HGboost': 0.030054644808743168,
 'KNN': 0.15300546448087432}
```

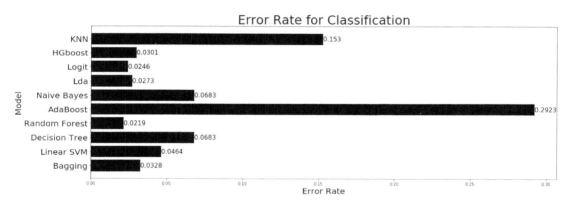

**图 6.12.6    10 种方法对例6.2分类的交叉验证误判率**

## 6.13    第5章和第6章习题

1. 用代码 `w=read.csv("column.2C.csv")` 输入脊柱数据. 该数据在第3章习题中出现过. 请用 logistic 回归及这两章介绍的所有方法对此数据做分类预测精度的交叉验证.
2. 使用下面的方法对例6.3数据进行分类. 虽然不能使用全部自变量, 但可以使用部分自变量来试, 可以从多到少试, 也可以从少到多试, 先试水平少的, 再加水平多的, 看看结果如何. 对过程及结果进行讨论.
   (1) 线性判别分析.
   (2) 混合判别分析.
   (3) logistic 回归.
   (4) 支持向量机.
   (5) k 最近邻方法.
   (6) 神经网络.

3. 用 w=read.csv("crx.csv") 下载信用审批数据 (crx.csv). 该数据是关于信用审批的
数据, 来源保密.[12] 所有的变量都没有解释, 在 16 个变量中, 因变量 (V16) 为用 "+" 和
"−'' 表示的定性变量, 在 15 个自变量 (V1 到 V15) 中, 有 9 个定性变量. 我们的目的是利
用 15 个自变量对因变量分类.

(1) 使用6.9节的 10 折交叉验证的代码, 做多种方法的 10 折交叉验证的预测误判率的比
较. 代码和6.9节的基本一样, 仅前 7 行改变为:

```
library(MASS);library(adabag)
library(randomForest);library(kernlab);library(kknn)
w=read.csv("crx.csv")
D=16;Z=10;n=nrow(w)
ff=paste(names(w)[D],"~.",sep="");ff=as.formula(ff)
mm=Fold(Z,w,D,8888)
E=matrix(99,Z,7)
```

并且在中间删除下面关于混合线性判别分析 (mda) 的 4 行 (因为自变量定性变量的
水平太多, 混合线性判别分析无法运行):

```
J=J+1;for(i in 1:Z)
{m=mm[[i]]
a=mda(ff,w[-m,])
E[i,J]=sum(w[m,D]!=predict(a,w[m,]))/length(m)}
```

(2) 对上面的交叉验证结果做出评论.
(3) 单独用混合线性判别方法做分类, 由于不能使用全部自变量, 可以逐渐增减自变量,
使得该方法可行. 对过程和结果做讨论.

4. 用代码 w=read.csv("yeast1.csv") 下载酵母数据.[13] 该数据本有 10 个变量, 但
第一个对分类不起作用. 该数据的目的是预测蛋白质的细胞定位. 这里的 9 个变量为
mcg(McGeoch 方法信号序列的识别), gvh(von Heijne 方法信号序列的识别), alm(ALOM
薄膜扩张检测识别), mit(关于线粒体的检测), erl(关于内质网的检测), pox(关于过氧化酶
检验), vac(关于细胞液的检测), nuc(关于细胞核的检测), loc(蛋白质的细胞定位). 最后一
个为因变量, 有 10 个水平.

(1) 用各种可能的方法以 loc 为因变量做分类.
(2) 使用类似于本章所用的代码, 对各种方法做交叉验证 (只能 5 折, 为什么?), 并对过程
和结果做出评论.

---

[12]Lichman, M. (2013). UCI Machine Learning Repository [http://archive.ics.uci.edu/ml]. Irvine, CA: University of California, School of Information and Computer Science. 数据网址为: http://archive.ics.uci.edu/ml/datasets/Credit+Approval.

[13]Kenta Nakai, Institue of Molecular and Cellular Biology, Osaka, University, http://www.imcb.osaka-u.ac.jp/nakai/psort.html. 数据网址为: http://archive.ics.uci.edu/ml/datasets/Yeast.

# 第7章 混合效应模型 *

## 7.1 概念

**混合效应模型** (mixed effect model) 是主观选取的**数学模型**. 混合效应模型是在一般的固定效应模型的基础上扩展出来的, 这些固定效应模型主要包括线性模型、广义线性模型, 当然也会有某些非线性模型. 这里的 "固定效应" 是相应于后来在模型中增加的 "随机效应" 而产生的.

---

注意: 在统计界, "效应" 这一术语的定义从来都没有过统一的认识. 通常是指自变量的变化对因变量的影响. 所谓 "固定效应" 和 "随机效应" 的概念则完全依赖于人们主观选取的很难验证其合理性的数学模型. 在很大范围的文献中, 效应被认为是一些用数学公式表示模型中某定量变量的系数或被某 (定性) 变量影响的截距. 这些模型大多是线性模型.

如果根据预测精度来衡量模型优劣, 这些混合效应模型的表现并不如想象的那么优秀. 即使是按照一些研究者充满主观假定的模型精心模拟出来的数据, 也不一定能很好地被他们自己的模型描述, 更不要说真实数据了. 但相对于这些模型, 往往没有任何主观假定的机器学习模型表现更加出色.

很多混合模型都来源于多层模型或可以分解成多层模型, 此外也有很多混合模型描述观测值有多次观测的情况, 这被称为纵向数据模型. 在计量经济学中, 人们特别关注混合模型的某些特例, 并称之为面板数据模型.

由于贝叶斯学派认为所有变量和参数都是随机的, 因此根本不存在 "固定效应" 和 "随机效应" 之分, 对于贝叶斯学派来说本章的问题不值得大动干戈, 处理本章所面对的问题是他们的常规, 他们的模型都是多层模型, 在理论上和应用上都相对简单, 没有什么困难.

---

### 概念的说明

由于混合模型依赖于主观假定的数学公式, 我们通过一个简单的线性混合模型来描述有关的概念.

假定在一个试验中, 对每个儿童 (比如第 $i$ 个) 在两种环境 ($I_i = 1$ 或 $I_i = 0$) 下的认知能力进行考察. 假定我们有一个数据, 有个体、时间、条件及认知能力 4 个变量. 令 $y_{ij}$ 代表第 $i$ 个儿童在其发展的第 $j$ 个时间 $t_{ij}$ 时测量的认知能力. 按照下面的思维路线思考:

1. 如果先不考虑两种环境的影响, 则可能有人会考虑下面的 **(第一层)** 线性回归模型

$$y_{ij} = \pi_{0i} + \pi_{1i}t_{ij} + \varepsilon_{ij}, \ \ i = 1, 2, \ldots, n; \ j = 1, 2, \ldots, T_i, \tag{7.1.1}$$

这显然是最简单的固定效应线性回归模型, 该模型隐含的假定是各个儿童独立. 通过拟合数据, 该模型对于第 $i$ 个儿童得到一条以 $\pi_{0i}$ 为截距、以 $\pi_{1i}$ 为斜率的直线 (一共可以是 $n$ 条).

但是, 这些儿童有共性, 并不是独立的, 而是相关的. 这种相关性有很多方式来表示, 最简单的是假定最后的误差项 $\varepsilon_{ij}$ 不独立, 方法通常是假定误差分布的相关阵或协方差阵为非对角型的. 但这有时仍然被认为是固定效应模型, 因为 "效应" 往往意味着截距和斜率, 而不是误差项. 不同儿童模型的截距和斜率可能有共性, 而且应该受到两种环境的影响, 因而, 截距和斜率各自都可以考虑为依赖于两种环境的带有相关误差的线性模型.

2. **模型 (7.1.1) 的截距和斜率的 (第二层) 线性模型:**

$$\pi_{0i} = \gamma_{00} + \gamma_{01}I_i + \zeta_{0i}, \tag{7.1.2}$$
$$\pi_{1i} = \gamma_{10} + \gamma_{11}I_i + \zeta_{1i}, \tag{7.1.3}$$

这里的 $\zeta_{0i}$ 和 $\zeta_{1i}$ $(i = 1, 2, \ldots, n)$ 都是随机的, 而 $I_i$ 的系数被认为是固定的参数. 把第一和第二层模型结合起来, 就有了下面的混合模型.

3. **线性混合模型:**

$$y_{ij} = [\gamma_{00} + \gamma_{10}t_{ij} + \gamma_{01}I_i + \gamma_{11}(I_i \times t_{ij})] + [\zeta_{0i} + \zeta_{1i}t_{ij} + \varepsilon_{ij}], \tag{7.1.4}$$

其中, 第一个方括号的内容表示非随机部分, 而第二个方括号表示包含不可观测的随机效应的随机部分. 这种回归在没有一些数学假定的情况下不容易解. 人们可以做下面的假定 (当然也可以更复杂):

$$\begin{bmatrix} \zeta_{0j} \\ \zeta_{1j} \end{bmatrix} \sim N\left( \begin{bmatrix} 0 \\ 0 \end{bmatrix}, \begin{bmatrix} \sigma_0^2 & \sigma_{01} \\ \sigma_{10} & \sigma_1^2 \end{bmatrix} \right), \ \forall j; \tag{7.1.5}$$

$$\varepsilon \sim N(0, \sigma_\varepsilon^2), \quad \forall ij. \tag{7.1.6}$$

在上面的分布假定下, 通过最大似然法, 可得参数 $\gamma_{00}, \gamma_{01}, \gamma_{10}, \gamma_{11}, \sigma_0, \sigma_1, \sigma_{01}, \sigma_{10}, \sigma_\varepsilon$ 的估计. 因而得到固定效应的大小及随机效应的变化范围. **这个混合模型既为纵向数据模型也是多层 (两层) 模型.**

---

显然, 在上面的模型 **(7.1.1)、(7.1.2)、(7.1.3)、(7.1.4)、(7.1.5)、(7.1.6)** 中, 充满了不可验证的数学假定. 除了模拟例子之外, 很难想象实际应用产生的数据在多大程度上满足这些严格的条件. 对这些模型拟合结果的解释则很大程度上反映了人们的假定而不是真实数据本身. 文献表明, 解释而不是预测是构造这些人造模型的一个主要目的.

## 7.2    通过一个数值例子解释线性混合模型

### 7.2.1    受欢迎程度数据 (例7.1)

**例 7.1** (popularity.csv) **受欢迎程度数据**. 受欢迎程度数据是针对 100 个班级的 2000 名学生的模拟数据, 目的是为多水平回归分析提供典型示例, 多水平模型是混合模型较常见的特例. 该数据来源于 Laurent Smeets and Rens van de Schoot 课程教学[1].

我们选择了该数据的 5 个变量: class, extravsion, sex, texp, popularity, 其中:

1. class 是班级的识别号 (从 1 到 100 的整数).
2. extravsion 是学生外向性 (10 分制).
3. sex 是性别 (其中男孩 =0, 女孩 =1).
4. texp 是教师教学年限 (整数: 年)
5. popularity 是主要的结果变量, 显示学生的受欢迎程度, 这是通过社会计量学程序得出的受欢迎程度等级, 取值范围为 1 到 10 之间的实数.

这里的因变量为 popularity (受欢迎程度), 我们感兴趣于它如何受其他变量的影响.

> **由于这个数据是提供者为描述其线性混合模型而模拟的数据, 因此可以预期它应该很好地适合及解释这些人造模型. 但应该注意到: 现实世界的数据可能与任何数学模型完全无关.**

为了后面可视化和建模分析需求, 在此一并安装多个 R 的程序包, 包括读入数据的有关程序如下:

```
library(easypackages)
libraries('haven','lme4','tidyverse','patchwork',
  'RColorBrewer','lmerTest')
w = read.csv('popularity.csv')
```

### 7.2.2    对例7.1数据的探索性分析

### 受欢迎程度与外向性的关系

首先, 我们仅仅考虑 popularity 与 extravsion 的关系, 再添加一条回归线看拟合效果. 作图代码及其图形 (见图7.2.1) 如下:

```
ggplot(data = w, aes(x = extravsion, y = popularity))  +
  geom_point(size = 1.2, alpha = .8, position = "jitter")+
  labs(title = "Popularity vs. Extraversion with OLS line")+
  geom_smooth(method = lm, se = FALSE, color = "navy",
    size =2, alpha =.8)
```

---

[1]具体简介可以查阅 https://multilevel-analysis.sites.uu.nl/datasets/.

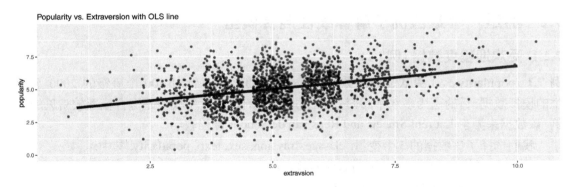

**图 7.2.1 例7.1 变量 popularity 与 extravsion 的散点图及最小二乘回归拟合**

从图7.2.1可以看出 popularity (受欢迎程度) 大体上和 extravsion (外向性) 有某种正相关的倾向, 但显然一个简单回归模型描述不了整个数据的规律.

## 对于不同的班级: 受欢迎程度与外向性的关系

再加上 class, 考虑对不同班级的分别回归. 图7.2.2展示 100 个班级的学生受欢迎程度与外向性的关系

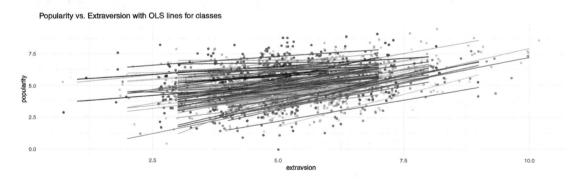

**图 7.2.2 例7.1 不同班级学生受欢迎程度与外向性的关系以及相应的回归拟合**

下面的代码产生了图7.2.2:

```
ggplot(data= w, aes(x = extravsion, y = popularity,
    color = class, group = class))+
  geom_point(size = 1.2, alpha = .8, position = "jitter")+
  theme_minimal()+
  theme(legend.position = "none")+
  scale_color_gradientn(colours = rainbow(100))+
  geom_smooth(method = lm, se = FALSE, size = .5, alpha = .8)+
  labs(title = "Popularity vs. Extraversion with OLS lines for classes")
```

从图7.2.2可以看出, 对于每个班级所做的回归直线遍布整个数据空间, 这说明回归的截距和斜率依班级的不同而变化.

具体的班级变量有多大影响, 需要后面多水平建模定量化分析. 至少目前可以通过直观图找出学生受欢迎程度与外向性影响较明显和较弱的班级, 即显示斜率最大和最小的多条回归线 (各 3 条). 产生图7.2.3的具体代码如下:

```
is=sapply(1:100, function(x) lm(popularity~extravsion,w[w$class==x,])$coef)
ID3=order(is[2,])[c(1:3,98:100)] #80 36 35 77 14 31
ggplot(data= w, aes(x = extravsion, y = popularity, color = class, group = class))+
  geom_point(size = 1.2, alpha = .8, position = "jitter")+
  theme_minimal()+
  theme(legend.position = "none")+
  scale_color_gradientn(colours = rainbow(100))+
  geom_abline(slope=is[2,ID3[1:3]], intercept=is[1,ID3[1:3]],  color="red",size=2)+
  geom_abline(slope=is[2,ID3[4:6]], intercept=is[1,ID3[4:6]], color="navy",size=2)+
  labs(title="The 6 most extreme OLS lines Popularity and Extraversion for Classes")
```

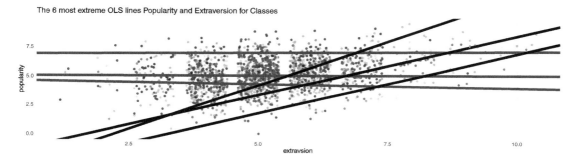

**图 7.2.3　例7.1 受欢迎程度与外向性散点图及斜率最大及最小的各 3 条回归线**

### 7.2.3　对例7.1的建模探索

#### 随机截距模型

首先不加任何带有斜率的自变量 (所谓 "空模型"), 建立由下面两层模型组成的所谓的随机截距模型以检验因变量差异来源是组内还是组间:

第一层模型: $y_{ij} = \pi_0 + \varepsilon_{ij}$,　$\varepsilon_{ij} \sim N(0, \sigma_\varepsilon^2)$,　$i = 1, 2, \ldots, 100; j = 1, 2, \ldots, n_i;$　(7.2.1)

第二层模型: $\pi_0 = \beta_0 + \zeta_{0i}$,　$\zeta_{0i} \sim N(0, \sigma_\zeta^2)$, $i = 1, 2, \ldots, 100.$　(7.2.2)

第一层模型 (7.2.1) 与第二层模型 (7.2.2) 合并起来的混合模型为:

$$y_{ij} = \beta_0 + (\zeta_{0i} + \varepsilon_{ij}), \, i = 1, 2, \ldots, 100; \, j = 1, 2, \ldots, n_i. \qquad (7.2.3)$$

在模型 (7.2.3) 中, $y_{ij}$ 表示第 $i$ 个班级第 $j$ 个学生的受欢迎程度, $\beta_0$ 表示样本的总平均, $\zeta_{0i}$ 和 $\varepsilon_{ij}$ 都是误差项. 为了能够用最大似然法拟合, 必须假定均服从正态分布, 比如, $\zeta_{0i} \sim N(0, \sigma_\zeta^2), \varepsilon_{ij} \sim N(0, \sigma_\varepsilon^2)$. 这里有 3 个可估计参数: $\beta_0, \sigma_\zeta, \sigma_\varepsilon$. 这个所谓的 "空模型" 虽然没有加入自变量的效应, 但实际上并非完全没有考虑自变量, 它包含自变量班级对于误差方差的影响.

把模型 (7.2.3) 中最后两项包含在圆括号中是为了表示其为随机效应, 这种在公式中区分固定效应和随机效应的习惯可以使写代码更方便.

> 第一层模型 (7.2.1) 是最原始的建模思想, 因此截距 $\pi_0$ 并没有与班级 (以下标 $i$ 来标识) 关联; 而第二层模型 (7.2.2) 是思维的发展, 为第一层模型进化的结果. 第一层模型 (7.2.1) 以及后来的两层模型的集合, 即 (7.2.1)+(7.2.2)=(7.2.3), 各自都是完整的独立模型. 如果一开始就能够先验地写成 (7.2.3) 的形式, 则没有反映分层次的思维过程, 很难称为两层模型或二水平模型.

模型 (7.2.3) 拟合数据, 代码如下:

```
nulltmodel = lmer(popularity~1+(1|class), w)
summary(nulltmodel)
```

主要输出为:

```
Linear mixed model fit by REML. t-tests use Satterthwaite's method [
lmerModLmerTest]
Formula: popularity ~ 1 + (1 | class)
   Data: w

Random effects:
 Groups    Name        Variance Std.Dev.
 class     (Intercept) 0.7021   0.8379
 Residual              1.2218   1.1053
Number of obs: 2000, groups:  class, 100

Fixed effects:
            Estimate Std. Error       df t value Pr(>|t|)
(Intercept)  5.07786    0.08739 98.90973    58.1   <2e-16 ***
```

根据上面模型拟合的输出结果, 得到空模型的组内相关系数 (intraclass correlation coefficient, ICC), 以此衡量组间方差与组内方差的相对程度:

$$\text{ICC} = \sigma_\zeta^2/(\sigma_\zeta^2 + \sigma_\varepsilon^2) \tag{7.2.4}$$

从而得到 $\text{ICC} = 0.7021/(0.7021 + 1.2218) = 0.365$, 根据假定的模型, 说明学生受欢迎程度差异有 36.5% 来自班级不同, 需要建立多水平模型 (multilevel model) 研究因变量受到不同层次变量的具体影响程度.

### 带有固定效应的随机截距模型

现在, 在第一层加入性别变量 (sex) 和外向性变量 (extrav), 并且用 $\alpha_k$ 表示性别的截距效应, 用 $x_{ij}$ 表示变量外向性, 这样, 两层模型 (7.2.1) 和 (7.2.2) 就增补成为下面的两层模型

(这里的下标范围为 $i = 1, 2, \ldots, 100$; $j = 1, 2, \ldots, n_i$; $k = 0, 1.$):

$$\text{第一层模型}: y_{ij} = \pi_0 + \alpha_k + \beta_1 x_{ij} + \varepsilon_{ij}, \quad \varepsilon_{ij} \sim N(0, \sigma_\varepsilon^2), \tag{7.2.5}$$

$$\text{第二层模型}: \pi_0 = \beta_0 + \zeta_{0i}, \quad \zeta_{0i} \sim N(0, \sigma_\zeta^2), \tag{7.2.6}$$

或者混合模型

$$y_{ij} = (\beta_0 + \alpha_k + \beta_1 x_{ij}) + (\zeta_{0i} + \varepsilon_{ij}). \tag{7.2.7}$$

我们通过这个模型看看能否解释学生受欢迎程度差异性的来源.

首先, 画出显示不同性别学生对受欢迎程度与外向性的不同回归结果的图形 (见图7.2.4).

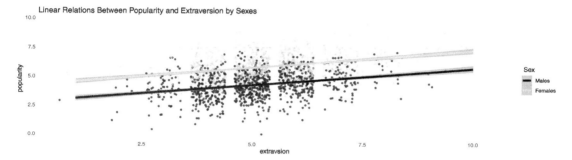

**图 7.2.4 例7.1 按照性别、受欢迎程度与外向性的线性回归拟合**

图7.2.4显示不同性别学生对于受欢迎程度与外向性的回归线截距不同但斜率没有差异.

产生图7.2.4的代码为:

```
ggplot(data = w, aes(x = extravsion, y = popularity, col = as.factor(sex)))+
  geom_point(size = 1, alpha = .7, position = "jitter")+
  geom_smooth(method = lm, se = T, size = 1.5, linetype = 1, alpha = .7)+
  theme_minimal()+
  labs(title= "Linear Relations Between Popularity and Extraversion by Sexes")+
  scale_color_manual(name =" Sex",
                     labels = c("Males", "Females"),
                     values = c("navy", "pink"))
```

拟合模型 (7.2.7) 的代码如下:

```
model1 = lmer(popularity~1+sex+extravsion+(1|class), w)
summary(model1)
```

主要输出为:

```
Linear mixed model fit by REML. t-tests use Satterthwaite's method [
lmerModLmerTest]
Formula: popularity ~ 1 + sex + extravsion + (1 | class)
```

```
    Data: w

Random effects:
 Groups    Name          Variance Std.Dev.
 class     (Intercept)   0.6272   0.7919
 Residual                0.5921   0.7695
Number of obs: 2000, groups:  class, 100

Fixed effects:
              Estimate Std. Error       df t value Pr(>|t|)
(Intercept)  2.141e+00  1.173e-01 3.908e+02   18.25   <2e-16 ***
sex          1.253e+00  3.743e-02 1.927e+03   33.48   <2e-16 ***
extravsion   4.416e-01  1.616e-02 1.957e+03   27.33   <2e-16 ***

Correlation of Fixed Effects:
           (Intr) sex
sex        -0.100
extravsion -0.705 -0.085
```

其次, 在第二层加入教师教学年限变量 (texp), 用 $z_j$ 表示, 这样两层模型 (7.2.5) 和 (7.2.6) 就进一步增补成为下面的两层模型 (下标范围为 $i = 1, 2, \ldots, 100$; $j = 1, 2, \ldots, n_i$; $k = 0, 1$.):

$$第一层模型: y_{ij} = \pi_0 + \alpha_k + \beta_1 x_{ij} + \varepsilon_{ij}, \quad \varepsilon_{ij} \sim N(0, \sigma_\varepsilon^2), \tag{7.2.8}$$

$$第二层模型: \pi_0 = \beta_0 + \gamma_0 z_i + \zeta_{0i}, \quad \zeta_{0i} \sim N(0, \sigma_\zeta^2), \tag{7.2.9}$$

或者混合模型

$$y_{ij} = (\beta_0 + \alpha_k + \beta_1 x_{ij} + \gamma_0 z_i) + (\zeta_{0i} + \varepsilon_{ij}). \tag{7.2.10}$$

下面的代码产生展示受欢迎程度与外向性的散点图及基于教师教学年限的回归线 (见 图7.2.5).

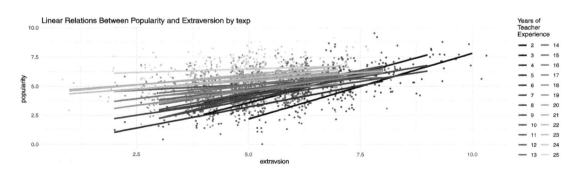

图 **7.2.5** 例**7.1** 按照教师教学年限对受欢迎程度与外向性的线性回归拟合

```
ggplot(data = w, aes(x = extravsion, y = popularity, col = as.factor(texp)))+
  viridis::scale_color_viridis(discrete = TRUE)+
  geom_point(size= .7, alpha  = .8, position = "jitter")+
  geom_smooth(method = lm, se = FALSE, size = 1.2, alpha = .5)+
  theme_minimal()+
  labs(title= "Linear Relations Between Popularity and Extraversion by texp",
       col = "Years of\nTeacher\nExperience")
```

从图7.2.5可以看出教学年限较高的教师的回归线 (色调较深) 斜率也较大, 这说明教师教学年限对受欢迎程度与外向性关系的影响较大, 从该图也可看出, 教师的教学年限不仅影响截距而且影响斜率, 这说明该变量与外向性对因变量有交互效应.

对于模型 (7.2.10) 拟合数据的代码及结果为:

```
model2 = lmer(popularity~1+sex+extravsion+texp+(1|class), w)
summary(model2)
```

```
Linear mixed model fit by REML. t-tests use Satterthwaite's method [
lmerModLmerTest]
Formula: popularity ~ 1 + sex + extravsion + texp + (1 | class)
   Data: w

Random effects:
 Groups    Name         Variance Std.Dev.
 class     (Intercept)  0.2954   0.5435
 Residual               0.5920   0.7694
Number of obs: 2000, groups:  class, 100

Fixed effects:
             Estimate Std. Error        df t value Pr(>|t|)
(Intercept) 8.098e-01  1.700e-01 2.264e+02   4.764  3.4e-06 ***
sex         1.254e+00  3.729e-02 1.948e+03  33.623  < 2e-16 ***
extravsion  4.544e-01  1.616e-02 1.955e+03  28.112  < 2e-16 ***
texp        8.841e-02  8.764e-03 1.016e+02  10.087  < 2e-16 ***

Correlation of Fixed Effects:
           (Intr) sex    extrvs
sex        -0.040
extravsion -0.589 -0.090
texp       -0.802 -0.036  0.139
```

## 随机截距-斜率模型

前面的结果显示, 教师教学年限会影响外向型变量回归斜率的交叉效应, 因此前面的模型还需要进化成下面的两层模型 (下标范围为 $i = 1, 2, \ldots, 100;\ j = 1, 2, \ldots, n_i;\ k = 0, 1.$):

$$第一层模型:\ y_{ij} = \pi_0 + \alpha_k + \pi_1 x_{ij} + \varepsilon_{ij}, \tag{7.2.11}$$

$$第二层模型:\ \pi_0 = \beta_0 + \gamma_0 z_i + \zeta_{0i},\ \pi_1 = \beta_1 + \gamma_1 z_i + \zeta_{1i}, \tag{7.2.12}$$

或者混合模型

$$y_{ij} = (\beta_0 + \alpha_k + \beta_1 x_{ij} + \gamma_0 z_i + \gamma_1 z_i x_{ij}) + (\zeta_{0i} + \zeta_{1i} x_{ij} + \varepsilon_{ij}). \tag{7.2.13}$$

为了拟合, 必须做些分布假定. 这里假定随机误差项 $\varepsilon_{ij} \sim N(0, \sigma_\varepsilon^2)$, 并假定第二层的随机变量满足下面的联合正态分布条件:

$$\begin{bmatrix} \zeta_{0i} \\ \zeta_{1i} \end{bmatrix} \sim N(\mathbf{0}, \mathbf{\Sigma}) = N\left( \begin{bmatrix} 0 \\ 0 \end{bmatrix}, \begin{bmatrix} \sigma_0^2 & \sigma_{01} \\ \sigma_{10} & \sigma_1^2 \end{bmatrix} \right). \tag{7.2.14}$$

模型 (7.2.13) 拟合例7.1数据的代码如下:

```
model3 = lmer(formula=popularity ~ 1 + sex + extravsion*texp +
              (1 + extravsion | class), data = w)
summary(model3)
```

主要输出为:

```
Linear mixed model fit by REML. t-tests use Satterthwaite's method [
lmerModLmerTest]
Formula: popularity ~ 1 + sex + extravsion * texp + (1 + extravsion |
    class)
   Data: w

Random effects:
 Groups    Name        Variance Std.Dev. Corr
 class     (Intercept) 0.478639 0.69184
           extravsion  0.005409 0.07355  -0.64
 Residual              0.552769 0.74348
Number of obs: 2000, groups:  class, 100

Fixed effects:
              Estimate Std. Error        df t value Pr(>|t|)
(Intercept) -1.210e+00  2.719e-01 1.093e+02  -4.449 2.09e-05 ***
sex          1.241e+00  3.623e-02 1.941e+03  34.243  < 2e-16 ***
extravsion   8.036e-01  4.012e-02 7.207e+01  20.031  < 2e-16 ***
```

```
texp              2.262e-01  1.681e-02  9.851e+01  13.458  < 2e-16 ***
extravsion:texp  -2.473e-02  2.555e-03  7.199e+01  -9.679 1.15e-14 ***

Correlation of Fixed Effects:
           (Intr) sex    extrvs texp
sex          0.002
extravsion  -0.867 -0.065
texp        -0.916 -0.047  0.801
extrvsn:txp  0.773  0.033 -0.901 -0.859
```

根据输出结果所得到固定效应和随机效应参数估计如下:

$$\hat{\beta}_0 = -1.210, \ \hat{\alpha}_0 = 0 \ (\text{默认}), \ \hat{\alpha}_1 = 1.241,$$
$$\hat{\beta}_1 = 0.8036, \ \hat{\gamma}_0 = 0.2262, \ \hat{\gamma}_1 = -0.02473,$$
$$\hat{\boldsymbol{\Sigma}} = \begin{bmatrix} \hat{\sigma}_0^2 & \hat{\sigma}_{01} \\ \hat{\sigma}_{10} & \hat{\sigma}_1^2 \end{bmatrix} = \begin{bmatrix} 0.478639 & -0.033 \\ -0.64 & 0.005409 \end{bmatrix}.$$

注意: 由于输出只有相关系数 $\widehat{\text{cor}}(\zeta_{0i}, \zeta_{1i}) = -0.64$, 于是上面矩阵中

$$\hat{\sigma}_{01} = \hat{\sigma}_{10} = \widehat{\text{cov}}(\zeta_{0i}, \zeta_{1i}) = \widehat{\text{cor}}(\zeta_{0i}, \zeta_{1i})\hat{\sigma}_0\hat{\sigma}_1 \approx -0.64 \times 0.69184 \times 0.07355 \approx -0.033.$$

### 7.2.4 交叉验证

下面来做比较多水平模型和一般线性模型预测精度标准化均方误差的 10 折交叉验证, 这里在建立一般的线性模型时将班级 (class) 作为定性变量加入.

```
Z=10; n=nrow(w)
set.seed(2020)
ZT=sample(rep(1:Z, ceiling(n/Z))[1:n])
M=sum((w$popularity-mean(w$popularity))^2)
pred=matrix(999,n,2)
for (i in 1:Z){
  pred[ZT==i,1] = lmer(formula=popularity ~ 1 + sex + extravsion*texp +
            (1 + extravsion | class), w[ZT!=i,]) %>%  predict(w[ZT==i,])
  pred[ZT==i,2] = lm(popularity ~ 1 + sex + extravsion*texp +
    factor(class), w[ZT!=i,]) %>%
    predict(w[ZT==i,])
  }
(nmse=apply((sweep(pred,1,w$popularity,'-'))^2,2,sum)/M)
```

输出表明: 普通线性模型和精心打造的混合模型的预测精度几乎相同.

```
0.3104842 0.3119508
```

> 交叉验证预测结果表明, 为线性混合模型精心准备的模拟数据在预测上并不优于一般的线性模型. 如果数据是非人造的真实数据, 混合模型和线性模型之类的充满假定的数学模型的表现就真的很难预料了.
>
> 人们会说, 混合模型的解释性好. 使用专门为这个人造模型模拟的人造数据, 当然解释性好. 实际上, 这里所解释的是人们的主观想象, 而不是真实的世界.

## 7.3　线性混合模型的一般形式

### 7.3.1　线性混合模型的一般形式

现在可以引进线性随机效应混合模型的一般形式

$$\boldsymbol{y}_i = \boldsymbol{X}_i\boldsymbol{\beta}_i + \boldsymbol{Z}_i\boldsymbol{b}_i + \boldsymbol{\varepsilon}_i, \ \ i = 1, 2, \ldots, N,$$

式中, $\boldsymbol{y}_i$ 为 $n_i \times r$ 维的, $\boldsymbol{X}_i$ 为 $n_i \times p$ 维的, $\boldsymbol{\beta}_i$ 为 $p \times r$ 维的, $\boldsymbol{Z}_i$ 为 $n_i \times q$ 维的, $\boldsymbol{b}_i$ 为 $q \times r$ 维的, $\boldsymbol{\varepsilon}_i$ 为 $n_i \times r$ 维的. 并且假定

$$\begin{bmatrix} \boldsymbol{b}_1 \\ \boldsymbol{b}_2 \\ \vdots \\ \boldsymbol{b}_N \end{bmatrix} \sim N(\boldsymbol{0}, \boldsymbol{\Psi});$$

还假定: 对所有的 $i$, $\boldsymbol{\varepsilon}_i \sim N(\boldsymbol{0}, \boldsymbol{\Sigma})$, 且独立于 $\boldsymbol{b}_i$. 通常 $\boldsymbol{X}_i$ 及 $\boldsymbol{Z}_i$ 的第一列为常数, $\boldsymbol{Z}_i$ 包含的是 $\boldsymbol{X}_i$ 的子集, 要估计的是 $\boldsymbol{\beta}_i, \boldsymbol{\Sigma}, \boldsymbol{\Psi}$. 公式中的 $\boldsymbol{X}_i\boldsymbol{\beta}_i$ 为固定效应部分, 而 $\boldsymbol{Z}_i\boldsymbol{b}_i$ 为随机效应部分. 如果把数据写成下面形式

$$\boldsymbol{y} = \begin{bmatrix} \boldsymbol{y}_1 \\ \boldsymbol{y}_2 \\ \vdots \\ \boldsymbol{y}_N \end{bmatrix}; \ \boldsymbol{X} = \begin{bmatrix} \boldsymbol{X}_1 & 0 & \cdots & 0 \\ 0 & \boldsymbol{X}_2 & \cdots & 0 \\ \vdots & \vdots & & \vdots \\ 0 & 0 & \cdots & \boldsymbol{X}_N \end{bmatrix}; \ \boldsymbol{Z} = \begin{bmatrix} \boldsymbol{Z}_1 & 0 & \cdots & 0 \\ 0 & \boldsymbol{Z}_2 & \cdots & 0 \\ \vdots & \vdots & & \vdots \\ 0 & 0 & \cdots & \boldsymbol{Z}_N \end{bmatrix}$$

和

$$\boldsymbol{\beta} = \begin{bmatrix} \boldsymbol{\beta}_1 & 0 & \cdots & 0 \\ 0 & \boldsymbol{\beta}_2 & \cdots & 0 \\ \vdots & \vdots & & \vdots \\ 0 & 0 & \cdots & \boldsymbol{\beta}_N \end{bmatrix}; \ \boldsymbol{b} = \begin{bmatrix} \boldsymbol{b}_1 & 0 & \cdots & 0 \\ 0 & \boldsymbol{b}_2 & \cdots & 0 \\ \vdots & \vdots & & \vdots \\ 0 & 0 & \cdots & \boldsymbol{b}_N \end{bmatrix}; \ \boldsymbol{\varepsilon} = \begin{bmatrix} \boldsymbol{\varepsilon}_1 \\ \boldsymbol{\varepsilon}_2 \\ \vdots \\ \boldsymbol{\varepsilon}_N \end{bmatrix}$$

. 模型 $\boldsymbol{y}_i = \boldsymbol{X}_i\boldsymbol{\beta}_i + \boldsymbol{Z}_i\boldsymbol{b}_i + \boldsymbol{\varepsilon}_i, \ \ i = 1, 2, \ldots, N$ 也可以写成

$$\boldsymbol{y} = \boldsymbol{X}\boldsymbol{\beta} + \boldsymbol{Z}\mathbf{b} + \boldsymbol{\varepsilon}.$$

式中, $\boldsymbol{y}_i$ 为 $n_i \times r$ 维的, 在单因变量时, $r = 1$. 对于每个 $i \in \{1, 2, \ldots, N\}$, 有 $n_i$ 个观测值.

7.2.1节的多水平模型例子 (例7.1) 是典型的随机效应混合模型, 最终的随机截距-斜率方程式 (7.2.13) 中 $y_{ij} = (\beta_0 + \alpha_k + \beta_1 x_{ij} + \gamma_0 z_i + \gamma_1 z_i x_{ij}) + (\zeta_{0i} + \zeta_{1i} x_{ij} + \varepsilon_{ij})$ 转化为混合效应模型如下 (为了书写方便, 我们以 2 个班级, 其中第 1 班 3 个学生, 第 2 班 4 个学生为例):

$$\begin{bmatrix} \boldsymbol{y}_1 \\ \boldsymbol{y}_2 \end{bmatrix} = \begin{bmatrix} \boldsymbol{X}_1 \\ \boldsymbol{X}_2 \end{bmatrix} \boldsymbol{\beta} + \begin{bmatrix} \boldsymbol{Z}_1 & \boldsymbol{0} \\ \boldsymbol{0} & \boldsymbol{Z}_2 \end{bmatrix} \boldsymbol{b} + \begin{bmatrix} \boldsymbol{\varepsilon}_1 \\ \boldsymbol{\varepsilon}_2 \end{bmatrix}$$

$$\begin{bmatrix} y_{11} \\ y_{12} \\ y_{13} \\ y_{21} \\ y_{22} \\ y_{23} \\ y_{24} \end{bmatrix} = \begin{bmatrix} 1 & 0 & x_{11} & z_1 & z_1 x_{11} \\ 1 & 1 & x_{12} & z_1 & z_1 x_{12} \\ 1 & 0 & x_{13} & z_1 & z_1 x_{13} \\ 1 & 0 & x_{21} & z_2 & z_2 x_{21} \\ 1 & 1 & x_{22} & z_2 & z_2 x_{22} \\ 1 & 0 & x_{23} & z_2 & z_2 x_{23} \\ 1 & 1 & x_{24} & z_2 & z_2 x_{24} \end{bmatrix} \begin{bmatrix} \beta_0 \\ \alpha_k \\ \beta_1 \\ \gamma_0 \\ \gamma_1 \end{bmatrix} + \begin{bmatrix} 1 & x_{11} & 0 & 0 \\ 1 & x_{12} & 0 & 0 \\ 1 & x_{13} & 0 & 0 \\ 0 & 0 & 1 & x_{21} \\ 0 & 0 & 1 & x_{22} \\ 0 & 0 & 1 & x_{23} \\ 0 & 0 & 1 & x_{24} \end{bmatrix} \begin{bmatrix} \zeta_{01} \\ \zeta_{11} \\ \zeta_{02} \\ \zeta_{12} \end{bmatrix} + \begin{bmatrix} \varepsilon_{11} \\ \varepsilon_{12} \\ \varepsilon_{13} \\ \varepsilon_{21} \\ \varepsilon_{22} \\ \varepsilon_{23} \\ \varepsilon_{24} \end{bmatrix}$$

> **评论:** 这里的模型形式及分布的正态性的假定很强, 这种很强的人为假定使得人们可以使用最大似然法或约束的最大似然法来估计参数. 虽然有的方法不强调正态性, 而使用最小二乘法, 但基本上和最大似然法类似. 由于真实数据的正态性及模型形式的准确性完全无法验证或核对, 因此, 对于一个实际数据, 即使在诸多的假定下, 也不易确定一个最优的模型及方法.

### 7.3.2 数学分数数据 (例7.2)

**例 7.2** (Sim3level.csv) **数学分数**. 这是关于教育背景的研究多水平模型的另一个模拟数据的例子[2]. 基于三层次嵌套结构数据 (个体-班级-学校), 该数据是为了根据不同协方差结构灵活运用混合模型 R 包 (nlme 和 lme4) 而生成的. 该数据因变量是不同学校不同班级学生个体的 Math (数学分数), 自变量包括: ActiveTime (活跃时间), ClassSize (班级大小), Classroom (教室), School (学校), StudentID (学生代码). 现在同样从可视化到建模分析研究数学分数不同层次的影响因素.

**探索性数据分析**

首先, 做些因变量与两个自变量 (活跃时间及班级大小) 的散点图及描述性非参数回归 (见图7.3.1). 下面的代码产生了图7.3.1:

```
library(tidyverse)
library(patchwork)
w = read.csv('Sim3level.csv')
p1 = ggplot(w, aes(x=ActiveTime, y=Math))+
```

[2]下载地址: http://www.alexanderdemos.org/Mixed5.html.

```
      geom_point(size = 0.8, alpha=1)+
        geom_smooth(method=loess, color='navy')+
      labs(title = "Math Score vs. ActiveTime")
p2 = ggplot(w, aes(x=ClassSize, y=Math))+
      geom_point(size = 0.8, alpha=1)+
        geom_smooth(method=loess, color='navy')+
labs(title = "Math Score vs. ClassSize")
p1 + p2
```

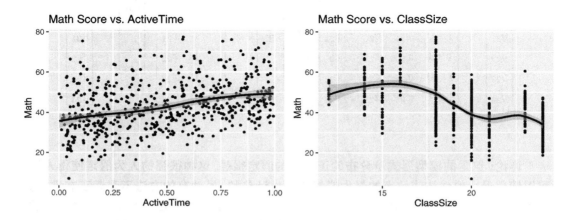

**图 7.3.1　数学分数与活跃时间和班级大小的关系**

图7.3.1直观展示了数学分数分别与活跃时间及班级大小的关系, 可以发现数学分数与活跃时间在平均的意义上显示正相关, 而班级人数和数学分数的关系就不好说了.

其次, 把班级大小、学校及教室等因素分别引入数学成绩与活跃时间的散点图 (见图7.3.2).

```
p3 = ggplot(w, aes(x=ActiveTime, y=Math, color=ClassSize, group=ClassSize))+
  geom_point(size = 0.8, alpha=1)+
  geom_smooth(method=loess, se=F)+
  labs(title = "Math Score vs. ActiveTime",
  subtitle = "  for different classsize")
p4 = ggplot(w, aes(x=ActiveTime, y=Math, color=School))+
  geom_point(size = 0.8, alpha=1)+
  geom_smooth(method=loess)+
  labs(title = "Math Score vs. ActiveTime",
  subtitle = "  for different schools")+
  scale_color_manual(name='School',
                       labels=c('School','School2','School3'),
                       values=c('#1f78b4','#a6cee3','#2b8cbe'))
p5 = ggplot(w, aes(x=ActiveTime, y=Math, color=Classroom,group=Classroom))+
  geom_point(size = 0.8, alpha=1)+
  geom_smooth(method=loess)+
  labs(title = "Math Score vs. ActiveTime",
  subtitle = "  for different classrooms")
```

```
p3+p4+p5
```

图7.3.2展示了不同班级大小、不同学校及不同教室等因素在数学分数与活跃时间关系中的作用, 说明了这些因素所造成的差异. 虽然我们没有用线性回归, 但从非参数回归的效果看来, 这个人造数据还是很适合线性模型的.

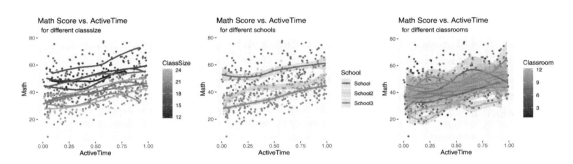

**图 7.3.2　例7.3.1 班级大小、不同学校及不同教室等因素对数学分数与活跃时间关系的影响**

## 从三层模型建立混合模型

根据上面的探索性数据分析, 可以考虑三层模型:

$$\text{第一层模型}: y_{ijk} = \pi_0 + \pi_1 x_{ijk} + \varepsilon_{ijk}, \tag{7.3.1}$$

$$\text{第二层模型}: \pi_0 = \xi_0 + \delta_0 z_{ij} + \zeta_{0ij}; \ \pi_1 = \xi_1 + \delta_1 z_{ij}, \tag{7.3.2}$$

$$\text{第三层模型}: \xi_0 = \beta_0 + \eta_{0i}; \ \xi_1 = \beta_1 + \eta_{1i}; \ \delta_0 = \gamma_0 + \eta_{2i}; \ \delta_1 = \gamma_1. \tag{7.3.3}$$

根据这三层模型可以建立随机效应混合模型

$$y_{ijk} = (\beta_0 + \beta_1 x_{ijk} + \gamma_0 z_{ij} + \gamma_1 z_{ij} x_{ijk}) + (\eta_{0i} + \eta_{1i} x_{ijk} + \eta_{2i} z_{ij} + \zeta_{0ij} + \varepsilon_{ijk}). \tag{7.3.4}$$

其中 $k = 1, 2, \ldots, n$; $j = 1, 2, \ldots, n_i$; $i = 1, 2, 3$. $y_{ijk}$ 表示第 $i$ 个学校第 $j$ 个班级第 $k$ 个学生的数学分数 (Math), $x_{ijk}$ 表示第 $i$ 个学校第 $j$ 个班级第 $k$ 个学生的活跃时间 (ActiveTime), $z_{ij}$ 表示第 $i$ 个学校第 $j$ 个班级的大小 (ClassSize). 随机变量均假定服从正态分布:

$$\begin{bmatrix} \eta_{0i} \\ \eta_{1i} \\ \eta_{2i} \end{bmatrix} \sim N \left( \begin{bmatrix} 0 \\ 0 \\ 0 \end{bmatrix}, \begin{bmatrix} \sigma_0^2 & \sigma_{01} & \sigma_{02} \\ \sigma_{10} & \sigma_1^2 & \sigma_{12} \\ \sigma_{20} & \sigma_{21} & \sigma_2^2 \end{bmatrix} \right); \ \zeta_{0ij} \sim N(0, \sigma_\zeta); \ \varepsilon_{ijk} \sim N(0, \sigma_\varepsilon).$$

表达式7.3.4的模型代码如下:

```
w = read.csv('Sim3level.csv')
library(lme4)
library(lmerTest)
a = lmer(Math~1+ActiveTime*ClassSize+(1+ActiveTime+ClassSize|School)+
        (1|School:Classroom), w)
summary(a)
```

输出结果给出了固定效应系数及随机效应分布参数的估计:

```
Linear mixed model fit by REML. t-tests use Satterthwaite's method
  ['lmerModLmerTest']
Formula: Math ~ 1 + ActiveTime * ClassSize + (1 + ActiveTime + ClassSize |
    School) + (1 | School:Classroom)
  Data: w

Random effects:
 Groups             Name        Variance Std.Dev. Corr
 School:Classroom (Intercept)  46.9845   6.8545
 School           (Intercept) 327.0652  18.0849
                  ActiveTime   31.9876   5.6558  -0.98
                  ClassSize     0.1016   0.3187  -0.99  0.94
 Residual                      16.5210   4.0646
Number of obs: 570, groups:  School:Classroom, 30; School, 3
Fixed effects:
                     Estimate Std. Error       df t value Pr(>|t|)
(Intercept)           30.8568    14.6248   2.4592   2.110 0.145062
ActiveTime            28.9568     5.9080  14.8218   4.901 0.000199 ***
ClassSize              0.3263     0.5649   9.1071   0.578 0.577529
ActiveTime:ClassSize  -0.7700     0.2545  58.5737  -3.025 0.003686 **
```

我们不想过多地解释为了这个人工模型而模拟的人工数据的拟合结果. 至少, 输出结果显示, 随机效应 $(\eta_{0i}, \eta_{1i}, \eta_{2i})^\top$ 之间的相关系数绝对值为 $0.94 \sim 0.99$.

### 7.3.3 牛奶蛋白质含量数据 (例7.3)

**例 7.3** (cows.csv) **牛奶蛋白质含量数据**. 这个数据是纵向数据的一个著名例子, 曾经被 Diggle, et al. (2013) 等研究过[3], 这个数据是关于 79 头澳大利亚奶牛的牛奶蛋白质含量和三种饲料的关系, 对每头奶牛计划观测 19 次, 每周一次, 但有的观测了 19 周, 有的不到 19 周, 最少的只观测了 12 周. 具体变量为: id (牛的编号, 从 1 到 79), week (第几周), protein (蛋白质含量), diet (饲料种类, 有三种: barley (大麦), lunpins (白羽扇豆), mixed(混合饲料) ). 注意, 每头牛只分配了一种饲料, 其中, barley 分给了 25 头牛, 而 lunpins 和 mixed 各自分给了 27 头牛. 对不同的牛、不同的饲料, 各周的牛奶蛋白质含量的数值变化点图见图7.3.3. 同时对不同的

---

[3]该数据可从网址http://faculty.washington.edu/heagerty/Books/AnalysisLongitudinal/milk.data下载.

饲料, 各周的平均牛奶蛋白质含量数值变化点图在图7.3.4中.

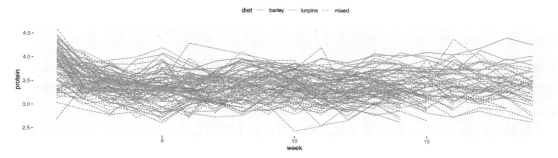

**图 7.3.3　例7.3数据中对不同饲料, 每头牛在各周中的牛奶蛋白质含量数值的变化**

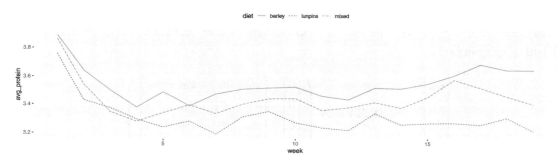

**图 7.3.4　例7.3数据中对不同饲料, 各周的平均牛奶蛋白质含量数值的变化**

产生图7.3.3的代码为:

```
library(tidyverse)
w=read.csv("cows.csv")
ggplot(w, aes(x=week, y=protein, group=id)) +
  geom_line(aes(linetype=diet, color=diet)) +
  theme(legend.position = "top")
```

产生图7.3.4的代码为:

```
w %>% group_by(diet, week) %>%
  summarise(avg_protein = mean(protein) )%>%
  ggplot(aes(x=week, y=avg_protein)) +
  geom_line(aes(linetype=diet, color=diet)) +
  theme(legend.position = "top")
```

从图7.3.3可以看出, 用这个数据拟合一个简单的线性模型似乎不妥, 但如何把每头牛的牛奶蛋白质含量的各次并非独立的观测加入模型呢? 为此人们引入了随机效应.

如果按照图7.3.4的启发, 用普通的线性模型拟合我们的数据, 则模型的系统部分为有三个截距的平行线:

$$y_{ij} = \pi_{0i} + \pi_{1i}x_{ij} + \alpha_k + \varepsilon_{ij}, \ i = 1, 2, \ldots, n; \ j = 1, 2, \ldots, n_i; \ k = 1, 2, 3. \tag{7.3.5}$$

在模型 (7.3.5) 中, $y_{ij}$ 代表第 $i$ 头牛第 $j$ 次观测的牛奶蛋白质含量值, 而 $x_{ij}$ 代表第 $i$ 头牛第 $j$ 次观测的周数, 而 $n_i$ 是对第 $i$ 头牛观测的次数, $\alpha_k$ 为使用第 $k$ 种饲料的效应 (对截距的影响), 还假定误差项 $\varepsilon_{ij} \sim N(0, \sigma_\varepsilon^2)$.

但是我们的模型不仅仅是为了描述所有对象的牛奶蛋白质含量的均值, 而是试图要适应所有的对象. 图7.3.3表明, 对于每个对象, 曲线的截距和斜率都会变化. 因此, 我们应该基于模型 (7.3.5) 尝试建立第二层模型:

$$\pi_{0i} = \beta_0 + \zeta_{0i}; \ \pi_{1i} = \beta_1 + \zeta_{1i}; \ \alpha_k = \lambda_k + \xi_{ki} \ (k = 1, 2, 3). \tag{7.3.6}$$

在第二层模型 (7.3.6) 中, 所有的 $\zeta_{0i}, \zeta_{1i}$ 和 $\xi_{ki}$ 都是随机变量, 它们独立于 $\varepsilon_{ij}$, 并且假定满足下面的正态分布条件:

$$\begin{bmatrix} \zeta_{0i} \\ \zeta_{1i} \\ \xi_{2i} \\ \xi_{3i} \end{bmatrix} \sim N(\mathbf{0}, \boldsymbol{\Sigma}) = N \left( \begin{bmatrix} 0 \\ 0 \\ 0 \\ 0 \end{bmatrix}, \begin{bmatrix} \sigma_0^2 & \sigma_{01} & \sigma_{02} & \sigma_{03} \\ \sigma_{10} & \sigma_1^2 & \sigma_{12} & \sigma_{13} \\ \sigma_{20} & \sigma_{21} & \sigma_2^2 & \sigma_{23} \\ \sigma_{30} & \sigma_{31} & \sigma_{32} & \sigma_3^2 \end{bmatrix} \right). \tag{7.3.7}$$

在这些模型中, 请注意 $\alpha_k$ 单独是不可估计的, 必须加上约束条件, 而这里的约束条件 (也是 R 的默认约束) 是 $\alpha_1 = 0$, 因此, 在第二层模型 (7.3.6) 中相应的 $\lambda_1$ 及分布假定 (7.3.7) 中相应的 $\xi_{1i}$ 项也就消失了.

把模型 (7.3.6) 代入模型 (7.3.5) 中, 对于 $i = 1, 2, \ldots, n; \ j = 1, 2, \ldots, n_i; \ k = 1, 2, 3$, 有

$$\begin{aligned} y_{ij} &= (\beta_0 + \zeta_{0i}) + (\beta_1 + \zeta_{1i})x_{ij} + (\lambda_k + \xi_{ki}) + \varepsilon_{ij} \\ &= (\beta_0 + \lambda_k + \beta_1 x_{ij}) + (\zeta_{0i} + \zeta_{1i}x_{ij} + \xi_{ki} + \varepsilon_{ij}). \end{aligned} \tag{7.3.8}$$

在 (7.3.8) 中第二行右边第一个括弧中的量代表了模型的固定效应, 这类似于通常的线性模型, 而右边第二个括弧代表了随机效应. 因此模型 (7.3.8) 为一个线性随机效应混合模型.

由于模型假定了随机部分的联合正态分布, 因此可以用最大似然法 (ML) 或者约束的最大似然法 (REML) 来估计模型 (7.3.8) 中的固定部分的参数及随机部分显示在模型 (7.3.7) 中的协方差矩阵 $\boldsymbol{\Sigma}$ 中的各个元素及 $\sigma_\varepsilon^2$.

### 模型的拟合及输出

为了用模型 (7.3.8) 拟合例7.3数据, 我们将使用程序包 nlme[4]中的函数 lme(). 包括读入数据在内的代码为:

---

[4]Pinheiro J, Bates D, DebRoy S, Sarkar D and R Core Team (2015). nlme: Linear and Nonlinear Mixed Effects Models. R package version 3.1-120, <URL: http://CRAN.R-project.org/package=nlme\T1\textgreater.

```
w=read.csv("cows.csv")
library(nlme)
a=lme(protein~week+diet,random=~week+diet|id, w, method="ML")
summary(a)
```

而输出为:

```
Linear mixed-effects model fit by maximum likelihood
 Data: w
       AIC       BIC    logLik
 361.6716 439.6443 -165.8358


Random effects:
 Formula: ~week + diet | id
 Structure: General positive-definite, Log-Cholesky parametrization
            StdDev      Corr
(Intercept) 0.22234008 (Intr) week   dtlnpn
week        0.02507567 -0.623
dietlunpins 0.23552853 -0.042 -0.534
dietmixed   0.19682563 -0.340 -0.385  0.553
Residual    0.24578561


Fixed effects: protein ~ week + diet
                Value  Std.Error   DF  t-value p-value
(Intercept)  3.609153 0.04236860 1257 85.18462  0.0000
week        -0.012525 0.00315879 1257 -3.96525  0.0001
dietlunpins -0.198399 0.05360790   76 -3.70093  0.0004
dietmixed   -0.085860 0.04559913   76 -1.88293  0.0635
 Correlation:
            (Intr) week   dtlnpn
week        -0.459
dietlunpins -0.515 -0.236
dietmixed   -0.656 -0.167  0.619
```

注意, 输出显示的随机部分是标准差 $\sigma_i$(而不是方差 $\sigma_i^2$) 和相关系数 $\gamma_{ij}$(而不是协方差 $\sigma_{ij}$) 的估计值. 我们得到 (完全按照输出的小数点位数)

$$\hat{\sigma}_0 = 0.2223, \ \hat{\sigma}_1 = 0.0251, \ \hat{\sigma}_2 = 0.2355, \ \hat{\sigma}_3 = 0.1968$$

$$\hat{\gamma}_{01} = -0.623, \ \hat{\gamma}_{02} = -0.042, \ \hat{\gamma}_{03} = -0.340, \ \hat{\gamma}_{12} = -0.534, \ \hat{\gamma}_{13} = -0.385,$$

$$\hat{\gamma}_{23} = 0.553, \ \hat{\sigma}_\varepsilon = 0.2458.$$

而固定部分的输出显示了各个固定参数的估计:

$$\hat{\beta}_0 = 3.6092, \ \hat{\beta}_1 = -0.0125, \ \hat{\lambda}_1 = 0 \ (默认), \ \hat{\lambda}_2 = -0.1984, \ \hat{\lambda}_3 = -0.0859.$$

计算表明, 每个个体本身牛奶蛋白质含量度量在各周之间的自相关性并不比个体之间的相关性更大些. 所以, 该数据虽然属于纵向数据, 但其数据也很类似于横截面数据, 即每个对象本身的重复测量可以近似认为是独立的.

### 7.3.4 帕金森病远程监控数据 (例7.4)

下面再介绍一个纵向数据的例子.

**例 7.4** (parkinsons.csv) **帕金森病远程监控数据**. 此数据集是由参与 6 个月实验的早期帕金森病的 42 名患者通过远程监控装置从患者家中收集到的声音测量组成. 目标变量是两个评分.

数据的变量信息如下. 基本信息 (4 个变量): subject (对象编号, 一共 42 人), age (年龄), sex (性别, 0 代表男性, 1 代表女性), test.time (每个月进入研究天数); 评分变量 (2 个): motor.UPDRS (临床电机 UPDRS 评分), total.UPDRS(临床总 UPDRS 评分); 下面 5 个变量是基本频率变化的几个度量: Jitter(抖动百分比), Jitter.abs, Jitter.RAP, Jitter.PPQ5, Jitter.DDP; 下面 6 个变量是关于闪烁幅度变化的度量: Shimmer, Shimmer.dB, Shimmer.APQ3, Shimmer.APQ5, Shimmer.APQ11, Shimmer.DDA; 噪声在语音音调成分的比例的 2 个度量: NHR, HNR; RPDE(非线性动力学复杂性度量), DFA(信号分形标度指数), PPE(基本频率变化的非线性度量). 一共有 22 个变量, 5875 个观测值. 各个对象有 101 ∼ 168 个观测值不等; 每个对象每个月从头开始, 即每个对象记录的天数从 0 开始 6 次.

该数据是由牛津大学 Athanasios Tsanas 和 Max Little 创建[5], 并且联合了美国 10 个医疗中心及发明了记录语音信号的远程监控装置的英特尔公司.

由于作为目标变量的 motor.UPDRS 和 total.UPDRS 的相关系数很高 (0.95), 我们没有必要把两个都作为因变量, 因此, 我们选择 total.UPDRS 作为因变量, 而把 motor.UPDRS 删除.

我们将利用程序包 lme4[6]中的函数 lmer() 来拟合例7.4数据.

由于有关软件无法拟合有太多变量的数据, 我们用各种方法把公式各个部分的变量数目限制到软件能够管理的程度. 如此, 拟合全部数据的代码为:

```
library(lme4)
w=read.csv("parkinsons.csv");n=nrow(w)
w[,-c(1,3,5)]=scale(w[,-c(1,3,5)])
ff=total.UPDRS~age+DFA+HNR+sex+Jitter+PPE+test.time+
    Shimmer.APQ3+Jitter.abs+RPDE+NHR+Shimmer.APQ11+(age+DFA|subject)
a=lmer(ff,data=w)
summary(a)
```

输出为:

---

[5]Athanasios Tsanas, Max A. Little, Patrick E. McSharry, Lorraine O. Ramig (2009), Accurate telemonitoring of Parkinson's disease progression by non-invasive speech tests, *IEEE Transactions on Biomedical Engineering*. 数据网址为 http://archive.ics.uci.edu/ml/datasets/Parkinsons+Telemonitoring.

[6]Bates D, Maechler M, Bolker B and Walker S (2014). lme4: Linear mixed-effects models using Eigen and S4. R package version 1.1-7, <URL: http://CRAN.R-project.org/package=lme4\T1\textgreater.

```
Linear mixed model fit by REML ['lmerMod']
Formula: total.UPDRS~age+DFA+HNR+sex+Jitter+PPE+
    test.time+ Shimmer.APQ3+Jitter.abs+RPDE+NHR+
    Shimmer.APQ11+(age+DFA|subject)
    Data: w

REML criterion at convergence: 110.7

Scaled residuals:
    Min      1Q  Median      3Q     Max
-4.2863 -0.4988  0.0179  0.5488  3.8784

Random effects:
 Groups    Name        Variance Std.Dev. Corr
 subject   (Intercept) 0.85773  0.9261
           age         0.03403  0.1845     0.27
           DFA         0.01708  0.1307     0.22 -0.88
 Residual              0.05489  0.2343
Number of obs: 5875, groups:  subject, 42

Fixed effects:
                Estimate Std. Error        df t value Pr(>|t|)
(Intercept)   -4.096e-03  1.737e-01 3.985e+01  -0.024   0.9813
age            2.819e-01  1.282e-01 1.167e+01   2.199   0.0489 *
DFA            2.150e-02  2.163e-02 4.111e+01   0.994   0.3260
HNR            1.453e-02  9.430e-03 5.819e+03   1.541   0.1234
sex            5.552e-02  2.924e-01 3.472e+01   0.190   0.8505
Jitter         9.472e-03  9.706e-03 5.444e+03   0.976   0.3292
PPE           -6.471e-03  7.181e-03 5.821e+03  -0.901   0.3676
test.time      8.963e-02  3.198e-03 5.825e+03  28.023  <2e-16 ***
Shimmer.APQ3  -9.661e-03  8.544e-03 5.825e+03  -1.131   0.2582
Jitter.abs     6.346e-03  9.759e-03 5.676e+03   0.650   0.5156
RPDE          -1.372e-03  5.500e-03 5.828e+03  -0.249   0.8031
NHR           -1.251e-02  9.326e-03 5.804e+03  -1.342   0.1797
Shimmer.APQ11  1.445e-02  8.365e-03 5.821e+03   1.727   0.0842 .
```

这个输出和用程序包 nlme 的函数 lme() 的输出几乎一样. 而且这里的变量都是数量变量, 并且标准化了. 这里就不再解释了.

## 7.4 广义线性混合模型

### 7.4.1 例子

对于因变量是计数变量或者二分类变量等情况的纵向数据, 可以用广义线性混合模型来拟合. 概念上就是广义线性模型和线性随机效应混合模型的组合. 下面通过三个例子来描述, 其中一个例子是截面数据, 另两个是纵向数据.

**例 7.5** (MMMEC.csv) **恶性黑色素瘤死亡率数据**. 该数据涉及关于紫外线辐射对恶性黑色素瘤死亡率影响的相关研究, 这里包括的 6 个变量为 Nation (欧洲共同体 9 国: 1= 比利时, 2= 西德, 3= 丹麦, 4= 法国, 5= 英国, 6= 意大利, 7= 爱尔兰, 8= 卢森堡, 9= 荷兰), RegionID (各国自己排列的地区代码: 整数), CountyID (354 个县代码: 整数, 对建模没有用), MMdeath (恶性黑色素瘤死亡人数), expdeaths (预期死亡人数), UVBdose (UVB 剂量)[7].

**例 7.6** (seizure.csv) **癫痫数据**. 此数据集来自 Thall and Vail(1990)[8], 是由 6 个变量, 236 个观测值组成. 有 59 名患者, 每个患者被记录 4 次. 变量有 id (个体识别号), time (记录时间: 1,2,3,4 周), counts (癫痫发作次数), treat (治疗: 0: 安慰剂, 1: 处理组[9]), bcounts (为期 8 周的基线癫痫发作次数), age(年龄). 因变量是 counts (发作次数).

**例 7.7** (madras.csv) **马德拉斯精神分裂症数据**. 此数据集[10]是由 5 个变量, 922 个观测值组成. 有 90 名患者, 各患者住院从 1 个月到 12 个月不等, 每个月被记录 1 次. 变量有 id (个体识别号), y (症状指标: 0, 1 哑变量), month (住院月数), age (年龄), gender (性别). 因变量是二分变量 y.

### 7.4.2 恶性黑色素瘤死亡率数据 (例7.5)

首先, 直观展示整体紫外线辐射与恶性黑色素瘤死亡数的关系 (见图7.4.1左), 还有考虑不同国家对该关系的影响 (见图7.4.1右).

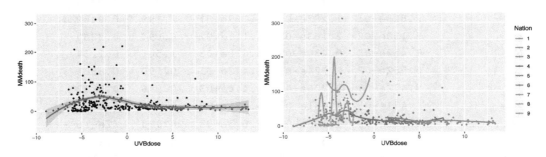

**图 7.4.1** **例7.4.1 紫外线辐射与恶性黑色素瘤死亡数的关系 (左) 及国家对此关系的影响 (右)**

图7.4.1说明紫外线辐射与恶性黑色素瘤死亡数的关系是非线性的, 此外不同国家对此关系的影响有差异. 图7.4.1是用下面的代码产生的:

```
w=read.csv('mmmec.csv')
library(tidyverse)
```

---

```
library(patchwork)
w$Nation=factor(w$Nation)
p1=ggplot(w, aes(x=UVBdose, y=MMdeath))+
  geom_point(size = 0.8, alpha=1)+
  geom_smooth()
p2=ggplot(w, aes(x=UVBdose, y=MMdeath, color=Nation ))+
  geom_point(size = 0.8, alpha=1)+
  geom_smooth(method = 'loess',se=F)
p1+p2
```

其次, 可以建立国家-地区的 Poisson 广义线性混合模型:

$$\log(\lambda) = \beta_0 + \beta_1 x_{ij} + (\eta_{0i} + \zeta_{0ij}).\tag{7.4.1}$$

$x_{ij}$ 表示第 $i$ 个国家第 $j$ 个地区的紫外线辐射量 (UVBdose). 假定 $\eta_{0ij} \sim N(0,\sigma_\eta^2)$, $\zeta_{0ij} \sim N(0,\sigma_\zeta^2)$. 根据模型 (7.4.1), R 语言代码及其输出结果如下:

```
library(lme4)
a = glmer(MMdeath~1+UVBdose+(1|Nation/RegionID), w, family='poisson')
summary(a)
```

```
Generalized linear mixed model fit by maximum likelihood (Laplace Approximation)
  ['glmerMod']
 Family: poisson  ( log )
Formula: MMdeath ~ 1 + UVBdose + (1 | Nation/RegionID)
   Data: w
     AIC      BIC   logLik deviance df.resid
  5651.6   5667.1  -2821.8   5643.6      350
Random effects:
 Groups          Name        Variance Std.Dev.
 RegionID:Nation (Intercept) 0.3381   0.5814
 Nation          (Intercept) 1.1671   1.0803
Number of obs: 354, groups:  RegionID:Nation, 78; Nation, 9
Fixed effects:
            Estimate Std. Error z value Pr(>|z|)
(Intercept) 3.14769    0.37643   8.362  < 2e-16 ***
UVBdose     0.05281    0.01852   2.852  0.00435 **
```

输出结果表明, 随机效应部分中相应于国家 (Nation) 的方差比相应于地区 (RegionID) 的方差要大: $\hat{\sigma}_\eta = 1.1671$, $\hat{\sigma}_\zeta = 0.3381$.

当然也可以将国家 (Nation) 作为一个变量建立 Poisson 广义混合模型

$$\log(\lambda) = \beta_0 + \beta_1 x_{ij} + \beta_1 z_i + (\eta_{0i} + \zeta_{0ij}),\tag{7.4.2}$$

这里 $z_i$ 代表变量 Nation, 假定 $\zeta_{0ij} \sim N(0,\sigma_\zeta^2)$.

下面是模型拟合的代码及其结果.

```
w$Nation=factor(w$Nation)
b = glmer(MMdeath~1+UVBdose+Nation+(1|RegionID), w, family='poisson')
summary(b)
```

```
Generalized linear mixed model fit by maximum likelihood (Laplace Approximation)
  ['glmerMod']
 Family: poisson  ( log )
Formula: MMdeath ~ 1 + UVBdose + Nation + (1 | RegionID)
   Data: w
     AIC      BIC   logLik deviance df.resid
  5629.0   5671.5  -2803.5   5607.0      343
Random effects:
 Groups    Name        Variance Std.Dev.
 RegionID (Intercept) 0.295    0.5431
Number of obs: 354, groups:  RegionID, 78
Fixed effects:
            Estimate Std. Error z value Pr(>|z|)
(Intercept)  3.89852    0.32280  12.077  < 2e-16 ***
UVBdose      0.05065    0.01845   2.745 0.006045 **
Nation2      0.78190    0.35906   2.178 0.029435 *
Nation3      0.24605    0.45169   0.545 0.585937
Nation4     -1.28854    0.34896  -3.693 0.000222 ***
Nation5     -0.41867    0.36059  -1.161 0.245612
Nation6     -1.70807    0.38006  -4.494 6.98e-06 ***
Nation7     -2.85820    0.44611  -6.407 1.48e-10 ***
Nation8     -1.76284    0.66328  -2.658 0.007866 **
Nation9      0.04044    0.42222   0.096 0.923692
```

### 7.4.3 癫痫数据 (例7.6)

对于例7.6, 我们分别用 $x_1, x_2, x_3, x_4$ 代表变量 time, treat, bcounts, age. 虽然 treat 是分类变量, 但由于是 0-1 型, 我们不必把它因子化. 考虑 Poisson 广义线性混合模型

$$\log(\lambda) = \beta_0 + \beta_1 x_1 + \beta_2 x_2 + \beta_3 x_3 + \beta_4 x_4 + (\zeta_0 + \zeta_1 x_{4ij}). \tag{7.4.3}$$

这里假定 $\zeta_0$ 和 $\zeta_1$ 满足

$$\begin{bmatrix} \zeta_0 \\ \zeta_1 \end{bmatrix} \sim N\left( \begin{bmatrix} 0 \\ 0 \end{bmatrix}, \begin{bmatrix} \sigma_0^2 & \sigma_{01} \\ \sigma_{10} & \sigma_1^2 \end{bmatrix} \right).$$

显然, 模型 (7.4.3) 可以来源于两层模型:

$$\log(\lambda) = \pi_0 + \beta_1 x_{1ij} + \beta_2 x_{2ij} + \beta_3 x_{3ij} + \pi_1 x_{4ij},$$
$$\pi_0 = \beta_0 + \zeta_{0i},\ \pi_1 = \beta_4 + \zeta_{1i}.$$

根据模型 (7.4.3) 我们可以很容易地写出拟合代码:

```
w=read.csv("seizure.csv")
library(lme4)
g=glmer(counts~time+treat+bcounts+age+(age|id),w,family=poisson)
summary(g)
```

并得到输出:

```
Generalized linear mixed model fit by maximum likelihood
    (Laplace Approximation) [glmerMod]
 Family: poisson  ( log )
Formula: counts ~ time + treat + bcounts + age + (age | id)
   Data: w

     AIC      BIC   logLik deviance df.resid
  1353.7   1381.7   -668.9   1337.7      228

Random effects:
 Groups Name        Variance  Std.Dev. Corr
 id     (Intercept) 6.740e-02 0.259609
        age         9.238e-05 0.009612 1.00
Number of obs: 236, groups:  id, 59

Fixed effects:
             Estimate Std. Error z value Pr(>|z|)
(Intercept)  0.791657   0.364454   2.172   0.0298 *
time        -0.057432   0.020167  -2.848   0.0044 **
treat       -0.268241   0.152130  -1.763   0.0779 .
bcounts      0.026226   0.002808   9.341   <2e-16 ***
age          0.010860   0.011265   0.964   0.3350
```

这个输出给出了各种参数估计: $\hat{\sigma}_0 = 0.259609$, $\hat{\sigma}_1 = 0.009612$, $\hat{\gamma}_{01} = 1$, $\hat{\beta}_0 = 0.791657$, $\hat{\beta}_1 = -0.057432$, $\hat{\beta}_2 = -0.268241$, $\hat{\beta}_3 = 0.026226$, $\hat{\beta}_4 = 0.010860$.

### 7.4.4 马德拉斯精神分裂症数据 (例7.7)

对于例7.7, 我们分别用 $x_1, x_2, x_3$ 代表变量 month, age, gender. 虽然 gender 是分类变量, 但由于是 0-1 型, 我们不必把它因子化. 考虑 logistic 广义线性混合模型

$$\log\left(\frac{p}{1-p}\right) = \beta_0 + \beta_1 x_{1ij} + \beta_2 x_{2ij} + \beta_3 x_{3ij} + \zeta_{0i}. \tag{7.4.4}$$

这里假定 $\zeta_{0i} \sim N(0, \sigma_\zeta^2)$. 显然, 模型 (7.4.4) 可以来源于两层模型:

$$\log\left(\frac{p}{1-p}\right) = \pi_0 + \beta_1 x_{1ij} + \beta_2 x_{2ij} + \beta_3 x_{3ij},$$

$$\pi_0 = \beta_0 + \zeta_{0i}.$$

根据模型 (7.4.4) 我们可以很容易地写出拟合代码:

```
w=read.csv("madras.csv")
library(lme4)
a=glmer(y~month*age+gender+(1|id),w,family=binomial)
summary(a)
```

并得到输出:

```
Generalized linear mixed model fit by maximum likelihood
    (Laplace Approximation) [glmerMod]
 Family: binomial  ( logit )
Formula: y ~ month * age + gender + (1 | id)
   Data: w

     AIC       BIC    logLik deviance df.resid
   755.4     784.4    -371.7    743.4      916

Random effects:
 Groups Name        Variance Std.Dev.
 id     (Intercept) 4.781    2.187
Number of obs: 922, groups:  id, 86

Fixed effects:
            Estimate Std. Error z value Pr(>|z|)
(Intercept)  1.19842    0.43972   2.725  0.00642 **
month       -0.46153    0.04896  -9.426  < 2e-16 ***
age          1.50338    0.67106   2.240  0.02507 *
gender      -1.22821    0.54969  -2.234  0.02546 *
month:age   -0.27153    0.09656  -2.812  0.00492 **
```

对于结果的解释和 Poisson 情况类似, 这里就不赘述了.

## 7.5 决策树关联的混合模型

### 7.5.1 决策树关联的混合模型 REEM tree 和 GLMM tree 简介

关于具有随机效应的决策树常见两个 R 程序包, 一个为 REEMtree[11], 主要针对线性随机效应混合模型推广到包含决策树的模型 (random effects/expectation maximization tree, REEM tree), 使用 REEMtree 函数且衔接了程序包 nlme 函数写法特点, 由随机效应和决策树取代固定效应两部分组成; 另一个为 glmertree[12], 该程序包固定效应部分同样利用决策树来解释, 但随机效应部分适用范围相对更加广泛, 包括线性和广义混合模型的决策树 (generalized linear mixed effects model tree, GLMM tree), 在应用中分别调用该程序包的 lmertree 和 glmertree 函数. 现在具体讲解带有随机效应决策树的两个程序包的基本原理.

在7.3节给出了线性随机效应混合模型的一般形式

$$\boldsymbol{y}_i = \boldsymbol{X}_i\boldsymbol{\beta}_i + \boldsymbol{Z}_i\boldsymbol{b}_i + \boldsymbol{\varepsilon}_i, \ i = 1, 2, \ldots, N.$$

这里, 固定效应和随机效应部分都是线性的. 但是, 如果固定效应不一定是线性的, 而又无法写出非线性关系的分析表达式, 则可以用决策树 (在4.2节已介绍) 来取代固定的那部分. 该方法是 Sela and Simonoff (2012) 给出的. 其公式为

$$\boldsymbol{y}_i = f(\boldsymbol{X}_1, \boldsymbol{X}_2, \ldots, \boldsymbol{X}_p) + \boldsymbol{Z}_i\boldsymbol{b}_i + \boldsymbol{\varepsilon}_i, \ i = 1, 2, \ldots, N, \tag{7.5.1}$$

式中, $\boldsymbol{y}_i$ 为 $n_i \times r$ 维的, $\boldsymbol{X}_i$ 为 $n_i \times p$ 维的, $\boldsymbol{Z}_i$ 为 $n_i \times q$ 维的, $\boldsymbol{b}_i$ 为 $q \times r$ 维的, $\boldsymbol{\varepsilon}_i$ 为 $n_i \times r$ 维的.

$$\begin{bmatrix} \boldsymbol{b}_1 \\ \boldsymbol{b}_2 \\ \vdots \\ \boldsymbol{b}_q \end{bmatrix} \sim N(\boldsymbol{0}, \boldsymbol{\Psi});$$

而且, 对所有的 $i$, 假定 $\boldsymbol{\varepsilon}_i \sim N(\boldsymbol{0}, \boldsymbol{\Sigma})$ 并独立于 $\boldsymbol{b}_i$. 式 (7.5.1) 中的 $f(\boldsymbol{X}_1, \boldsymbol{X}_2, \ldots, \boldsymbol{X}_p)$ 为用决策树来解释的固定效应部分, 而 $\boldsymbol{Z}_i\boldsymbol{b}_i$ 为随机效应部分, 这种建模方式旨在提高模型的适应性及灵活性.

另一种研究方法 GLMM tree 来源于 Fokkema et al. (2018), 其表达式为

$$\boldsymbol{\mu}_i = E[\boldsymbol{y}_i|\boldsymbol{x}_i]$$
$$g(\boldsymbol{\mu}_i) = \boldsymbol{x}_i^\top \boldsymbol{\beta}_j + \boldsymbol{z}_i^\top \boldsymbol{b}_m, \ i = 1, 2, \ldots, N, \tag{7.5.2}$$

其中 $\boldsymbol{y}_i$ 表示第 $i$ 个观测值的因变量, $g()$ 为广义线性模型的连接函数, $\boldsymbol{x}_i^\top \boldsymbol{\beta}_j$ 为决策树部分,

[11]Rebecca J. Sela and Jeffrey S. Simonoff (2012). REEMtree Packages: Regression Trees with Random Effects for Longitudinal (Panel) Data. Date 2011-07-15. Version 0.90.3.
[12]Fokkema M, Smits N, Zeileis A, Hothorn T, Kelderman H (2018). glmertree Packages: Generalized Linear Mixed Model Trees. Date 2019-11-19. Version 0.2-0

$\beta_j$ 为局部参数 (local parameters), 它的估计值依赖于终节点 $j$ (terminal node), $z_i$ 表示第 $i$ 个观测值随机效应量, 随机效应参数 $b_m$ 是全局的 (global). 式 (7.5.2) 和式 (7.5.1) 的基本含义类似, 两者充分利用决策树解释固定效应部分, 不假定因变量和自变量之间的线性和非线性关系. 两者的区别在于 REEM tree 随机效应部分的假定线性且服从正态分布, 而 GLMM tree 随机效应部分可以将其拓展为广义线性模型的范畴. 带有混合效应的决策树 (mixed-effects regression tree, MERT) 的参数估计方法可以参考 Hajjem et al. (2011) 和 Sela and Simonoff (2012) 基于 EM 算法的考虑.

### 7.5.2　GLMM tree 拟合癫痫数据 (例7.6)

这里用 GLMM tree 拟合例7.6癫痫数据, 该数据是因变量为计数变量的纵向数据, 因此试着考虑 Poisson 对数线性模型, 而式 (7.5.2) 中的 $g()$ 应该是 Poisson 分布 (既是均值又是方差的) 参数 ($\lambda$) 的对数函数 $g(\lambda) = \log(\lambda)$. 我们将使用 `glmertree` 函数并在拟合中选择 `family=poisson`.

**模型 1**

这里, 考虑决策树的每个终节点的预测值都是对这个节点观测值的自变量为 time 的简单线性回归, 即有形式

$$g(\lambda_i^{(k)}) = a^{(k)} + b^{(k)} x_i^{(k)}, \ \forall \text{ 观测值 } i \in \text{节点 } k,$$

这里的上标 $(k)$ 表示终节点中标号为 $k$ 的节点, $x$ 代表自变量 (这里是 time). 我们还考虑式 (7.5.2) 中的随机部分为 (这里 $x$ 也代表 time)

$$\beta_0 + \beta_1 x, \ \begin{bmatrix} \beta_0 \\ \beta_1 \end{bmatrix} \sim N\left( \begin{bmatrix} 0 \\ 0 \end{bmatrix}, \begin{bmatrix} \sigma_0^2 & \sigma_{01} \\ \sigma_{10} & \sigma_1^2 \end{bmatrix} \right),$$

而参与建决策树的自变量为 time, treat, bcounts, age.

与上面模型关联的拟合癫痫数据的代码如下 (包括输出决策树图7.5.1):

```
library(glmertree)
w=read.csv('seizure.csv')
a=glmertree(counts~time|((1+time)|id)|time+treat+bcounts+age,w,
  family=poisson)
plot(a, which = "tree")
```

图7.5.1为输出的决策树, 使用代码 a$tree 可输出相应于图7.5.1的决策树细节, 包括每个终节点回归模型的系数:

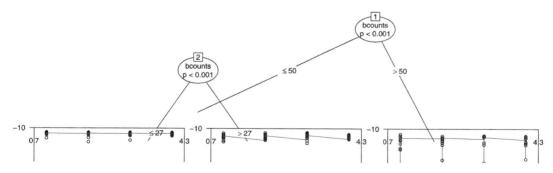

**图 7.5.1　例7.6的模型 GLMM tree (模型 1) 拟合的决策树**

```
Generalized linear mixed model tree
Model formula:

counts ~ time | time + treat + bcounts + age
Fitted party:

[1] root
|   [2] bcounts <= 50
|   |   [3] bcounts <= 27: n = 140
|   |       (Intercept)          time
|   |          1.1510719   -0.0332456
|   |   [4] bcounts > 27: n = 56
|   |       (Intercept)          time
|   |          2.2548632   -0.0732482
|   [5] bcounts > 50: n = 40
|       (Intercept)         time
|        3.08792016 -0.05176215

Number of inner nodes:     2
Number of terminal nodes: 3
Number of parameters per node: 2
Objective function (negative log-likelihood): 550.5227
```

可以通过 fixef(a)(或 coef(a))得到该模型每个终节点的参数估计 $\hat{a}^{(k)}, \hat{b}^{(k)}$ $(k = 3, 4, 5)$ 如下:

```
> coef(a)
  (Intercept)        time
3   1.143398 -0.03351964
4   2.253725 -0.07355516
5   3.087737 -0.05184701
```

通过 VarCorr(a) 获取模型总体的随机效应量, 其输出结果为

```
> VarCorr(a)
 Groups Name        Std.Dev. Corr
 id     (Intercept) 0.64521
        time        0.14552  -0.558
```

也就是说 $\hat{\sigma}_1 = 0.64521, \hat{\sigma}_2 = 0.14552, \widehat{\text{cor}}(\beta_0, \beta_1) = -0.558$. 使用代码 renef(a) 还可以输出对于 59 个 id 的关于斜率及截距的随机效应预测值 (注意: 不是估计值, 只有固定效应的参数才能估计, 随机效应只能预测).

**模型 2**

这里, 仍然和模型 1 一样考虑决策树的每个终节点的预测值都是对这个节点观测值的自变量为 time 的简单线性回归, 即有形式

$$g(\lambda_i^{(k)}) = a^{(k)} + b^{(k)} x_i^{(k)}, \ \forall \text{观测值 } i \in \text{节点 } k,$$

这里的上标 $(k)$ 表示终节点中标号为 $k$ 的节点, $x$ 代表自变量 (这里是 time). 然而, 和前一个模型比较, 我们把随机部分减少为只有截距, 也就是不把 time 考虑进随机效应:

$$\beta_0 \sim N\left(0, \sigma_0^2\right),$$

而参与建决策树的自变量仍然为 time, treat, bcounts, age.

与上面模型关联的拟合癫痫数据的代码如下 (包括输出决策树图7.5.2):

```
b=glmertree(counts~time|id|time+treat+bcounts+age,w, family=poisson)
plot(b,which="tree")
```

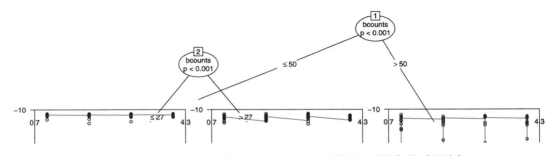

图 7.5.2　例7.6的模型 GLMM tree (模型 2) 拟合的决策树

使用代码 a$tree 可得到相应于图7.5.2的决策树细节:

```
Generalized linear mixed model tree
Model formula:

counts ~ time | time + treat + bcounts + age
Fitted party:

[1] root
|   [2] bcounts <= 50
|   |   [3] bcounts <= 27: n = 140
|   |       (Intercept)          time
|   |        1.15992285 -0.03221286
|   |   [4] bcounts > 27: n = 56
|   |       (Intercept)          time
|   |        2.24136891 -0.06314508
|   [5] bcounts > 50: n = 40
|       (Intercept)          time
|        3.13779116 -0.06668244

Number of inner nodes:     2
Number of terminal nodes: 3
Number of parameters per node: 2
Objective function (negative log-likelihood): 586.3156
```

可以通过 fixef(b)(或 coef(b))得到该模型每个终节点的参数估计 $\hat{a}^{(k)}, \hat{b}^{(k)}$ $(k = 3, 4, 5)$ 如下:

```
   (Intercept)          time
3     1.15353 -0.03221372
4     2.24010 -0.06314294
5     3.13755 -0.06668015
```

利用代码 VarCorr(b) 可输出估计 $\hat{\sigma}_0 = 0.53687$:

```
> VarCorr(b)
 Groups Name        Std.Dev.
 id     (Intercept) 0.53687
```

### 7.5.3 用 REEM tree 和 GLMM tree 拟合数学分数数据 (例7.2)

下面用 REEM tree 和 GLMM tree 拟合例7.2的数学分数数据. 该数据因变量为连续变量的横截面数据,可以使用 REEMtree 函数和 lmertree 函数拟合带有线性随机效应混合模型的决策树.

### REEM tree 模型

关于式 (7.5.1), 我们最初考虑其随机效应为

$$\beta_{0i} + \beta_{1i}x_{ij}, \; i = 1, 2, 3; \;\; j = 1, 2, \ldots, 12,$$

这里 $x_{ij}$ 代表第 $i$ 个学校的第 $j$ 个教室, 但发现这样做的预测效果不如简单的只有随机截距部分:

$$\beta_{0i} \sim N(0, \sigma_\beta^2), \;\; i = 1, 2, 3.$$

当然, 对于误差项, 假定 $\varepsilon_{ij} \sim N(0, \sigma_\varepsilon^2)$.

---

读者可能会觉得, 这些随机效应的设定有一定随意性. 这种感觉是对的! 除了为自己的模型精心打造的模拟数据之外, 对数据和模型的各种假定都是主观想象的, 怎么使得这些主观的模型和实际数据看上去漂亮和容易解释往往是一些人的努力方向, 这可能对发表文章有好处, 但他们 (有意或无意地) 忘记了预测才是建立模型的主要目的, 也忘记了预测精度高的模型才能算是好模型.

除了表面的 "可解释性" 之外, 可计算性也是考虑模型设定的一个因素, 很多看上去漂亮的模型根本无法计算. 读者可以试试在混合模型中随意增加随机效应项, 会发现无法计算或者结果不收敛.

---

有随机截距的 REEM tree 模型的代码及其结果如下:

```
library(easypackages)
libraries('tidyverse','lme4','rpart.plot','glmertree',
    'randomForest','REEMtree')
w=read.csv('Sim3level.csv')
a=REEMtree(Math~ActiveTime+ClassSize, w, random=~1|School)
print(a)
```

```
[1] "*** RE-EM Tree ***"
n= 570

node), split, n, deviance, yval
      * denotes terminal node

 1) root 570 44083.65000 44.43654
   2) ActiveTime< 0.6228921 357 23683.64000 41.36204
     4) ActiveTime< 0.312825 198 11436.64000 39.11886
       8) ClassSize>=19.5 104  4873.42600 36.74562
        16) ClassSize< 22 51  2164.78600 34.12466 *
        17) ClassSize>=22 53  2020.75300 39.26846
```

```
       34) ClassSize>=23.5 40   1020.09500 37.24208 *
       35) ClassSize< 23.5 13    146.12010 46.57466 *
     9) ClassSize< 19.5 94   5329.39700 41.74457
    18) ClassSize< 15.5 30    688.57760 37.58141 *
    19) ClassSize>=15.5 64   3926.52300 43.58234 *
  5) ActiveTime>=0.312825 159 10009.99000 44.15544
  10) ClassSize>=19.5 94   4326.67300 42.10166
    20) ClassSize< 22 57   2230.75200 40.64556 *
    21) ClassSize>=22 37   1764.64700 44.43171
      42) ClassSize>=23.5 23    539.67360 41.00389 *
      43) ClassSize< 23.5 14    397.05470 50.75753 *
  11) ClassSize< 19.5 65   4713.43200 47.12554
    22) ClassSize< 15.5 22    684.91870 41.39549 *
    23) ClassSize>=15.5 43   2988.54500 49.95846 *
 3) ActiveTime>=0.6228921 213 11369.53000 49.58956
  6) ActiveTime< 0.8836178 143  6784.30100 48.45875
    12) ClassSize>=19.5 87   3737.78800 47.43603
    24) ClassSize< 22 53   1804.54100 45.55649 *
    25) ClassSize>=22 34   1428.92800 50.44205
      50) ClassSize>=23.5 22    716.98390 47.49588 *
      51) ClassSize< 23.5 12     70.08857 56.58781 *
    13) ClassSize< 19.5 56   2814.14700 50.04760
    26) ClassSize< 14.5 16    417.93640 44.83560 *
    27) ClassSize>=14.5 40   1820.34700 52.01153 *
  7) ActiveTime>=0.8836178 70   4028.81600 51.98223 *
[1] "Estimated covariance matrix of random effects:"
          (Intercept)
(Intercept)    104.3955
[1] "Estimated variance of errors: 42.8080657843617"
[1] "Log likelihood:  -1859.77683438595"
```

上面显示 $\hat{\sigma}_\beta^2 = 104.3955, \hat{\sigma}_\varepsilon^2 = 42.8081$. 通过代码 plot(a) 可以得到和上面输出相对应的决策树图, 但图形不那么完全, 这里就不展示了.

## GLMM tree 模型

这里, 考虑决策树的每个终节点的预测值都是对这个节点观测值的自变量为 Classroom 的简单线性回归, 即有形式

$$E(y_i) = a^{(k)} + b^{(k)} x_i^{(k)}, \ \forall \text{ 观测值 } i \in \text{节点 } k,$$

这里的上标 $(k)$ 表示终节点中标号为 $k$ 的节点, $x$ 代表自变量 Classroom. 这里对随机效应项的假定和对 **REEM tree** 模型的相同, 即只有随机截距部分:

$$\beta_{0j} \sim N(0, \sigma_\beta^2) \; j = 1, 2, 3.$$

当然, 对于误差项, 假定 $\varepsilon_{ij} \sim N(0, \sigma_\varepsilon^2)$.

相应的输出决策树细节及相应图 (见图7.5.3) 的代码为:

```
b=lmertree(Math~Classroom|School|ActiveTime+ClassSize,w)
b$tree
plot(b,which="tree")
```

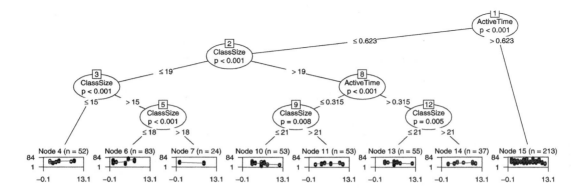

**图 7.5.3　例7.2拟合带有线性随机效应混合模型决策树**

决策树的打印输出为:

```
Linear mixed model tree
Model formula:
Math ~ Classroom | ActiveTime + ClassSize
Fitted party:
[1] root
|   [2] ActiveTime <= 0.62283
|   |   [3] ClassSize <= 19
|   |   |   [4] ClassSize <= 15: n = 52
|   |   |        (Intercept)    Classroom
|   |   |         36.4504579    0.5863717
|   |   |   [5] ClassSize > 15
|   |   |   |   [6] ClassSize <= 18: n = 83
|   |   |   |        (Intercept)    Classroom
|   |   |   |         39.157050    1.591563
|   |   |   |   [7] ClassSize > 18: n = 24
|   |   |   |        (Intercept)    Classroom
```

```
|   |   |   |         48.9986875   -0.7547169
|   |   [8] ClassSize > 19
|   |   |   [9] ActiveTime <= 0.31506
|   |   |   |   [10] ClassSize <= 21: n = 53
|   |   |   |       (Intercept)   Classroom
|   |   |   |        38.4234350   -0.6907357
|   |   |   |   [11] ClassSize > 21: n = 53
|   |   |   |       (Intercept)   Classroom
|   |   |   |        37.3454134    0.2644736
|   |   |   [12] ActiveTime > 0.31506
|   |   |   |   [13] ClassSize <= 21: n = 55
|   |   |   |       (Intercept)   Classroom
|   |   |   |        42.0004277   -0.1959763
|   |   |   |   [14] ClassSize > 21: n = 37
|   |   |   |       (Intercept)   Classroom
|   |   |   |        37.595846    1.049568
|   [15] ActiveTime > 0.62283: n = 213
|       (Intercept)   Classroom
|       49.62200506  -0.01008102

Number of inner nodes:    7
Number of terminal nodes: 8
Number of parameters per node: 2
Objective function (residual sum of squares): 26311.77
```

利用代码 VarCorr(b) 可得到:

```
> VarCorr(b)
 Groups    Name        Std.Dev.
 School    (Intercept) 9.5321
 Residual              6.9020
```

该显示意味着 $\hat{\sigma}_\beta = 9.5321, \hat{\sigma}_\varepsilon = 6.9020$. 用代码 coef(b) 可集中得到上面决策树已经显示过的 (终节点的回归线的) 截距和斜率 $a^{(k)}$, $b^{(k)}$ ($k = 4, 6, 7, 10, 11, 13, 14, 15$):

```
>  coef(b)
   (Intercept)   Classroom
4     36.60370   0.56902879
6     39.35121   1.58704929
7     48.72225  -0.75471687
10    38.58707  -0.71631828
11    37.06898   0.26447358
13    42.23227  -0.23616746
14    37.31941   1.04956843
```

```
15      49.65602  -0.02907664
```

### 作为对比的普通决策树模型

若把嵌套结构数据层次变量即分组变量作为决策树拆分变量处理, 可生成图7.5.4所示的决策树, 这里 School 作为根节点, 几个拆分变量得到 10 个终节点 (叶节点), 得到各类的相应数学成绩.

```
library(rpart.plot)
c=rpart(Math~Classroom+School+ActiveTime+ClassSize,w)
rpart.plot(c,type=2,extra=1,digits=4)
```

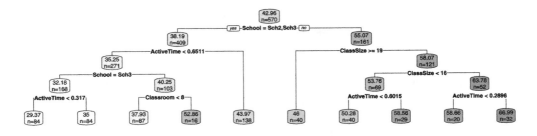

**图 7.5.4　例7.2拟合机器学习回归方法决策树**

## 7.6　对数学分数数据 (例7.2) 做 REEM、GLMM、lmer 及其他模型预测精度的交叉验证比较

数学分数数据 (例7.2) 是一个为线性混合模型精心打造的模拟数据, 但是, 使用各种混合模型方法是不是比通常的模型有更高的预测精度? 可以预料, 这些混合模型应该比简单的线性模型更精确, 但线性模型仅仅是回归中最初等的模型, 下面我们把这些混合模型与机器学习中最简单的决策树和组合模型中的随机森林做比较. , 进行 10 次 10 折交叉验证.

相应的 10 次 10 折交叉验证代码为:

```
w = read.csv('Sim3level.csv',stringsAsFactors = TRUE)
Z=10; n=nrow(w); N=10; WW=NULL
M=sum((w$Math-mean(w$Math))^2)
pred=matrix(999,n,6)
nmse=matrix(999,N,6)
set.seed(1010)
Seed=sample(1:1000, N)
for (j in 1:N){
  mm=Fold(w, D=5,Z=Z,seed = Seed[j])
  for (i in 1:Z){
    m=mm[[i]]
    pred[m,1] = lm(Math~ActiveTime+ClassSize,w[-m,]) %>%
      predict(w[m,])
```

```
    pred[m,2] = lmer(Math~ActiveTime+ClassSize+(1|School),w[-m,]) %>%
      predict(w[m,])
    pred[m,3] = REEMtree(Math~ActiveTime+ClassSize,w[-m,],
              random=~1|School) %>%
      predict(w[m,], id=w$School[m])
    pred[m,4] = lmertree(Math~Classroom|School|ActiveTime+ClassSize,w[-m,]) %>%
      predict(w[m,])
    pred[m,5] = rpart(Math~ActiveTime+ClassSize+Classroom+School,w[-m,]) %>%
      predict(w[m,])
    pred[m,6]=randomForest(Math~ActiveTime+ClassSize+Classroom+School,w[-m,])%>%
      predict(w[m,])
  }
  nmse[j,]=apply((sweep(pred,1,w$Math,'-'))^2,2,sum)/M
 }
WW=rbind(WW,nmse)
NMSE=apply(WW,2,mean)
NMSE=data.frame(Method=c('lm','lmer','REEMtree','lmertree','rpart','randomForest'),
  NMSE=NMSE)
NMSE
```

下面是输出:

```
          Method       NMSE
1             lm 0.6173103
2           lmer 0.4105264
3       REEMtree 0.3785565
4       lmertree 0.3814481
5          rpart 0.3299402
6   randomForest 0.2197176
```

下面的代码产生 10 次 10 折交叉验证的 6 种方法的标准化均方误差的条形图 (见图7.6.1):

```
ggplot(NMSE, aes(x=Method, y=NMSE)) +
geom_bar(stat="identity", width=.5, fill="navyblue") +
  labs(title="Normalized MSE for 2 Methods",xlab='Method') +
  geom_text(aes(label=round(NMSE,4)), hjust=1, color="white", size=5)+
  theme(axis.text.x = element_text(angle=65, vjust=0.6))+
  coord_flip()
```

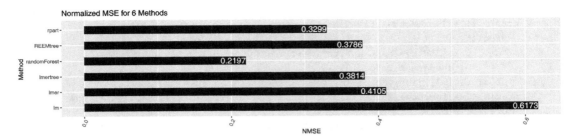

**图 7.6.1　数学分数数据 (例7.2) 的 6 种方法的 10 次 10 折交叉验证结果的标准化均方误差**

> 　　对于专门为混合模型打造的数学分数数据 (例7.2) 来说, 10 次 10 折交叉验证结果表明, 和随机效应完全不沾边的随机森林 (`randomForest`) 误差显著小于其他模型, 同样和随机效应无关的单纯决策树 (`rpart`) 误差第二小, 其他两个加入了决策树的混合模型方法 (`REEMtree`, `lmertree`) 排在第 3、4 位, 排第 5 位的是没有结合决策树的线性混合模型 (`lmer`), 最差的是线性回归.
>
> 　　就这个例子来说, 诸如决策树、随机森林这样不考虑随机效应的机器学习方法预测精度最高, 而考虑了随机效应的决策树则会降低预测精度, 但比单纯的线性混合模型要好.
>
> 　　显然, 对数据的主观假定越多、越复杂的模型, 距离现实世界越远!

## 7.7　Python 关于数学分数数据 (例7.2) 的混合效应随机森林及交叉验证比较

　　Python 中关于多层线性回归模型 (hierarchical linear regression model) 普遍运用 PyMC3 模块来使用贝叶斯分析[13]. `hierreg` 是 Python 中处理多水平、随机效应和多水平贝叶斯模型少有的一个程序包, 需要安装 (在终端用语句 `pip install hierreg`)[14]. 此外, 该包默认项强调交叉验证的预测效果, 这符合评价一个模型优劣的标准. 但遗憾的是, 目前 Python 中的 `hierreg` 能处理的随机效应部分只有截距项, 不含系数项, 且广义线性混合模型只能处理因变量是二分类变量的情况. 所以, 本节针对线性混合模型和广义线性混合模型分别选取了一个例子运行 Python 代码. 需要强调的是, 模型构造不一定越复杂越好, 以模型驱动的复杂人为假定并不意味着有任何实际意义, 我们需要从问题背景和数据自身出发对其进行探索分析.

　　Python 中混合效应随机森林 (mixed effects random forest, MERF)[15] 和 R 语言中随机效应决策树的设想差不多, 为了让混合模型固定效应部分不局限于线性, 使用随机森林代替; 但是, 目前随机效应部分只能是线性假定, 同时分组变量只能选定一个作为随机效应 (该包函数定义为 cluster), 不能解决两层及以上的嵌套结构. 在此以预测精度来评价模型优劣. 此

[13]参见吴喜之的《贝叶斯数据分析——R 与 Python 的实现》.
[14]https://github.com/david-cortes/hierreg.
[15]https://github.com/manifoldai/merf.

外, 随机效应随机森林需要在终端安装 (使用 `pip install merf`).

该模型表达式和前面的类似:

$$\boldsymbol{y}_i = f(\boldsymbol{X}_i) + \boldsymbol{Z}_i b_i + \boldsymbol{e}_i,\ \boldsymbol{b}_i \sim N(\boldsymbol{0}, \boldsymbol{D}),\ \boldsymbol{e}_i \sim N(\boldsymbol{0}, \boldsymbol{R}_i),\ i = 1, 2, \ldots, n_i;\ \sum_i n_i = n. \quad (7.7.1)$$

其中 $i$ 是群指标, $\boldsymbol{y}_i$ 为第 $i$ 个群的因变量, 是 $n_i \times 1$ 维向量, $\boldsymbol{X}_i$ 为 $n_i \times p$ 维的协变量, $\boldsymbol{Z}_i$ 为 $n_i \times q$ 维的随机效应变量, $\boldsymbol{e}_i$ 为第 $i$ 个 cluster 的 $n_i \times 1$ 维的随机误差. $f()$ 是随机森林模型, $\boldsymbol{D}$ 是随机效应 $b_i$ 服从正态分布的 $q \times q$ 协方差矩阵, $\boldsymbol{R}_i$ 是随机误差项协方差矩阵. 该模型算法请参考 Hajjem et al. (2012).

针对例7.2的数学分数数据, 将 MERF 与 `hierreg` 模型、线性模型、随机森林、HGboost 进行交叉验证, 并基于标准化均方误差 NMSE 做对比. 首先, 导入需要模块

```
from hierreg import HierarchicalRegression
from sklearn.linear_model import LinearRegression
from merf import MERF
from sklearn.experimental import enable_hist_gradient_boosting
from sklearn.ensemble import HistGradientBoostingRegressor
from sklearn.ensemble import RandomForestRegressor
```

其次, 读取数据并将字符型变量转化为数字型, 同时, 定义各个函数需要使用的变量, 再导入交叉验证函数, 将数据进行分折.

```
w=pd.read_csv('Sim3level.csv')
from sklearn import preprocessing
le = preprocessing.LabelEncoder() #将字符变量转化成数字型
le.fit(w['School'])
le.classes_
w=w.assign(School1=le.transform(w.School))
```

```
y = w['Math']
X = w[['ActiveTime']]
H = w[['ClassSize']]
clusters = w['School']
X1 = w[['ActiveTime','ClassSize']]
groups = w[['School','Classroom']]
X2 = w[['ActiveTime','ClassSize','School1','Classroom']]
```

下面划分交叉验证子集的代码使用了2.9.5节引入的 `Rfold` 函数:

```
n = len(y); Z = 10
zid = Rfold(n,Z,1010)
```

最后, 对各个模型进行交叉验证:

```
Y_pred = np.zeros((n,5))
M = np.sum((y-np.mean(y))**2)
for j in range(Z):
    reg = LinearRegression()
    reg.fit(X1[zid!=j], y[zid!=j])
    hr=HierarchicalRegression(solver_interface='casadi')
    hr.fit(X1[zid!=j], y[zid!=j], groups[zid!=j])
    mrf = MERF(n_estimators=300, max_iterations=100)
    mrf.fit(X[zid!=j], H[zid!=j], clusters[zid!=j], y[zid!=j])
    RF=RandomForestRegressor(n_estimators=500,random_state=1010)
    RF.fit(X2[zid!=j],y[zid!=j])
    HG=HistGradientBoostingRegressor(random_state=1010)
    HG.fit(X2[zid!=j],y[zid!=j])
    Y_pred[zid==j,0]=reg.predict(X1[zid==j])
    Y_pred[zid==j,1]=hr.predict(X1[zid==j],groups[zid==j])
    Y_pred[zid==j,2]=mrf.predict(X[zid==j],H[zid==j],clusters[zid==j])
    Y_pred[zid==j,3]=RF.predict(X2[zid==j])
    Y_pred[zid==j,4]=HG.predict(X2[zid==j])
NMSE=dict();name=['lm','hr','mrf','RF','HG']
for i in range(len(name)):
    NMSE[name[i]]=np.sum((y-Y_pred[:,i])**2)/M
```

代码 NMSE 给出下面的输出:

```
{'lm': 0.6183403,
 'hr': 0.3042895,
 'mrf': 0.59933801,
 'RF': 0.16884417,
 'HG': 0.1561527}
```

使用2.9.5节的画图函数 BarPlot 得到图7.7.1:

```
BarPlot(NMSE,'NMSE','Model','Comparison of NMSE among various models')
```

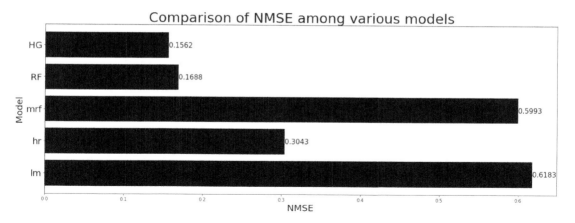

**图 7.7.1　几种方法拟合数学分数数据 (例7.2) 的交叉验证 NMSE**

根据输出可以看出 HGboost 和随机森林效果比较好, 而线性模型及其他考虑随机效应的模型均较差.

## 7.8　习题

1. 利用代码 w=read.table("sitka.data.txt",header=T) 下载 Sitka 云杉树数据.[16] 该数据有 6 个变量: logsize(Sitka 云杉树的对数度量), days (1988 年 1 月起的日子), chamber (4 个范围之一: 哑元定性变量), ozone (臭氧, 哑元定性变量), year (年: 88 和 89 两个数字), tree (79 棵树的标识). 请用本章的方法以 logsize 为因变量做纵向数据分析.

2. 利用代码 w=read.csv("dental.csv") 下载儿童牙科数据.[17] 该数据有 4 个变量: id (儿童标识), age (年龄), response (牙齿距离), gender (性别, 哑元变量: 0 为女, 1 为男). 请用本章的方法以 response 为因变量做纵向数据分析.

3. 利用代码 w=read.csv("hivstudy.csv") 下载 HIV 研究数据.[18] 该数据有 4 个变量: id (个体标识), month (月份), CD4 (CD4 细胞计数), group (组, 哑元: 1= 控制组, 2 = 单独药物, 3= 药物混合). 请用本章的方法以 CD4 为因变量做纵向数据分析.

---

[16]数据来源和说明见网址: http://www.biostat.jhsph.edu/~fdominic/teaching/LDA/lda.html#data. 数据下载网址为http://www.biostat.jhsph.edu/~fdominic/teaching/LDA/sitka.data.
[17]数据来源和说明见网址: http://www.biostat.jhsph.edu/~fdominic/teaching/LDA/lda.html#data. 数据下载网址为http://www.biostat.jhsph.edu/~fdominic/teaching/LDA/dental.dat.
[18]数据来源和说明见网址: http://www.biostat.jhsph.edu/~fdominic/teaching/LDA/lda.html#data. 数据下载网址为http://www.biostat.jhsph.edu/~fdominic/teaching/LDA/hivstudy.raw.

# 第 8 章　生存分析及 Cox 模型 *

## 8.1　基本概念

生存分析方法研究一个感兴趣的事件发生的时间. 事件可以是死亡、受伤、疾病、康复、结婚、离婚, 等等. 这些事件可以是二分变量, 即发生或不发生, 也可以是连续变量的一个有意义的阈值, 比如临床上的 CD4 细胞计数. 发生事件的时间或者没有事件发生的持续时间可以是小时、天数、周数、年, 等等.

生存分析的对象通常被观察一段时间直到某种事件发生. 这能不能用线性回归模型把时间当作因变量, 而其他变量作为自变量来研究呢? 这就必须做变换, 把正实轴上的时间变换到整个实轴, 此外, 线性回归很难应付删失 (censored) 的观测值. 所谓删失, 就是一直被注视的对象消失了, 不知事件是否及何时发生. 比如病人退出了治疗, 没有下文了, 这称为右删失, 也是最被重视的删失. 但右删失不是信息全部失去, 至少人们知道该病人活过那个退出治疗的时间.

在生存分析中时间通常是两个变量的结果: 一个是事件发生前所经历的时间, 也就是发生事件的时间, 比如对象 $i$ 的死亡或删失的时间 $t_i$; 另一个是删失状况, 比如用 $c_i = 0$ 记第 $i$ 个对象的时间 $t_i$ 是删失的, 而 $c_i = 1$ 是没有删失.

假定 $T$ 为代表生存时间的随机变量, 那么其密度函数 $f(t)$ 定义为

$$f(t) = \lim_{\Delta t \to 0} \frac{P(t \leqslant T \leqslant t + \Delta t)}{\Delta t}.$$

记其累积分布函数为 $F(t) = P(T \leqslant t)$. 而 (累积) 生存函数 (survival function)$S(t)$ 定义为

$$S(t) = P(T > t) = 1 - F(t).$$

此外, 还有代表即时事件发生率的危险函数 (hazard function)$h(t)$, 定义为

$$
\begin{aligned}
h(t) &= \lim_{\Delta t \to 0} \frac{P(t \leqslant T \leqslant t + \Delta t | T \geqslant t)}{\Delta t} \\
&= \lim_{\Delta t \to 0} \frac{F(t + \Delta t) - F(t)}{[1 - F(t)]\Delta t} = \frac{f(t)}{S(t)} = \frac{\mathrm{d}}{\mathrm{d}t}[-\ln S(t)].
\end{aligned}
$$

累积危险函数为 $H(t) = \int_0^t h(u)\mathrm{d}u$. 生存函数、危险函数、累积危险函数在数学上是等价的, 知道其中之一, 就可以推导出其他函数.

下面通过一个例子来描述生存分析所用的各种方法.

**例 8.1** (uissurv1.csv) **艾滋病数据**. 该数据有 628 个观测值, 11 个变量 (原数据还包括序号,

所以有 12 个变量, 这里删去了序号). 数据来自马萨诸塞大学 AIDS 的 UIS 研究组[1]. 参见 Hosmer, Lemeshow, and May (2008).

下面是数据变量情况:

1. age: 参加研究时的年龄, 单位: 岁.
2. beck: 贝克抑郁评分, 范围从 0.000 到 54.000.
3. hercoc: 参加研究前 3 个月的海洛因或可卡因的使用, 1= 海洛因和可卡因; 2= 仅海洛因; 3= 仅可卡因; 4= 都没有.
4. ivhx: 参加时用药历史, 1= 从未有, 2= 曾经有过, 3= 最近有过.
5. ndrugtx: 过去药物治疗次数, 从 0 到 40 次.
6. race: 对象种族, 0= 白人, 1= 非白人.
7. treat: 随机确定的治疗, 0= 短期, 1= 长期.
8. site: 治疗地点, 0=A, 1=B.
9. los: 治疗期长 (从参加到退出), 单位: 日.
10. time: 从参加到复发的时间, 单位: 日.
11. censor: 删失, 1= 没删失, 0= 删失.

可以看出, 第 3, 4, 6, 7, 8 个变量都是用哑元表示的定性变量. 因此需要在 R 程序中因子化, 而第 11 个 (删失信息) 虽然也是哑元表示的定性变量, 但在生存分析软件中, 还可以保持 0-1 的数字, 但在回归中可以因子化. 实际上, 对于 0-1 两个水平的定性变量可以不转换成因子, 结果是一样的, 但软件输出形式不同.

## 8.2 生存函数的 Kaplan-Meier 估计

根据数据估计生存函数的最常用方法是 Kaplan-Meier 估计. 在介绍 Kaplan-Meier 估计之前, 先看这种估计的结果. 在本章, 我们使用了程序包 `survival`[2]. 图8.2.1是例8.1的一些生存函数图, 这里除了左上角包括 95%逐点置信区间的图是对于所有情况之外, 其余的图是对第 3, 4, 6, 7, 8 个变量 (均为定性变量) 不同水平的生存函数图. 这些生存函数是用 Kaplan-Meier 处理删失值的方法根据数据估计的, 该图是用下面的代码实现的:

```
w=read.csv("uissurv1.csv");nn=c(3:4,6:8)
for(i in nn)w[,i]=factor(w[,i])
ln=sapply(nn,function(x)length(levels(w[,x])))
library(survival);a=Surv(w$time, w$censor)

Tit=list("Heroin/Cocaine Use"=formula('a~hercoc'),
    "Drug use history"=formula('a~ivhx'),
  "Race"=formula('a~race'),
  "Treatment"=formula('a~treat'),
  "Site"=formula('a~site')
```

---

[1]University of Massachusetts AIDS Research Unit (UMARU) IMPACT Study (UIS). Provided by Drs. Jane McCusker, Carol Bigelow and Anne Stoddard. 该数据可在网址https://www.umass.edu/statdata/statdata/data/uissurv.txt下载.

[2]Therneau T (2015). A Package for Survival Analysis in S. version 2.38, <URL: http://CRAN.R-project.org/package=survival>.

```
)
par(mfrow=c(2,3))
plot(survfit(a~1,conf.int=0.95, conf.type="log"),
  main="Kaplan-Meier estimate with 95% confidence bounds")
for(i in 1:length(Tit)) {
  plot(survfit(Tit[[i]],w),main=attributes(Tit)$names[i],lty=1:ln[i])
  legend("topright",paste(names(w)[nn[i]],"=",levels(w[,nn[i]])),lty=1:2)
}
```

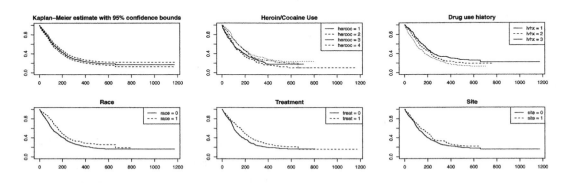

**图 8.2.1　例8.1 关于各定性变量诸水平的生存函数图**

从图8.2.1可以看出, 正如定义的一样, 生存函数都是随着时间推移下降的函数, 所有的用十字标出来的位置是删失出现的地方. 图8.2.1还直观地显示出对于不同变量的不同水平, 生存函数有什么差别以及差别的大小.

**Kaplan-Meier** 估计是生存函数 $S(t)$ 的一种非参数估计. 结果为一个在每个时间点 $(0 < t_1 < t_2 < \cdots)$ 的阶梯函数. 如果在时间 $t_i$ 有 $d_i$ 个事件发生, 而 $Y_i$ 代表在时刻 $t_i$ 处于风险的对象数目, 也就是说在时间 $t_i$ 之前事件还未发生在 $Y_i$ 个对象上. 生存函数的 **Kaplan-Meier** 估计及其方差为

$$\hat{S}(t) = \begin{cases} 1, & t < t_1, \\ \prod_{t_i \leqslant t} \left[1 - \frac{d_i}{Y_i}\right], & t_1 \leqslant t, \end{cases}$$

$$\hat{V}[\hat{S}(t)] = [\hat{S}(t)]^2 \hat{\sigma}_S^2(t) = [\hat{S}(t)]^2 \sum_{t_i \leqslant t} \frac{d_i}{Y_i(Y_i - d_i)}.$$

生存函数有两种置信区间. 一种是利用上面估计的方差, 像正态分布变量的置信区间一样; 另一种称为 log-log 置信区间. 这两种区间的定义如下:

$$\left(\hat{S}(t) - Z_{1-\alpha/2}\hat{\sigma}_S^2(t)\hat{S}(t), \hat{S}(t) + Z_{1-\alpha/2}\hat{\sigma}_S^2(t)\hat{S}(t)\right);$$

$$\left(\hat{S}^{1/\theta}(t), \hat{S}^\theta(t)\right), \theta = \exp\left\{\frac{Z_{1-\alpha/2}\hat{\sigma}_S^2(t)}{\log \hat{S}(t)}\right\}.$$

图8.2.1左上角的图的逐点置信区间就是用的 log-log 置信区间. 除了逐点置信区间之外还有同时置信带 (simultaneous confidence bands), 而且还有几种, 这里不介绍细节, 只介绍如何实现. 对于例8.1, 图8.2.2为所有数据的包括逐点置信区间和同时置信带的生存函数的估计图.

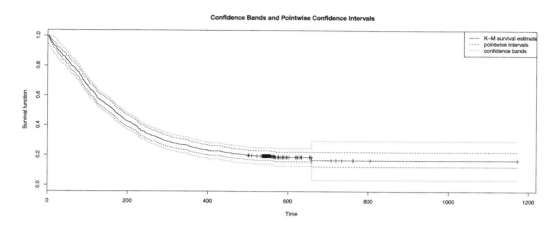

**图 8.2.2　例8.1 生存函数图, 包括 95%逐点置信区间及同时置信带**

图8.2.2是下面的代码产生的 (这里使用了程序包 OIsurv[3]):

```
library(survival);library(OIsurv)
w=read.csv("uissurv1.csv")
nn=c(3:4,6:8);for(i in nn)w[,i]=factor(w[,i])
a=Surv(w$time, w$censor)
b=confBands(a, confLevel=0.95, type="hall")
plot(survfit(a~1),xlab="Time",ylab="Survival function")
  title("Confidence Bands and Pointwise Confidence Intervals")
  lines(b$time, b$lower, lty=3, type="s")
  lines(b$time, b$upper, lty=3, type="s")
  legend("topright", c("K-M survival estimate",
    "pointwise intervals","confidence bands"), lty=1:3)
```

## 8.3　累积危险函数

根据危险函数和生存函数之间的关系, 可知 $S(t) = \exp\{-H(t)\}$, 并因此可根据 Kaplan-Meier 估计 $\hat{S}(t)$ 得到 $H(t)$ 的估计 $\hat{H}(t) = -\log \hat{S}(t)$. 还有一种 Nelson-Aalen 估计为

$$\tilde{H}(t) = \sum_{t_i \leqslant t} \frac{d_i}{Y_i}, \quad \hat{\sigma}_H(t) = \sum_{t_i \leqslant t} \frac{d_i}{Y_i^2}.$$

对于例8.1数据, 可以用下面的语句画出两种累积危险函数图 (见图8.3.1):

---

[3]David M Diez (2013). OIsurv: Survival analysis supplement to OpenIntro guide. R package version 0.2. http://CRAN. R-project.org/package=OIsurv.

```
w=read.csv("uissurv1.csv")
nn=c(3:4,6:8);for(i in nn)w[,i]=factor(w[,i])
a=Surv(w$time, w$censor);fit=summary(survfit(a~1))
Hh=-log(fit$surv);Hh=c(Hh, tail(Hh, 1))
hs=fit$n.event/fit$n.risk;Hna=cumsum(hs)
Hna=c(Hna,tail(Hna, 1))
plot(c(fit$time, 800),Hh,type="s",xlab="Time",
  ylab="Cumulative hazard")
  title("Cumulative hazards")
  points(c(fit$time, 800), Hna, lty=2, type="s")
  legend("topleft",c("H-Kaplan-Meier","H-Nelson-Aalen"),lty=1:2)
```

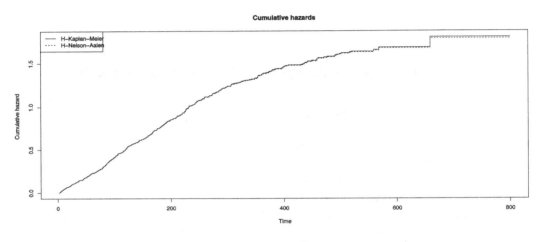

图 8.3.1　例8.1 两种累积危险函数图

## 8.4　估计和检验 *

前面多次提到, 区间估计和与其等价的显著性检验在逻辑上有着无法纠正的谬误, 这里提及仅仅反映统计发展的历史. 更具体地说, 任何零假设, 不应该仅仅限定于文献中的叙述, 而应该包括所有前面的模型数学假定. 因此, 在发生矛盾时 (比如 $p$ 值小), 对所有的模型假定以及叙述的零假设都应该怀疑, 而不是仅仅拒绝所限定的零假设.

### 8.4.1　生存时间的中位数和均值估计

生存时间的中位数 $t_{0.5}$ 满足 $S(t_{0.5}) = 0.5$. 其估计值 $\hat{t}_{0.5}$ 为 $\hat{S}(t) = 0.5$ 时的 $t$ 值. 在生存分析图中, $\hat{t}_{0.5}$ 即 $\hat{S}(t)$ 曲线和 0.5 水平线的交点处的 $t$ 值. 其两个置信限为 0.5 水平线和上下逐点置信区间线的两个交点的 $t$ 值.

生存时间的均值及其估计应该是 $\mu = \int_0^\infty S(t)\mathrm{d}t$ 和 $\hat{\mu} = \int_0^\infty \hat{S}(t)\mathrm{d}t$. 但由于积分可能发散 (由于生存函数不趋于 0), 需要限制积分限于有穷的数 (记为 $\tau$), 即得到 $\mu_\tau = \int_0^\tau S(t)\mathrm{d}t$.

有一些选择 $\tau$ 的建议, 比如最大的事件或删失发生的时间. 而 $\hat{\mu}_\tau$ 的方差的估计为

$$\hat{V}(\hat{\mu}_\tau) = \sum_{i=1}^D \left[\int_{t_i}^\tau \hat{S}(t)\right]^2 \frac{d_i}{Y_i(Y_i - d_i)}.$$

对于例8.1, 估计的生存时间中位数及均值和各自的置信区间可用下面的代码计算:

```
w=read.csv("uissurv1.csv")
nn=c(3:4,6:8);for(i in nn)w[,i]=factor(w[,i])
a=Surv(w$time,w$censor)
print(survfit(a~1), print.rmean=TRUE)#均值
```

得到

```
Call: survfit(formula = a ~ 1)

 records      n.max     n.start      events     *rmean  *se(rmean)
   628.0      628.0       628.0       508.0      335.3        18.7
 median      0.95LCL     0.95UCL
  166.0      148.0       184.0
* restricted mean with upper limit =  1172
```

可以看出, 这里自动选择 $\tau = 1172$.

## 8.4.2 几个样本的危险函数检验

假定有 $n$ 个样本, 这里考虑检验:

$$H_0 : h_1(t) = h_2(t) = \cdots = h_n(t) \,\forall t \iff$$
$$H_1 : 至少存在一对 i, j 和时间 t_0 使得 h_i(t_0) \neq h_j(t_0).$$

检验统计量为 $\boldsymbol{X^2} = \boldsymbol{Z^\top \hat{\Sigma}^{-1} Z}$, 这里协方差矩阵 $\boldsymbol{\hat{\Sigma}}$ 由数据算出, 而 $\boldsymbol{Z} = (Z_1, Z_2, \ldots, Z_n)^\top$ 的元素

$$Z_i = \sum_{i=1}^D W(t_i) \left[d_{ik} - Y_{ik}\frac{d_i}{Y_i}\right],$$

这里 $d_i = \sum_{j=1}^n d_{ij}$, $Y_i = \sum_{j=1}^n Y_{ij}$, 而 $d_{ij}$ 为在时间 $t_i$ 的第 $j$ 个样本中观测的事件数目, $Y_{ij}$ 为在时间 $t_i$ 的第 $j$ 个样本中处于风险的对象数目. 检验统计量 $\boldsymbol{X^2}$ 在零假设下有近似的自由度为 $n-1$ 的 $\chi^2$ 分布. $W(t)$ 为在时间 $t_i$ 的权重. 不同的权重分配得到不同的检验结果. 在 R 的程序包 survival 的 survdiff() 函数中有关于权重的选项 rho($\rho$), 它相应于权重 $\hat{S}(t)^\rho$, rho 可取任意数. 当 $\rho = 0$ 时相当于 log-rank 检验或 Mantel-Haenszel 检验, 而当 $\rho = 1$ 时相当于 Gehan-Wilcoxon 检验的 Peto & Peto 改进. 一般来说, 当 $\rho > 0$ 时, 对较早的生存函数加权, 而当 $\rho < 0$ 时, 对较晚的生存函数加权.

对于例8.1, 我们对于 5 个定性变量 hercoc, ivhx, race, treat, site 各个水平划分数据的子样本做上述检验, 而 rho($\rho$) 分别取 $-2, -1.6, \ldots, 1.6, 2$. 对于不同的 $\rho$ 和变量, $p$ 值展示在

图8.4.1中, 数值在表8.4.1及图8.4.1中.

**表 8.4.1　例8.1的多样本 $\chi^2$ 检验 $p$ 值**

| 权重参数 $\rho$ | 分割子样本的定性变量 | | | | |
|---|---|---|---|---|---|
| | hercoc | ivhx | race | treat | site |
| −2.0 | 0.128234 | 0.015330 | 0.104703 | 0.985014 | 0.723952 |
| −1.6 | 0.091525 | 0.007460 | 0.076715 | 0.673848 | 0.582839 |
| −1.2 | 0.058496 | 0.003105 | 0.049953 | 0.335197 | 0.427995 |
| −0.8 | 0.034023 | 0.001185 | 0.028784 | 0.117125 | 0.287290 |
| −0.4 | 0.019034 | 0.000481 | 0.015338 | 0.031912 | 0.184821 |
| 0.0 | 0.010984 | 0.000240 | 0.008214 | 0.009126 | 0.124019 |
| 0.4 | 0.006818 | 0.000154 | 0.004760 | 0.003686 | 0.093150 |
| 0.8 | 0.004563 | 0.000119 | 0.003082 | 0.002341 | 0.079707 |
| 1.2 | 0.003237 | 0.000104 | 0.002230 | 0.002191 | 0.075835 |
| 1.6 | 0.002395 | 0.000096 | 0.001782 | 0.002664 | 0.077343 |
| 2.0 | 0.001827 | 0.000092 | 0.001552 | 0.003754 | 0.081969 |

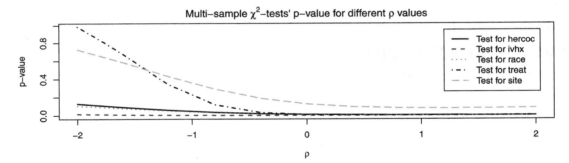

**图 8.4.1　例8.1 对于不同变量及权重参数 $\rho$ 的检验的 $p$ 值**

　　从图8.4.1或表8.4.1可以看出, 随着权重的不同, 检验的 $p$ 值也在变化. 这使得这类检验有很大的主观性. 选取迎合自己标准的权重来展示检验结果是完全不可取的.

　　计算和产生图8.4.1和表8.4.1所使用的代码为:

```
w=read.csv("uissurv1.csv")
nn=c(3:4,6:8);for(i in nn)w[,i]=factor(w[,i])
library(survival);a=Surv(w$time, w$censor)
L=11;J=seq(-2,2,length=L);P=matrix(0,L,5)
for(k in 1:5)
  for(j in 1:L){
    f=formula(paste("a~",names(w)[nn[k]]))
    x2=survdiff(f,w,rho=J[j])$chi
```

```
    P[j,k]=1-pchisq(x2,length(levels(w[,nn[k]]))-1)
  }
P=data.frame(P)
names(P)=paste('Test for',c('hercoc', 'ivhx', 'race', 'treat', 'site'))
x=seq(-2.0,2.0,.4)
matplot(x,P,type='l',lwd=2,xlab = expression(rho),ylab = 'p-value')
title(expression(paste("Multi-sample ",chi^2 ,
    "-tests' p-value for different ",
  rho, " values" )))
legend(1.2,0.95,names(P),lty=1:5,col=1:5,lwd=2)
```

## 8.5　Cox 比例危险模型

Cox 比例危险模型把生存函数的某种变换形式描述成自变量的线性函数. 如果用 $\boldsymbol{X}$ 代表自变量向量, 而用危险函数或其对数作为响应变量, 则 Cox 比例危险模型可写成

$$\ln h(t) = \ln h_0(t) + \boldsymbol{X}^\top \boldsymbol{\beta}$$

或者

$$h(t) = h_0(t) \exp(\boldsymbol{X}^\top \boldsymbol{\beta}),$$

式中, $h_0(t)$ 表示待估计的基本危险函数, 它与自变量 $\boldsymbol{X}$ 无关. 这个模型也可以表示成

$$S(t) = [S_0(t)]^{\exp(\boldsymbol{X}^\top \boldsymbol{\beta})}$$

或者

$$\log\left[-\log(S(t))\right] = \boldsymbol{X}^\top \boldsymbol{\beta} + \log H_0(t),$$

这里的 $S_0(t), H_0(t)$ 是和 $h_0(t)$ 互相可以导出的度量.

可用下面部分似然函数来估计参数 $\boldsymbol{\beta}$:

$$L(\boldsymbol{\beta}) = \prod_{i=1}^{D} \frac{\exp\{\boldsymbol{x}_i \boldsymbol{\beta}\}}{\exp\{\sum_{j \in R(t_i)} \boldsymbol{x}_j \boldsymbol{\beta}\}},$$

这里 $R(t_i)$ 为在时间 $t_i$ 时处于危险的对象集合. 最大似然估计 $\hat{\boldsymbol{\beta}}$ 为渐近正态的, 均值为 $\boldsymbol{\beta}$, 协方差矩阵为 Fisher 信息阵的逆. 这个渐近分布可导出一些检验, 这里不去深究.

现在用 Cox 比例危险模型来拟合例8.1数据. 具体代码如下:

```
library(survival)
w=read.csv("uissurv1.csv")
nn=c(3:4,6:8);for(i in nn)w[,i]=factor(w[,i])
a=Surv(w$time, w$censor)
#Cox回归模型:
```

```
fit=coxph(a~age+ndrugtx+los+ivhx+hercoc+race+treat+site,w)
summary(fit)#回归结果
plot(survfit(fit)) #拟合的生存函数
```

得到的图形见图8.5.1.

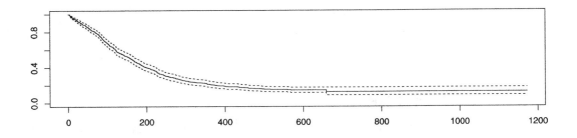

**图 8.5.1　拟合 Cox 比例危险模型于例8.1数据估计的生存函数**

上面代码的 (部分) 输出为:

```
Call:
coxph(formula=a~age+ndrugtx+los + ivhx + hercoc + race +
    treat + site, data = w)

  n= 628, number of events= 508

            coef  exp(coef)  se(coef)        z  Pr(>|z|)
age    -0.0208428  0.9793729  0.0078231   -2.664  0.007715
ndrugtx 0.0287838  1.0292020  0.0082193    3.502  0.000462
los    -0.0092691  0.9907737  0.0007853  -11.804  < 2e-16
ivhx2   0.2184815  1.2441860  0.1349987    1.618  0.105577
ivhx3   0.3535779  1.4241539  0.1417526    2.494  0.012620
hercoc2 0.3159733  1.3715937  0.1425600    2.216  0.026663
hercoc3 0.0955745  1.1002908  0.1638163    0.583  0.559607
hercoc4 0.1205001  1.1280609  0.1569918    0.768  0.442750
race1  -0.2705777  0.7629386  0.1107466   -2.443  0.014557
treat1  0.1510674  1.1630751  0.0929554    1.625  0.104128
site1   0.3234417  1.3818755  0.1065578    3.035  0.002402


Concordance= 0.745  (se = 0.014 )
Rsquare= 0.281   (max possible= 1 )
Likelihood ratio test= 207.2  on 11 df,   p=0
Wald test          = 179.9  on 11 df,   p=0
Score (logrank) test = 186.8  on 11 df,   p=0
```

输出结果表明 $R^2$ 为 0.281, 模型的似然比检验、**Wald** 检验及 **Score** 检验的 $p$ 值均为 0. 除了 $R^2$ 稍小之外, 似乎拟合得还可以. 通常, 生存数据分析的主要目的是比较不同的处理方法以及各种因素 (变量) 对生存函数的影响, 而不是单纯寻找拟合模型.

下面我们用程序包 mfp[4]来尝试关于 **Cox** 比例危险模型的多重分数多项式模型 (multiple fractional polynomial model). 这种方法类似于多项式回归, 但更加灵活, 而且自动进行逐步回归及变量选择. 参见 Ambler and Royston (2001). 代码为:

```
library(mfp)
f=mfp(formula = a ~ fp(age, df = 4, select = 0.05) + fp(ndrugtx,
    df = 4, select = 0.05) + fp(los, df = 4, select = 0.05) +
    ivhx + hercoc + race + treat + site, data = w, family = cox)
print(f)#输出结果
```

输出的结果列在下面:

```
Deviance table:
              Resid. Dev
Null model    5919.13
Linear model  5711.945
Final model   5679.02

Fractional polynomials:
        df.initial select alpha df.final power1 power2
los          4      0.05  0.05     2        0      .
ndrugtx      4      0.05  0.05     4       -2     0.5
site1        1      1.00  0.05     1        1      .
age          4      0.05  0.05     1        1      .
race1        1      1.00  0.05     1        1      .
ivhx2        1      1.00  0.05     1        1      .
ivhx3        1      1.00  0.05     1        1      .
treat1       1      1.00  0.05     1        1      .
hercoc2      1      1.00  0.05     1        1      .
hercoc3      1      1.00  0.05     1        1      .
hercoc4      1      1.00  0.05     1        1      .


Transformations of covariates:
                                          formula
age                              I((age/100)^1)
ndrugtx I(((ndrugtx+0.1)/10)^-2)+I(((ndrugtx+0.1)/10)^0.5)
los                              log((los/100))
ivhx                                     ivhx
```

[4]Original by Gareth Ambler and modified by Axel Benner (2010). mfp: Multivariable Fractional Polynomials. R package version 1.4.9. http://CRAN.R-project.org/package=mfp.

```
hercoc                                    hercoc
race                                        race
treat                                      treat
site                                        site


Re-Scaling:
Non-positive values in some of the covariates.
No re-scaling was performed.


                  coef  exp(coef)  se(coef)          z          p
los.1       -0.6407871    0.52688  4.255e-02  -15.0611  0.00e+00
ndrugtx.1    0.0000637    1.00006  1.688e-05    3.7730  1.61e-04
ndrugtx.2    0.7504158    2.11788  1.626e-01    4.6163  3.91e-06
site1.1      0.1100300    1.11631  1.065e-01    1.0331  3.02e-01
age.1       -2.7197444    0.06589  7.940e-01   -3.4253  6.14e-04
race1.1     -0.2386760    0.78767  1.111e-01   -2.1480  3.17e-02
ivhx2.1      0.2200296    1.24611  1.381e-01    1.5928  1.11e-01
ivhx3.1      0.2672822    1.30641  1.462e-01    1.8287  6.74e-02
treat1.1     0.0127045    1.01279  9.173e-02    0.1385  8.90e-01
hercoc2.1    0.3878396    1.47379  1.433e-01    2.7072  6.79e-03
hercoc3.1    0.1198767    1.12736  1.667e-01    0.7191  4.72e-01
hercoc4.1    0.1094416    1.11565  1.571e-01    0.6966  4.86e-01


Likelihood ratio test=240.1   on 12 df, p=0 n= 628
```

## 8.6　本章 Python 运行代码

### 8.6.1　例8.1艾滋病数据的 Kaplan‑Meier 估计

输入数据及 lifelines 模块的 KaplanMeierFitter 函数, 然后画出各种情况的 Kaplan-Meier 估计图 (见图8.6.1).

```
w=pd.read_csv("uissurv1.csv")
from lifelines import KaplanMeierFitter


nn=[2,3,5,6,7]
kmf = KaplanMeierFitter()
plt.figure(figsize=(20,6))
T=w['time'];E=w['censor']
kmf.fit(T,E ,label='Kaplan Meier Estimate')
c=231
plt.subplot(c)
kmf.plot(ci_show=True)
for k in w.columns[nn]:
    c=c+1
    plt.subplot(c)
```

```
for i in set(v):
    kmf.fit(T[~(w[k]==i)], E[~(w[k]==i)],label=k+'=%d'%i).plot(ci_show=False)
```

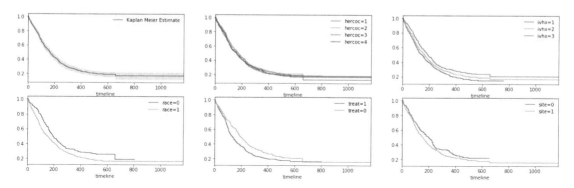

**图 8.6.1　例8.1 生存函数图, 包括 95%逐点置信区间及同时置信带**

### 8.6.2　例8.1艾滋病数据的 Nelson - Aalen 累积危险函数

使用下面的代码可以得到 Nelson-Aalen 累积危险函数的估计 (不显示) 并画出图8.6.2:

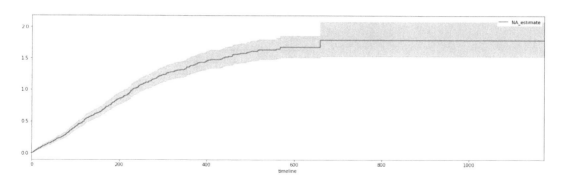

**图 8.6.2　例8.1 Nelson-Aalen 累积危险函数图**

```
w=pd.read_csv("uissurv1.csv")
T = w["time"]
E = w["censor"]

plt.figure(figsize=(20,6))
from lifelines import NelsonAalenFitter
naf = NelsonAalenFitter()
naf.fit(T,event_observed=E)
print(naf.cumulative_hazard_.head())
naf.plot()
```

### 8.6.3　例8.1艾滋病数据的 Cox 比例危险模型

由于有一些变量是定性变量, 需要哑元化, 并对每个定性变量舍弃第一个哑元水平, 最终产生新数据集 (w_d).

```
w1=w
cat_cols=[2,3,5,6,7] #分类变量
for i in cat_cols:
        w1.iloc[:,i] = w1.iloc[:,i].astype('category')
w_d=pd.get_dummies(w1,drop_first=True)
```

载入模块 lifelines, 并用函数 CoxPHFitter 拟合 Cox 比例危险模型, 输出参数估计及它们的置信区间, 产生相应的图8.6.3:

```
from lifelines import CoxPHFitter
cph = CoxPHFitter()
cph.fit(w_d, 'time', event_col='censor')
cph.print_summary()
cph.plot()
```

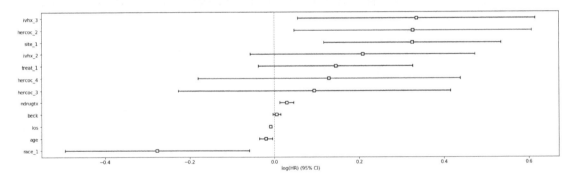

**图 8.6.3　例8.1 Cox 比例危险模型参数的置信区间**

上面代码的输出如下 (这里没有包括对数似然比检验及简单数据汇总):

|  | coef | exp(coef) | se(coef) | coef lower 95% | coef upper 95% | exp(coef) lower 95% | exp(coef) upper 95% | z | p | -log2(p) |
|---|---|---|---|---|---|---|---|---|---|---|
| age | -0.02 | 0.98 | 0.01 | -0.04 | -0.01 | 0.96 | 0.99 | -2.63 | 0.01 | 6.88 |
| beck | 0.01 | 1.01 | 0.00 | -0.00 | 0.01 | 1.00 | 1.01 | 1.07 | 0.28 | 1.82 |
| ndrugtx | 0.03 | 1.03 | 0.01 | 0.01 | 0.05 | 1.01 | 1.05 | 3.51 | <0.005 | 11.13 |
| los | -0.01 | 0.99 | 0.00 | -0.01 | -0.01 | 0.99 | 0.99 | -11.71 | <0.005 | 102.86 |
| hercoc_2 | 0.33 | 1.39 | 0.14 | 0.05 | 0.61 | 1.05 | 1.83 | 2.28 | 0.02 | 5.49 |
| hercoc_3 | 0.09 | 1.10 | 0.16 | -0.23 | 0.42 | 0.80 | 1.51 | 0.57 | 0.57 | 0.82 |
| hercoc_4 | 0.13 | 1.14 | 0.16 | -0.18 | 0.44 | 0.84 | 1.55 | 0.82 | 0.41 | 1.28 |
| ivhx_2 | 0.21 | 1.23 | 0.14 | -0.06 | 0.47 | 0.94 | 1.61 | 1.54 | 0.12 | 3.02 |
| ivhx_3 | 0.34 | 1.40 | 0.14 | 0.06 | 0.62 | 1.06 | 1.85 | 2.35 | 0.02 | 5.74 |
| race_1 | -0.28 | 0.76 | 0.11 | -0.49 | -0.06 | 0.61 | 0.94 | -2.50 | 0.01 | 6.32 |
| treat_1 | 0.14 | 1.16 | 0.09 | -0.04 | 0.33 | 0.96 | 1.39 | 1.55 | 0.12 | 3.05 |
| site_1 | 0.33 | 1.38 | 0.11 | 0.12 | 0.53 | 1.12 | 1.71 | 3.06 | <0.005 | 8.80 |

## 8.7　习题

1. 利用代码 w=read.csv("veteran.csv") 下载美国复员军人肺癌数据, 该数据来自 Kalbfleisch and Prentice (1980).[5] 该数据有 137 个观测值和 8 个变量. 变量有 Treatment(处理: 1= 标准的, 2= 试验), Celltype(细胞类型: 1= 鳞状细胞, 2= 小细胞, 3= 腺癌细胞, 4= 大细胞), Survival (生存: 天数), Status (状态: 1= 死亡, 0= 删失), Karnofsky (Karnofsky 积分), Months (距诊断月数), Age (年龄: 岁), Prior.therapy (以前治疗: 0= 否, 1= 是). (注意对于哑元定性变量的因子化.)

(1) 对各个定性自变量画出生存函数图.

(2) 做关于各个变量各个水平划分数据的子样本的各种 $\chi^2$ 检验.

(3) 用 Cox 比例危险模型来拟合数据, 并讨论结果.

---

[5]数据可在网址http://lib.stat.cmu.edu/datasets/veteran下载.

# 第 9 章　基本软件: R 和 Python

数据科学完全离不开计算机及各种做科学计算和数据分析的软件. 本书主要通过 R 和 Python 来实现数据分析的目标.

在本书中, 我们尽量对程序进行解释或在程序中加以注释, 但随着内容深入, 我们将会减少对代码的解释. 本书尽量使用简单易懂的编程方式, 这可能会牺牲一些效率, 相信读者会通过本书更好地掌握编程, 并写出远优于本书的代码.

**警告: 所有的软件代码字符都必须用半角标点符号! 因此, 建议使用中文输入时也把设置中的全角改成半角.** 笔者发现, 中国初学者最初的程序编码错误中, 有一半以上是因为输入了全角标点符号 (特别是逗号、引号、冒号、分号等), 发现这种错误不易 (系统有时连警告都不能给出), 往往完全依靠好的眼力和耐心来识别.

此外, 任何具有生命力的软件都在不断发展, 不时出台新的版本及各种更新, 因此, 要做好软件和代码变动的思想准备, 学会有问题时如何在网上寻求解决办法或者帮助.

> 我们需要培养泛型编程能力, 而不只是学会一两个特殊软件的语言. 虽然我们在数据分析中需要各个软件所具有的各种特殊函数和功能, 但是, 衡量泛型编程能力的一个标准是: 能够用任何语言都具备的基本代码来实现你的每一个基础目标, 包括用自编代码实现各个软件中一些固有简单函数的功能.

## 9.1　R 简介——为领悟而运行

### 9.1.1　简介

R 软件[1]用的是 S 语言. 熟悉 R 软件编程还有助于学习其他快速计算及处理各种数据的语言, 比如 Python, Java, C++, FORTRAN, Hadoop, Spark, NoSQL, SQL, 等等, 这是因为编程理念具有相似性, 对于应对因快速处理庞大的数据集而面临的巨大计算量有所裨益. 而熟悉一些傻瓜式商业软件, 对学习这些语言没有任何好处.

R 软件是免费的自由软件, 它的代码大多公开, 可以修改, 十分透明和方便. 大量国外新出版的统计方法专著都附带有 R 程序. R 软件有强大的帮助系统, 其子程序称为函数. 所有函数都有详细说明, 包括变元的性质、缺省值是什么、输出值是什么、方法的大概说明以及参考文献和作者地址. 多数函数的说明中都有例子, 把这些例子的代码复制并粘贴到 R 界面就可以立即得到结果, 学习使用有关函数十分方便.

反映 R 的各种功能及新方法的程序包 (package) 可以从 R 网站下载, 更方便的是联网时通过 R 软件菜单的 "程序包"—"安装程序包" 选项直接下载程序包, 或者从 Rstudio 的

---

[1]R Core Team (2018). R: A language and environment for statistical computing. R Foundation for Statistical Computing, Vienna, Austria. URL https://www.R-project.org/.

"Packages"—"Install'' 选项中下载.

　　软件必须在使用中学, 仅依靠软件手册学习是不可取的, 正如仅仅用字典和语法书来学习外语不可能成功. 笔者用过众多的编程软件, 没有一个是从课堂或者手册学的, 全部都是在分析数据的实践中学会的. 笔者在见到 R 软件时, 已至 "耳顺'' 之年, 但在一天内即基本掌握, 几天内就可以熟练编程和无障碍地实现数据分析目的. 昏聩糊涂之翁尚能学懂, 何况年轻聪明的读者!

### 9.1.2 安装和运行小贴士

- 登录 R 网站 (http://www.r-project.org/)[2], 根据说明从你所选择的镜像网站下载并安装 R 的所有基本元素.

- 打开 R 之后会出现一个 "Console'' 界面, 在提示码 ">'' 后逐行输入指令即可以实现 R 的运算.

- 不一定非得键入你的程序, 可以粘贴, 也可以打开或新建以 R 为扩展名的文件 (或其他文本文件) 作为运行脚本, 在脚本中可以用 Ctrl+R 来执行 (计算) 光标所在行的命令, 或者仅运行光标选中的任何部分. 使用脚本文件是应该提倡的, 它可以使你对你的操作有一个完整的书面记录.

- 有一个可以自由下载的软件 "RStudio'' 能更方便地用几个窗口来展示 R 的执行、运行历史、脚本文件、数据细节等过程. 在 RStudio 中的脚本文件和在 R 中的一样, 但根据计算机操作系统不同, 执行语句的快捷键可能不一样, 可能不用 Ctrl+R, 而用 Ctrl+回车或 Command+回车等.

- 可以用 "='' 或者 "<-'' 向左边变元赋值, 还可以用 "->'' 向右赋值 (有人觉得最好不要向右赋值). 讲究美观的人通常用 "<-'' 而不用 "='' 来赋值, 因为这可以避免和函数中选择变元的符号混淆. 此外讲究的人在 "<-'', "+'', "-'', "*'' 及 "='' 等符号前后都加空格.

- 运行时可以在提示码 ">'' 后逐行输入指令. 如果回车之后出现 "+'' 号, 则说明你的语句不完整 (须在 "+'' 号后面继续输入) 或者已输入的语句有错误.

- 每一行可以输入多个语句, 之间用半角分号 ";'' 分隔.

- 所有代码中的标点符号都用半角格式 (基本 ASCII 码). R 的代码对于字母的大小写敏感. 变量名字、定性变量的水平以及外部文件路径和名字都可以用中文, 但在某些情况下, 中文可能会导致运行困难或者输出图形不显示中文 (可能显示方框). 这是因为在不同的计算机和编辑器中, 中文的代码体系很多, 常用的有 GB2312, GBK 和 UTF-8 三种编码, 但对于各个系统 ASCII 码都相同. 因此, 为避免麻烦, 程序中尽可能用 ASCII 码.

- 提倡使用工作目录. 可以在 "文件"—"改变工作目录..." 菜单确定工作目录, 也可以用诸如 setwd("D:/工作") 之类的代码建立工作目录. 有了工作目录, 输入存取数据及脚本文件的命令时就不用键入路径了.

- 出现的图形可以用 Ctrl+W 或 Ctrl+C 来复制并粘贴 (前者像素高), 或者通过菜单存为所需的文件格式. 在 "RStudio'' 中可以通过菜单来存储图形文件.

---

[2]网上搜索 "R'' 即可得到其网址.

- 输入代码 history(n)，则会找回 $n$ 行你输入过的代码 (无论对错).
- 如果在运行时点击 Esc, 或在 "RStudio" 的 "session" 菜单中选择适当的选项 (如 "New Session""Quit Session" 等), 则会终止运行.
- 在运行完毕时会被问道 "是否保存工作空间映像?" 如果选择 "保存", 下次运行时这次的运行结果还会重新载入内存, 不用重复计算, 缺点是占用空间. 如果已经有脚本, 而且运算量不大, 一般都不保存. 如果你点击了 "保存", 又没有输入文件名, 这些结果会放在所设或默认的工作目录下名为 ".RData" 的文件中, 你可以随时找到并删除它.
- 注意, 从 pdf, PPT 或 Word 文档之类非文本文件中复制并粘贴到 R 上的代码很可能存在由这些软件自动变换的首字大写、(可见及不可见的) 格式符号或者左右引号等造成的 R 无法执行的问题. 此外, 不要使用 (例如中文中的逗号、分号、冒号、引号等) 全角标点符号, 以免和 ASCII 码中类似的符号混淆.
- R 中有很多常用的数学函数、统计函数以及其他函数. 可以通过在 R 的帮助菜单中选择 "手册 (PDF 文件)", 在该手册的附录中找到各种常用函数的内容.
- 在需要把程序包装入内存时, 以程序包 MASS 为例, 使用语句 library(MASS); 而要撤除该程序包时, 用语句 detach(package:MASS)[3].
- 可以一次下载及装入多个程序包, 比如使用程序包 easypackages[4]的函数 packages 及 libraries 即可分别下载及装入多个程序包, 比如下面的代码同时下载并装入 4 个程序包:

```
packages("dplyr", "ggplot2", "rvest", "magrittr")#下载
libraries("dplyr", "ggplot2", "rvest", "magrittr")#装入内存
```

- 你可以用问号加函数名 (或数据名) 的方式来得到某函数或数据的细节, 比如用 "?lm" 可以得到关于线性模型函数 "lm" 的各种细节. 另外, 如果想查看 MASS 程序包中的稳健线性模型 "rlm", 如果该程序包已经装入内存, 则可用 "?rlm" 来得到该函数的细节. 如果 MASS 没有装入, 或者不知道 rlm 在哪个程序包, 可以用 "??rlm" 来得到其位置 (条件是软件中已经下载了这个程序包). 如果不清楚名字, 但知道部分字符, 比如 "lm", 可以用 "apropos("lm")" 来得到所有包含 "lm" 字符的函数和数据.
- 如果想知道某个程序包中有哪些函数或数据, 则可以在 R 的帮助菜单上选择 "Html 帮助", 再选择 "Packages", 即可找到你的 R 上装载的所有程序包. 这个 "Html 帮助" 很方便, 可以链接到许多帮助 (包括手册等). 在 "RStudio" 可以通过菜单 "Packages" 找到需要的程序包及有关的函数.
- 有一些简化的函数, 如加、减、乘、除、乘方 (+, -, *, /, ^) 等, 可以用诸如 "?"+"" 这样的命令得到帮助 (不能用 "?+").
- 你还可以写关于代码的注释: 任何在 "#" 号后面作为注释的代码或文字都不会参与运行.

---

[3]通常为了节省内存以及避免变量名称混杂, 应该在需要时打开相应的程序包, 不需要时关闭.

[4]Jake Sherman (2016). easypackages: Easy Loading and Installing of Packages. R package version 0.1.0. https://CRAN.R-project.org/package=easypackages

- 你可能会遇到无法运行曾成功运行过的一些代码, 或者得到不同结果的现象. 原因可能是有关程序包经过更新, 一些函数选项 (甚至函数名称和代码) 已经改变, 这也说明 R 软件的更新和成长是很快的. 解决的办法是查看该函数, 或者查看提供有关函数的程序包来探索一下究竟.
- 网页 https://vincentarelbundock.github.io/Rdatasets/datasets.html 提供 R 的各个程序包所带的大量数据, 可以由此搜寻所需要的数据.
- 网络可以成为最及时的老师, 如果遇到一些问题, 或者看到一些错误代码, 在网上查询原因往往是最迅速的解决途径.

### 9.1.3 动手

如果你不愿意弄湿游泳衣, 即使你的教练是世界游泳冠军, 即使你在教室里听了几百个小时的课, 你也永远学不会游泳. 如果你不开口, 即使你熟记了字典中所有英文单词的音标, 即使你完全明白英语语法, 你也永远学不会说英语.

软件当然要在使用中学. R 软件的资源丰富、功能非常强大, 我们不可能也没有必要把每一个细节都弄明白. 软件中有很多功能很少用到, 或者是我们不知道, 或者是没有需要, 或者是有替代方法. 我们小时候开始读书时, 往往能看懂多少就看懂多少, 很少查字典, 后来学外语, 遇到大量单词不会才查字典. 实际上, 学外语时, 在有一定单词量的情况下, 能猜词义就不查字典可能是更好的学习方式.

下面提供了一些笔者为练习而编写的代码, 如果全部一次运行, 用不了一分钟, 但希望读者在每运行一行之后就结合输出思考一下. 一般人都能够在一两天内将这些代码完全理解. 如果在学习各种统计方法时不断实践, R 语言就会成为你自己的语言.

### 9.1.4 实践

最初几步

```
x=1:100#把1,2,...,100这个整数向量赋值到x
(x=1:100) #同上, 只不过显示出来
sample(x,20) #从1,2,...,100中随机不放回地抽取20个值作为样本
set.seed(0);sample(1:10,3)#先设随机种子再抽样
#从1,2,...,200000中随机不放回地抽取10000个值作为样本:
z=sample(1:200000,10000)
z[1:10]#方括号中为向量z的下标
y=c(1,3,7,3,4,2)
z[y]#以y为下标的z的元素值
(z=sample(x,100,rep=T))#从x有放回地随机抽取100个值作为样本
(z1=unique(z))
length(z1)#z中不同元素的个数
xz=setdiff(x,z) #x和z之间的不同元素--集合差
sort(union(xz,z))#对xz及z的并的元素从小到大排序
setequal(union(xz,z),x) #xz及z的并的元素与x是否一样
intersect(1:10,7:50) #两个数据的交
```

```
sample(1:100,20,prob=1:100)#从1:100中不等概率随机抽样,
#上一语句各数字被抽到的概率与其值大小成比例
```

## 一些简单运算

```
pi*10^2 #能够用?"*"、?"^"等来看某些基本算子的帮助, pi是圆周率
"*"(pi,"^"(10,2)) #和上面一样, 有些烦琐, 是吧! 没有人这么用
pi*(1:10)^-2.3#可以对向量求指数幂
x = pi * 10^2 ; print(x)
(x=pi *10^2) #赋值带打印
pi^(1:5) #指数也可以是向量
print(x, digits= 12)#输出x的12位数字
```

## 关于 R 对象的类型等

```
x=pi*10^2
class(x) #x的class
typeof(x) #x的type
class(cars)#cars是一个R中自带的数据
typeof(cars) #cars的type
names(cars)#cars数据的变量名字
summary(cars) #cars的汇总
head(cars)#cars的头几行数据, 和cars[1:6,]相同
tail(cars) #cars的最后几行数据
str(cars)#也是汇总
row.names(cars) #行名字
attributes(cars)#cars的一些信息
class(dist~speed)#公式形式,"~"左边是因变量,右边是自变量
plot(dist~speed,cars)#两个变量的散点图
plot(cars$speed,cars$dist) #同上
```

## 包括简单自变量为定量变量及定性变量的回归

```
ncol(cars);nrow(cars) #cars的行列数
dim(cars) #cars的维数
lm(dist ~ speed, data = cars)#以dist为因变量,speed为自变量做OLS回归
cars$qspeed =cut(cars$speed, breaks=quantile(cars$speed),
include.lowest = TRUE) #增加定性变量qspeed, 四分位点为分割点
names(cars) #数据cars多了一个变量
cars[3]#第三个变量的值, 和cars[,3]类似
table(cars[3])#列表
```

```
is.factor(cars$qspeed)
plot(dist ~ qspeed, data = cars)#点出箱线图
#拟合线性模型(简单最小二乘回归):
(a=lm(dist ~ qspeed, data = cars))
summary(a)#回归结果(包括一些检验)
```

## 简单样本描述统计量

```
x <- round(runif(20,0,20), digits=2)#四舍五入
summary(x) #汇总
min(x);max(x) #极值，与range(x)类似
median(x)   # 中位数(median)
mean(x)     # 均值(mean)
var(x)       #方差(variance)
sd(x)        # 标准差(standard deviation),为方差的平方根
sqrt(var(x)) #平方根
rank(x)     # 秩(rank)
order(x)#升序排列的x的下标
order(x,decreasing = T)#降序排列的x的下标
x[order(x)] #和sort(x)相同
sort(x)       #同上: 升序排列的x
sort(x,decreasing=T)#sort(x,dec=T) 降序排列的x
sum(x);length(x)#元素和以及向量元素个数
round(x) #四舍五入,等于round(x,0),而round(x,5)为留到小数点后5位
fivenum(x)   # 五数汇总, quantile
quantile(x) # 分位点 quantile (different convention)有多种定义
quantile(x, c(0,.33,.66,1))
mad(x) # "median average distance":
cummax(x)#累积最大值
cummin(x)#累积最小值
cumprod(x)#累积积
cor(x,sin(x/20)) #线性相关系数 (linear correlation)
```

## 简单图形

```
x=rnorm(200)#将200个随机正态数赋值到x
hist(x, col = "light blue")#直方图(histogram)
rug(x) #在直方图下面加上实际点的大小位置
stem(x)#茎叶图
x <- rnorm(500)
y <- x + rnorm(500) #构造一个线性关系
plot(y~ x) #散点图
```

```
a=lm(y~x) #做回归
abline(a,col="red")#或者abline(lm(y~x),col="red")散点图加拟合线
print("Hello World!")
paste("x 的最小值= ", min(x)) #打印
demo(graphics)#演示画图(点击Enter来切换)
```

## 复数运算、求函数极值、多项式的根

```
(2+4i)^-3.5+(2i+4.5)*(-1.7-2.3i)/((2.6-7i)*(-4+5.1i))#复数运算
#下面构造一个10维复向量, 实部和虚部均为10个标准正态样本点:
(z <-complex(real=rnorm(10), imaginary =rnorm(10)))
complex(re=rnorm(3),im=rnorm(3))#3维复向量
Re(z) #实部
Im(z) #虚部
Mod(z) #模
Arg(z) #辐角
choose(3,2) #组合
factorial(6)#排列6!

#定义函数
test=function(x,den,...){
  y=den(x,...)
  return(y)
}
test(12,dnorm,10,1)
plot(seq(0,5,.1),test(seq(0,5,.1),dgamma,5,5),type='l')


#求函数极值
f=function(x) x^2+2*x+1 #定义一个二次函数
optimize(f,c(-2,2))#在区间(-2,2)内求极值
curve(f, from = -3,to=2)#在区间(-3,2)内画上面定义的函数f图

#求从常数项开始到5次方项的系数分别为1, 2, 2, 4, -9, 8的多项式的根:
polyroot(c(1,2,2,4,-9,8))
```

## 字符型向量和因子型变量

```
a=factor(letters[1:10]);a #letters:小写字母向量,LETTERS:大写
a[3]="w" #不行! 会给出警告
a=as.character(a) #转换一下
a[3]="w" #可以了
```

```
a;factor(a)  #两种不同的类型
#定性变量的水平:
levels(factor(a))
sex=sample(0:1,10,r=T)
sex=factor(sex);levels(sex)
#改变因子的水平:
levels(sex)=c("Male","Female");levels(sex)
#确定水平次序:
sex=ordered(sex,c("Female","Male"));sex
levels(sex)
```

## 数据输入输出

```
x=scan()#屏幕输入, 可键入或粘贴, 多行输入在空行后按Enter键
1.5 2.6 3.7 2.1 8.9 12 -1.2 -4

x=c(1.5,2.6,3.7,2.1,8.9,12,-1.2,-4)#等价于上面代码
w=read.table(file.choose(),header=T)#从列表中选择有变量名的数据
setwd("f:/mydata")#建立工作路径
(x=rnorm(20))#给x赋值20个标准正态数据值
#(注:有常见分布的随机数、分布函数、密度函数及分位数函数)
write(x,"test.txt")#把数据写入文件(路径要对)
y=scan("test.txt");y#扫描文件数值数据到y
y=iris;y[1:5,];str(y)  #iris是R自带数据
write.table(y,"test.txt",row.names=F)#把数据写入文本文件
w=read.table("test.txt",header=T)#读带有变量名的数据
str(w)  #汇总
write.csv(y,"test.csv")#把数据写入csv文件
v=read.csv("test.csv")#读入csv数据文件
str(v)  #汇总
data=read.table("clipboard")#读入剪贴板的数据
```

## 序列等

```
(z=seq(-1,10,length=100))#从-1到10等间隔的100个数组成的序列
z=seq(-1,10,len=100)#和上面写法等价
(z=seq(10,-1,-0.1)) #10到-1间隔为-0.1的序列
(x=rep(1:3,3))   #三次重复1:3
(x=rep(3:5,1:3)) #自己看, 这又是什么呢?
x=rep(c(1,10),c(4,5))
w=c(1,3,x,z);w[3]#把数据(包括向量)组合(combine)成一个向量
x=rep(0,10);z=1:3;x+z #向量加法(如果长度不同, R给出警告和结果)
```

```
x*z     #向量乘法
rev(x)#颠倒次序
z=c("no cat","has ","nine","tails") #字符向量
z[1]=="no cat" #双等号为逻辑等式
z=1:5
z[7]=8;z #什么结果？注:NA为缺失值(not available)
z=NULL
z[c(1,3,5)]=1:3;
z
rnorm(10)[c(2,5)]
z[-c(1,3)]#去掉第1、3元素
z=sample(1:100,10);z
which(z==max(z))#给出最大值的下标
```

## 矩阵

```
x=sample(1:100,12);x #抽样
all(x>0);all(x!=0);any(x>0);(1:10)[x>0]#逻辑符号的应用
diff(x) #差分
diff(x,lag=2) #差分
x=matrix(1:20,4,5);x #矩阵的构造
x=matrix(1:20,4,5,byrow=T);x#矩阵的构造，按行排列
t(x) #矩阵转置
x=matrix(sample(1:100,20),4,5)
2*x
x+5
y=matrix(sample(1:100,20),5,4)
x+t(y) #矩阵之间相加
(z=x%*%y) #矩阵乘法
z1=solve(z) #用solve(a,b)可以解方程ax=b
z1%*%z #应该是单位向量，但浮点运算不可能得到干净的0
round(z1%*%z,14)   #四舍五入
b=solve(z,1:4); b #解联立方程

# 更多矩阵练习:
nrow(x);ncol(x);dim(x)#行列数目
x=matrix(rnorm(24),4,6)
x[c(2,1),]#第2和第1行
x[,c(1,3)] #第1和第3列
x[2,1] #第[2,1]元素
x[x[,1]>0,1] #第1列大于0的元素
sum(x[,1]>0) #第1列大于0的元素的个数
sum(x[,1]<=0) #第1列不大于0的元素的个数
```

```
x[,-c(1,3)]#没有第1、3列的x
diag(x)   #x的对角线元素
diag(1:5) #以1:5为对角线元素,其他元素为0的对角线矩阵
diag(5)  #5维单位矩阵
x[-2,-c(1,3)]#没有第2行, 第1、3列的x
x[x[,1]>0&x[,3]<=1,1]#第1列>0并且第3列<=1的第1列元素
x[x[,2]>0|x[,1]<.51,1]#第1列<.51或者第2列>0的第1列元素
x[!x[,2]<.51,1]#第1列中相应于第2列>=.51的元素
apply(x,1,mean)#对行(第一维)求均值
apply(x,2,sum)#对列(第二维)求和
x=matrix(rnorm(24),4,6)
x[lower.tri(x)]=0;x #得到上三角阵,
#为得到下三角阵, 用x[upper.tri(x)]=0)
```

## 高维数组

```
x=array(runif(24),c(4,3,2));x
#上面用24个服从均匀分布的样本点构造4乘3乘2的三维数组
is.matrix(x)
dim(x)#得到维数(4,3,2)
is.matrix(x[1,,])#部分三维数组是矩阵
x=array(1:24,c(4,3,2))
x[c(1,3),,]
x=array(1:24,c(4,3,2))
apply(x,1,mean)    #可以对部分维做求均值运算
apply(x,1:2,sum)   #可以对部分维做求和运算
apply(x,c(1,3),prod) #可以对部分维做求乘积运算
```

## 矩阵与向量之间的运算

```
x=matrix(1:20,5,4) #5乘4矩阵
sweep(x,1,1:5,"*")#把向量1:5的每个元素乘到每一行
sweep(x,2,1:4,"+")#把向量1:4的每个元素加到每一列
x*1:5
#下面把x标准化,即每一元素减去该列均值,除以该列标准差
(x=matrix(sample(1:100,24),6,4));(x1=scale(x))
(x2=scale(x,scale=F))#自己观察并总结结果
(x3=scale(x,center=F)) #自己观察并总结结果
round(apply(x1,2,mean),14) #自己观察并总结结果
apply(x1,2,sd)#自己观察并总结结果
round(apply(x2,2,mean),14);apply(x2,2,sd)#自己观察并总结结果
round(apply(x3,2,mean),14);apply(x3,2,sd)#自己观察并总结结果
```

## 缺失值, 数据的合并

```
airquality #有缺失值(NA)的R自带数据
complete.cases(airquality)#判断每行有没有缺失值
which(complete.cases(airquality)==F) #有缺失值的行号
sum(complete.cases(airquality)) #完整观测值的个数
na.omit(airquality) #删去缺失值的数据
#附加, 横或竖合并数据: append,cbind,rbind
x=1:10;x[12]=3
(x1=append(x,77,after=5))
cbind(1:5,rnorm(5))
rbind(1:5,rnorm(5))
cbind(1:3,4:6);rbind(1:3,4:6) #去掉矩阵重复的行
(x=rbind(1:5,runif(5),runif(5),1:5,7:11))
x[!duplicated(x),]
unique(x)
```

## 关于 list

```
#list可以是任何对象(包括list本身)的集合
z=list(1:3,Tom=c(1:2,a=list("R",letters[1:5]),w="hi!"))
z[[1]];z[[2]]
z$T
z$T$a2
z$T[[3]]
z$T$w
for (i in z){
  print(i)
  for (j in i)
    print(j)
}

y=list(1:5,rnorm(10))
lapply(y, function(x) sum(x^2))#对list中的每个元素实施函数运算, 输出list
sapply(y, function(x) sum(x^2))#同上, 但输出为向量或矩阵等形式
```

## 条形图和表

```
x=scan()#30个顾客在五个品牌中的挑选
3 3 3 4 1 4 2 1 3 2 5 3 1 2 5 2 3 4 2 2 5 3 1 4 2 2 4 3 5 2

barplot(x) #不合题意的图
```

```
table(x) #制表
barplot(table(x)) #正确的图
barplot(table(x)/length(x)) #比例图(和上图形状一样)
table(x)/length(x)
```

## 形成表格

```
library(MASS)#载入程序包MASS
quine #MASS所带数据
attach(quine)#把数据变量的名字放入内存
#下面语句产生从该数据得到的各种表格
table(Age)
table(Sex, Age); tab=xtabs(~ Sex + Age, quine); unclass(tab)
tapply(Days, Age, mean)
tapply(Days, list(Sex, Age), mean)
detach(quine) #attach的逆运行
```

## 如何写函数

```
#下面这个函数是按照定义(编程简单，但效率不高)求n以内的素数
ss=function(n=100){z=2;
   for (i in 2:n)if(any(i%%2:(i-1)==0)==F)z=c(z,i);return(z) }
fix(ss) #用来修改任何函数或编写一个新函数
ss() #计算100以内的素数
t1=Sys.time() #记录时间点
ss(10000) #计算10000以内的素数
Sys.time()-t1 #计算费了多少时间
system.time(ss(10000))#计算执行ss(10000)所用时间
#函数可以不写return,这时最后一个值为return的值
#为了输出多个值最好使用list输出
```

## 画图

```
x=seq(-3,3,len=20);y=dnorm(x)#产生数据
w= data.frame(x,y)#合并x,成为数据w
par(mfcol=c(2,2))#准备画四个图的地方
plot(y ~ x, w,main="正态密度函数")
plot(y ~ x,w,type="l", main="正态密度函数")
plot(y ~ x,w,type="o", main="正态密度函数")
plot(y ~ x,w,type="b",main="正态密度函数")
par(mfcol=c(1,1))#取消par(mfcol=c(2,2))
```

## 色彩和符号等的调整

```
plot(1,1,xlim=c(1,7.5),ylim=c(0,5),type="n") #画出框架
#在plot命令后面追加点(如要追加线可用lines函数):
points(1:7,rep(4.5,7),cex=seq(1,4,l=7),col=1:7, pch=0:6)
text(1:7,rep(3.5,7),labels=paste(0:6,letters[1:7]),
cex=seq(1,4,l=7),col=1:7)#在指定位置加文字
points(1:7,rep(2,7), pch=(0:6)+7)#点出符号7到13
text((1:7)+0.25, rep(2,7), paste((0:6)+7))#加符号号码
points(1:7,rep(1,7), pch=(0:6)+14) #点出符号14到20
text((1:7)+0.25, rep(1,7), paste((0:6)+14)) #加符号号码
#关于符号形状、大小、颜色以及其他画图选项的说明可用"?par"来查看
```

## 如何得到函数源代码

对于一般的函数, 比如线性模型 lm, 可以用语句 edit(lm) 或 mylm=edit(lm) 来查看或改写源代码. 对于某些函数, 比如函数 mean, 如果用 edit(mean) 则会出现下面的结果:

```
function (x, ...)
UseMethod("mean")
```

这时, 你要用methods(mean)语句来查看, 并得到下面的结果:

```
> methods(mean)
[1] mean,ANY-method          mean,Matrix-method
[3] mean,sparseMatrix-method mean,sparseVector-method
[5] mean.Date                mean.default
[7] mean.difftime            mean.POSIXct
[9] mean.POSIXlt
see '?methods' for accessing help and source code
```

这时, 你可以用代码getAnywhere(mean.default)来得到源代码,下面是输出.

```
A single object matching 'mean.default' was found
It was found in the following places
package:base
registered S3 method for mean from namespace base
namespace:base
with value

function (x, trim = 0, na.rm = FALSE, ...)
{
  if (!is.numeric(x) && !is.complex(x) && !is.logical(x)) {
```

```
warning("argument is not numeric or logical: returning NA")
return(NA_real_)
}
if (na.rm)
  x <- x[!is.na(x)]
if (!is.numeric(trim) || length(trim) != 1L)
  stop("'trim' must be numeric of length one")
n <- length(x)
if (trim > 0 && n) {
  if (is.complex(x))
    stop("trimmed means are not defined for complex data")
  if (anyNA(x))
    return(NA_real_)
  if (trim >= 0.5)
    return(stats::median(x, na.rm = FALSE))
  lo <- floor(n * trim) + 1
  hi <- n + 1 - lo
  x <- sort.int(x, partial = unique(c(lo, hi)))[lo:hi]
}
.Internal(mean(x))
}
<bytecode: 0x1198b8e00>
<environment: namespace:base>
```

## 9.2 Python 简介——为领悟而运行

### 9.2.1 引言

一些人说 Python 比 R 好学, 而另一些人正相反, 觉得 R 更易掌握. 其实, 熟悉编程语言的人, 学哪一个都很快. 它们的区别大体如下. 由于统一的志愿团队管理, R 的语法相对比较一致, 安装程序包很简单, 而且很容易找到帮助和支持, 但由于 R 主要用于数据分析, 所以一些对于统计不那么熟悉的人可能觉得对象太专业了. Python 则是一个通用软件, 比 C++ 容易学, 功能并不差, 它的各种包装版本运行速度也非常快. 但是, Python 没有统一团队管理, 针对不同 Python 版本的模块非常多. 因此对于不同的计算机操作系统, 不同版本的 Python, 不同的模块, 安装过程多种多样, 首先遇到的就是安装问题. 另外, R 软件的基本语言 (即下载 R 之后所装的基本程序包) 本身就可以应付相当复杂的统计运算, 而 Python 相比之下统计模型不那么多, 做一些统计分析不如 R 那么方便, 但由其基本语法所产生的成千上万的模块使得它可以做几乎任何想做的事情.

大数据时代的数据分析, 最重要的不是掌握一两种编程语言, 而是泛型编程能力, 有了这个能力, 语言的不同不会造成太多的烦恼.

由于 Python 是个应用广泛的通用软件, 这里只能介绍其中和数据分析有关的一点简单操作. 如果读者有疑问, 可以上网搜索答案.

下面通过运行各种语句来领悟简单的语法, 我们尽量不做更多的解释.

## 9.2.2 安装

### 安装及开始体验

初学者可以使用 Anaconda 下载 Python Navigator [5], 以获得 Jupyter, RStudio, Visual Studio Code, IPython and Spyder 等软件界面, 可以选择你认为方便的方式运行 Python 程序. 使用 Anaconda 的好处是它包含了常用的模块 Numpy, Pandas, Matplotlib, 而且安装其他一些模块 (比如 Sklearn) 也比较方便.

这里不可能给出太多的安装细节, 因为这些都可能会变化, 相信读者会在网上找到各种线索、提示和帮助. 下面对 Python 的介绍是基于 Anaconda 的 notebook 运行 Python3 的实践.

### 运行 Notebook

安装完了 Anaconda 之后, 就可以运行 Notebook 了. 可以通过点击 Anaconda 图标, 然后选中 Notebook 或其他运行界面, 也可以通过终端键入cd Python Work 到达你的工作目录, 然后键入jupyter notebook 在默认浏览器产生一个工作界面 (称为 "Home"). 如果你已经有文件, 则会有书本图标开头的列表, 你的文件名以.ipynb 为扩展名. 如果没有现成的, 可创造新的文件, 点击右上角New 并选择Python3, 则产生一个没有名字的 (默认是 Untitled) 以.ipynb 为扩展名的文件 (自动存在你的工作目录中) 的一页, 文件名可以随时任意更改.

当你的文件页中出现In [ ]:标记, 就可以在其右边的框中输入代码, 然后得到的结果会出现在代码 (代码所在的框称为 "Cell") 下面的地方. 一个 Cell 中可有一群代码, 可以在其上下增加 Cell, 也可以合并或拆分 Cell, 相信读者会很快掌握这些小技巧.

你可以先键入

```
3*' Python is easy!'
```

用 CTrl+Enter 就会输出

```
' Python is easy! Python is easy! Python is easy!'
```

实际上该代码等价于print(3*' Python is easy!'). 在一个 Cell 中, 如果有可以输出的几条语句, 则只输出有print 的行及最后一行代码 (无论有没有print) 的结果.

在 Python 中, 也可以一行输入几个简单 (不分行的) 命令, 用分号分隔. 要注意, Python 和 R 的代码一样是分大小写的. Python 与 R 的注释一样, 在 # 号后面的符号不会当成代码执行.

当前工作目录是在存取文件, 输入输出模块时只敲入文件或模块名称而不用敲入路径的目录. 查看工作目录和改变工作目录的代码为:

---

[5]https://www.anaconda.com/distribution/.

```
import os
print(os.getcwd()) #查看目录
os.chdir('D:/Python work') #Windows系统中改变工作目录
os.chdir('/users/Python work') #OSx系统中改变工作目录
```

查看你某个目录 (比如 "/users/work/") 下的某种文件 (比如以 ".csv" 结尾的文件) 的路径名、文件名及大小, 可以用下面的语句:

```
import os
from os.path import join
for (dirname, dirs, files) in os.walk('/users/work/'):
    for filename in files:
        if filename.endswith('.csv') :
            thefile = os.path.join(dirname,filename)
            print(thefile,os.path.getsize(thefile))
```

### 9.2.3 基本模块的编程

对于熟悉 R 的人首先不习惯的可能是在 Python 中的向量、矩阵、列表或其他多元素对象的下标是从 0 开始, 请输入下面的代码并看输出:

```
y=[[1,2],[1,2,3],['ss','swa','stick']]
y[2],y[2][:2],y[1][1:]
```

从 0 开始的下标也有方便的地方, 比如下标[:3] 实际上是左闭右开的整数区间:0, 1, 2, 类似地, [3:7] 是3, 4, 5, 6, 这样, 以首尾相接的形式[:3], [3:7], [7:10] 实际上覆盖了从 0 到 9 的所有下标; 而在 R 中, 这种下标应该写成[1:2], [3:6], [7:9], 中间的端点由于是闭区间, 没有重合. 请试运行下面的语句, 一些首尾相接的下标区间得到完整的下标群:

```
x='A poet can survive everything but a misprint.'
x[:10]+x[10:20]+x[20:30]+x[30:40]+x[40:]
```

关于append, extend 和pop:

```
x=[[1,2],[3,5,7],'Oscar Wilde']
y=['save','the world']
x.append(y);print(x)
x.extend(y);print(x)
x.pop();print(x)
x.pop(2);print(x)
```

整数和浮点运算del:

```
print(2**0.5,2.0**(1/2),2**(1/2.))
print( 4/3,4./3 )
```

关于 remove 和 del:

```
x=[0,1,4,23]
x.remove(4);print(x)
del x[0];print(x, type(x))
```

关于 tuple:

```
x =(0,12,345,67,8,9,'we','they')
print(type(x),x[-4:-1])
```

关于 range, xrange 及一些打印格式:

```
x=range(2,11,2)
print('x={}, list(x)={}'.format(x,list(x)))
print('type of x is {}'.format(type(x)))
```

关于 dictionary(字典) 类型 (注意打印的次序与原来不一致):

```
data = {'age': 34, 'Children' : [1,2], 1: 'apple','zip': 'NA'}
print(type(data))
print('age=',data['age'])
data['age'] = '99'
data['name'] = 'abc'
print(data)
```

## 一些集合运算

```
x=set(['we','you','he','I','they']);y=set(['I','we','us'])
x.add('all');print(x,type(x),len(x))
set.add(x,'none');print(x)
print('set.difference(x,y)=', set.difference(x,y))
print('set.union(x,y)=',set.union(x,y))
print('set.intersection(x,y)=',set.intersection(x,y))
x.remove('none')
print('x=',x,'\n','y=', y)
```

用 id 函数来确定变量的存储位置 (是不是等同):

```
x=1;y=x;print(x,y,id(x),id(y))
x=2.0;print(x,y,id(x),id(y))
x = [1, 2, 3];y = x;y[0] = 10
print(x,y,id(x),id(y))
x = [1, 2, 3];y = x[:]
print(x,y,id(x)==id(y),id(x[0])==id(y[0]))
```

```
print(id(x[1])==id(y[1]),id(x[2])==id(y[2]))
```

## 函数的简单定义 (包括 lambda 函数) 及应用

```
def f(x): return x**2-x
g=lambda x: max(x**2,x**3)
print(list(map(lambda x: x**2+1-abs(x), [1.2,5.7,23.6,6])))
print(f(10),g(-3.4))
print(list(range(-10,10,2)),'\n',
        list(filter(lambda x: x>0,range(-10,10,2))))
```

一般函数的定义 (注意在 python 中, 函数、类、条件和循环等语句后面有冒号 ":", 而随后的行要缩进, 首先要确定数目的若干空格 (和 R 中的花括号作用类似)):

```
from random import *
def RandomHappy():
    if randint(1,100)>50:
        x='happy'
    else:
        x='unhappy'
    if randint(1,100)>50:
        y='happy'
    else:
        y='unhappy'
    if x=='happy' and y=='happy':
        print('You both are happy')
    elif x!=y:
        print('One of you is happy')
    else:
        print('Both are unhappy')

RandomHappy() #执行函数
```

## 循环语句和条件语句

```
for line in open("UN.txt"):
    for word in line.split():
        if word.endswith('er'):
            print(word)
```

## 循环和条件语句的例子

```python
# 例 1
for line in open("UN.txt"):
    for word in line.split():
        if word.endswith('er'):
            print(word)

# 例 2
with open('UN.txt') as f:
    lines=f.readlines()
lines[1:20]

# 例 3
x='Just a word'
for i in  x:
    print(i)

# 例 4
for i in  x.split():
    print(i,len(i))

# 例 5
for i in [-1,4,2,27,-34]:
    if i>0 and i<15:
        print(i,i**2+i/.5)
    elif i<0 and abs(i)>5:
        print(abs(i))
    else:
        print(4.5**i)
```

## 关于 list 的例子

```python
x = range(5)
y = []
for i in range(len(x)):
    if float(i/2)==i/2:
        y.append(x[i]**2)
print('y', y)
z=[x[i]**2 for i in range(len(x)) if float(i/2)==i/2]
print('z',z)
```

### 9.2.4 Numpy 模块

首先输入这个模块, 比如用 `import numpy`, 这样, 凡是该模块的命令 (比如 `array`) 都要加上 numpy 成为 `numpy.array`. 如果嫌字母太多, 则可以简写, 比如, 在输入 numpy 模块时敲入 `import numpy as np`. 这样, `numpy.array` 就成为 `np.array`.

数据文件的存取

```
import numpy as np
x = np.random.randn(25,5)
np.savetxt('tabs.txt',x)#存成制表符分隔的文件
np.savetxt('commas.csv',x,delimiter=',')#存成逗号分隔的文件(如csv)
u = np.loadtxt('commas.csv',delimiter=',')#读取逗号分隔文件
v = np.loadtxt('tabs.txt')#读取逗号分隔文件
```

## 矩阵和数组

```
import numpy as np
y = np.array([[[1,4,7],[2,5,8]],[[3,6,9],[10,100,1000]]])
print(y)
print(np.shape(y))
print(type(y),y.dtype)
print(y[1,0,0],y[0,1,:])
```

## 整形和浮点型数组 (向量) 运算

```
import numpy as np
u = [0, 1, 2];v=[5,2,7]
u=np.array(u);v=np.array(v)
print(u.shape,v.shape)
print(u+v,u/v,np.dot(u,v))
u = [0:0, 1, 2];v=[5,2,7]
u=np.array(u);v=np.array(v)
print(u+v,u/v)
print(v/3, v/3.,v/float(3),(v-2.5)**2)
```

向量和矩阵的维数转换和矩阵乘法的运算. 这里列出一些等价的做法, 请逐条执行和比较.

```
x=np.arange(3,5,.5)
y=np.arange(4)
print(x,y,x+y,x*y) #向量计算
print(x[:,np.newaxis].dot(y[np.newaxis,:]))
print(np.shape(x),np.shape(y))
```

```
print(np.shape(x[:,np.newaxis]),np.shape(y[np.newaxis,:]))
print(np.dot(x.reshape(4,1),y.reshape(1,4)))
x.shape=4,1;y.shape=1,4
print(x.dot(y))
print(np.dot(x,y))
print(np.dot(x.T,y.T), x.T.dot(y.T))#x.T是x的转置
print(x.reshape(2,2).dot(np.reshape(y,(2,2))))
x=[[2,3],[7,5]]
z = np.asmatrix(x)
print(z, type(z))
print(z.transpose() * z )
print(z.T*z== z.T.dot(z),z.transpose()*z==z.T*z)
print(np.ndim(z),z.shape)
```

分别按照列 (axis=0: 竖向) 或行 (axis=1: 横向) 合并矩阵, 和 R 的 rbind 及 cbind 类似.

```
x = np.array([[1.0,2.0],[3.0,4.0]])
y = np.array([[5.0,6.0],[7.0,8.0]])
z = np.concatenate((x,y),axis = 0)
z1 = np.concatenate((x,y),axis = 1)
print(z,"\n" ,z1,"\n",z.transpose()*z1)
z = np.vstack((x,y)) # Same as z = concatenate((x,y),axis = 0)
z1 = np.hstack((x,y))
print(z,"\n",z1)
```

### 数组的赋值

```
print(np.ones((2,2,3)),np.zeros((2,2,3)),np.empty((2,2,3)))
x=np.random.randn(20).reshape(2,2,5);print(x)
x=np.random.randn(20).reshape(4,5)
x[0,:]=np.pi
print(x)
x[0:2,0:2]=0
print(x)
x[:,4]=np.arange(4)
print(x)
x[1:3,2:4]=np.array([[1,2],[3,4]])
print(x)
```

### 行列序列的定义

这里np.c_[0:10:2] 是从 0 到 10, 间隔 2 的列 (c) 序列, 而np.r_[1:5:4j] 是从 1 到 5, 等间隔长度为 4 的行 (r) 序列.

```
print(np.c_[0:10:2],np.c_[0:10:2].shape)
print(np.c_[1:5:4j],np.c_[1:5:4j].shape)
print(np.r_[1:5:4j],np.r_[1:5:4j].shape)
```

## 网格及按照网格抽取数组 (矩阵) 的子数组

```
print(np.ogrid[0:3,0:2:.5],'\n',np.mgrid[0:3,0:2:.5])
print(np.ogrid[0:3:3j,0:2:5j],'\n',np.mgrid[0:3:3j,0:2:5j])
x = np.reshape(np.arange(25.0),(5,5))
print('x=\n',x)
print('np.ix_(np.arange(2,4),[0,1,2])=\n',np.ix_(np.arange(2,4),[0,1,2]))
print('ix_([2,3],[0,1,2])=\n',np.ix_([2,3],[0,1,2]))
print('x[np.ix_(np.arange(2,4),[0,1,2])]=\n',
x[np.ix_(np.arange(2,4),[0,1,2])]) # Rows 2 & 3, cols 0, 1 and 2
print('x[ix_([3,0],[1,4,2])]=\n', x[np.ix_([3,0],[1,4,2])])
print('x[2:4,:3]=\n',x[2:4,:3])# Same, standard slice
print('x[ix_([0,3],[0,1,4])]=\n',x[np.ix_([0,3],[0,1,4])])
```

## 舍入、加减乘除、差分、指数对数等各种对向量和数组的数学运算

```
x = np.random.randn(3)
print('np.round(x,2)={},np.round(x, 4)={}'.format(np.round(x,2),np.round(x, 4)))
print('np.around(np.pi,4)=', np.around(np.pi,4))
print('np.around(x,3)=', np.around(x,3))

print('x.round(3)={},np.floor(x)={}'.format(x.round(3),np.floor(x)))
print('np.ceil(x)={}, np.sum(x)={},'.format(np.ceil(x), np.sum(x)))
print('np.cumsum(x)={},np.prod(x)={}'.format(np.cumsum(x),np.prod(x)))
print(',np.cumprod(x)={},np.diff(x)={}'.format(np.cumprod(x),np.diff(x)))

x= np.random.randn(3,4)
print('x={},np.diff(x)={}'.format( x,np.diff(x)))
print('np.diff(x,axis=0)=',np.diff(x,axis=0))
print('np.diff(x,axis=1)=',np.diff(x,axis=1))
print('np.diff(x,2,1)=', np.diff(x,2,1))
print('np.sign(x)={}, np.exp(x)={}'.format(np.sign(x),np.exp(x)))
print('np.log(np.abs(x))={},x.max()={}'.format(np.log(np.abs(x)),x.max()))
print(',x.max(1)={},,np.argmin(x,0)={}'.format(x.max(1),np.argmin(x,0)))
print('np.max(x,0)={},np.argmax(x,0)={}'.format(np.max(x,0),np.argmax(x,0)))
print('x.argmin(0)={},x[x.argmax(1)]={}'.format(x.argmin(0),x[:,x.argmax(1)]))
```

## 一些函数的操作

```
x = np.repeat(np.random.randn(3),(2))
print(x)
print(np.unique(x))
y,ind = (np.unique(x, True))
print('y={},ind={},x[ind]={},x.flat[ind]={}'.format(y,ind,x[ind],x.flat[ind]))

x = np.arange(10.0)
y = np.arange(5.0,15.0)
print('np.in1d(x,y)=', np.in1d(x,y))
print('np.intersect1d(x,y)=', np.intersect1d(x,y))
print('np.union1d(x,y)=', np.union1d(x,y))
print('np.setdiff1d(x,y)=' , np.setdiff1d(x,y))
print('np.setxor1d(x,y)=',np.setxor1d(x,y))
x=np.random.randn(4,2)
print(x,'\n','\n',np.sort(x,1),'\n',np.sort(x,axis=None))
print('np.sort(x,0)',np.sort(x,0))
print('x.sort(0)',x.sort(axis=0) )
x=np.random.randn(3)
x[0]=np.nan #赋缺失值
print('x{}\nsum(x)={}\nnp.nansum(x)={}'.format(x,sum(x),np.nansum(x)))
print('np.nansum(x)/np.nanmax(x)=', np.nansum(x)/np.nanmax(x))
```

## 分割数组

```
x = np.reshape(np.arange(24),(4,6))
y = np.array(np.vsplit(x,2))
z = np.array(np.hsplit(x,3))
print('x={}\ny={}\nz={}'.format(x,y,z))
print(x.shape,y.shape,z.shape)
print(np.delete(x,1,axis=0)) #删除x第一行
print(np.delete(x,[2,3],axis=1)) #删除x第2,3列
print(x.flat[:], x.flat[:4]) #把x变成向量
```

## 矩阵的对角线元素与对角线矩阵

```
x = np.array([[10,2,7],[3,5,4],[45,76,100],[30,2,0]])#same as R
y=np.diag(x) #对角线元素
print('x={}\ny={}'.format(x,y))
print('np.diag(y)=\n',np.diag(y)) #由向量形成对角线方阵
print('np.triu(x)=\n' ,np.triu(x)) #x上三角阵
print('np.tril(x)=\n',np.tril(x))#x下三角阵
```

## 一些随机数的产生

```
print(np.random.randn(2,3))#随机标准正态2x3矩阵
#给定均值矩阵和标准差矩阵的随机正态矩阵:
print(np.random.normal([[1,0,3],[3,2,1]],[[1,1,2],[2,1,1]]))
print(np.random.normal((2,3),(3,1)))#均值为2,3标准差为3,1的2个随机正态数
print(np.random.uniform(2,3))#均匀U[2,3]随机数
np.random.seed(1010)#随机种子
print(np.random.random(10))#10个随机数(0-1之间)
print(np.random.randint(20,100))#20到100之间的随机整数
print(np.random.randint(20,100,10))#20到100之间的10个随机整数
print(np.random.choice(np.arange(-10,10,3)))#从序列随机选一个
x=np.arange(10);np.random.shuffle(x);print(x)
```

## 一些线性代数运算

```
import numpy as np
x=np.random.randn(3,4)
print(x)
u,s,v= np.linalg.svd(x)#奇异值分解
Z=np.array([[1,-2j],[2j,5]])
print('Cholsky:', np.linalg.cholesky(Z))#Cholsky分解
print('x={}\nu={}\ndiag(s)={}\nv={}'.format(x,u,np.diag(s),v))
print(np.linalg.cond(x))#条件数
x=np.random.randn(3,3)
print(np.linalg.slogdet(x))#行列式的对数(及符号:1.为正-1.为负)
print(np.linalg.det(x)) #行列式
y=np.random.randn(3)
print(np.linalg.solve(x,y)) #解联立方程
X = np.random.randn(100,2)
y = np.random.randn(100)
beta, SSR, rank, sv= np.linalg.lstsq(X,y,rcond=None)#最小二乘法
print('beta={}\nSSR={}\nrank={}\nsv={}'.format(beta, SSR, rank, sv))
#cov(x)方阵的特征值问题解:
va,ve=np.linalg.eig(np.cov(x))
print('eigen value={}\neigen vectors={}'.format(va,ve))
x = np.array([[1,.5],[.5,1]])
print('x inverse=', np.linalg.inv(x))#矩阵的逆
x = np.asmatrix(x)
print('x inverse=', np.asmatrix(x)**(-1)) #注意使用**(-1)的限制
z = np.kron(np.eye(3),np.ones((2,2)))#单位阵和全1矩阵的Kronecker积
print('z={},z.shape={}'.format(z,z.shape))
print('trace(Z)={}, rank(Z)={}'.format(np.trace(z),np.linalg.matrix_rank(z)))
```

## 关于日期

```
import datetime as dt
yr, mo, dd = 2016, 8, 30
print('dt.date(yr, mo, dd)=',dt.date(yr, mo, dd))
hr, mm, ss, ms= 10, 32, 10, 11
print('dt.time(hr, mm, ss, ms)=',dt.time(hr, mm, ss, ms))
print(dt.datetime(yr, mo, dd, hr, mm, ss, ms))
d1 = dt.datetime(yr, mo, dd, hr, mm, ss, ms)
d2 = dt.datetime(yr + 1, mo, dd, hr, mm, ss, ms)
print('d2-d1', d2-d1 )
print(np.datetime64('2016'))
print(np.datetime64('2016-08'))
print(np.datetime64('2016-08-30'))
print(np.datetime64('2016-08-30T12:00')) # Time
print(np.datetime64('2016-08-30T12:00:01')) # Seconds
print(np.datetime64('2016-08-30T12:00:01.123456789')) # Nanoseconds
print(np.datetime64('2016-08-30T00','h'))
print(np.datetime64('2016-08-30T00','s'))
print(np.datetime64('2016-08-30T00','ms'))
print(np.datetime64('2016-08-30','W'))#Upcase!
dates = np.array(['2016-09-01','2017-09-02'],dtype='datetime64')
print(dates)
print(dates[0])
```

### 9.2.5 Pandas 模块

产生一个数据框 (类似于 R 的), 并存入 csv 及 excel 文件 (指定 sheet) 中.

```
import pandas as pd
np.random.seed(1010)
w=pd.DataFrame(np.random.randn(10,5),columns=['X1','X2','X3','X4','Y'])
v=pd.DataFrame(np.random.randn(20,4),columns=['X1','X2','X3','Y'])
w.to_csv('Test.csv',index=False)
writer=pd.ExcelWriter('Test1.xlsx')
v.to_excel(writer,'sheet1',index=False)
w.to_excel(writer,'sheet2')
```

## 从 csv 及 excel 文件 (指定 sheet) 中读入数据

```
W=pd.read_csv('Test.csv')
V=pd.read_excel('Test1.xlsx','sheet2')
U=pd.read_table('Test.csv',sep=',')
print('V.head()=\n',V.head())#头5行
```

```
print('U.head(2)=\n',U.head(2))#头两行
print('U.tail(3)=\n',U.tail(3))#最后三行
print('U.size={}\nU.columns={}'.format(U.size, U.columns))
U.describe() #简单汇总统计量
```

## 一个例子 (diamonds.csv)

```
diamonds=pd.read_csv("diamonds.csv")
print(diamonds.head())
print(diamonds.describe())
print('diamonds.columns=',diamonds.columns)
print('sample size=', len(diamonds)) #样本量
cut=diamonds.groupby("cut") #按照变量cut的各水平分群
print('cut.median()=\n',cut.median())
print('Cross table=\n',pd.crosstab(diamonds.cut, diamonds.color))
```

### 9.2.6 Matplotlib 模块

输入模块. 一般在 plt.show 之后, 显示独立图形, 可以对独立图形做些编辑. 如果想在输出结果中看到 "插图", 则可用 %matplotlib inline 语句, 但没有独立图形那么方便.

```
#如果输入下一行代码, 则会产生输出结果之间的插图(不是独立的图)
#%matplotlib inline
import matplotlib.pyplot as plt
```

### 最简单的图

```
y = np.random.randn(100)
plt.plot(y)
plt.plot(y,'g--')
plt.title('Random number')
plt.xlabel('Index')
plt.ylabel('y')
plt.show()
```

### 几张图

```
import scipy.stats as stats
fig = plt.figure(figsize=(15,10))
ax = fig.add_subplot(2, 3, 1)#2x3图形阵
y = 50*np.exp(.0004 + np.cumsum(.01*np.random.randn(100)))
plt.plot(y)
```

```python
plt.xlabel('time ($\tau$)')
plt.ylabel('Price',fontsize=16)
plt.title('Random walk: $d\ln p_t = \mu dt + \sigma dW_t$',fontsize=16)


y = np.random.rand(5)
x = np.arange(5)
ax = fig.add_subplot(2, 3, 5)
colors = ['#FF0000','#FFFF00','#00FF00','#00FFFF','#0000FF']
plt.barh(x, y, height = 0.5, color = colors, \
edgecolor = '#000000', linewidth = 5)
ax.set_title('Bar plot')


y = np.random.rand(5)
y = y / sum(y)
y[y < .05] = .05
ax = fig.add_subplot(2, 3, 3)
plt.pie(y)
ax.set_title('Pie plot')


z = np.random.randn(100, 2)
z[:, 1] = 0.5 * z[:, 0] + np.sqrt(0.5) * z[:, 1]
x = z[:, 0]
y = z[:, 1]
ax = fig.add_subplot(2, 3, 4)
plt.scatter(x, y)
ax.set_title('Scatter plot')


ax = fig.add_subplot(2, 3, 2)
x = np.random.randn(100)
ax.hist(x, bins=30, label='Empirical')
xlim = ax.get_xlim()
ylim = ax.get_ylim()
pdfx = np.linspace(xlim[0], xlim[1], 200)
pdfy = stats.norm.pdf(pdfx)
pdfy = pdfy / pdfy.max() * ylim[1]
plt.plot(pdfx, pdfy,'r-',label='PDF')
ax.set_ylim((ylim[0], 1.2 * ylim[1]))
plt.legend()
plt.title('Histogram')


ax = fig.add_subplot(2, 3, 6)
x = np.cumsum(np.random.randn(100,4), axis = 0)
plt.plot(x[:,0],'b-',label = 'Series 1')
plt.plot(x[:,1],'g-.',label = 'Series 2')
```

```
plt.plot(x[:,2],'r:',label = 'Series 3')
plt.plot(x[:,3],'h--',label = 'Series 4')
plt.legend()
plt.title('Random lines')
plt.show()
```

## 9.3  习题

1. 用 R 或 Python 编写读取扩展名为 txt, csv, xls 及 xlsx 的文件的数据, 并且把读取的数据放到你自己的以这 4 种扩展名命名的数据文件中. 提示: 如果不会, 在网上查找方法.

2. 用 R 或 Python 编写求某范围 (比如小于 100000) 以内素数的程序, 定义为函数.

3. 用 R 或 Python 编写一个通过对话猜想年龄的程序: 使用者只需对你提出的诸如 "您是不是大于 30 岁""您是不是小于 50 岁" 之类的问题回答 "是" 或者 "不是", 经过几次问答后, 使得程序猜测的年龄精确到 2 年以内.

4. 先挑选一些名词、动词、连接词, 把它们分别存成 list 形式, 然后用 R 或 Python 编写一个程序来用这些词语随机拼凑成 "主语 + 谓语 + 宾语" 形式的句子.

5. 用 R 或 Python 编写高斯消元法解方程的程序, 定义成函数, 并且和已有的 R 或 Python 的解方程函数比较.

6. 用 R 或 Python 编写代替 Excel 软件大部分功能的代码.

# 参考文献

[1] Ambler, G. and Royston, P. (2001). Fractional polynomial model selection procedures: Investigation of Type I error rate. *Journal of Statistical Simulation and Computation*, 69: 89–108.

[2] Bates, D.M. and Watts, D.G. (1988). *Nonlinear Regression Analysis and Its Applications*. Wiley, Appendix A1.3.

[3] Box, G. E. P. and Cox, D. R. (1964). An analysis of transformations. *Journal of the Royal Statistical Society,* Series B, 26: 211-252.

[4] Breiman, L. (1996). Bagging predictors. *Machine Learning*, 24: 123–140.

[5] Breiman, L. (2001). Random forests. *Machine Learning*, 45: 5–32.

[6] Breslow, N.E. (1984). Extra-Poisson variation in log-linear models. *Applied Statistics,* 33: 38–44.

[7] Bühlmann, P. and Hothorn, T. (2007). Boosting algorithms: Regularization, prediction and model fitting (with discussion). *Statistical Science*, Vol. 22, No. 4: 477–505.

[8] Burges, C.J.C. (1998). A tutorial on support vector machines for pattern recognition. *Data Mining and Knowledge Discovery*, 2: 121–167.

[9] Cule, E. and De Iorio, M. (2012). A semi-automatic method to guide the choice of ridge parameter in ridge regression. arXiv:1205.0686v1 [stat.AP].

[10] Diggle, P., Heagerty, P., Liang, K., Zeger, S. (2013). *Analysis of Longitudinal Data*, 2nd ed. Oxford University Press.

[11] Dobson, A. J. (1983). *An Introduction to Statistical Modelling*. London: Chapman and Hall.

[12] Efron, Hastie, Johnstone and Tibshirani (2004). Least angle regression (with discussion). *Annals of Statistics,* Vol. 32, No. 2: 407–499.

[13] Ezekiel, M. (1930). *Methods of Correlation Analysis*. Wiley.

[14] Fokkema, M., Smits, N., Zeileis, A., Hothorn, T., Kelderman, H. (2018). Detecting Treatment-Subgroup Interactions in Clustered Data with Generalized Lin- ear Mixed-Effects Model Trees. *Behavior Research Methods*, 50(5), 2016-2034. https://doi.org/10.3758/s13428-017-0971-x.

[15] Friedman, J. (2001). Greedy function approximation: A gradient boosting machine. *Ann. Statist*, 29: 1189–1232.

[16] Friedman, J. (2008). Fast sparse regression and classification. *Technical Report*, Standford University.

[17] Garthwaite, P.H. (1994). An interpretation of partial least squares. *J. Amer. Statist. Assoc.*, 89: 122-127.

[18] Genuer, R., Poggi, J., Tuleau-Malot, C. (2010). Variable selection using random forests. *Pattern Recognition Letters*, Elsevier, 31 (14): 2225-2236.

[19] Hastie, T., and Tibshirani, R. (1996). Discriminant analysis by Gaussian mixtures. *Journal of the Royal Statistical Society series*, B, 58: 158-176.

[20] Hastie, T., Tibshirani, R. and Buja, A. (1994). Flexible disriminant analysis by optimal scoring. *JASA*: 1255-1270.

[21] Hosmer, D.W. and Lemeshow, S. and May, S. (2008). *Applied Survival Analysis: Regression Modeling of Time to Event Data*, Second Edition. John Wiley and Sons Inc., New York, NY.

[22] Hothorn, T., Peter Buehlmann, P., Kneib, T., Schmid, M., and Hofner, B. (2010). Model-based boosting 2.0. *Journal of Machine Learning Research*, 11: 2109-2113.

[23] Hajjem, A., Bellavance, F., & Larocque, D. (2011). Mixed effects regression trees for clustered data. *Statistics & Probability Letters*, 81(4), 451–459.

[24] Hajjem, A., Bellavance, F., & Larocque, D. (2012). Mixed-effects random forest for clustered data. *Journal of Statistical Computation and Simulation*, Volume 84, 2014 - Issue 6: Includes the Special Issue: Advances in System Simulation and Scientific Computing - Selected papers from the AsiaSim & ICSC 2012.

[25] Kalbfleisch, J. D. and Prentice, R. L. (1980). *The Statistical Analysis of Failure Time Data*. John Wiley & Sons Inc., New York.

[26] Karush, W. (1939). Minima of functions of several variables with inequalities as side constraints. Master's thesis, Dept. of Mathematics, Univ. of Chicago.

[27] Koenker, R. and Bassett, G. (1982). Robust tests of heteroscedasticity based on regression quantiles. *Econometrica*, 50: 43–61.

[28] Kuhn, H. W. and Tucker, A. W. (1951). Nonlinear programming. In *Proc. 2nd Berkeley Symposium on Mathematical Statistics and Probabilistics*. pages 481–492, Berkeley. University of California Press.

[29] Lambert, D. (1992). Zero-inflated Poisson regression, with an application to defects in manufacturing. *Technometrics*, 34: 1-14.

[30] Legendre, Adrien-Marie (1805). *Nouvelles méthodes pour la détermination des orbites des comètes* [New methods for the determination of the orbits of comets] (in French). Paris: F. Didot.

[31] Mangasarian, O. L. (1969). *Nonlinear Programming*. McGraw-Hill, New York.

[32] McCormick, G. P. (1983). *Nonlinear Programming: Theory, Algorithms, and Applications*. John Wiley and Sons, New York, 1983.

[33] McCullagh, P. and Nelder, J.A. (1989). *Generalized Linear Models*, 2nd ed. Chapman & Hall/CRC, Boca Raton, Florida. ISBN 0-412-31760-5.

[34] McNeil, D. R. (1977). *Interactive Data Analysis*. Wiley.

[35] Mullahy, J. (1986). Specification and testing of some modified count data models. *Journal of Econometrics*, 33: 341-365.

[36] Nelder, J.A. and Wedderburn, R. W. M. (1972). Generalized linear models. *J. R. Statist. Soc. A*, 135: 370–384.

[37] Sela, Rebecca J., and Simonoff, Jeffrey S.(2012). RE-EM trees: A data mining approach for longitudinal and clustered data. *Machine Learning*, 86: 169–207.

[38] Smyth, G. K. (1989). Generalized linear models with varying dispersion. *J. R. Statist. Soc., B*, 51: 47–60.

[39] Smola, A. J., and Schölkopf, B. (2004). A tutorial on support vector regression. *Statistics and Computing*, Volume 14, Issue 3: 199-222.

[40] Thall, P.F. and Vail, S.C. (1990). Some covariance models for longitudinal count data with overdispersion. *Biometrics*, 46: 657–71.

[41] Treloar, M. A. (1974). Effects of puromycin on galactosyltransferase in golgi membranes. M.Sc. Thesis, U. of Toronto.

[42] Vanderbei, R. J. (1997). LOQO user's manual—version 3.10. Technical Report SOR-97-08, Princeton University, Statistics and Operations Research, 1997. Code at `http://www.princeton.edu/?rvdb/`.

[43] Vapnik, V. (1995). *The Nature of Statistical Learning Theory*. Springer, N.Y.

[44] Wold, S., Wold, H., Dunn, W.J. and Ruhe, A.(1984). The collinearity problem in linear regression. The Partial least squares (PLS) approach to generalized inverses. *SIAM J. Sci. Stat. Comput.*, 5: 735-743.

[45] Wold, S., Sjöström, M., Eriksson, L. (2001). PLS-regression: A basic tool of chemometrics. *Chemometrics and Intelligent Laboratory Systems*, 58 (2): 109 – 130. doi:10.1016/S0169-7439(01)00155-1.

[46] Yeh, I-Cheng (1998). Modeling of strength of high performance concrete using artificial neural networks. *Cement and Concrete Research,* Vol. 28, No. 12: 1797-1808.

[47] Yu, B. and Kumbier, K. (2020). Veridical data science, *Proceedings of the National Academy of Sciences of the United States of America*, 117 (6), Feb 13, 2020. `https://www.pnas.org/content/early/2020/02/11/2001302117`.

[48] 吴建福 (2011). 统计学者的工作及风范: 灵感、抱负、雄心. 应用概率统计, 27 (2).

# 教师教学服务说明

中国人民大学出版社管理分社以出版经典、高品质的工商管理、统计、市场营销、人力资源管理、运营管理、物流管理、旅游管理等领域的各层次教材为宗旨.

为了更好地为一线教师服务, 近年来管理分社着力建设了一批数字化、立体化的网络教学资源. 教师可以通过以下方式获得免费下载教学资源的权限:

在中国人民大学出版社网站 www.crup.com.cn 进行注册, 注册后进入 "会员中心", 在左侧点击 "我的教师认证", 填写相关信息, 提交后等待审核. 我们将在一个工作日内为您开通相关资源的下载权限.

如您急需教学资源或需要其他帮助, 请在工作时间与我们联络:

中国人民大学出版社　管理分社
联系电话: 010-82501048, 62515782, 62515735
电子邮箱: glcbfs@crup.com.cn
通讯地址: 北京市海淀区中关村大街甲 59 号文化大厦 1501 室 (100872)